机械工程制图基础

巩翠芝　主编

科学出版社

北　京

内 容 简 介

本书是根据教育部高等学校工程图学课程教学指导委员会 2015 年制定的"普通高等院校工程图学课程教学基本要求"，以掌握概念、强化应用、培养能力为教学重点，汲取近年来制图课程教学改革的成功经验，并结合编者长期教学的心得体会编写而成。

全书主要内容包括：制图的基本知识和基本技能；点、直线、平面的投影；立体的投影；组合体；轴测图；机件的常用表达方法；标准件与常用件；零件图；装配图；AutoCAD 基础知识；AutoCAD 的基本绘图功能；绘图实训；工程图纸的输出。本教材有配套的习题集，习题由易到难，由浅入深，数量及难度适中。

本书可作为高等院校机械类（少学时）、近机械类专业制图课程的教材，还可作为工程技术人员的参考用书。

图书在版编目（CIP）数据

机械工程制图基础 / 巩翠芝主编. —北京：科学出版社，2018.8
ISBN 978-7-03-057313-1

Ⅰ. ①机… Ⅱ. ①巩… Ⅲ. ①机械制图-教材 Ⅳ.①TH126

中国版本图书馆 CIP 数据核字（2018）第 087459 号

责任编辑：张 震 姜红 / 责任校对：蒋 萍
责任印制：吴兆东 / 封面设计：无极书装

科学出版社 出版
北京东黄城根北街 16 号
邮政编码：100717
http://www.sciencep.com
北京天宇星印刷厂印刷
科学出版社发行 各地新华书店经销
*
2018 年 8 月第 一 版 开本：787×1092 1/16
2024 年 8 月第七次印刷 印张：20 1/2
字数：486 000

定价：54.00 元
（如有印装质量问题，我社负责调换）

编写委员会

主　　编　巩翠芝

副 主 编　徐国栋　张兴丽　李玉云　李群卓

编写人员　林泽鸿　谷　芳　刘颖辉

前　　言

本书根据教育部高等学校工程图学课程教学指导委员会 2015 年制定的“普通高等院校工程图学课程教学基本要求”，以本课程教学改革的发展趋势为指导思想，针对高等学校对人才培养的新要求和机械制图课时减少、内容不断更新的实际情况，在编写上既考虑到课程理论体系的系统性和完整性，又考虑到现代科技的进步对工程图学的重大影响，本着“精选内容、重视基础、加强实践、培养能力”的原则，对教学内容进行优化组合。本书是编者认真总结长期的课程教学实践经验，汲取近年来教学改革的成功经验以及参考多部国内、国外同类教材的优点编写而成的。

在内容处理上，本书具有以下特点。

（1）在注重学科知识的系统性、表达的规范性和准确性的同时，充分考虑学生对知识的接受性。本书按两个层次——必讲层和选讲层来划分教材内容，分层原则如下：凡属教学目标的重点或难点均在必讲之列；按照“新”“深”原则应当补充的内容则在选讲之列，教学内容前面有*号标记。教师可根据实际情况实施不同的教学计划和策略，力求讲得“精”而“透”。

（2）以培养学生空间想象力以及绘图和读图的应用能力为主要教学目标，遵循“少”而“精”的原则，根据工程制图的需要，确定画法几何学的教学内容，为学生正确绘制和阅读一般难度的机械图样，提供足够的投影理论基础。为培养具有创新能力的应用型人才，本书强调基本技能的训练，进行仪器绘图、计算机绘图、手工草图三种绘图能力的综合培养。

（3）根据各校工程制图课程学时和开课情况要求，本书在内容安排上分为传统的机械制图和现代的计算机绘图两大部分。传统的机械制图主要是围绕传统的手工绘图、仪器绘图、绘图和读图思维训练以及想象力和创造力而编写教材相关内容；计算机绘图主要是用 AutoCAD 绘图软件解决上篇的手工绘图问题，通过实例教学让学生掌握 AutoCAD 绘图软件的基本操作。本书实用、易学、易记、易于进一步深入学习，上篇和下篇在教学内容上前后呼应。上篇机械制图与下篇计算机绘图可分开教学，也可穿插教学，下篇计算机绘图也可由学生自学。

（4）作为工程设计和产品开发工具的三维 CAD 应用必将普及，三维 CAD 时代正在到来。为了便于学生进一步学习三维绘图软件，在第 4 章引入了现代三维 CAD 成型理论和造型方法，使学生能够了解现代设计理念和设计方法，拥有创新思维并进行构型设计。

（5）在编写过程中，我们关注《机械制图》《技术制图》等国家标准的更新，书中采用正式发表的现行标准，并根据课程内容的需要及要求穿插于教材中，以便于学生对于国家标准的掌握和应用。

（6）本书章节的划分符合教学单元的设置，每章都设计了思考题，帮助学生深刻领会知识点。与本书配套的习题集保证了学生对教学知识点的消化和理解。计算机绘图部分没有单独设置习题，该部分的训练可通过将手工绘图部分的习题用 AutoCAD 软件作出解答来实现。

本书由东北林业大学巩翠芝主编，参加本书编写的有全国五所院校的八位教师。具体分工如下：东北林业大学巩翠芝编写绪论和第 1、2、3、6、9 章，以及第 11 章的 11.6～11.8 节和第 12 章（12.1.1 节除外）；东北林业大学张兴丽编写第 5 章；西南林业大学徐国栋编写第 4 章；西南林业大学李玉云编写第 7 章；西北农林科技大学李群卓、谷芳编写第 8 章；哈尔滨学院林泽鸿编写第 10 章、第 11 章的 11.1~11.5 节和第 12 章的 12.1.1 节；哈尔滨华德学院刘颖辉编写第 13 章；书后附录由西北农林科技大学李群卓编写。巩翠芝负责全书的统稿。

本书在编写过程中参考了一些有关著作，在此谨向这些著作的作者表示诚挚的谢意！

由于编者水平有限，书中缺点在所难免，恳请读者提出宝贵意见及建议。

编　者

2017 年 8 月

目　录

绪　论

1. 本课程的性质和地位

本课程是一门以图形为研究对象，用图形来表达专业设计思维的学科。历史上，图的诞生及应用比文字还要早，图一直是人们用来认识自然、表达和交流思想的主要工具之一。本课程研究绘制和阅读工程图样的原理和方法，培养学生的形象思维能力和构型设计能力，是一门既有系统理论又有较强的实践性的技术基础课。在工程设计中，为了准确地表达工程对象的形状、大小、相对位置，通常需要将其按一定的投影方法和有关技术规定表达在图纸上，这样就得到了工程图样，简称图样。图样是工程与产品信息的载体，是工程技术人员进行产品设计的工具，是表达设计思想、进行技术交流的语言，是工程技术部门的一项重要技术文件。图样是制造机器、仪器和进行工程施工的主要依据。在机械制造业中，机器设备是根据图样加工制造的。如果要生产一部机器，首先必须画出表达该机器的装配图和所有零件的零件图，然后根据零件图制造出全部零件，再按装配图装配成机器。图样不但是指导生产的重要技术文件，而且是进行技术交流的重要工具。因此，图样是每一个工程技术人员必须掌握的“工程技术语言”。

本课程理论严谨、实践性强、与工程实践存在密切联系，对培养学生掌握科学思维方法、增强工程和创新意识有重要作用，是普通高等院校重要的技术基础课程。

2. 本课程的研究内容

本课程的研究内容包括以下四个方面。

（1）画法几何。学习用正投影法图示空间几何形体和图解简单空间几何问题的基本原理和方法。

（2）制图基础。学习国家标准《机械制图》和《技术制图》的基本规定，训练用工具和仪器的尺规绘图及徒手绘图的方法、技能和技巧，培养绘制和阅读投影图的基本能力，学习标注尺寸的基本方法。

（3）机械图。培养绘制和阅读常见机器或部件的零件图和装配图的基本能力，并以培养读图能力为重点。

（4）计算机绘图。能够应用计算机绘图软件绘制工程图样。

3. 本课程的主要任务

（1）掌握正投影法的基本理论，并能利用投影法在平面上表示空间几何形体，图解空间几何问题。

（2）培养正确运用国家标准及有关规定绘制和阅读工程图样的基本能力。

（3）培养用仪器绘图、徒手绘图和计算机绘图的能力。

（4）培养空间逻辑思维与形象思维的能力。

（5）培养分析问题和解决问题的能力。

（6）培养认真负责的工作态度和严谨细致的工作作风。

此外，还需要有意识地培养学生的自学能力、工程意识和创新能力。

4. 本课程的学习方法

本课程是一门既有系统理论，又比较注重实践的技术基础课。本课程的各部分内容既紧密联系，又各有特点。根据本课程的学习要求及各部分内容的特点，这里简要介绍一下学习方法。

（1）要坚持理论联系实际的学风。要认真学习投影原理，掌握正投影的基本作图方法及其应用。

（2）在学习本门课程时，要养成良好的思维习惯，做到“睹”物思“图”、看“图”想“物”，反复进行“由空间到平面，再由平面返回到空间”的思维训练过程，分析和想象空间形体与图纸上图形之间的对应关系，逐步培养和提高空间思维能力和想象力。

（3）必须完成一定量的绘图和读图训练作业。大量的绘图和读图实践是形成思维习惯的必经之路。在做作业时，要养成正确使用绘图工具和仪器的习惯，按照正确的方法和步骤作图。由于图样在生产建设中起着很重要的作用，绘图和读图的差错都会带来严重损失。所以在做习题和作业时，要严格要求自己，一丝不苟，树立对产品和工程负责的观念，养成认真负责的工作态度和严谨细致的工作作风。

（4）严格遵守制图标准，养成自觉遵守标准的好习惯。

第 1 章　制图的基本知识和基本技能

工程图样是现代工业生产的主要技术文件之一，是工程界的技术语言，是人们交流设计思想、表达设计意图的工具。为了便于生产、管理和交流，在绘图和读图时必须遵守统一的规定。本章将介绍国家标准《技术制图》和《机械制图》的有关规定；介绍常用手工绘图工具及使用方法；介绍基本几何作图以及平面图形的分析和绘制方法等。

1.1　国家标准《技术制图》《机械制图》的有关规定

国家标准简称国标，它包括强制性国家标准（代号“GB”），推荐性国家标准（代号“GB/T”）和指导性国家标准（代号“GB/Z”）。本节仅介绍国家标准《技术制图》《机械制图》中对图纸幅面和图框格式及标题栏、比例、字体、图线、尺寸注法等有关规定部分的内容。

1.1.1　图纸幅面和图框格式、标题栏

1. 图纸幅面

绘制图样时，应优先采用表 1-1 所规定的基本幅面，必要时，也允许选用国家标准《技术制图　图纸幅面和格式》（GB/T 14689—2008）所规定的加长幅面。这些幅面的尺寸由基本幅面的短边成整数倍增加后得出。

表 1-1　图纸幅面代号和尺寸　　（单位：mm）

<table>
<tr><th rowspan="2">幅面代号</th><th rowspan="2">幅面尺寸（$B\times L$）</th><th colspan="3">周边尺寸</th></tr>
<tr><th>a</th><th>c</th><th>e</th></tr>
<tr><td>A0</td><td>841×1189</td><td rowspan="5">25</td><td rowspan="3">10</td><td rowspan="2">20</td></tr>
<tr><td>A1</td><td>594×841</td></tr>
<tr><td>A2</td><td>420×594</td><td rowspan="3">10</td></tr>
<tr><td>A3</td><td>297×420</td><td rowspan="2">5</td></tr>
<tr><td>A4</td><td>210×297</td></tr>
</table>

2. 图框格式（GB/T 14689—2008）

每张图样均需有粗实线绘制的图框，图样必须画在图框之内。

要装订的图样，应留装订边，其图框格式如图 1-1 所示。不需要装订的图样其图框格式如图 1-2 所示。但同一产品的图样只能采用同一种格式。

为了复制和微缩摄影时定位方便，在图纸的各边长的中点处应分别画出对中符号，它是从幅面边线画入图框内约 5mm 的一段粗实线，如图 1-2（a）所示。

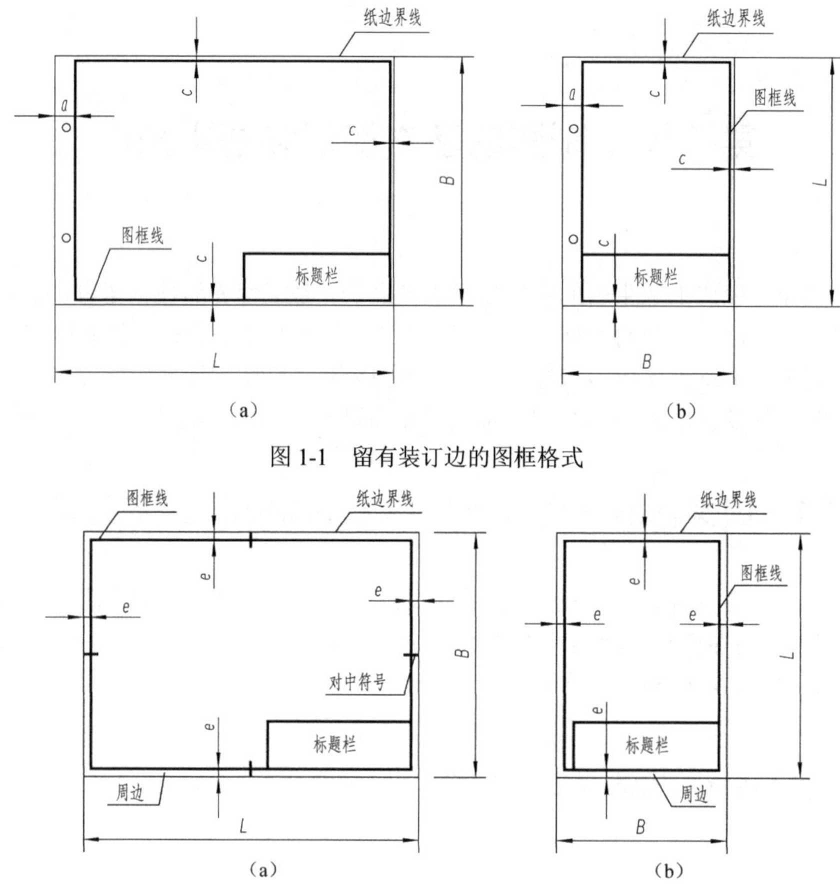

图 1-1　留有装订边的图框格式

图 1-2　不留装订边的图框格式

3. 标题栏

每张技术图样中均应画出标题栏。一般情况下，标题栏画在图纸的右下角，紧贴下边框线和右边框线。标题栏的格式和尺寸按照《技术制图　标题栏》（GB/T 10609.1—2008）的规定执行，如图 1-3 所示。

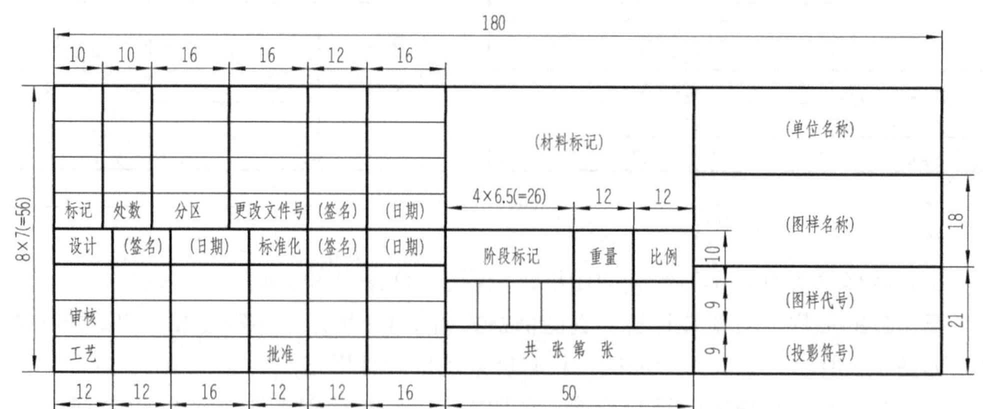

图 1-3　标准标题栏的格式

1.1.2　比例

《技术制图　比例》（GB/T 14690—1993）规定：比例是指图中图形与其实物相应要素的线性尺寸之比。

绘制图样时，应尽可能按机件的实际大小画图，以方便看图。如果机件太大或太小，一般应从表 1-2 所规定系列中选取不带括号的适当的比例，必要时也允许选取表 1-2 中带括号的适当的比例。

表 1-2　比例

种类	原值比例	放大比例	缩小比例
比例	1∶1	2∶1,（2.5∶1）,（4∶1）,5∶1, 1×10^n∶1, 2×10^n∶1,（2.5×10^n∶1）,（4×10^n∶1）, 5×10^n∶1	（1∶1.5）,1∶2,（1∶2.5）,（1∶3）,（1∶4）,1∶5,（1∶6）,1∶1×10^n,（1∶1.5×10^n）,1∶2×10^n,（1∶2.5×10^n）,（1∶3×10^n）,（1∶4×10^n）,1∶5×10^n,（1∶6×10^n）

注：n 为正整数

绘制同一机件的各个视图时应尽量采用相同的比例，当某个视图需要采用不同比例时，必须另行标注。比例一般应标注在标题栏中的比例栏内。必要时，可在视图名称的下方或右侧标注比例。值得注意的是：不论采用放大或缩小的比例画图，标注尺寸时一律按机件的实际大小标注，如图 1-4 所示。

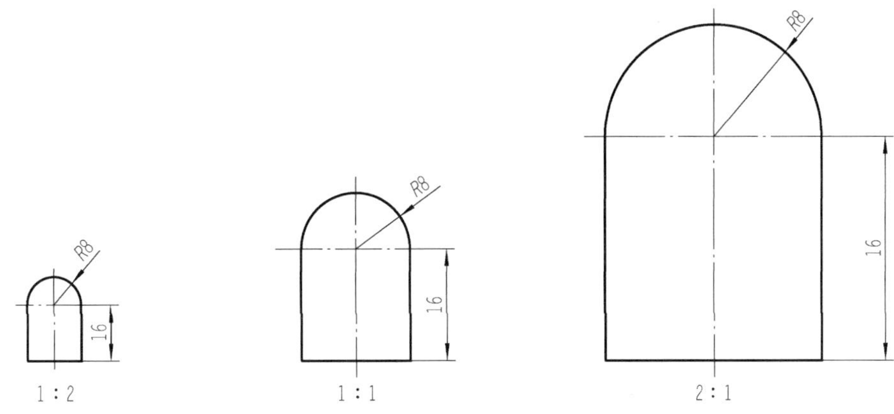

图 1-4　用不同比例绘制的图形

1.1.3　字体

《技术制图　字体》（GB/T 14691—1993）规定了汉字、字母和数字书写的基本要求。

图样中书写的汉字、数字、字母必须做到字体端正、笔画清楚、间隔均匀、排列整齐。

字体的大小以号数表示，字体的号数就是字体的高度（单位：mm），字体高度（用 h 表示）的公称尺寸系列为 1.8、2.5、3.5、5、7、10、14、20。如需要书写更大的字，其字体高度应按 $\sqrt{2}$ 的倍数递增。用于指数、分数、注脚和尺寸偏差的数值，一般采用小一号字体。

汉字应写成长仿宋体字，并应采用中华人民共和国国务院正式推行的《汉字简化方案》中规定的简化字。长仿宋体字的书写要领是横平竖直、注意起落、结构均匀、填满方格。汉字的高度 h 不应小于 3.5mm，其字宽一般为 $h/\sqrt{2}$ 。汉字的基本笔法见表 1-3，长仿宋体汉字书写示例见图 1-5。

表 1-3　汉字的基本笔法

笔画	横	竖	撇	捺	点		提	钩	折
形状	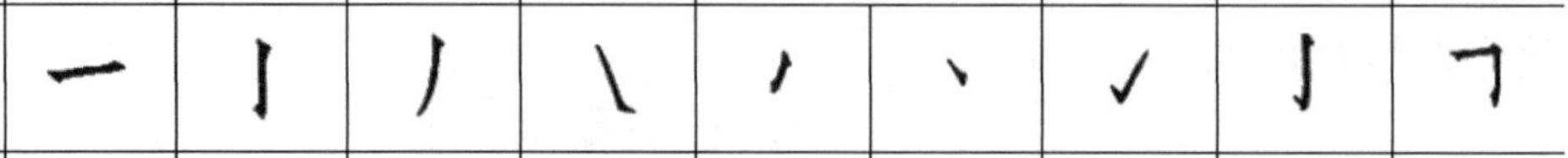								
笔序	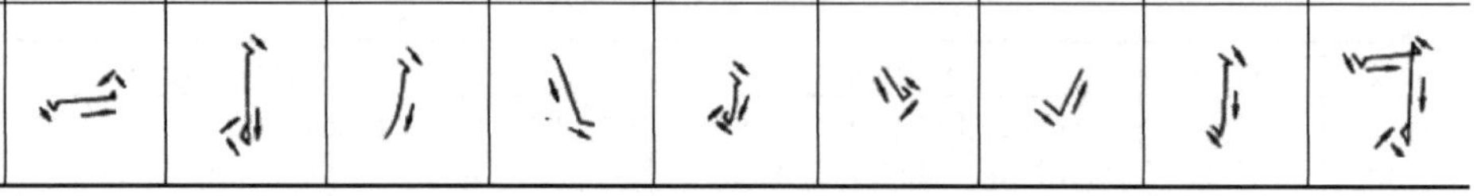								

字体端正 笔划清楚　排列整齐 间隔均匀

图 1-5　长仿宋体汉字示例

字母和数字分为 A 型和 B 型，字体的笔画宽度用 d 表示。A 型字体的笔画宽度 $d=h/14$，B 型字体的笔画宽度 $d=h/10$。字母和数字可写成斜体和直体，斜体字字头向右倾斜，与水平基准线成 75°。A 型斜体大、小写拉丁字母书写示例见图 1-6，A 型斜体阿拉伯数字和罗马数字书写示例见图 1-7，数字、字母以及综合应用示例见图 1-8。

图 1-6　A 型斜体大、小写拉丁字母书写示例

图 1-7　A 型斜体阿拉伯数字和罗马数字书写示例

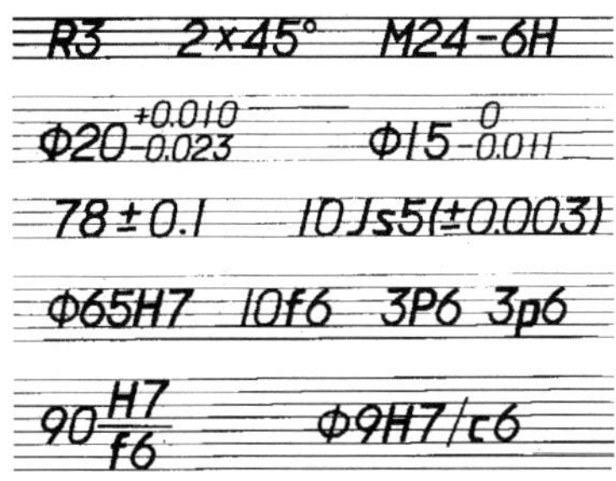

图 1-8　数字、字母以及综合应用示例

1.1.4　图线

绘制技术图样时，应遵循《技术制图　图线》（GB/T 17450—1998）和《机械制图　图样画法　图线》（GB/T 4457.4—2002）的规定。

在机械图样中采用粗、细两种线宽，它们之间的比例为 2∶1。设粗线的线宽为 *d*。*d* 应按图样的类型和尺寸大小在下列系数中选择：0.13mm、0.18mm、0.25mm、0.35mm、0.5mm、0.7mm、1mm、1.4mm、2mm。

基本图线适用于各种技术图样。表 1-4 列出的是机械制图的图线名称、型式、宽度及应用说明。图 1-9 为常用图线的应用举例。

表 1-4　图线名称、型式、宽度及应用说明

图线名称	图线型式	图线宽度	应用说明
粗实线		*d*	可见轮廓线、可见过渡线
虚线	4　1	0.5*d*	不可见轮廓线、不可见过渡线
粗虚线	4　1	*d*	允许表面处理的表示线
细实线		0.5*d*	尺寸线、尺寸界线、剖面线、重合断面的轮廓线及指引线等
波浪线		0.5*d*	断裂处的边界线等
双折线		0.5*d*	断裂处的边界线
细点画线	3　15	0.5*d*	轴线、对称中心线等
粗点画线	3　15	*d*	有特殊要求的线或表面的表示线
双点画线	5　15	0.5*d*	极限位置的轮廓线、相邻辅助零件的轮廓线等

注：表中虚线、细点画线、双点画线的线段长度和间隔的数值仅供参考，可依据图形的大小做适当调整，但同一图样上应保证一致；粗实线的宽度应根据图形的大小和复杂程度选取，当图形较大且简单时，*d* 取较大值，当图形较小且复杂时，*d* 取较小值

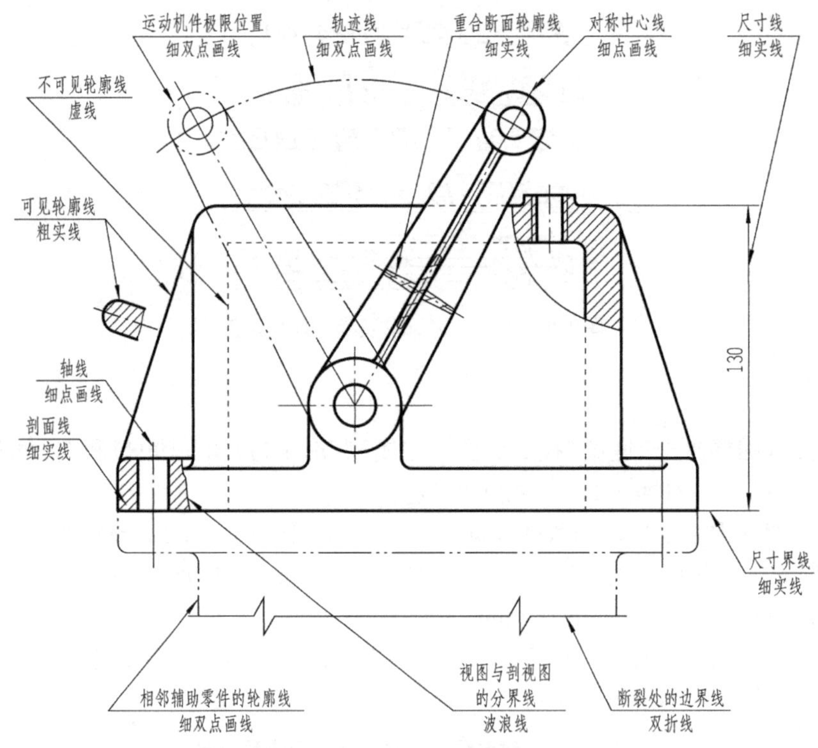

图 1-9　常用图线的应用举例

绘制图样时，应注意以下内容。

（1）同一图样中，同类图线的宽度应基本一致。虚线、点画线及双点画线的短画、长画的长度和间隔应各自大致相等。两条平行线之间的距离应不小于粗实线的两倍宽度，其最小距离不得小于 0.7mm。

（2）虚线及点画线与其他图线相交时，都应以线段相交，不应在空隙或短画处相交；当虚线是粗实线的延长线时，粗实线应画到分界点，而虚线应留有空隙；当虚线圆弧和虚线直线相切时，虚线圆弧的线段应画到切点，而虚线直线需留有空隙，如图 1-10 所示。

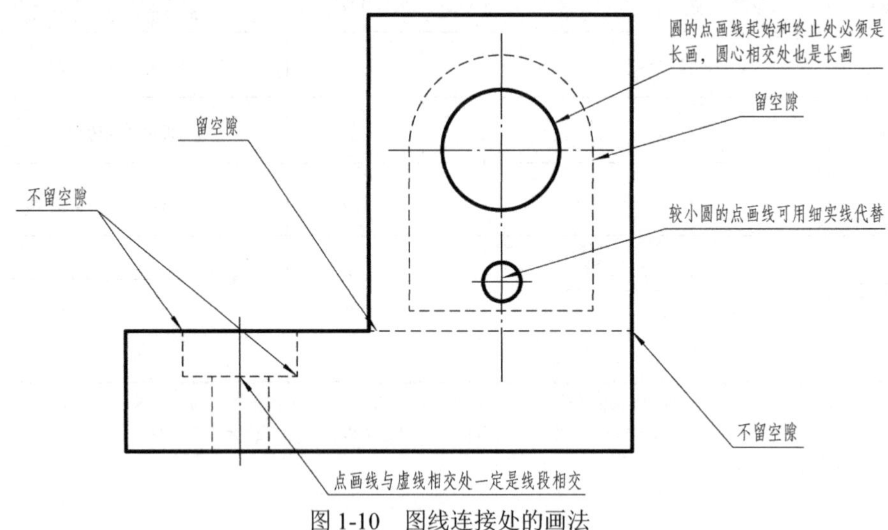

图 1-10　图线连接处的画法

（3）绘制圆的对称中心线（细点画线）时，圆心应为线段的交点。点画线和双点画线的首末两端应是线段而不是短画，同时其两端应超出图形的轮廓线 2～5mm。在较小的图形上绘制点画线或双点画线有困难时，可用细实线代替，如图 1-10 所示。

（4）当有两种或两种以上图线重合时，通常应按照图线所表达对象的重要程度优先选择绘制顺序：①可见轮廓线；②不可见轮廓线；③轴线和对称中心线；④双点画线。

1.1.5　尺寸注法

图形只能表达机件的形状，而机件的大小则由标注的尺寸确定。《机械制图　尺寸注法》（GB/T 4458.4—2003）中对尺寸标注的基本方法作了一系列规定，必须严格遵守。

1.1.5.1　基本规则

（1）机件的真实大小应以图样上所注的尺寸数值为依据，与图形的大小及绘图的准确度无关。

（2）图样中的尺寸，以毫米为单位时，不需标注计量单位的代号或名称，如采用其他单位，则必须注明。

（3）图样中所注尺寸是该图样所示机件最后完工时的尺寸，否则应另加说明。

（4）机件的每一尺寸，一般只标注一次，并应标注在反映该结构最清晰的图形上。

1.1.5.2　尺寸的组成

一个完整的尺寸应由尺寸界线、尺寸线、尺寸线终端和尺寸数字四个要素组成，如图 1-11 所示。

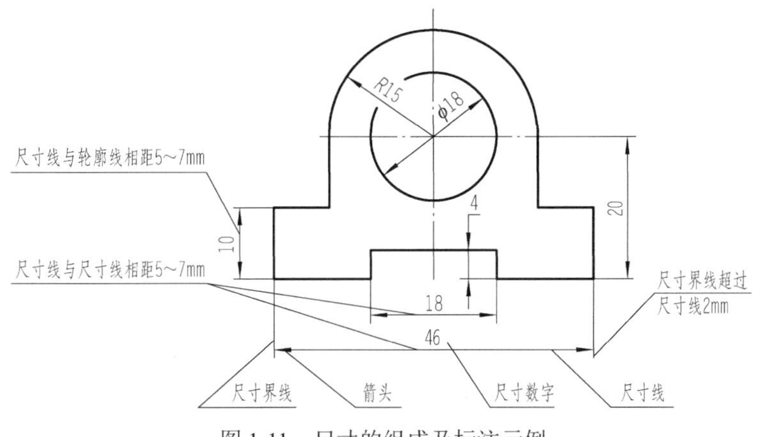

图 1-11　尺寸的组成及标注示例

1. 尺寸界线

尺寸界线用细实线绘制，并应由图形的轮廓线、轴线或对称中心线处引出。也可利用轮廓线、轴线或对称中心线作尺寸界线。尺寸界线一般应与尺寸线垂直，并超出尺寸线终端 2mm 左右。

2. 尺寸线

尺寸线用细实线绘制。尺寸线必须单独画出，不能用其他图线代替，也不能与其他图线重合或画在其延长线上。标注线性尺寸时，尺寸线必须与所标注的线段平行；当有几条互相平行的尺寸线时，大尺寸要注在小尺寸的外面，以免尺寸线与尺寸界线相交。在圆或圆弧上标注直径或半径尺寸时，一般尺寸线应通过圆心或尺寸线的延长线通过圆心。

3. 尺寸线终端

尺寸线终端有两种形式，如图 1-12 所示。箭头适用于各种类型的图样，图 1-12 中的 d 为粗实线的宽度，箭头尖端与尺寸界线接触，不得超出也不得离开。斜线用细实线绘制，图 1-12 中 h 为字体高度。当尺寸线终端采用斜线形式时，尺寸线与尺寸界线必须相互垂直。圆的直径、圆弧、半径及角度的尺寸线的终端应画成箭头。机械图样中一般采用箭头作为尺寸线的终端形式。

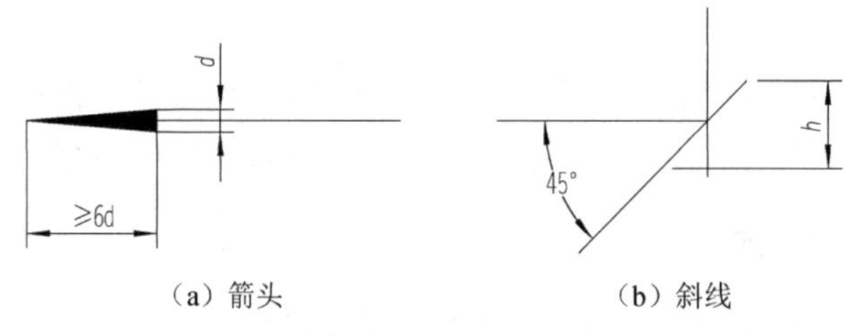

（a）箭头　　　　（b）斜线

图 1-12　尺寸线终端

4. 尺寸数字

图纸上水平方向尺寸，其数字写在尺寸线的上方，图纸上竖直方向尺寸，其数字写在尺寸线的左方，字头朝左。其他方向的线性尺寸数字注写参见表 1-5 中的线性尺寸注法示例。尺寸数字也允许注写在尺寸线的中断处，此时，尺寸数字一律水平书写。尺寸数字不可被任何图线所通过，否则必须把图线断开，见图 1-11 中的尺寸 $R15$ 和 $\phi 18$。

1.1.5.3　尺寸注法示例

表 1-5 中列出了 GB/T 4458.4—2003 规定的部分尺寸注法示例，未详尽处请查阅该标准。

表 1-5　尺寸注法示例

标注内容	示例	说明
线性尺寸		尺寸数字应按左图中第一图所示的方向注写，图示 30° 范围内，尽可能避免标注尺寸。当无法避免时，可如左图中第二图所示标注；也可如第三、四图所示，引出标注；还可如第五图所示标注，即对于非水平方向的尺寸，其数字可水平地注写在尺寸线的中断处

续表

标注内容		示例	说明
圆弧	直径尺寸	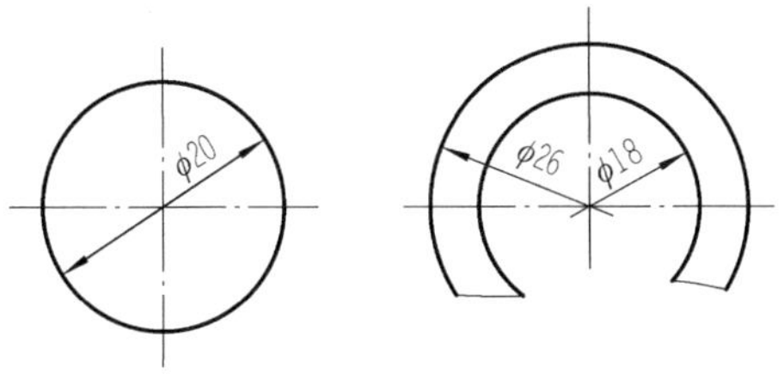	标注圆或大于半圆的圆弧时，尺寸线通过圆心，以圆周为尺寸界线，尺寸数字前加注直径符号“ϕ”
	半径尺寸	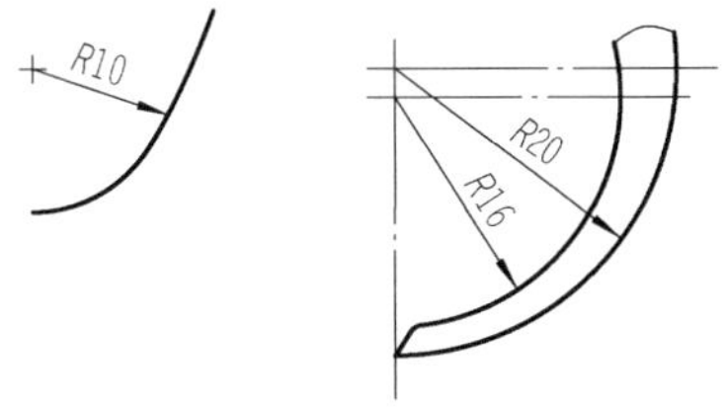	标注小于或等于半圆的圆弧时，尺寸线自圆心引向圆弧，只画一个箭头，尺寸数字前加注半径符号“R”
大圆弧		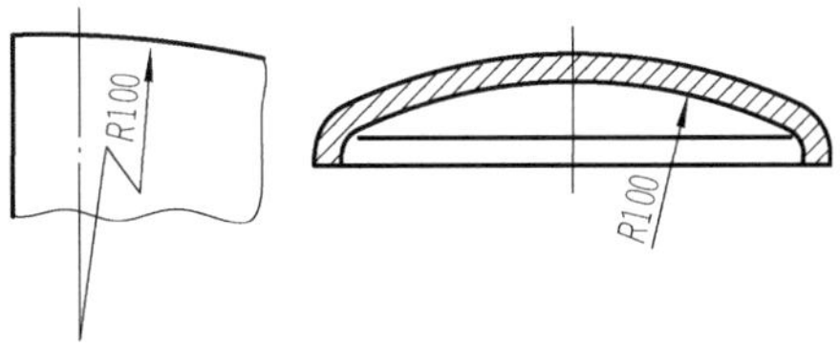	当圆弧的半径过大或在图纸范围内无法标注其圆心位置时，可采用折线形式，若圆心位置不需注明，则尺寸线可只画靠近箭头的一段
小尺寸		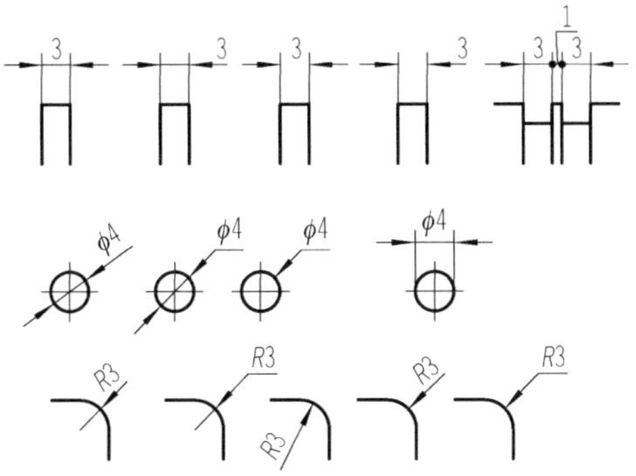	对于小尺寸，在没有足够的位置画箭头或注写数字时，箭头可画在外面，或用小圆点代替两个箭头；尺寸数字也可采用旁注或引出标注
球面		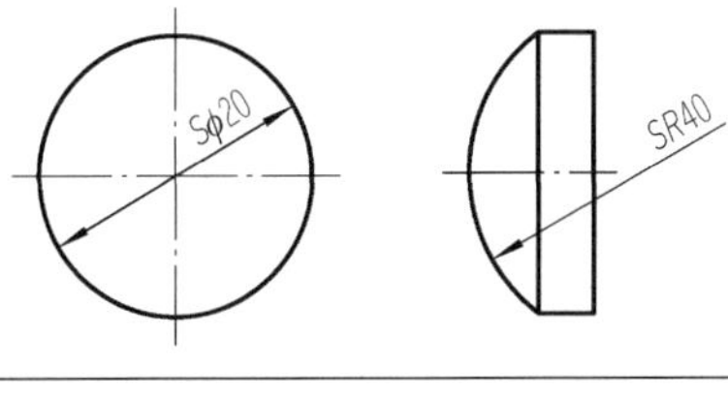	标注球面的直径或半径时，应在尺寸数字前分别加注符号“$S\phi$”或“SR”
角度		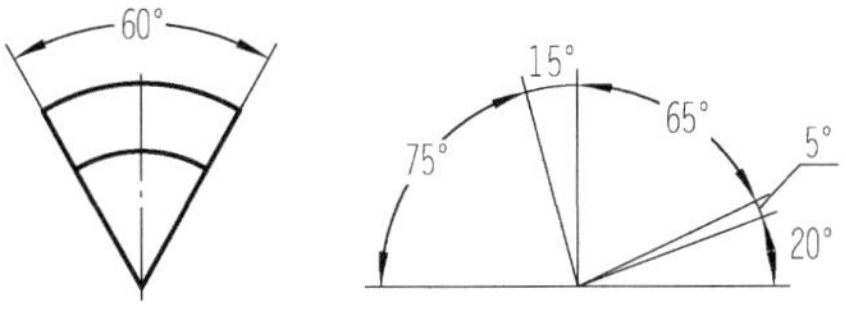	尺寸界线应沿径向引出，尺寸线画成圆弧，圆心是角的顶点。尺寸数字一律水平书写，一般注写在尺寸线的中断处，必要时也可按右图的形式标注

续表

标注内容	示例	说明
弦长和弧长	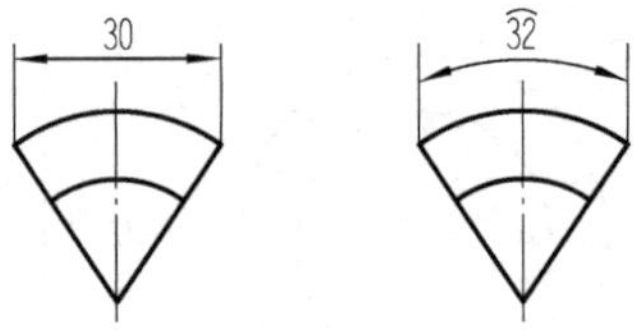	标注弦长和弧长时，尺寸界线应平行于弦的垂直平分线。弧长的尺寸线为同心弧，并应在尺寸数字上方加注符号“⌒”
对称机件	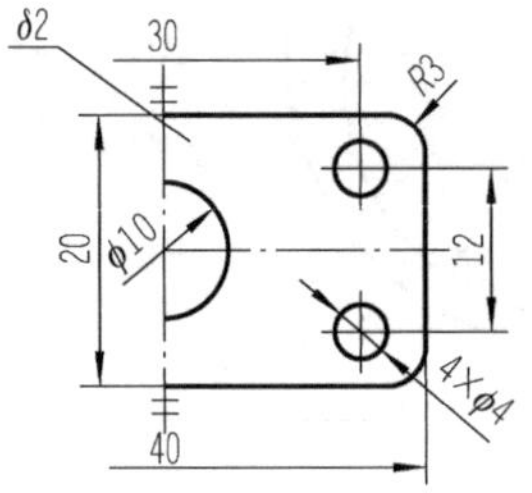	当对称机件只画出一半或略大于一半时，尺寸线应略超过对称中心线或断裂处的边界线，仅在尺寸线的一端画出箭头
板状零件		标注板状零件的尺寸时，在厚度的尺寸数字前加注符号“ δ”
尺寸相同的孔、圆角等要素		相同直径的圆孔只需在一个圆孔上标注，标注形式如左图所示，在直径尺寸前面加注“孔的个数×”。而相同半径的圆角只需标注一处，如左图中 *R*3
光滑过渡处的尺寸	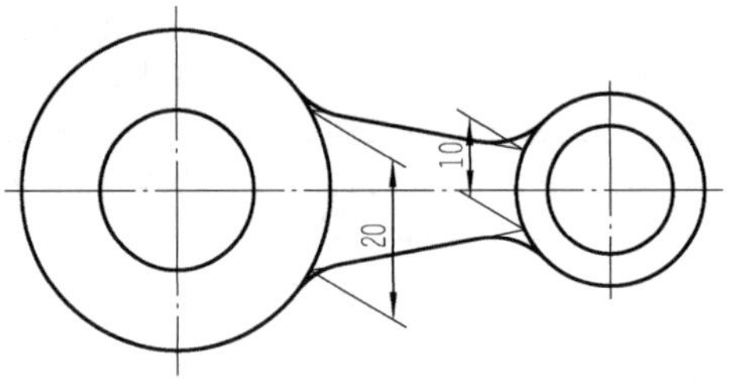	在光滑过渡处，必须用细实线将轮廓线延长，并从它们的交点引出尺寸界线 尺寸界线一般应与尺寸线垂直，必要时允许倾斜
正方形结构	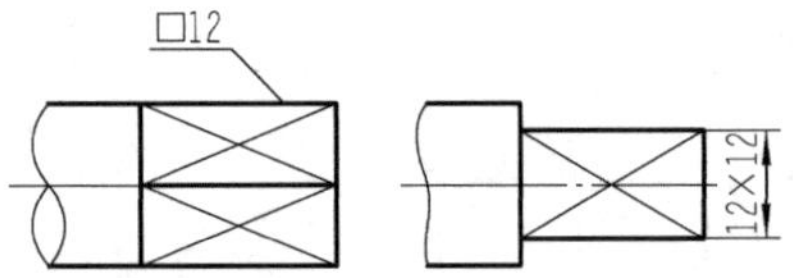	标注机件的剖面为正方形结构的尺寸时，可在边长尺寸数字前加注符号“□”，或用“12×12”代替“□12”。图中相交的两条细实线是平面符号（当图形不能充分表达平面时，可用这个符号表达平面）

1.2　常用手工绘图工具及使用方法简介

正确使用绘图工具和仪器，是保证绘图质量和绘图效率的一个重要方面。为此，本节将手工绘图工具及其使用方法介绍如下。

1.2.1　图板、丁字尺和三角板

1. 图板

图板是铺贴图纸用的，要求板面平滑光洁，又因它的左侧边为丁字尺的导边，所以其左侧边必须平直光滑。丁字尺的尺头与图板左侧靠紧，以保证尺身水平，图纸的纸边与尺身靠齐，并靠近尺头一侧，图纸用胶带纸固定在图板上，如图 1-13 所示。

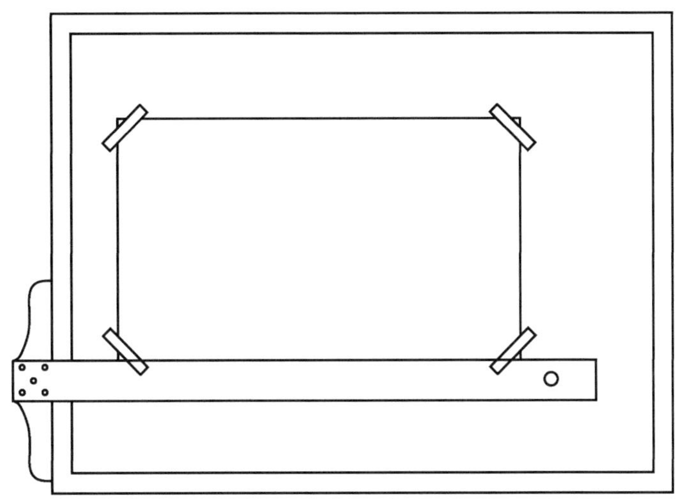

图 1-13　在图板上固定图纸

2. 丁字尺和三角板

丁字尺主要用来画水平线，画图时，其头部必须紧靠绘图板左边，然后用丁字尺的上边画线。移动丁字尺时，用左手把住丁字尺尺头，右手把住丁字尺尺身沿图板上下移动，把丁字尺调整到准确的位置，然后压住丁字尺画水平线。画水平线是从左向右画，如图 1-14（a）所示；用丁字尺、三角板配合画铅垂线时，应从下向上画，如图 1-14（b）所示；用 45°和 30°、60°两块三角板配合丁字尺可画 15°角倍数的斜线，如图 1-14（c）所示。

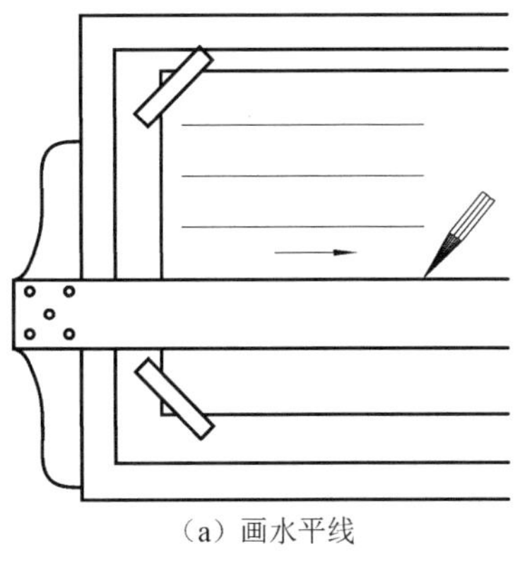

（a）画水平线

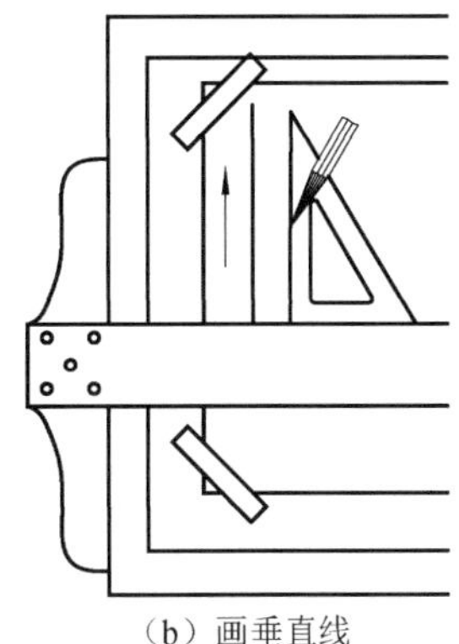

（b）画垂直线

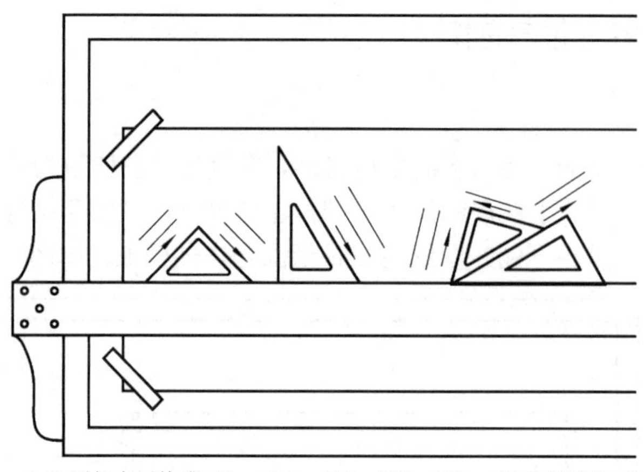

（c）画与水平线成45°、135°、60°、30°、75°、15°角斜线的方法

图 1-14　丁字尺和三角板的使用方法

1.2.2　绘图铅笔

绘图铅笔的铅芯分别用 B 和 H 表示其软、硬程度。B 前面的数字越大，铅芯越软；H 前面的数字越大，铅芯越硬，HB 为中等软硬度铅芯。绘图时根据不同使用要求，应准备几种硬度不同的铅笔。H 或 2H 用于画各种细线和画底稿，铅芯要磨成圆锥形，如图 1-15（a）所示；B 或 HB 用于描深粗实线，其铅芯磨削成四棱柱体，铅芯端面为矩形，如图 1-15（b）所示；HB 或 H 用于写字，铅芯要磨成圆锥形。

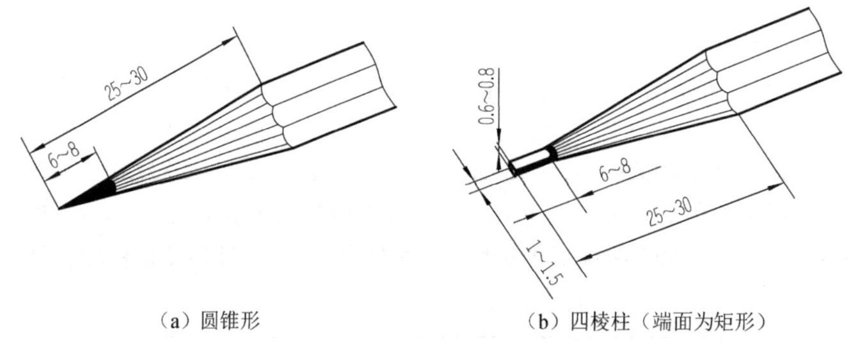

（a）圆锥形　　（b）四棱柱（端面为矩形）

图 1-15　铅芯的形状图

1.2.3　圆规和分规

1. 圆规

圆规是画圆和圆弧的工具。画图前，圆规固定腿上的钢针（带有台阶的一端）应调整到比铅芯稍长一些，以便在画圆或圆弧时，将针尖插入圆心中，钢针的台阶与铅芯尖应平齐，画图时应尽量使钢针和铅芯都垂直于纸面，并将圆规向前进方向倾斜，圆规的用法如图 1-16 所示。画直径很大的圆时，应在铅芯头接脚上部加装加长杆。用于打底稿的铅芯应削成铲形，用于加深的铅芯应削成楔形或四棱柱形，描深时，铅芯应比描相同线型的直线的铅芯软一号。

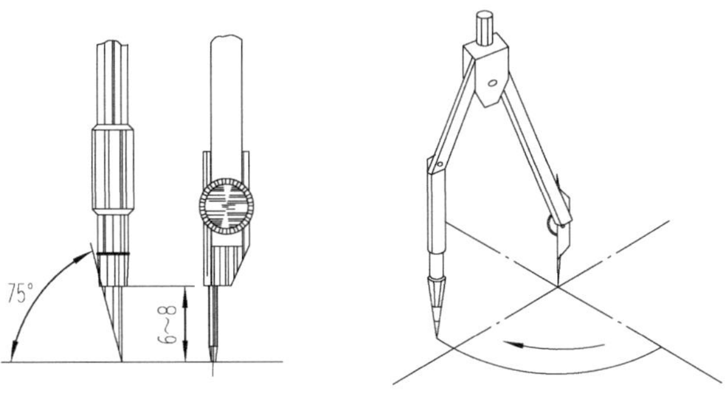

图 1-16　圆规的用法

2. 分规

分规是用来量取尺寸和等分线段的工具。为了准确地度量尺寸，分规两腿端部的针尖应平齐，等分线段时，将分规两针尖调整到所需的距离，然后用右手拇指和食指捏住分规手柄，使分规两针尖沿线段交替旋转前进，四等分线段 *AB* 作图过程如图 1-17 所示。由于第 4 等分点落在 *AB* 内，说明目测的试分线段短了，须将针尖距离按目测再增加 *b*/4 进行试分，经过几次试分就可完成。

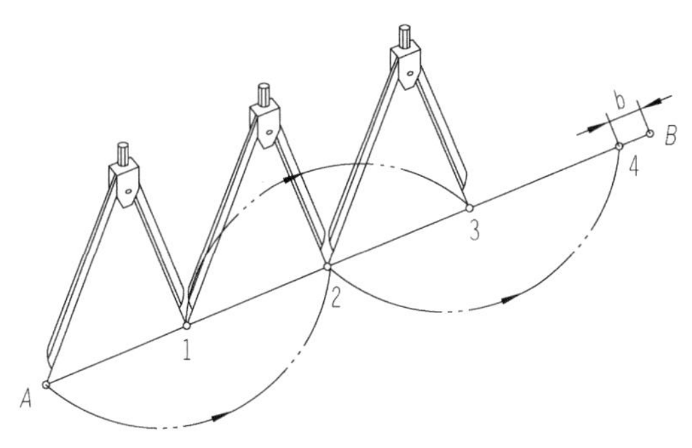

图 1-17　分规的使用

1.3　几 何 作 图

虽然机件的轮廓形状是多种多样的，但它们的图样基本上都是由直线、圆弧和其他一些曲线所组成的几何图形，本节将介绍一些基本的几何图形的尺规作图方法。

1.3.1　等分线段的画法

以将 *AB* 线段分为五等分为例，介绍等分线段的方法，其具体作图方法如图 1-18 所示。

（1）过点 *A* 作任意直线 *AM*，以适当长度为单位，在 *AM* 上量得 1、2、3、4、5，得 5 个等分点。

（2）连接 5*B*。

（3）过各等分点分别作 5*B* 的平行线与 *AB* 相交，得 1′、2′、3′、4′，即将 *AB* 分为五等份。

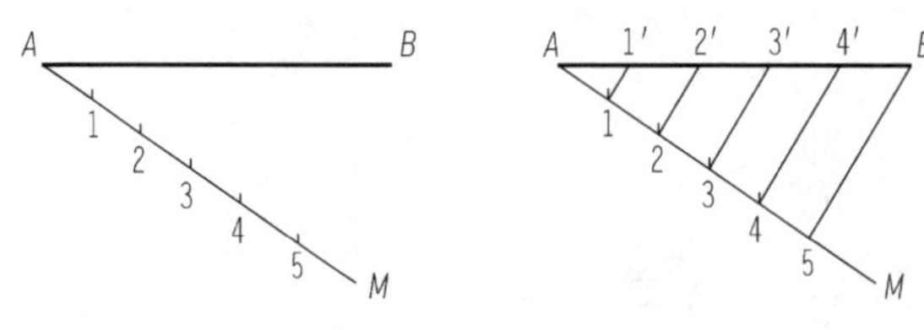

图 1-18　等分线段

1.3.2　圆内接正多边形的画法

圆内接正多边形的画法如表 1-6 所示。

表 1-6　圆内接正多边形的画法

类别	作图步骤	
圆内接正三边形	（1） 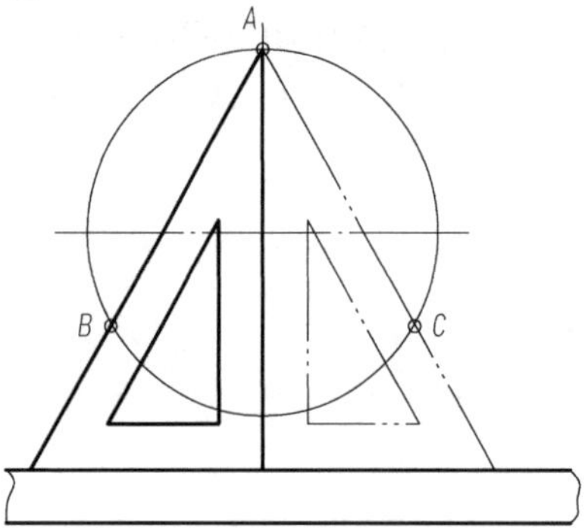	（2） 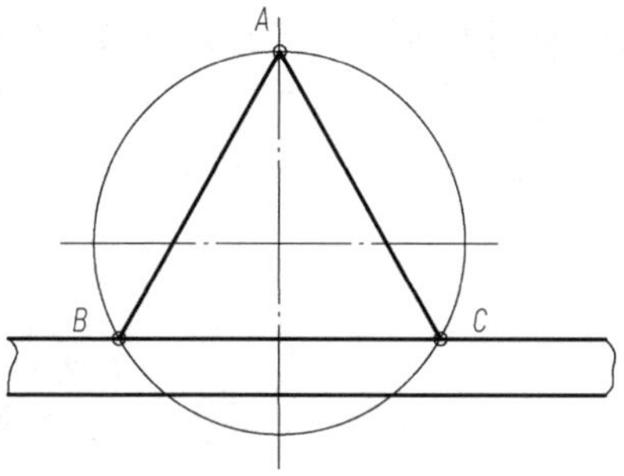
圆内接正四边形	（1） 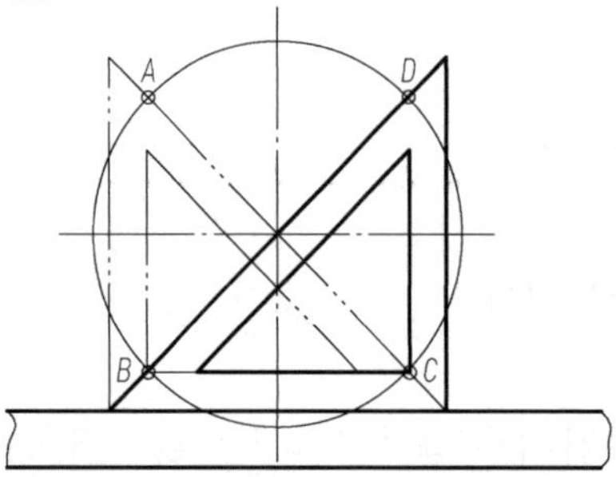	（2） 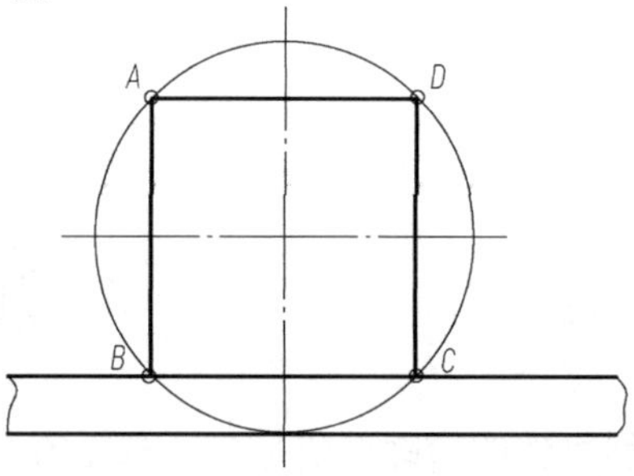
圆内接正六边形	（1） 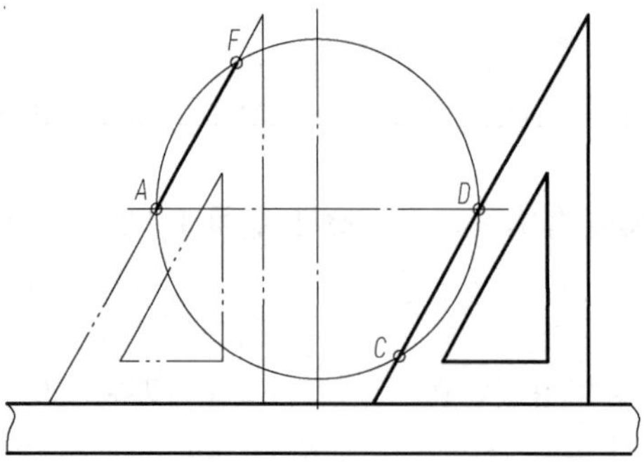	（2） 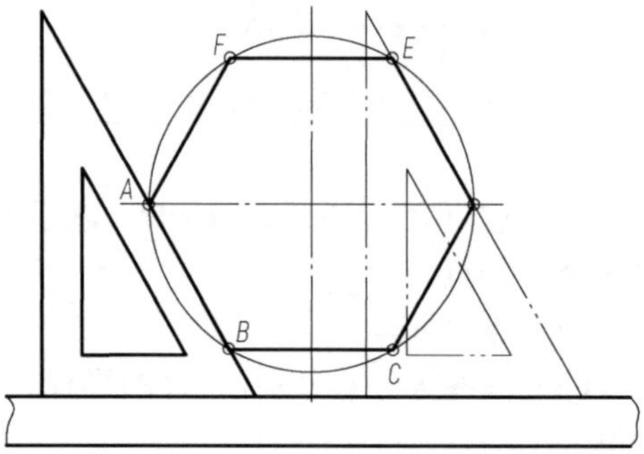

续表

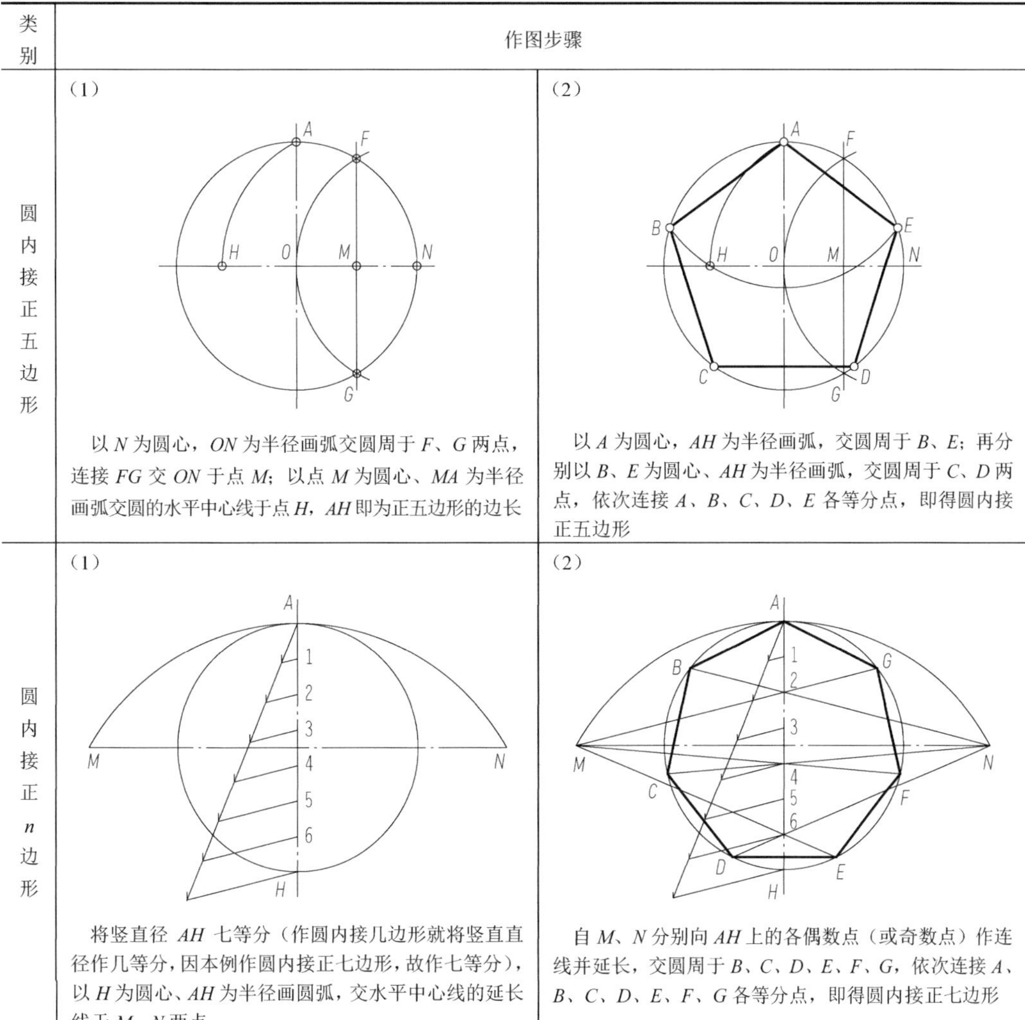

类别	作图步骤	
圆内接正五边形	（1）以 N 为圆心，ON 为半径画弧交圆周于 F、G 两点，连接 FG 交 ON 于点 M；以点 M 为圆心、MA 为半径画弧交圆的水平中心线于点 H，AH 即为正五边形的边长	（2）以 A 为圆心，AH 为半径画弧，交圆周于 B、E；再分别以 B、E 为圆心、AH 为半径画弧，交圆周于 C、D 两点，依次连接 A、B、C、D、E 各等分点，即得圆内接正五边形
圆内接正 n 边形	（1）将竖直径 AH 七等分（作圆内接几边形就将竖直直径作几等分，因本例作圆内接正七边形，故作七等分），以 H 为圆心、AH 为半径画圆弧，交水平中心线的延长线于 M、N 两点	（2）自 M、N 分别向 AH 上的各偶数点（或奇数点）作连线并延长，交圆周于 B、C、D、E、F、G，依次连接 A、B、C、D、E、F、G 各等分点，即得圆内接正七边形

1.3.3 斜度与锥度的画法

1. 斜度

斜度是指一直线或一平面对另一直线或平面的倾斜程度，其大小用直线或平面间夹角的正切值来表示。即

$$斜度=\tan\alpha=\frac{H}{L}=1:n$$

在图样中通常以$1:n$的形式标注。标注斜度时，在数字前应加注符号“∠”，符号“∠”的指向应与直线或平面倾斜的方向一致。斜度的画法及标注如图 1-19 所示。

2. 锥度

锥度是指正圆锥的底圆直径 D 与圆锥高度 L 之比，而对于圆台，则为两底圆直径之

差 $D-d$ 与圆台高度 l 之比，即锥度$=D/L=(D-d)/l=2\tan\alpha=1:n$，其中 α 为 1/2 锥顶角。锥度在图样上的标注形式为 1∶n，且在此之前加注符号“◁”，符号尖端方向应与锥顶方向一致。锥度的画法及标注如图 1-20 所示。

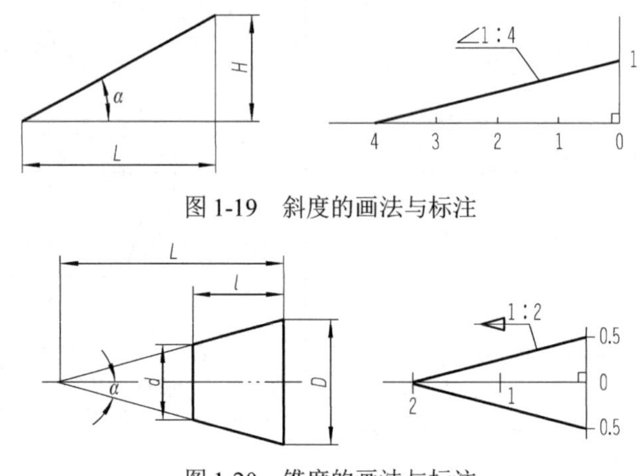

图 1-19　斜度的画法与标注

图 1-20　锥度的画法与标注

1.3.4　圆弧连接的画法

工程图样中的大多数图形都是由直线与圆弧、圆弧与圆弧连接而成的。圆弧连接，实际上就是用已知半径的圆弧去光滑地连接两已知线段（直线或圆弧）。光滑连接也就是相切连接，为了保证连接光滑，必须准确地确定连接圆弧的圆心和切点。

连接圆弧的圆心和切点的确定方法如下。

（1）与已知直线相切的圆弧，它的圆心轨迹一定是一条与已知直线平行，且与已知直线的距离为连接圆弧的半径的直线，过连接圆弧的圆心做已知直线垂线，垂足即为切点。

（2）与已知圆弧以外切方式相连接的圆弧，它的圆心轨迹一定是一个以已知圆弧的圆心为圆心，以连接圆弧与已知圆弧的半径之和为半径的圆周，切点一定是两圆心的连线与已知圆弧的交点。

（3）与已知圆弧以内切方式相连接的圆弧，它的圆心轨迹一定是一个以已知圆弧的圆心为圆心，以连接圆弧与已知圆弧的半径之差为半径的圆周，切点一定是两圆心的连线与已知圆弧的交点。

常见的圆弧连的几何作图见表 1-7。

表 1-7　圆弧连接作图示例

连接方式	作图示例	作图步骤
圆弧连接两直线	K_1 R O R K_2	（1）分别以连接圆弧的半径 R 为距离，作已知两直线的平行线，两直线相交于点 O； （2）自点 O 分别向两直线作垂线，得垂足 K_1、K_2 点； （3）以 O 为圆心、R 为半径，画 K_1、K_2 之间的圆弧

续表

连接方式	作图示例	作图步骤
圆弧与两已知圆外切	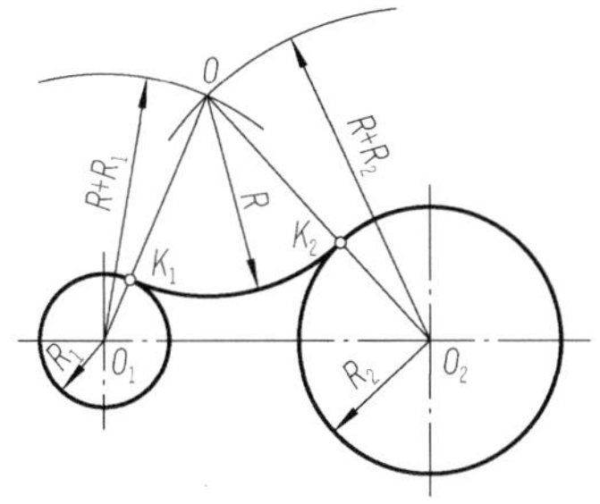	(1) 以 O_1 为圆心、$R+R_1$ 为半径画圆，再以 O_2 为圆心、$R+R_2$ 为半径画圆，得两辅助圆的交点 O； (2) 连线 OO_1、OO_2 得交点 K_1、K_2，点 K_1、K_2 即为连接点； (3) 以 O 为圆心、R 为半径，画 K_1、K_2 之间的圆弧
圆弧与两已知圆内切	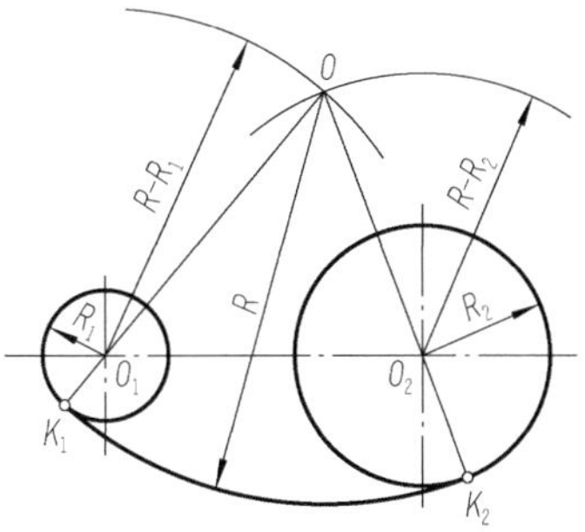	(1) 以 O_1 为圆心、$R-R_1$ 为半径画圆，再以 O_2 为圆心、$R-R_2$ 为半径画圆，得两辅助圆的交点 O； (2) 连线 OO_1、OO_2 并延长得交点 K_1、K_2，点 K_1、K_2 即为连接点； (3) 以 O 为圆心、R 为半径，画 K_1、K_2 之间的圆弧
过圆外一点作已知圆的切线	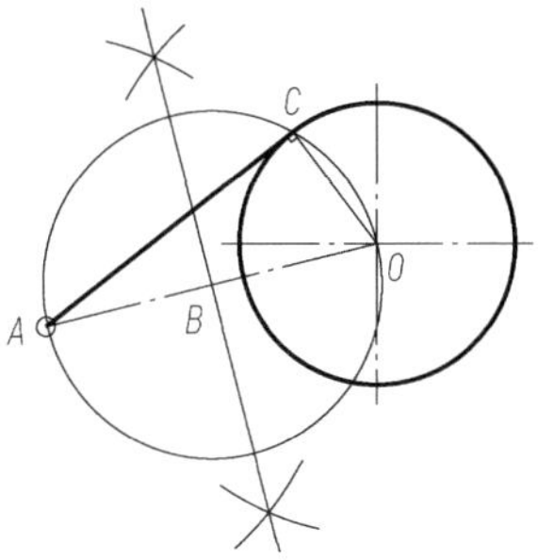	(1) 连接 AO； (2) 作 AO 的垂直平分线，该线交 AO 于点 B； (3) 以 B 为圆心、AO 为直径画圆，该圆交已知圆于点 C； (4) 连线 AC，AC 即为所求切线 注：该题两解
作两已知圆的外公切线	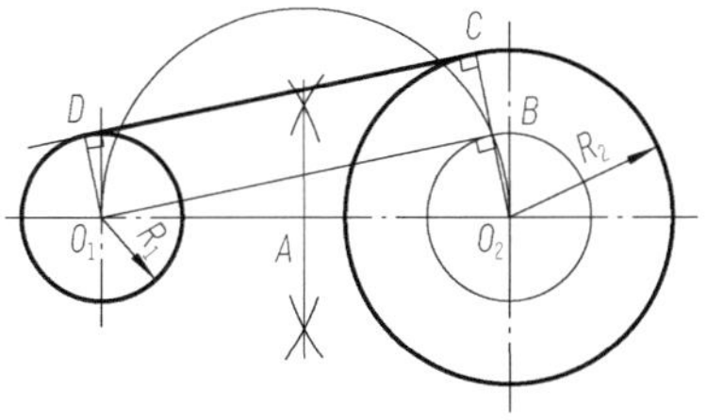	(1) 以 O_2 为圆心、R_2-R_1 为半径画圆，作 O_1O_2 连接的垂直平分线，该线交 O_1O_2 于点 A，以 A 为圆心、O_1O_2 为直径画圆，该圆交辅助圆于点 B，连线 O_1B； (2) 连线 O_2B 并延长交半径为 R_2 的圆于点 C； (3) 过点 C 作 O_1B 的平行线，交半径为 R_1 的圆于点 D，线 CD 即为两圆的外公切线
作两已知圆的内公切线	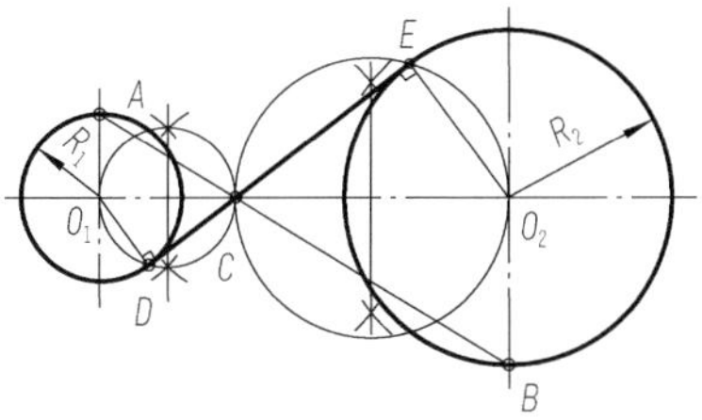	(1) 连线 AB 交 O_1O_2 于点 C； (2) 以 O_1C 为直径画圆，交半径为 R_1 的圆于点 D，以 O_2C 为直径画圆，交半径为 R_2 的圆于点 E； (3) 连线 DE，线 DE 即为两圆的内公切线

1.3.5 椭圆的画法

常用的椭圆近似画法为四圆弧法，即用四段圆弧连接起来的图形近似代替椭圆。如果已知椭圆的长轴 AB、短轴 CD，则其近似画法的步骤如下。

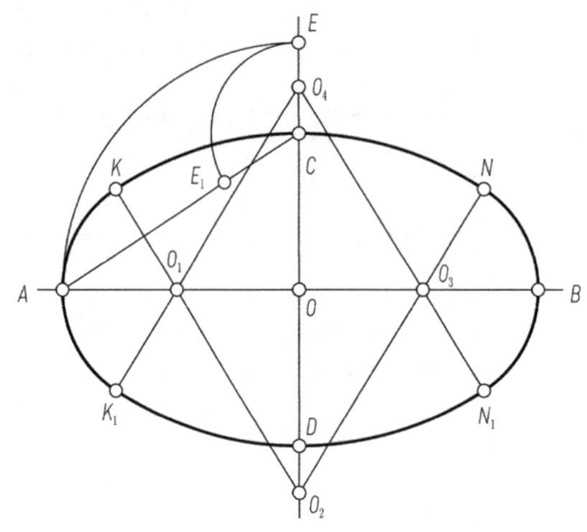

图 1-21　椭圆的近似画法

（1）连接 AC，以 O 为圆心、OA 为半径画弧交 DC 的延长线于 E，再以 C 为圆心、CE 为半径画弧交 AC 于 E_1。

（2）作线段 AE_1 的中垂线，分别交长轴、短轴于 O_1、O_2，再取 O_1、O_2 的对称点 O_3、O_4，即求出四段圆弧的圆心。

（3）分别以 O_1、O_2、O_3、O_4 为圆心，O_1A、O_2C、O_3B、O_4D 为半径画弧，拼成近似椭圆，切点为 K、N、N_1、K_1，如图 1-21 所示。由于近似椭圆是由圆心在长轴和短轴延长线上的四段圆弧拼成，习惯上称这种方法为四心圆法。

1.4 平面图形的分析与尺寸标注

任何平面图形总是由若干线段（包括直线段、圆弧、曲线）连接而成，每条线段又由相应的尺寸来决定其形状和位置。一个平面图形能否正确绘制出来，要看图中所给的尺寸是否齐全和正确。因此，绘制平面图形时应先进行尺寸分析，再进行线段分析，以明确作图步骤。

1.4.1 平面图形的分析

1.4.1.1 尺寸分析

尺寸按其在平面图形中所起的作用，可分为定形尺寸和定位尺寸两类。

1. 定形尺寸

确定平面图形中几何元素大小的尺寸称为定形尺寸，例如直线段的长度、圆弧的半径和直径等。

2. 定位尺寸

确定几何元素位置的尺寸称为定位尺寸，例如圆心的位置尺寸、直线与中心线的距离尺寸等。

要想确定平面图形中线段的上下、左右的相对位置，还必须引入基准的概念。尺寸基准是指标注尺寸的起点。平面图形中一般常用的基准是对称图形的对称线、较大圆的中心线或较长的直线等。

1.4.1.2　线段分析

平面图形中的线段，依其尺寸是否齐全可分为以下三类。

1. 已知线段

定形尺寸和两个方向的定位尺寸均为已知的线段，称为已知线段。作图时可以根据已知尺寸直接绘出。

2. 中间线段

只给出定形尺寸和一个定位尺寸的线段，称为中间线段。作图时，其另一个方向的定位尺寸可依靠与相邻已知线段的几何关系求出。

3. 连接线段

只给出定形尺寸，两个方向的定位尺寸均为未知的线段，称为连接线段。作图时，其两个方向的定位尺寸可依靠其与相邻的已知线段的几何关系求出。

仔细分析上述三类线段的定义，不难得出线段连接的一般规律：在两条已知线段之间可以有任意条中间线段，但只能有一条连接线段。

1.4.1.3　平面图形的作图步骤

绘制平面图形时，应先画已知线段，再画中间线段，最后画连接线段。

下面以图 1-22 所示手柄的平面图形为例，具体说明平面图形的绘制步骤。

（1）画基准线和已知线段，见图 1-23（a）。

（2）画中间线段。大圆弧 *R*48 是中间圆弧，圆心位置尺寸只有一个，垂直方向是已知的，水平方向位置需根据 *R*48 圆弧与 *R*8 圆弧内切的关系画出，见图 1-23（b）。

（3）画连接线段。*R*40 的圆弧只给出半径，两个方向的定位尺寸均未知，但它通过中间矩形右端的一个顶点，同时要与 *R*48 圆弧外切，通过这两个条件可以确定此圆弧的圆心位置，见图 1-23（c）。

（4）校核作图过程，擦去多余的作图线，描深图形，见图 1-23（d）。

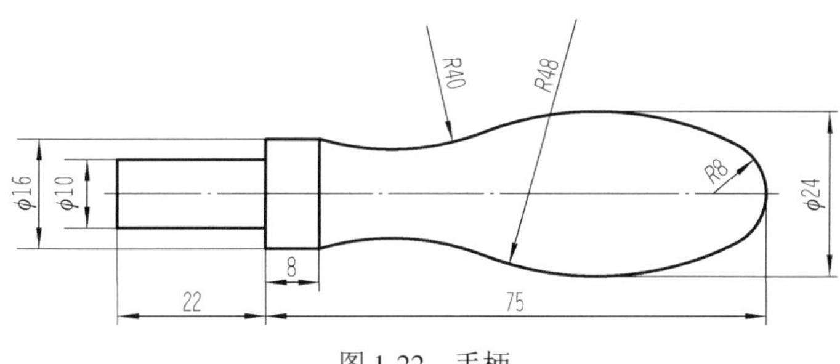

图 1-22　手柄

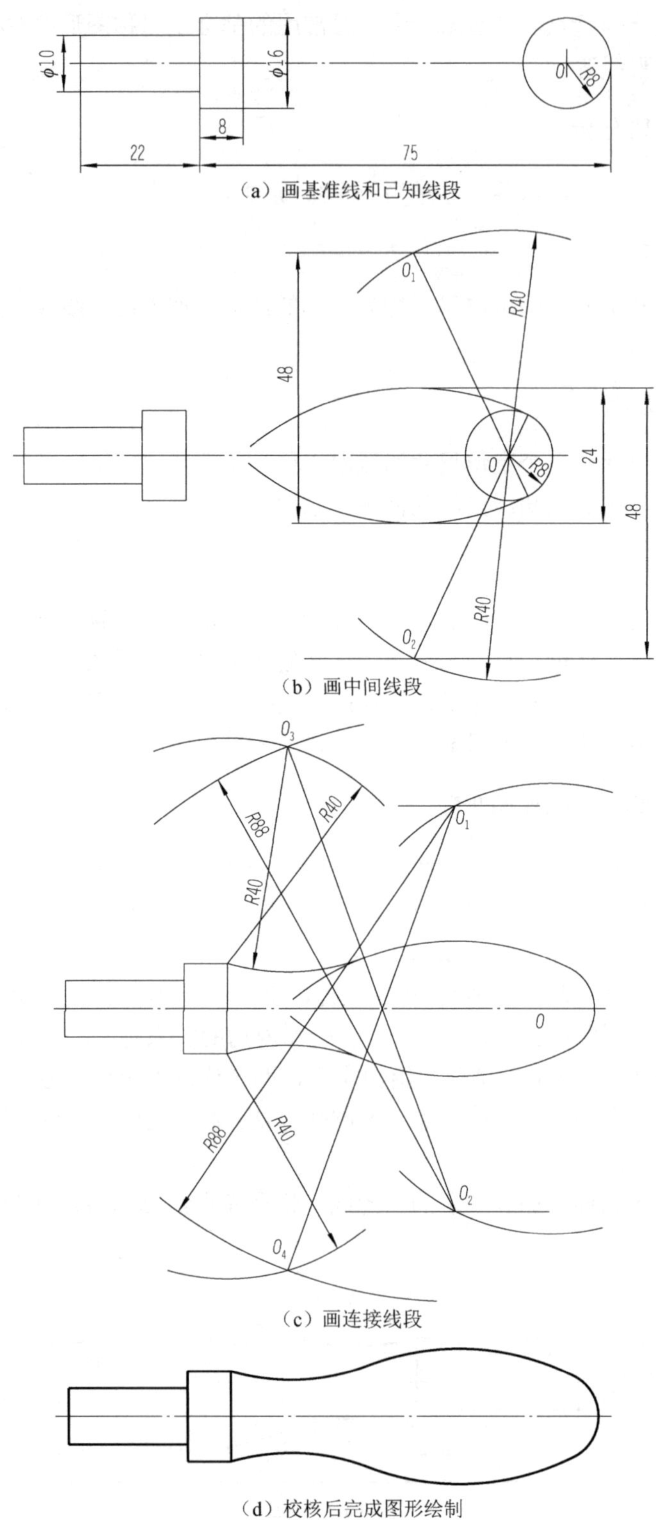

（a）画基准线和已知线段

（b）画中间线段

（c）画连接线段

（d）校核后完成图形绘制

图 1-23　手柄作图步骤

1.4.2　平面图形的尺寸标注

平面图形的尺寸标注要求正确、完整、清晰。

（1）正确是指尺寸要按照国家标准机械制图尺寸注法的规定标注。

（2）完整就是所标注的尺寸正好能确定图形的形状和大小，既不多注尺寸也不漏注尺寸。如需标注重复尺寸供读图者参考，可将此类尺寸写在圆括号内，作为参考尺寸。

（3）清晰是指尺寸的位置要安排在图形的明显处，布局整齐，便于读图。

图形和尺寸的关系极为密切。绘制平面图形时，要根据所给尺寸分析其各类线段，因此，能否正确绘出图形，要看所给尺寸是否足够或有无多余。而在为所画图形标注尺寸时，则首先要根据所画图形的特点选定尺寸基准，把构成该图形的主要轮廓线定为已知线段，注出相应的定形、定位尺寸；然后根据线段类别，定出中间线段与连接线段，注出相应的尺寸。注意：对于中间线段和连接线段，只标注需要的尺寸，不标注多余的尺寸。标注示例可参见图 1-22。

1.5　尺规绘图的制图步骤

1. 绘图前的准备工作

（1）准备好绘图工具和仪器，磨削好铅笔和圆规上的铅芯。

（2）确定绘图采用的比例和图纸幅面的大小。

（3）固定图纸。

（4）绘制图框线和标题栏。

2. 绘制底稿的方法和顺序

（1）分析所画图形，设计图形在图纸上应在的位置，也就是布置图面，称为布局。

（2）画底稿采用削尖的 H 或 2H 铅笔轻淡地画出。画图时，先画布局定位线（一般为图形的对称中心线或轴线），再画主要轮廓，然后画细节，完成底稿的绘制。

3. 加深图线

在底稿检查无误后，可按下述步骤加深图线。注意：圆规铅芯要比画直线的铅芯软一倍。要保证同类图线规格一致、粗细均匀、色调一致。

（1）用削尖的 H 或 2H 铅笔加深图形中的细线（细点画线、细虚线、细实线等）。

（2）加深图形中的所有圆及圆弧，按照从左到右、从上到下的顺序依次完成。

（3）加深图形中的所有粗实线，仍然按照从左到右、从上到下的顺序依次完成。

（4）标注尺寸和注解。

（5）全面检查，填写标题栏和其他必要的说明，完成图样。

1.6 徒手图的画法

徒手图也称草图，是不用绘图工具和仪器，仅用铅笔以徒手、目测的方法绘制的图样。由于草图绘制迅速简便，有很大的实用价值，常用于创意设计、现场测绘和技术交流中。

草图不是潦草的图，仍应基本上做到图形正确、线型分明、比例匀称、字体工整、图面整洁。

为了便于控制图样的尺寸和大小、线条的方向，可在网格纸上画草图。网格纸不要求固定在图板上，为了作图方便，可任意转动或移动。画草图一般选用 HB 或 B 铅笔。

徒手绘图是一项重要的基本技能，要不断地实践水平才能逐步提高。下面介绍各种图线的画法。

1.6.1 直线的画法

画直线时，眼睛看着图线的终点，由左向右画水平线，由上向下画垂直线，如图 1-24 所示。画长斜线时，为了运笔方便，可以将图纸旋转一适当角度，使它转成水平线来画。当线段较长时，可通过目测在线的中间定出几点，分段画出。

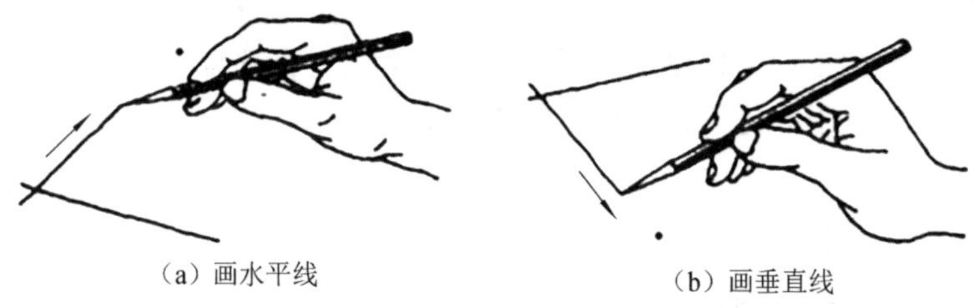

（a）画水平线　（b）画垂直线

图 1-24 徒手画直线的手势

画与水平线成 30°、45°、60° 角的斜线时，可利用两直角边的比例关系近似画出。如画 10° 和 15° 等角度线时，可先画出 30° 线后再等分求得，如图 1-25 所示。

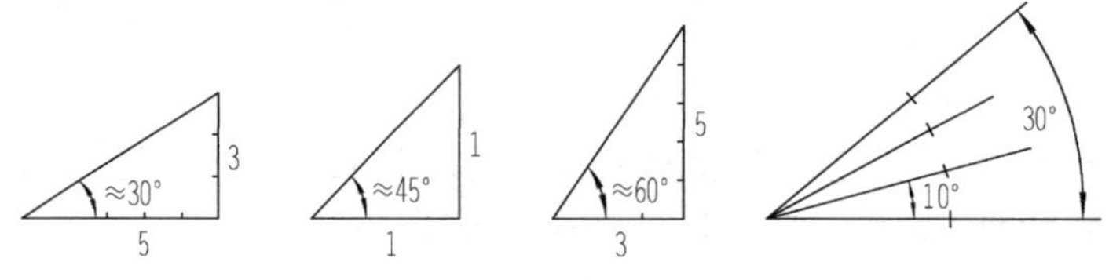

图 1-25 徒手画特殊角度直线

1.6.2 圆的画法

用徒手画小圆时，应先确定圆心的位置，画出两条互相垂直的中心线，再目测半径大小，在中心线上定出四点，然后过这四点画圆，如图 1-26（a）所示。当圆的直径较大时，可过圆心增画两条 45° 的斜线，在线上再定四个点，然后过这八点画圆，如

图 1-26（b）所示。当圆的直径很大时，可用一张长纸片，上取两点标出半径长度，让一点对准圆心，旋转另一点，定出圆周上的一系列点，然后通过这些点画圆，如图 1-26（c）所示。

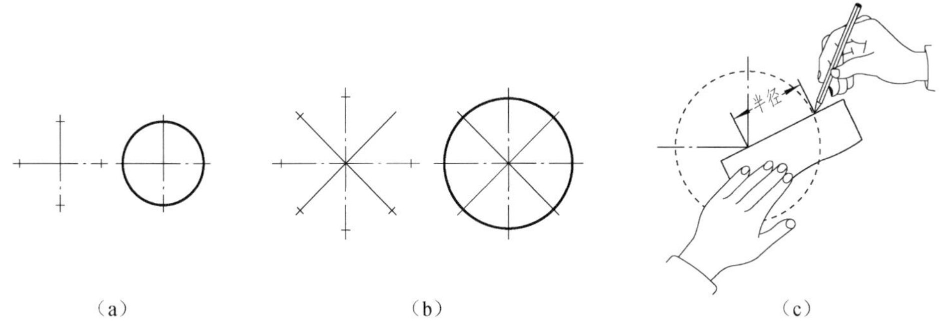

（a）　　　　（b）　　　　（c）

图 1-26　圆的画法

1.6.3　圆角的画法

先用目测在分角线上选取圆心位置，使它与角的两边的距离等于圆角的半径大小。过圆心向两边引垂直线定出圆弧的起点和终点，并在分角线上也定出一圆周点，然后徒手作圆弧把这三点连接起来，如图 1-27 所示。

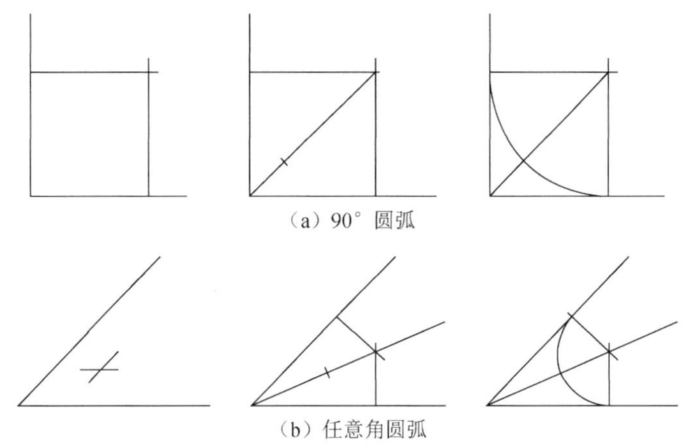

（a）90° 圆弧

（b）任意角圆弧

图 1-27　圆角的画法

1.6.4　椭圆的画法

先画出椭圆的长短轴，并用目测定出其端点位置，过这四点画一矩形，再与矩形相切画椭圆，如图 1-28（a）所示。也可利用外接菱形画四段圆弧构成椭圆，如图 1-28（b）所示。

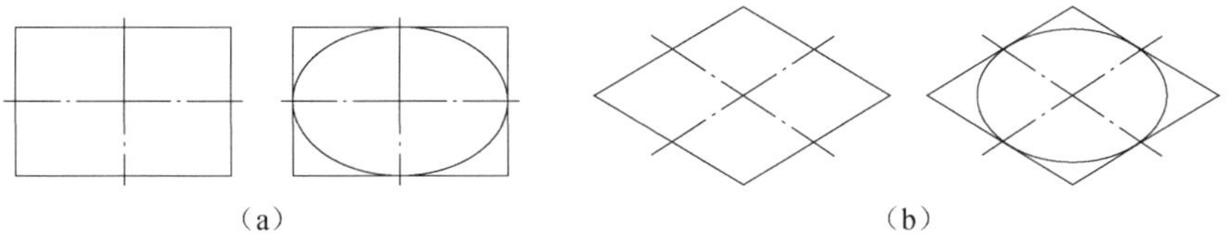

（a）　　　　（b）

图 1-28　椭圆的画法

1.6.5 徒手绘图图例

初学徒手绘图，最好在方格纸上练习，待达到一定熟练程度后再用空白纸绘图。如图 1-29 所示，在绘制三个平面图形时，可以用目测的方法或借助于绘图笔获得各部分尺寸，然后利用前面介绍的基本图线的画法绘制各部分形体的外轮廓，再画细节，最后加深，完成全图。

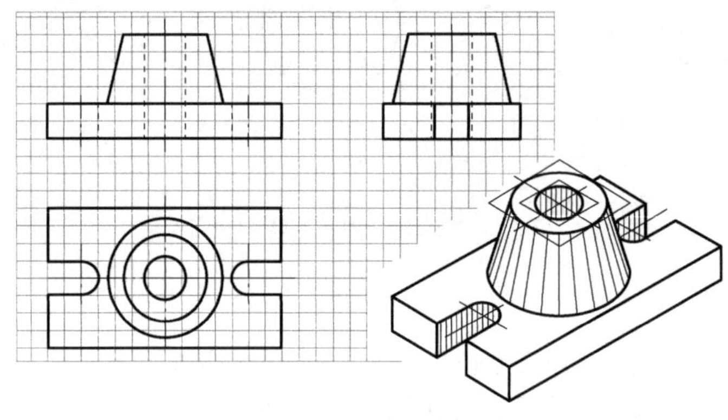

图 1-29　木模草图

思 考 题

1．基本图纸幅面有几种，分别用什么幅面代号表示？各不同幅面代号的图纸的边长之间有何规律？

2．同一个平面图形，若采用不同的绘图比例绘制，图形上标注的尺寸数值有区别吗？

3．你能说出机械图样上常用图线线型名称、用途和绘制时的注意事项吗？

4．一个完整的尺寸，一般应包括哪几个组成部分？各组成部分在标注尺寸时，都应符合什么要求？标注线性尺寸时，对于水平方向，竖直方向，非水平、非竖直方向的尺寸数字各应按什么方向书写，写在什么位置处？标注角度尺寸时，角度数字应按什么方向书写，写在什么位置处？

5．什么是平面图形的尺寸基准、定形尺寸和定位尺寸？平面图形是由哪三种类型的线段构成的，各种线段需要标注的定位尺寸数量如何？试述平面图形的作图步骤。

第 2 章　点、直线、平面的投影

自然界中一切有形的物体，从几何的观点来看，都可以由点、线（直线或曲线）、面（平面或曲面）等基本几何元素构成。所以，学习和掌握点、线、面的投影规律和特性，是学习绘制和阅读物体的投影图的基础。

2.1　投影法的基本知识

2.1.1　投影法的概念

在日常生活中，物体在日光或灯光的照射下，在墙面或地面上会产生影子，这就是自然界中的投影现象。人们对自然界中的这种投影现象进行研究并抽象，利用这个原理在平面上绘制出物体的图像，以表示物体的形状和大小，这种方法称为投影法。有关投影法的术语和内容可查阅《技术制图　投影法》（GB/T 14692—2008）。

投影法涉及的要素如下：①投影中心（即发出光线的光源）；②投射线（即由光源发出的光线）；③空间物体；④投影（即在平面上形成的影像）；投影面（即承载影像的平面）。

2.1.2　投影法的分类

2.1.2.1　中心投影法

1. 中心投影法的概念

如图 2-1 所示，投影线自投影中心 S 出发，将空间△ABC 投射到投影面 P 上，所得△abc 即为△ABC 的投影。这种投射中心位于有限远处，投射线汇交于一点的投影法称为中心投影法。

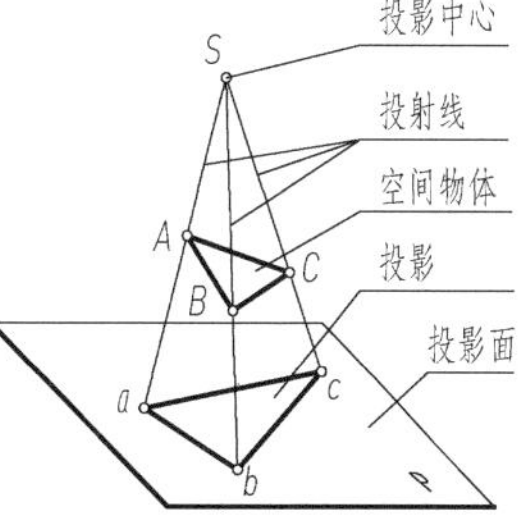

图 2-1　中心投影法

2. 中心投影法的特点

物体的投影随着其与投影中心和投影面距离的变化而发生变化，越靠近投影中心，投影越大，反之越小。

2.1.2.2　平行投影法

1. 平行投影法的概念

若将投影中心 S 移到离投影面无穷远处，则所有的投射线都相互平行。这种投射线相互平行的投影方法，称为平行投影法。

根据投射线与投影面是否垂直，平行投影法分为两种：正投影法和斜投影法。

（1）正投影法是指投射线垂直于投影面的投影法，如图 2-2（a）所示。

（2）斜投影法是指投射线倾斜于投影面的投影法，如图 2-2（b）所示。

工程图样一般采用正投影，所以今后在不特殊声明时，所说的“投影”都是指 “正投影”。

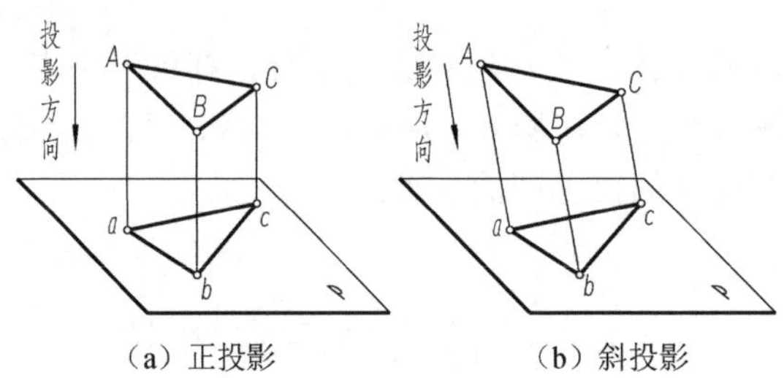

（a）正投影　　（b）斜投影

图 2-2　平行投影法

2. 平行投影法的特点

物体的投影与其距投影面的远近无关，物体的投影不随其与投影面距离的变化而发生变化。

2.1.3　投影法在工程上的应用

1. 透视投影图

透视投影图是用中心投影法绘制的单面投影图，如图 2-3 所示，其特点是立体感强、逼真，但绘制复杂、度量性差。透视图常用于绘制建筑、园林等的效果图。

2. 标高投影图

标高投影图是用平行正投影方法绘制的单面正投影图，如图 2-4 所示，其特点是用一系列高程不等的等高线表达不规则形体的形状。在工程上常用来绘制地形图。

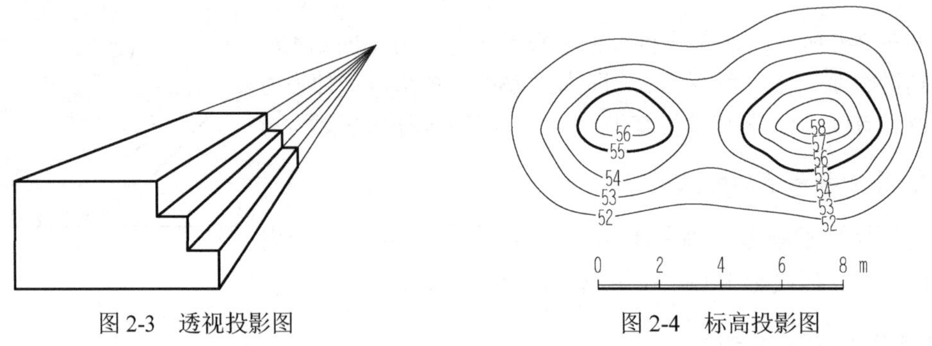

图 2-3　透视投影图　　图 2-4　标高投影图

3. 多面正投影图

多面正投影图是用正投影法绘制的物体在多个投影面上的投影，如图 2-5 所示。其优点是能准确表达物体的形状和大小以及构成物体的各几何元素间的几何关系，度量性好，作图简单，在工程上被广泛应用于绘制工程图样；其缺点是直观性差，一般要用两个或两个以上投影面的投影才能把物体的形状表达清楚。

4. 轴测投影图

轴测投影图是用平行投影法绘制的单面投影图，如图 2-6 所示。其特点是直观，立体感较强，但度量性差，绘图比透视图简单，在工程上常用作辅助图样。

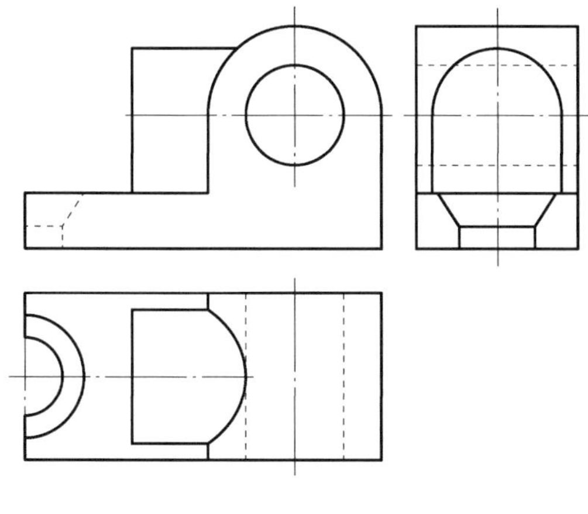

图 2-5　多面正投影图

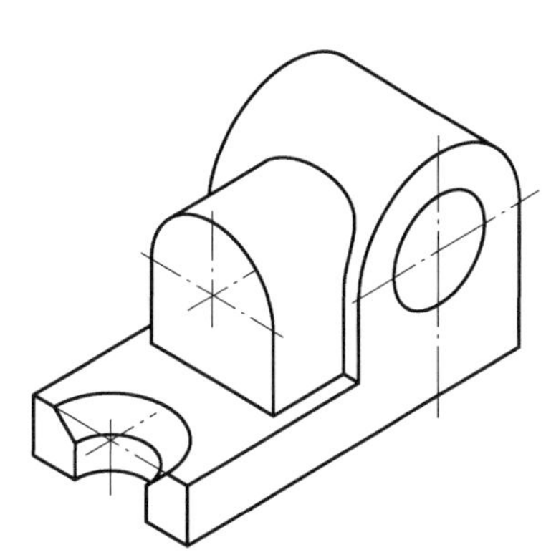

图 2-6　轴测投影图

2.2　点 的 投 影

由空间点 A 作垂直于投影面 H 的投射线，该线与投影面 H 的交点，即为空间点 A 在面 H 的投影点 a。反之，若已知点 A 的投影 a，却不能唯一确定空间点 A 的位置，如图 2-7 所示。要由投影点能唯一确定空间点的位置，建立空间点与投影点的一一对应关系，必须至少采用两个投影面。为了表达较复杂的形体，往往还需知道构成形体的点在三投影面乃至更多投影面的投影。

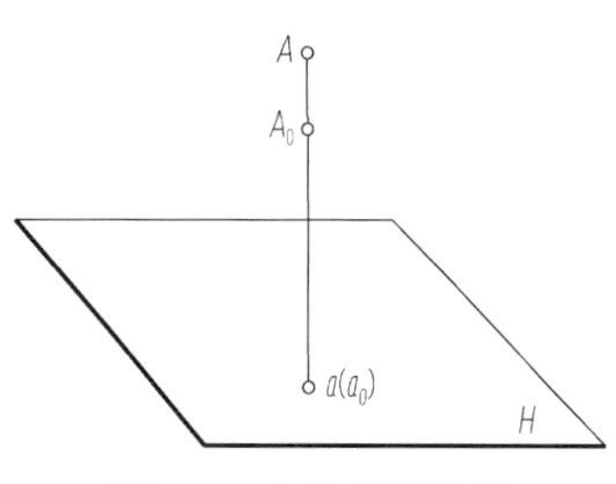

图 2-7　点的单面投影

2.2.1　点在三投影面体系中的投影及特点

1. 三投影面体系的建立

通常选用三个互相垂直的投影面，建立一个三投影面体系。三个投影面分别称为正立投影面 V（简称正面或 V 面）、水平投影面 H（简称水平面或 H 面）、侧立投影面 W（简称侧面或 W 面）。它们将空间划分为八个部分，每个部分为一个分角，其顺序如图 2-8（a）所示。中国的工程图样采用第一分角画法，本教材重点讨论第一分角画法。三投影面体系的立体图在后文中出现时，都画成图 2-8（b）的形式。三个投影面两两垂直相交，得三个投影轴分别为 OX、OY、OZ，其交点 O 为原点。

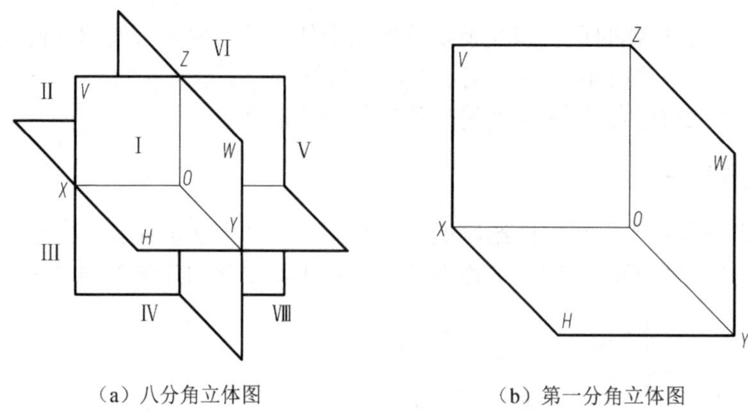

（a）八分角立体图　　（b）第一分角立体图

图 2-8　三投影面体系

2. 点在三投影面体系中的投影

在三投影面体系中过空间点 A 分别作面 V、H 和 W 的垂线，上述三条垂线与三个投影面的交点即为空间点 A 在三个投影面的投影。为了统一起见，规定空间点用大写字母表示，如 A、B、C 等；水平投影用相应的小写字母表示，如 a、b、c 等；正面投影用相应的小写字母加撇表示，如 a'、b'、c'；侧面投影用相应的小写字母加两撇表示，如 a''、b''、c''，如图 2-9（a）所示。每两条投射线分别确定一个平面，与三个投影面分别相交，构成一个长方体 $aa_YO\,a_X$ -$A\,a''a_Z\,a'$。

画投影图时需要将三个投影面展开到同一个平面上，展开的方法是 V 面不动，H 面和 W 面分别绕 OX 轴、OZ 轴向下、向右旋转 90° 与 V 面重合，如图 2-9（b）所示。展开后，画图时去掉投影面边框，如图 2-9（c）所示，得到点的三面投影图。应注意的是，投影面展开后，同一条 OY 轴旋转后出现了两个位置，一个位于 H 面，用 OY_H 表示，一个位于 W 面，用 OY_W 表示。

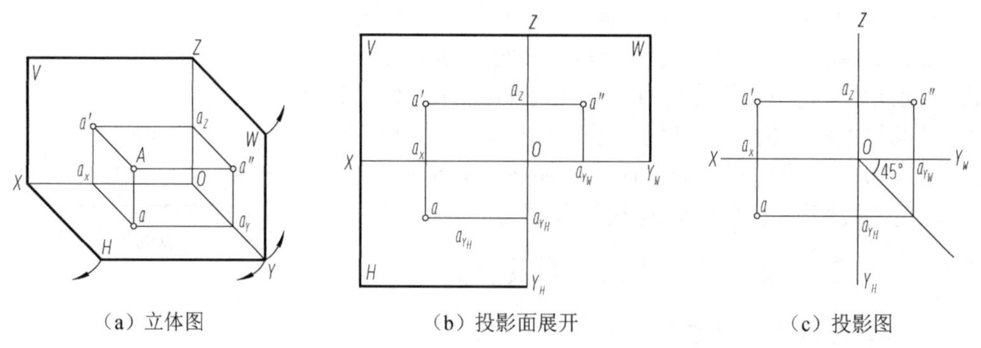

（a）立体图　　（b）投影面展开　　（c）投影图

图 2-9　点在三投影面体系中的投影

3. 点的投影与坐标的关系

若将三投影面体系看成直角坐标系，则投影轴、投影面、点 O 分别是坐标轴、坐标面、原点。由图 2-9（a）中的长方体 $aa_YO\,a_X$ -$A\,a''a_Z\,a'$可得出如下关系：

$$x = Aa''\text{（点 } A \text{ 到 } W \text{ 面的距离）} = a'a_Z = aa_Y$$

$$y=Aa'（点 A 到 V 面的距离）=aa_X=a''a_Z$$

$$z=Aa（点 A 到 H 面的距离）=a'a_X=a''a_Y$$

由此可知，空间点 $A(x, y, z)$的投影与坐标之间的关系：$a(x, y)$、$a'(x, z)$、$a''(y, z)$。

由于一个点的任何两面投影就已经包含了 x, y, z 三个坐标，所以，只要知道点的两面投影就可以确定点的空间位置。

4. 点在三投影面体系中的投影规律

（1）点的任意两个投影连线垂直于相应的投影轴，即 $aa'\perp OX$，$a'a''\perp OZ$。同时应该注意到，点的 H 面投影与 W 面投影的连线分为两段，即 $aa_{Y_H}\perp OY_H$，$a''a_{Y_W}\perp OY_W$。

（2）点到任意一个投影面的距离等于点在另两个投影面的投影到相应投影轴的距离，即

$$Aa''=a'a_Z=aa_{Y_H}=x 坐标，Aa'=aa_X=a''a_Z=y 坐标，Aa=a'a_X=a''a_{Y_W}=z 坐标$$

为了表示点的水平投影到 OX 轴的距离等于侧面投影到 OZ 轴的距离，即 $aa_X=a''a_Z$，点的水平投影和侧面投影的连线相交于自点 O 所作的 45° 角平分线，如图 2-9（c）所示。

【例 2-1】 已知：点 $A(10,6,14)$、$B(14,10,0)$、$C(0,0,10)$。求作 A、B、C 三点的三面投影，判断 A、B、C 三点的空间位置，并概括不同位置点的投影特点。

【解】 （1）画投影轴及 45° 角平分线（线型均为细实线）。

（2）在投影轴上标出单位刻度。

（3）根据点与坐标的关系确定各面投影点：

$a(10,6)$，$a'(10,14)$，$a''(6,14)$

$b(14,10)$，$b'(14,0)$，$b''(0,10)$

$c(0,0)$，$c'(0,10)$，$c''(0,10)$

（4）画投影连线（线型为细实线）。

（5）作图结果如图 2-10 所示。

点 A 的 x,y,z 坐标均不为零，点 A 为空间点，其三面投影均不在投影轴上；点 B 的 z 坐标为零，点 B 为 H 面上的点，其在 H 面的投影与其本身重合，在另两面的投影分别位于投影轴上（注意：点 B 在 W 面的投影 b'' 一定位于 OY_W 轴上）；点 C 的 x,y 坐标都为零，点 C 为 Z 轴上的点，其在 V、W 面的投影与其本身重合，在 H 面的投影位于原点。

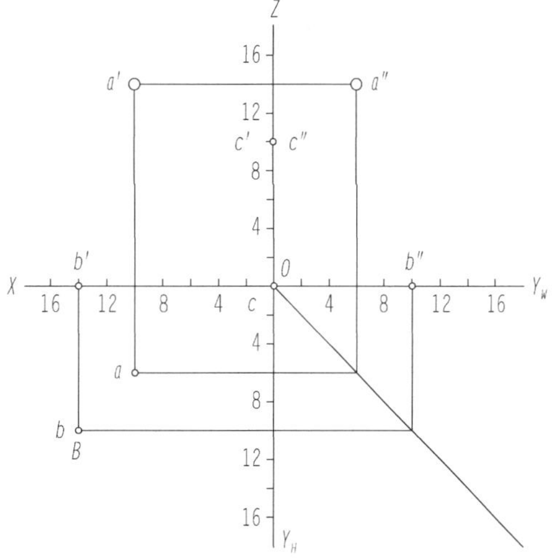

图 2-10　点的投影与坐标间的关系

2.2.2　两点的相对位置

如图 2-11 所示，观察分析两点的各个同面投影之间的坐标关系，可以判断空间两点的相对位置。根据 x 坐标值的大小可以判断两点的左右位置；根据 z 坐标值的大小可以判断两点的上下位置；根据 y 坐标值的大小可以判断两点的前后位置。点 B 的 x 和 y

坐标均小于点 A 的相应坐标，而点 B 的 z 坐标大于点 A 的 z 坐标，因而，点 B 在点 A 的右、后、上方。

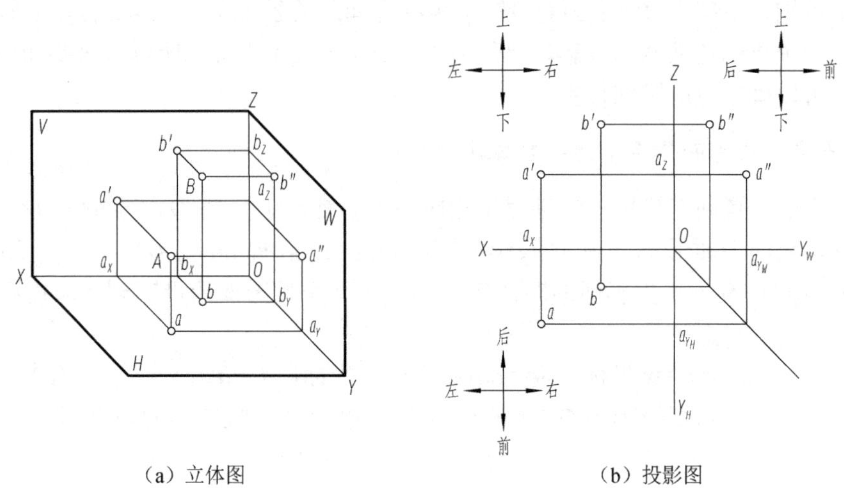

（a）立体图　　（b）投影图

图 2-11　两点的相对位置

2.2.3　重影点

2.2.3.1　重影点概念

如果空间两点在某一投影面上的投影重合，那么这两个点就称为对该投影面的重影点。

如图 2-12 所示，A、B 两点无左右、前后距离差，点 A 在点 B 正上方，两点的 H 面投影重合，点 A 和点 B 称为对 H 面投影的重影点。同理，若一点在另一点的正前方或正后方，则两点是对 V 面投影的重影点；若一点在另一点的正左方或正右方，则两点是对 W 面投影的重影点。

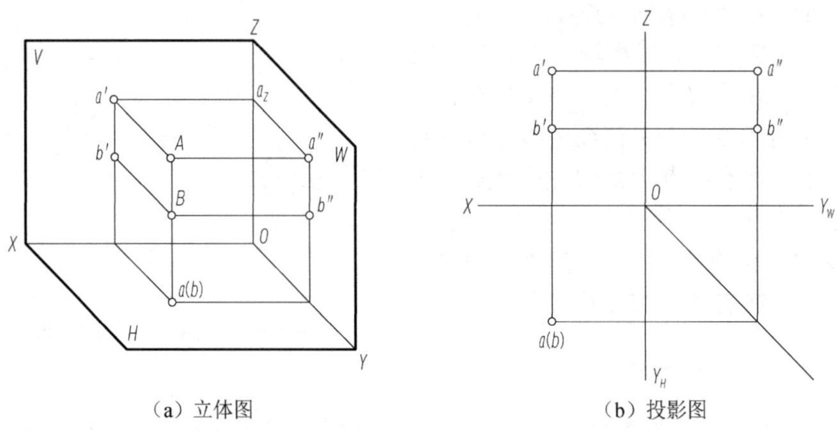

（a）立体图　　（b）投影图

图 2-12　重影点

2.2.3.2　重影点可见性判别

1. 根据投影线方向判别

根据正投影特性，若空间两点是对 V 面的重影点，由于投影方向是从前向后，所以前面的点可见，后面的点不可见；若空间两点是对 W 面的重影点，由于投影方向是从左向右，所以左面的点可见，右面的点不可见；若空间两点是对 H 面的重影点，由于投影方向是从上向下，所以上面的点可见，下面的点不可见。

图 2-12 中的重影点应是点 A 遮挡点 B，点 B 的 H 面投影不可见。规定不可见点的投影加括号表示。

2. 根据坐标值判别

检查不发生重影的那一面投影，坐标值大者为可见，小者为不可见。

见图 2-12，A、B 两点在 H 面投影重合，若判别其可见性，可检查 V 面或 W 面的投影，由于点 A 的 z 坐标值大于 B 点的 z 坐标值，所以，a 可见，b 不可见。

2.3　直线的投影

直线的投影就是直线上无数点的投影的集合。一般情况下，直线的投影仍是直线，如图 2-13（a）中的直线 AB。在特殊情况下，若直线垂直于投影面，直线的投影可积聚为一点，如图 2-13（a）中的直线 CD。

由初等几何可知，两个点确定一条直线，所以，直线的投影可通过求直线上两点的各同面投影，并将其同面投影连线获得。如图 2-13（b）所示，分别作出直线上两点 A、B 的三面投影，将其同面投影相连，即得到直线 AB 的三面投影图。

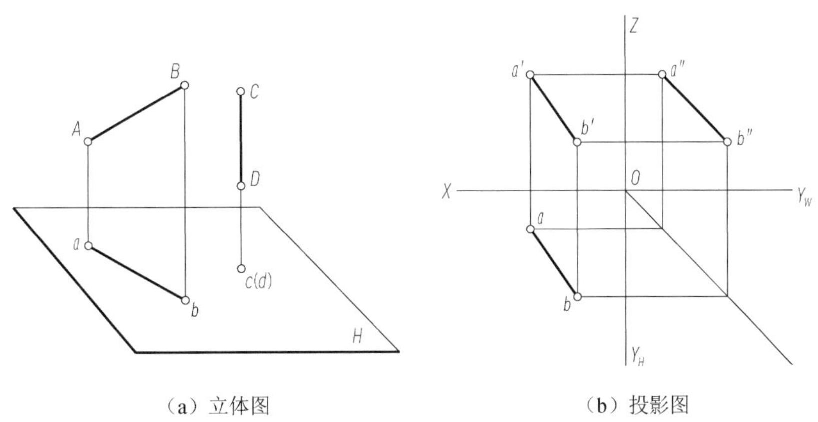

（a）立体图　　（b）投影图

图 2-13　直线的投影

2.3.1　直线对投影面的相对位置

在三投影面体系中，直线对投影面的相对位置可以分为三种：投影面平行线、投影面垂直线、投影面倾斜线。前两种为投影面特殊位置直线，后一种为投影面一般位置直线。

1. 投影面平行线

与投影面平行的直线称为投影面平行线，它与一个投影面平行，与另外两个投影面倾斜。与 H 面平行的直线称为水平线，与 V 面平行的直线称为正平线，与 W 面平行的直线称为侧平线。规定直线（或平面）对 H、V、W 面的倾角分别用 α、β、γ 表示。

2. 投影面垂直线

与投影面垂直的直线称为投影面垂直线，它与一个投影面垂直，必与另外两个投影面平行。与 H 面垂直的直线称为铅垂线，与 V 面垂直的直线称为正垂线，与 W 面垂直的直线称为侧垂线。

3. 一般位置直线

一般位置直线与三个投影面都倾斜。

2.3.2 各种位置直线的投影特性

2.3.2.1 投影面平行线的投影特性

三种投影面平行线的立体图、投影图及投影特性见表 2-1。

表 2-1 投影面平行线的立体图、投影图及投影特性

名称	水平线	正平线	侧平线
立体图	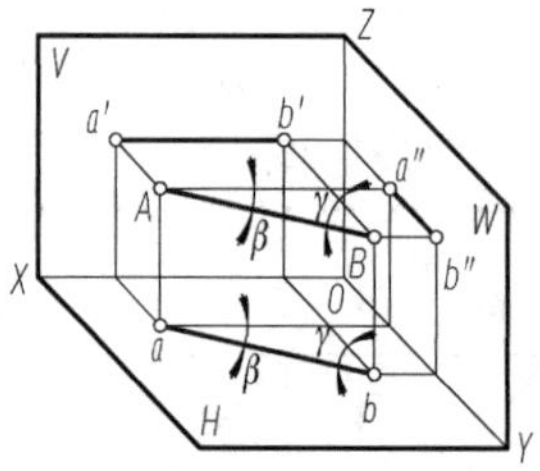	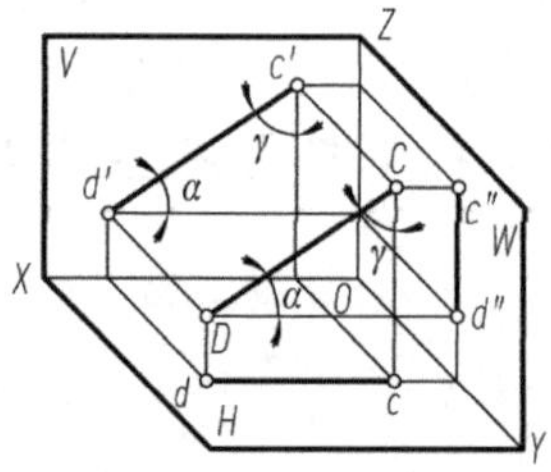	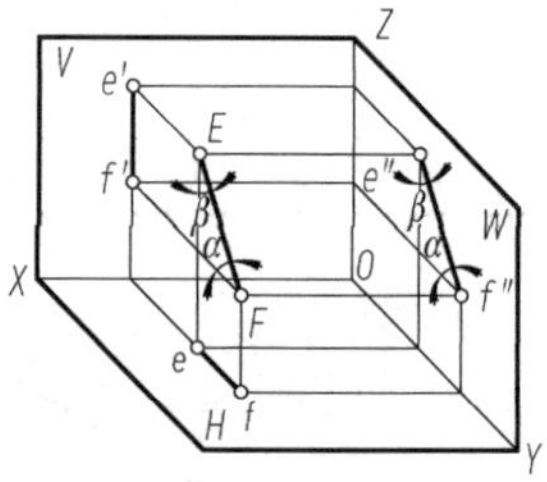
投影图	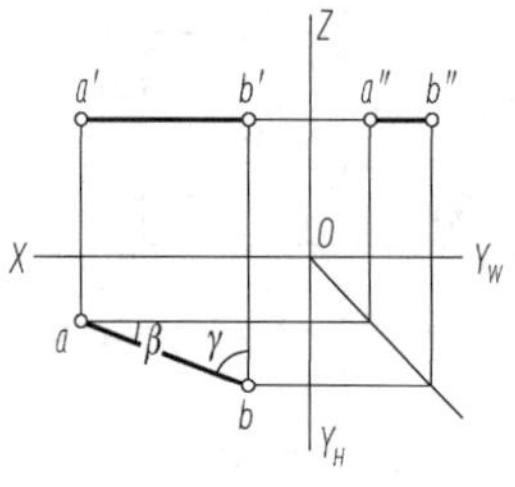	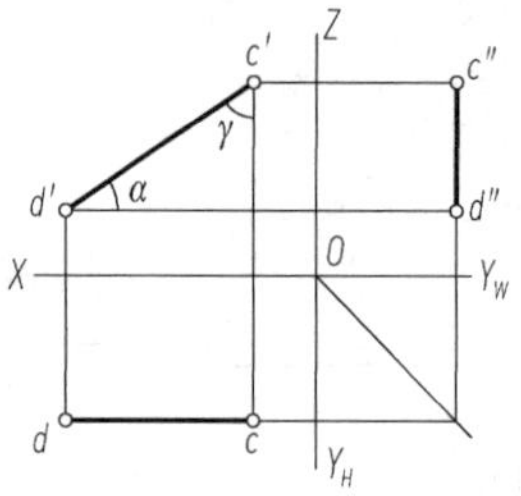	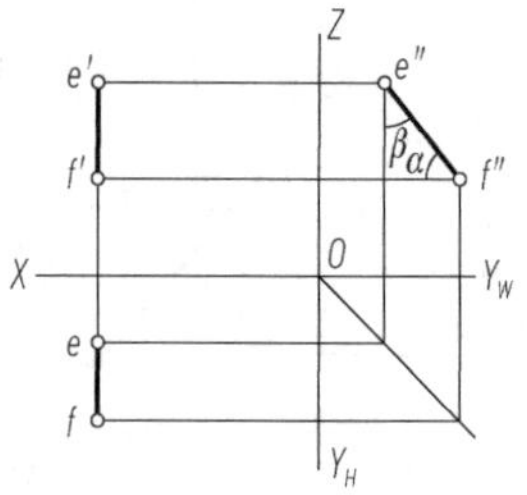
投影特性	（1）在水平面的投影 ab 反映 AB 实长，反映直线 AB 对 V、W 面的倾角 β、γ; （2）正面投影 $a'b'$ // OX 轴，侧面投影 $a''b''$ // OY_W 轴	（1）在正面的投影 $c'd'$ 反映 CD 实长，反映直线 CD 对 H、W 面的倾角 α、γ; （2）水平投影 cd // OX 轴，侧面投影 $c''d''$ // OZ 轴	（1）在侧面的投影 $e''f''$ 反映 EF 实长，反映直线 EF 对 H、V 面的倾角 α、β; （2）正面投影 $e'f'$ // OZ 轴，水平投影 ef // OY_H 轴

从表 2-1 可概括出投影面平行线的投影特性：
（1）在所平行的投影面上的投影，反映真长，且反映与其他两个投影面的倾角。
（2）在另两个投影面的投影分别平行于相应的投影轴。

2.3.2.2　投影面垂直线的投影特性

三种投影面垂直线的立体图、投影图及投影特性见表 2-2。

表 2-2　投影面垂直线的立体图、投影图及投影特性

名称	铅垂线	正垂线	侧垂线
立体图	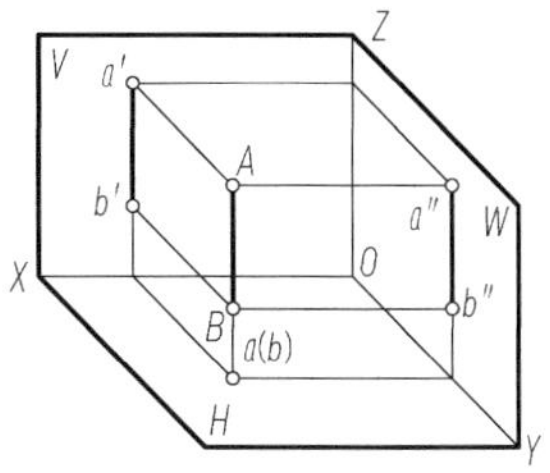	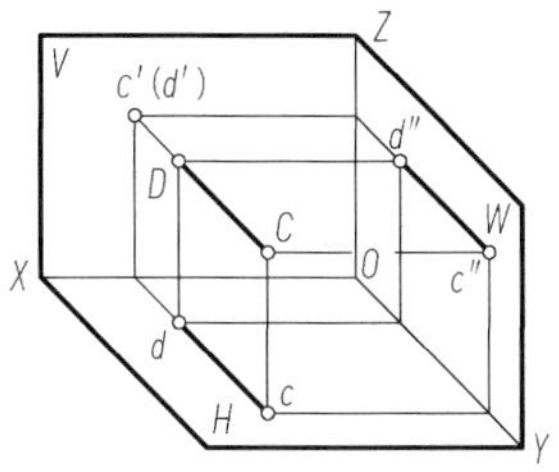	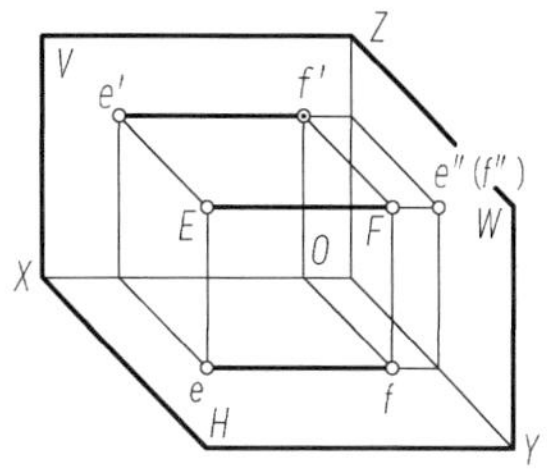
投影图	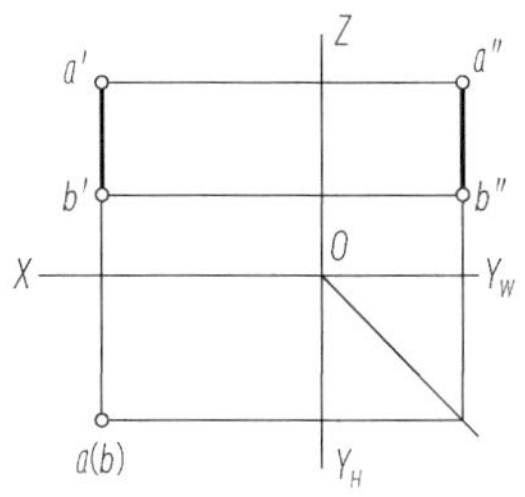	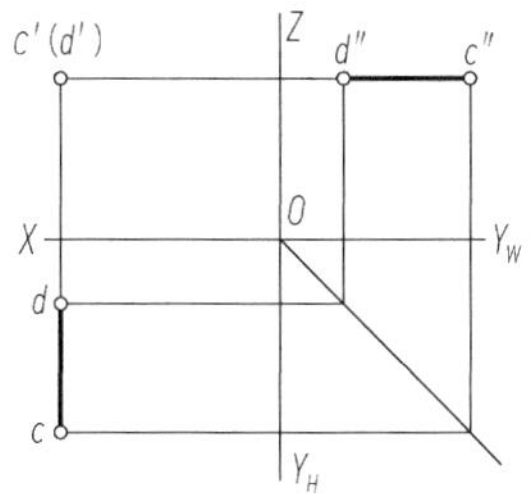	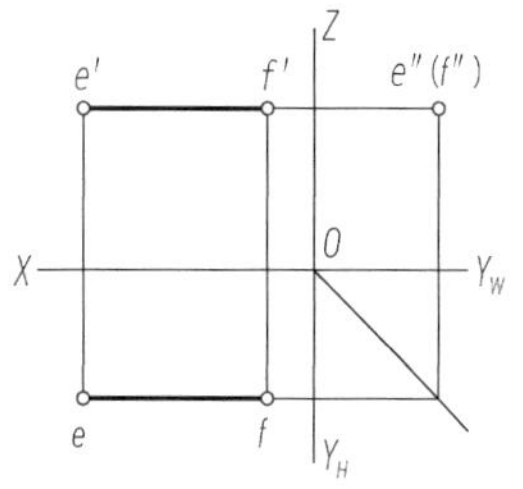
投影特性	（1）水平投影积聚为一点 a（b）； （2）正面投影 $a'b' \perp OX$ 轴，侧面投影 $a''b'' \perp OY_W$ 轴，且 $a'b'$、$a''b''$ 均反映 AB 实长	（1）正面投影积聚为一点 a'（d'）； （2）水平投影 $cd \perp OX$ 轴，侧面投影 $c''d'' \perp OZ$ 轴，且 cd、$c''d''$ 均反映 CD 实长	（1）侧面投影积聚为一点 e''（f''）； （2）正面投影 $e'f' \perp OZ$ 轴，水平投影 $ef \perp OY_H$ 轴，且 ef、$e'f'$ 均反映 EF 实长

从表 2-2 可概括出投影面垂直线的投影特性：
（1）在所垂直的投影面上的投影，积聚为一点，投影具有积聚性。
（2）在另两个投影面的投影反映真长，且分别垂直于相应的投影轴。

2.3.2.3　一般位置直线的投影特性

1. 一般位置直线的投影特点

如图 2-14 所示，一般位置直线 AB 在三个投影面的投影与投影轴均斜交，投影长度均小于实长，且其在三个投影面的投影均不反映实长，也不反映其与投影面的倾角。

2. 一般位置直线的实长和倾角

因为已知一般位置直线的两面投影，就可确定空间的直线，所以即使在投影面上不显示直线的实长和倾角，也一定能通过作图求出其实长和倾角。

求一般位置直线的实长和对投影面的倾角常采用的方法是直角三角形法。

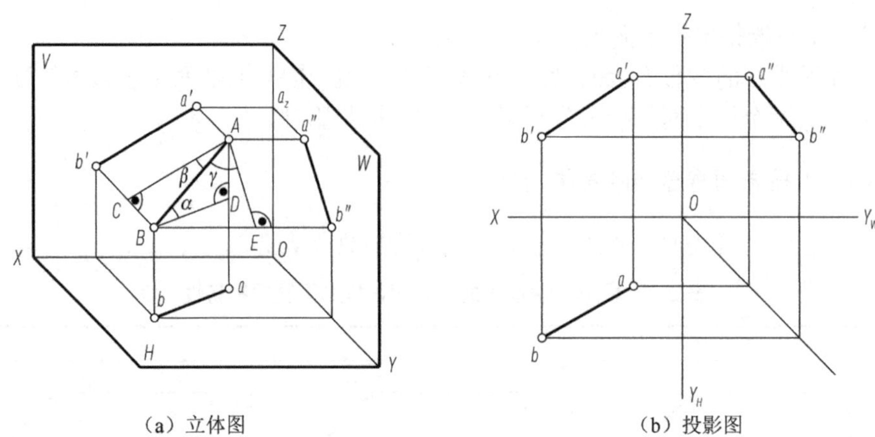

（a）立体图　　（b）投影图

图 2-14　一般位置直线的投影

如图 2-14（a）所示，过点 A 作分别平行于 $a'b'$、ab、$a''b''$的辅助直线 AC、BD、AE，这样，就构造出了三个直角三角形，它们是△ABC、△ABD、△ABE。分析直角三角形构成的几何意义，可以得出：①直角三角形的斜边为直线的实长；②一直角边为 Y（或 Z、X）方向的坐标差；③另一直角边为直线正面（或水平、侧面）投影；④实长与某一投影面上的投影的夹角即直线对该投影面的倾角。利用直角三角形法，只要知道上述四个要素中的任两个要素，即可求出其他两个未知要素。注意：求直线的实长可通过构造上述三个直角三角形中的任意一个求得，但若求直线与指定投影面的倾角α、β或γ，就只能按图 2-15 所示构造三角形，一个直角三角形只能求出直线对一个投影面的倾角。

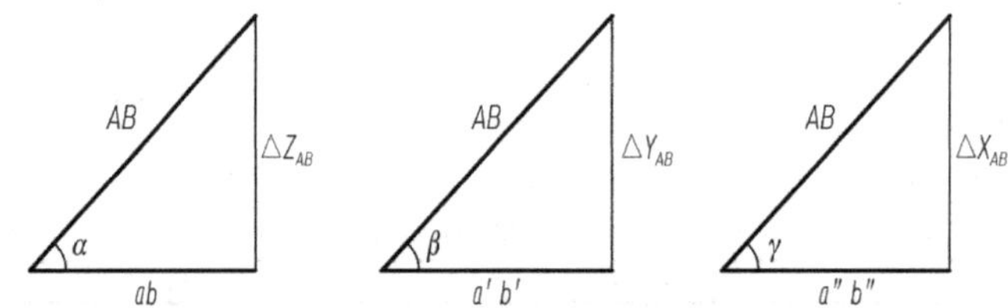

图 2-15　求α、β、γ需构造三种不同的三角形

【例 2-2】　如图 2-16（a），已知直线 AB 在 H 面的投影 ab、在 V 面的投影 a' 以及直线 AB 对 H 面的倾角α=30°，试求 AB 的正面投影和β角。

【解】　（1）求 AB 的正面投影。

如图 2-16（b）所示，依据 AB 的水平投影 ab 和α角，在 H 面作直角三角形（具体作法：过 b 点作 ab 的垂线，再过 a 点作与 ab 成 30° 的直线，该两条直线交于点 B_0，既得直角三角形 abB_0），求出 A、B 两点的 Z 坐标差。依据点的投影规律求出 B 点在 V 面的投影（具体作图：过 b 点作垂直于 OX 轴的竖直直线交过 a'作的和 OX 轴平行的直线于 b'_0；在竖直直线上分别向上、向下量取 bB_0 线段长度，即 A、B 两点的 Z 坐标差，得到 b'和 b'_1）。连线 $a'b'$、$a'b'_1$，$a'b'$、$a'b'_1$ 即为直线 AB 的正面投影。此题有两解。

（2）求β角。

如图 2-16（c）所示，作互相垂直的水平线和竖直线，在竖直直角边上量取 $a'b'$，再以 a'为圆心、aB_0 为半径画弧，交水平直角边于点 B_0，则 $a'b'$与 $a'B_0$ 之间的夹角即为β角。

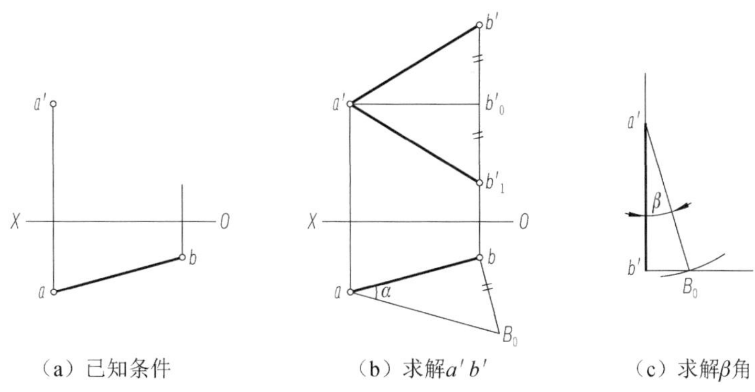

（a）已知条件　　（b）求解$a'b'$　　（c）求解β角

图 2-16　求直线的正面投影

2.3.3　直线上点的投影特性

（1）根据点和直线的投影特性，直线上的点的投影一定在直线的各同面投影上。如图 2-17（a）所示，点 C 是直线 AB 上的点，则 c 在 ab 上，c'在 $a'b'$上，同理 c''在 $a''b''$上。

（2）直线上的点 C 分空间线段 AB 与其投影点分投影线段对应成比例，即

$$AC∶CB= a'c'∶c'b' =ac∶cb= a''c''∶c''b''$$

【例 2-3】 已知直线 AB 的两面投影，如图 2-17（b）所示，求作将 AB 分为 2∶1 两段的点 C 的两面投影。

【解】（1）过点 a 作任意射线，并在其上量取三个单位长度。

（2）连接第三刻度点和点 b，得线 $3b$。

（3）过第二刻度点作直线 $3b$ 的平行线交 ab 于点 c。

（4）过点 c 作 OX 轴的垂线并延长，交 $a'b'$于点 c。

作图结果如图 2-17（c）所示。

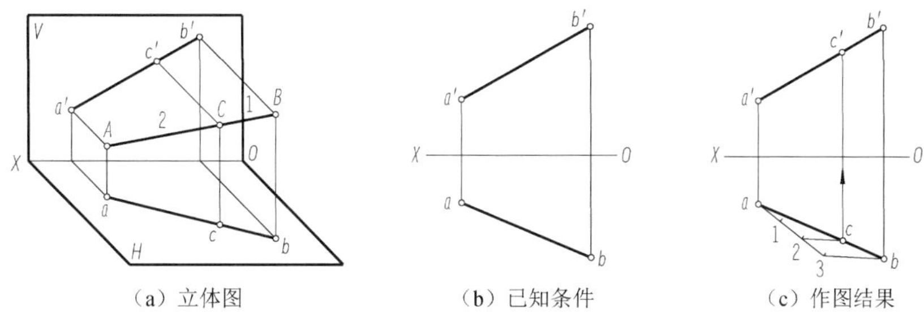

（a）立体图　　（b）已知条件　　（c）作图结果

图 2-17　直线上点的投影

2.3.4　两直线相对位置

空间两直线的相对位置分三种情况：平行、相交、交叉。平行两直线和相交两直线属于共面直线，交叉两直线属于异面直线。

1. 平行两直线

如图 2-18 所示，根据投影知识和初等几何知识，可以得出平行两直线有如下投影特性。

（1）两直线的各同面投影必互相平行，反之亦然。

（2）两直线在各投影面的投影之比相等。[证明提示，见图 2-18（a），作 $AA_0 /\!/ ab$，$CC_0 /\!/ cd$，因△AA_0B 和△CC_0D 中的三条边分别对应平行，故△AA_0B 和△CC_0D 为相似三角形，所以得出 $AB : CD = a'b' : c'd' = ab : cd$。若作出直线 AB、CD 在 W 面的投影，同理可以证明：$AB : CD = a''b'' : c''d''$，故有 $ab : cd = a'b' : c'd' = a''b'' : c''d''$。]

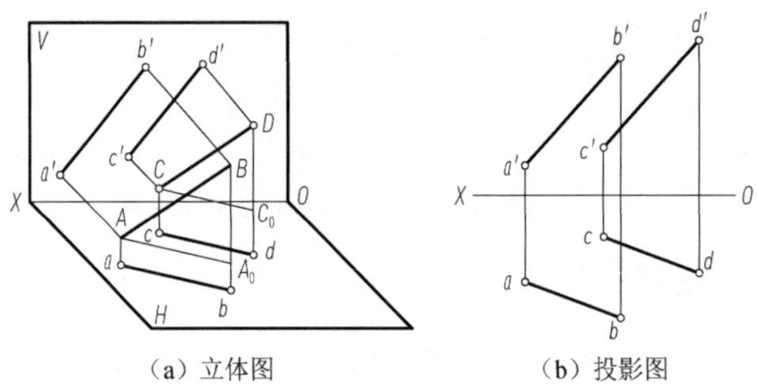

（a）立体图　　（b）投影图

图 2-18　两直线平行

【例 2-4】 如图 2-19 所示，试判断直线 AB 与 CD 是否平行。

【解】 从图 2-19 中可以看出：$a'b' /\!/ c'd'$，$ab /\!/ cd$；$a'b' : c'd' \neq ab : cd$。

根据平行两直线的投影特点可以作出判断：此两直线不是平行两直线

注意：对于与投影面成一般位置的两直线，如果它们在两个投影面的投影均平行，即可判断两直线是平行两直线；但当两直线平行某投影面，又未画出该投影面的投影时，如图 2-19 所示，只根据它们两面投影均平行不能简单下结论，还需判断它们在两个投影面的投影之比是否相等，或作第三面投影，看它们在第三面投影是否平行，才能做出准确的判断。

2. 相交两直线

如图 2-20 所示，根据投影知识和初等几何知识，可以得出相交两直线有如下投影特性。

（1）两直线的各同面投影必相交，反之亦然。

（2）交点符合线上点的投影规律。

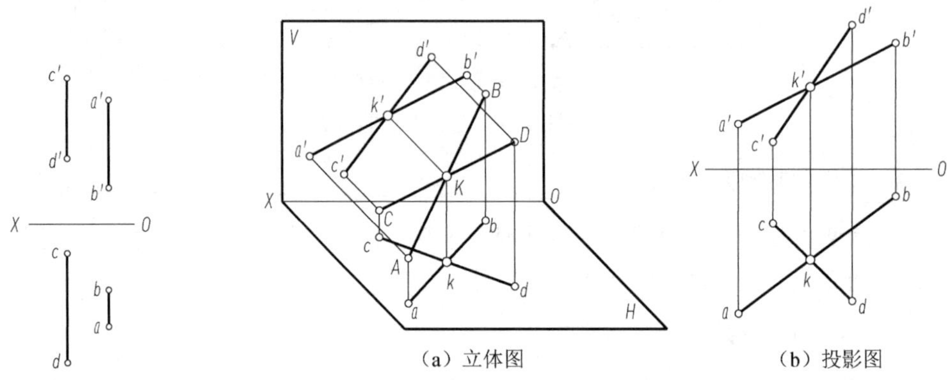

（a）立体图　　（b）投影图

图 2-19　判断 AB 与 CD 是否平行　　图 2-20　两直线相交

【例 2-5】 如图 2-21（a）所示，试判断直线 AB 与 CD 是否相交。

【解】 从图 2-21（a）中可以看出，AB 与 CD 的两面投影均相交，但从图 2-21（b）中可以看出，点 K 不是直线 AB 上的点（判定方法：过 a 作任意方向的直线 a_1，使 $a_1=a'b'$，在线 a_1 上取点 2，使 $a_2=a'k'$，连线 b_1 和 k_2，从图中可看出线 b_1 和线 k_2 不平行，故可断定点 K 分 AB 线段的两面投影不成比例），也就是说投影图上的交点不是真正意义上的交点而是重影点。所以，直线 AB 与 CD 不是相交两直线。

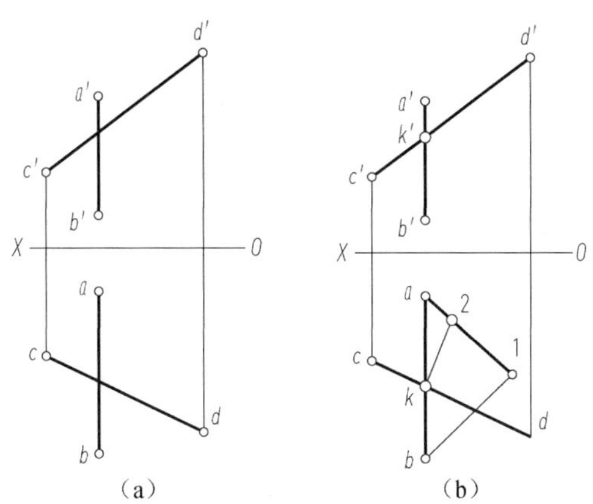

图 2-21　判断直线 AB 与 CD 是否相交

注意：一般情况下，根据两个投影即可判断两直线是否相交。但当两直线之一平行于某投影面，又未画出该投影面的投影时，如图 2-21（a）所示，则需进一步判断投影图上的交点是真正意义的交点还是重影点，可以通过作第三面投影的方法或定比的方法作进一步判断，如图 2-21（b）所示。

3. 交叉两直线

既不平行又不相交的两条直线称为交叉两直线。如果空间两直线的投影既不具备相交两直线的投影特性，又不具备平行两直线的投影特点，那么，它们就是交叉两直线。如图 2-19、图 2-21 所示，AB 和 CD 均为交叉两直线。交叉两直线不存在共有点，在投影图中虽然有时同面投影相交，但交点不符合线上点的投影规律，其仅为两直线上的重影点。

2.3.5　一边平行于投影面的直角的投影

两直线垂直（相交垂直或交叉垂直），一般情况下投影不反映直角，但在特定条件下投影反映直角。

直角投影定理：两直线互相垂直，若其中一条直线为投影面平行线，则两直线在该投影面上的投影一定互相垂直。

如图 2-22（a）所示，因为 AB 平行于 H 面，AB 垂直于 BC，所以 ab 垂直于 BC，又因 Bb 垂直于 ab，所以 ab 垂直于面 $BCcb$，所以 ab 垂直于 bc。

图 2-22（b）是一边平行于水平面的直角的投影图。

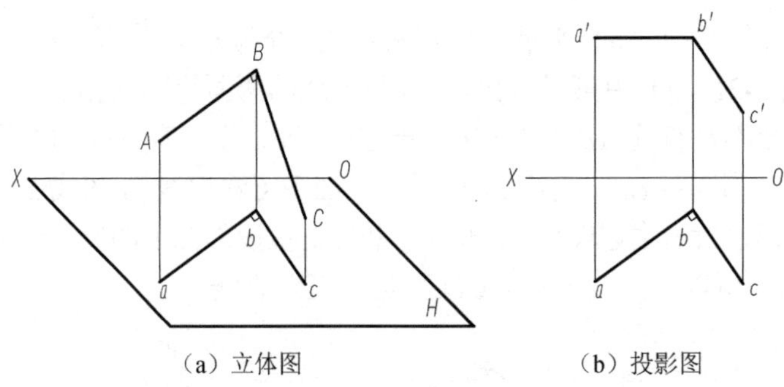

(a) 立体图　　(b) 投影图

图 2-22　一边平行于投影面的直角的投影

【例 2-6】 已知条件如图 2-23（a）所示，求作铅垂线 *AB* 和一般位置直线 *CD* 的公垂线 *EF*。

【解】 公垂线即同时垂直于 *AB* 和 *CD* 的直线。因为 *AB* 是铅垂线，与铅垂线垂直的直线一定是水平线，因此，所求线段 *EF* 为一条水平线。水平线 *EF* 与直线 *CD* 垂直相交，根据直角投影定理，它们的水平投影反映直角，如图 2-23（c）所示。具体作图如图 2-23（b）所示。

（1）过点 *a*(*b*)作直线 $ae \perp cd$，与 *cd* 交于 *e*。

（2）过点 *e* 作 $ee' \perp OX$，交 *c'd'*于 *e'*。

（3）过 *e'*作 $e'f' /\!/ OX$，交 *a'b'*于 *f'*。*e'f'*、*ef* 即为所求作的公垂线 *EF* 的两面投影，其水平投影 *ef* 长度即为直线 *AB* 与 *CD* 的公垂线 *EF* 的实长。

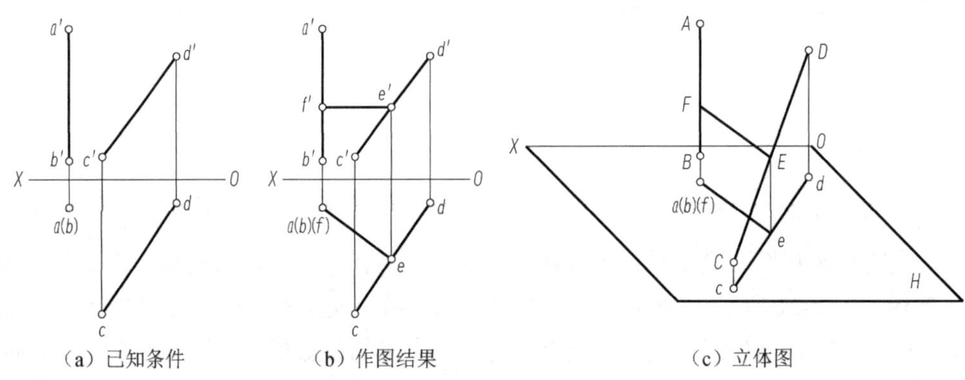

(a) 已知条件　　(b) 作图结果　　(c) 立体图

图 2-23　求两直线之间的距离

2.4　平面的投影

2.4.1　平面的表示法

由初等几何可知，不属于同一直线的三点确定一平面。因此，可由下列任意一组几何元素的投影表示平面：不在同一直线上的三个点；一直线和不属于该直线的一点；相交两直线；平行两直线；任意平面图形（图 2-24）。

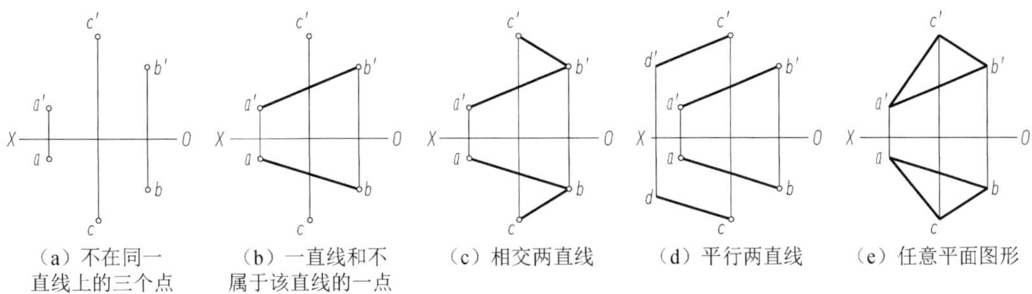

（a）不在同一直线上的三个点　（b）一直线和不属于该直线的一点　（c）相交两直线　（d）平行两直线　（e）任意平面图形

图 2-24　平面表示法

2.4.2　平面对投影面的相对位置

在三投影面体系中，平面对投影面的相对位置可以分为三种：投影面平行面、投影面垂直面和一般位置平面。前两种为投影面的特殊位置平面。

1. 投影面平行面

与投影面平行的平面称为投影面平行面，它与一个投影面平行，必与另外两个投影面垂直。与 H 面平行的平面称为水平面，与 V 面平行的平面称为正平面，与 W 面平行的平面称为侧平面。

2. 投影面垂直面

与投影面垂直的平面称为投影面垂直面，它与一个投影面垂直，与另外两个投影面倾斜。与 H 面垂直的平面称为铅垂面，与 V 面垂直的平面称为正垂面，与 W 面垂直的平面称为侧垂面。

3. 一般位置平面

一般位置平面与三个投影面都倾斜。

2.4.3　各种位置平面的投影特性

1. 投影面平行面的投影特性

三种投影面平行面的立体图、投影图及投影特性见表 2-3。

表 2-3　投影面平行面的立体图、投影图及投影特性

名称	水平面	正平面	侧平面
立体图	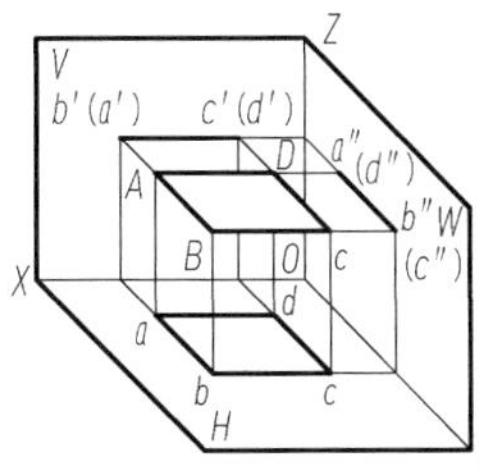	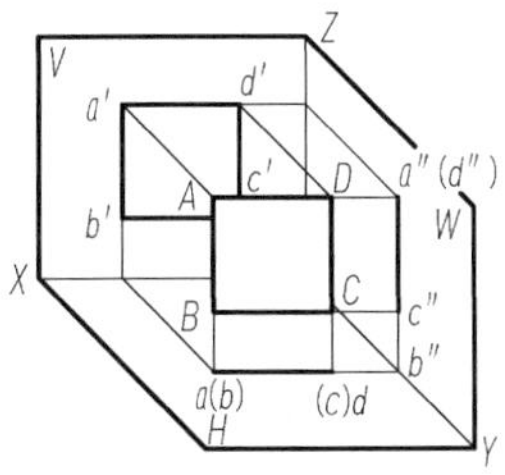	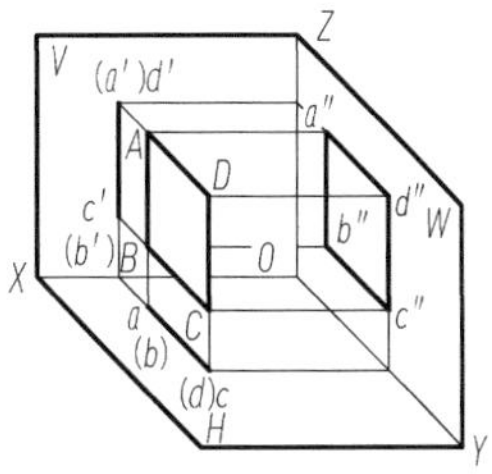

续表

名称	水平面	正平面	侧平面
投影图	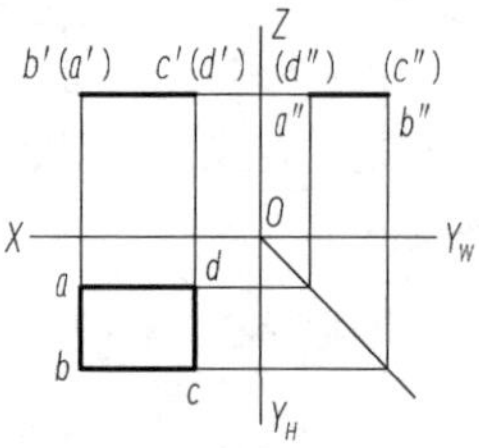	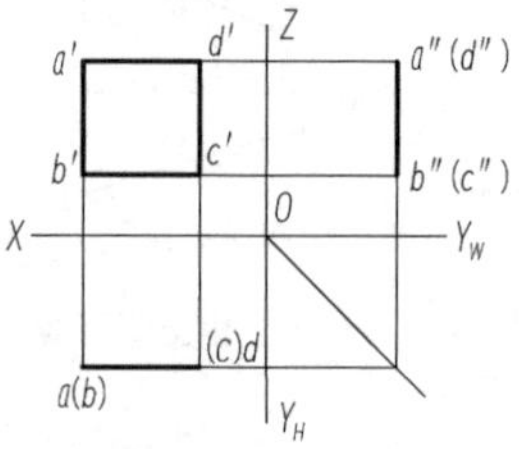	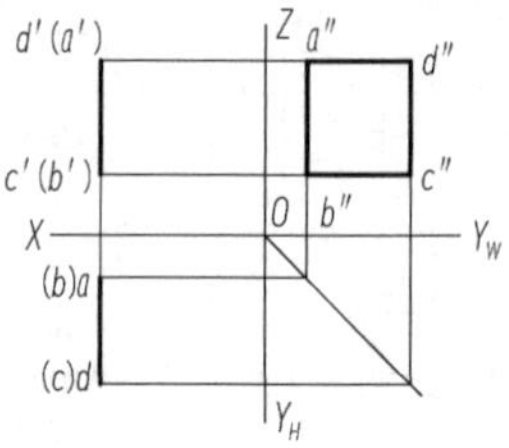
投影特性	（1）水平投影反映实形； （2）正面投影和侧面投影均积聚成直线，且分别平行于 X 轴和 Y 轴	（1）正面投影反映实形； （2）水平投影和侧面投影均积聚成直线，且分别平行于 X 轴和 Z 轴	（1）侧面投影反映实形； （2）正面投影和水平投影均积聚成直线，且分别平行于 Z 轴和 Y 轴

从表 2-3 可概括出投影面平行面的投影特性：

（1）在所平行的投影面上的投影反映实形。

（2）在另两个投影面上的投影均积聚为直线，且分别平行于相应的投影轴。

2. 投影面垂直面的投影特性

三种投影面垂直面的立体图、投影图及投影特性见表 2-4。

表 2-4　投影面垂直面的立体图、投影图及投影特性

名称	铅垂面	正垂面	侧垂面
立体图	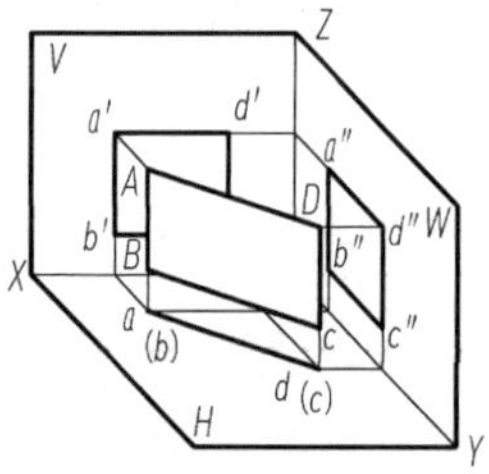	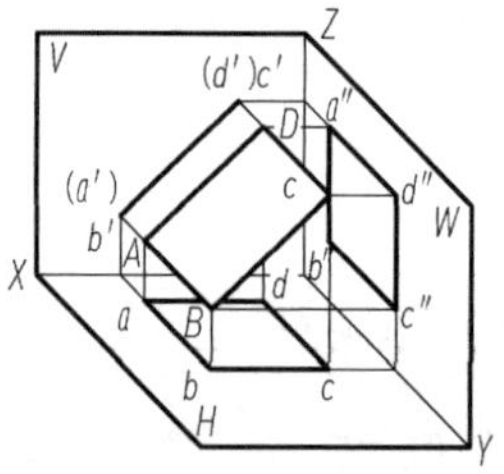	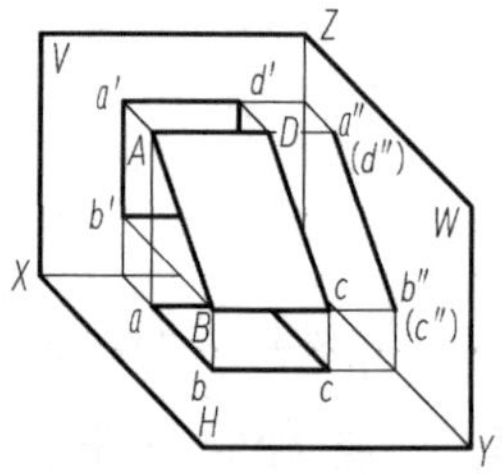
投影图	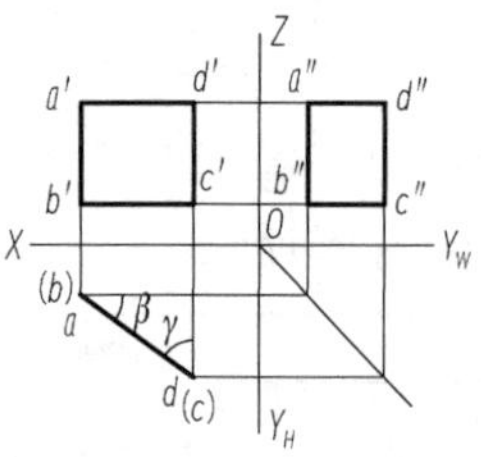	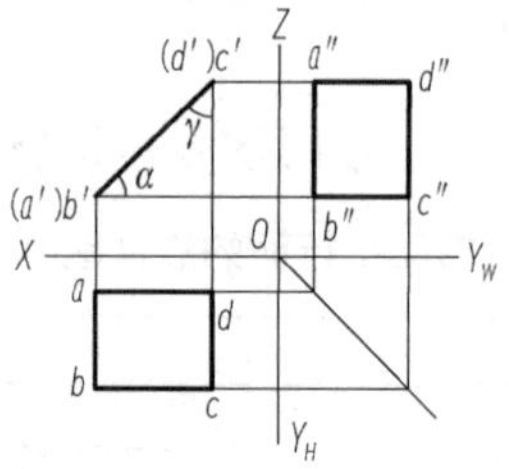	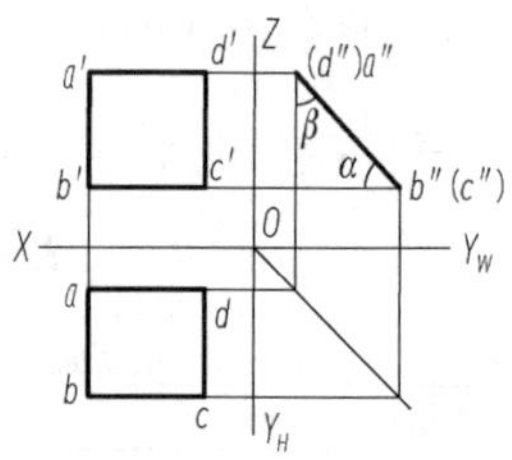
投影特性	（1）水平投影积聚成直线，并反映其与 V 面的倾角 β、与 W 面的倾角 γ； （2）正面投影和侧面投影仍为平面图形，是面积缩小的类似性	（1）正面投影积聚成直线，并反映其与 H 面的倾角 α、与 W 面的倾角 γ； （2）水平投影和侧面投影仍为平面图形，是面积缩小的类似性	（1）侧面投影积聚成直线，并反映其与 H 面的倾角 α、与 V 面的倾角 β； （2）正面投影和水平投影仍为平面图形，是面积缩小的类似性

从表 2-4 可概括出投影面垂直面的投影特性：

（1）在所垂直的投影面的投影积聚为直线，它与投影轴的夹角，分别反映平面对另两个投影面的真实倾角。

（2）在另两个投影面的投影为空间平面图形的类似性。

3. 一般位置平面的投影特性

如图 2-25 所示，△*ABC* 对投影面 *V*、*H*、*W* 都倾斜，是一般位置平面。它们在 *V*、*H*、*W* 面的投影均为空间平面图形的类似形，且面积小于空间平面图形的面积。

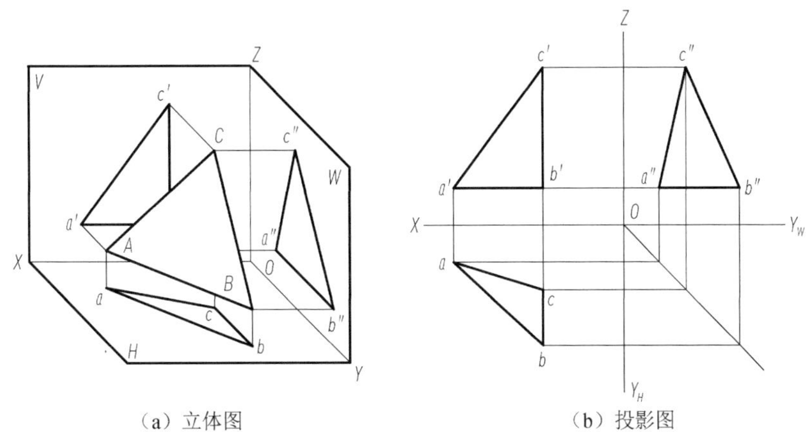

（a）立体图　　（b）投影图

图 2-25　一般位置平面

2.4.4　平面上的点和直线

点和直线在平面上的几何条件如下：

（1）平面上的点，一定在该平面上的一条已知直线上。

（2）平面上的直线，必通过属于平面的两点，或通过属于平面的一点且平行于平面上一条已知直线。

图 2-26 表明了在 *AB*、*BC* 两条相交的直线所确定的面上取点、取线的投影作图方法。

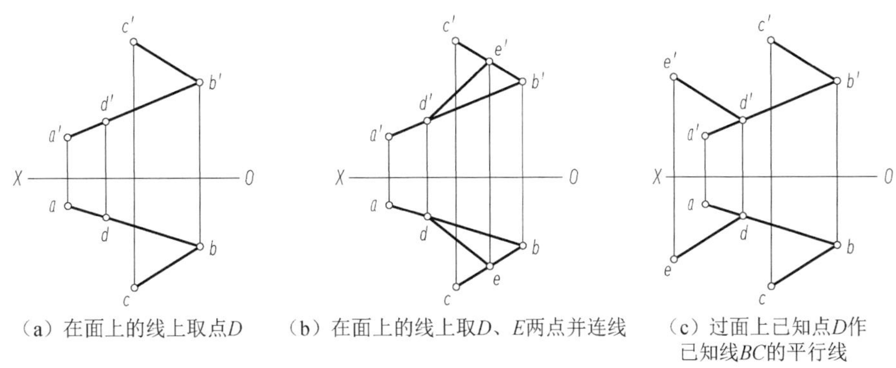

（a）在面上的线上取点*D*　（b）在面上的线上取*D*、*E*两点并连线　（c）过面上已知点*D*作已知线*BC*的平行线

图 2-26　平面上取点、取线

【例 2-7】 如图 2-27（a）所示，已知点 *K* 的水平投影和点 *L* 的两面投影，且点 *K* 属于△*ABC*，试求点 *K* 的正面投影，并判断点 *L* 是否属于△*ABC* 所确定的平面。

【解】 如图 2-27（b）所示，依据点和直线属于平面的几何条件，分别连接 *a* 和 *k*、*a* 和 *l*，并延长与 *bc* 相交，得交点 *d*、*e*，然后求出属于平面的两条直线的正面投影 *a'd'*、*a'e'*。根据属于直线的点的投影特性，作出 *k'*，因为 *l'*不在 *a'e'*上，所以，*L* 不在△*ABC* 平面上。

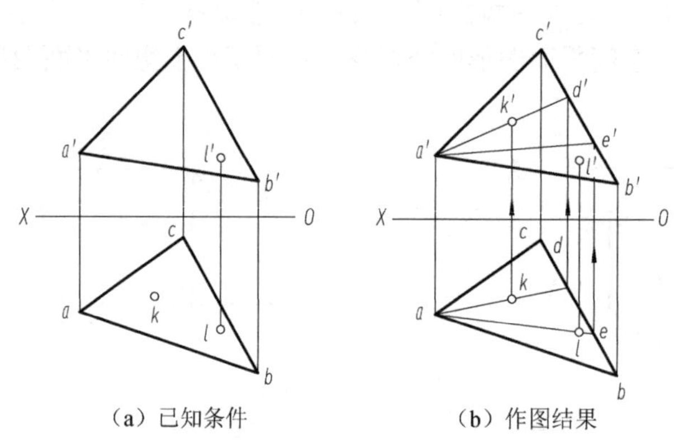

（a）已知条件　　（b）作图结果

图 2-27　属于平面的点的有关问题

【例 2-8】 如图 2-28 所示，已知△*ABC* 平面的两面投影，试在平面上找一点 *K*，使其距 *H* 面 10mm，距 *V* 面 8mm。

【解】 如图 2-28 所示，分析：满足距 *H* 面 10mm 的所有点的集合应该是在距 *H* 面为 10mm 的水平面上，该水平面在 *V* 面的投影为距 *OX* 轴 10mm 的直线，满足距 *V* 面 8mm 的所有点的集合应该是在距 *V* 面为 8mm 的正平面上，该正平面在 *H* 面的投影为距 *OX* 轴 8mm 的直线，再在已知面上找出满足上述两个条件的集合的交集，如图 2-28（b）所示。具体过程如下：

（1）在 *V* 面作与 *OX* 轴平行且距 *OX* 轴为 10mm 的直线 *e'd'*，再由 *e'd'*作 *ed*。

（2）在 *H* 面作与 *OX* 轴平行且距 *OX* 轴为 8mm 的直线，该直线与 *ed* 的交点即为点 *K* 在 *H* 面的投影 *k*，由 *k* 即可求出点 *k'*。

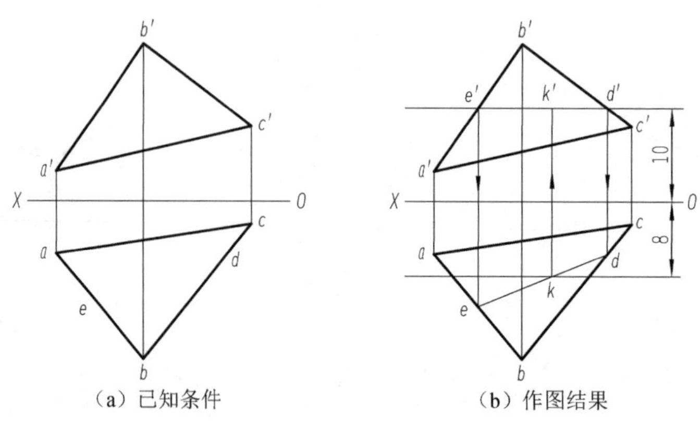

（a）已知条件　　（b）作图结果

图 2-28　在平面上找满足已知条件的点

【例 2-9】 已知平面五边形 *ABCDE* 的一边 *BC* 平行于 *V* 面，如图 2-29（a）所示，完成其水平投影。

【解】 分析：因为 *BC* 是正平线，所以 *bc* 一定平行于 *OX* 轴，由此可作出 *BC* 的水平投影 *bc*；点 *d* 和点 *e* 可通过构造面上的线的方法求得。具体作图步骤如下：

（1）在水平面过点 *b* 作 *OX* 轴的平行线，过点 *c'* 作 *OX* 轴垂线，进而得到交点 *c*。

（2）在 *V* 面连线 *a'c'*、*a'e'* 和 *b'e'* 得交点 1′和 2′。

（3）连线 *ac*，作出点 I 在 *H* 面的投影 1。

（4）点 *e* 是 *B*I 线上的点，进而求出点 *e*。

（5）点 *d* 的求法可参照点 *e* 的求法。

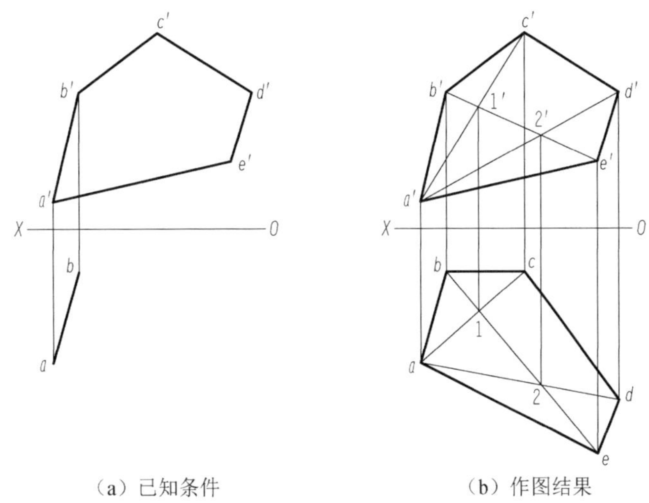

（a）已知条件　　（b）作图结果

图 2-29　补全平面图形的水平投影

思 考 题

1．请结合自然现象解释投影概念、分类及投影特点。

2．确定点的空间位置，至少需要知道点的几面投影？

3．解释点的投影与坐标间的关系。

4．在投影面上如何判断两点的空间位置？

5．请说出重影点的概念及可见性判别方法。

6．请说出直线与投影面的相对位置及各种位置直线的投影特点。

7．请说出线上点的投影特点。

8．请说出两直线的相对位置关系及它们的投影特点。

9．用几何元素表示平面的方法有几种，分别是什么？

10．请说出平面与投影面的相对位置及各种位置平面的投影特点。

11．请说出面上取点、面上取线的原理及应用。

第3章　立体的投影

工程上的形体，不论它们的形状如何复杂，都可看成是由一些简单的几何体叠加或切割而成，这些简单的几何体称为基本几何体。基本几何体按其表面性质的不同，可分为平面立体和曲面立体两大类。本章主要研究常见的基本几何体的投影图的绘制，以及与平面相交的立体的投影图和发生相交的立体的投影图的绘制，为进一步分析、图示零件图打下良好的基础。

3.1　基本几何体的投影

3.1.1　平面立体的投影

平面立体是指表面都是由平面围成的立体。常见的平面立体有棱柱、棱锥、棱台等。它们都是由侧面（也称为棱面）和端面（也称为底面）围成的，棱面间的交线称为棱线，棱面与底面的交线称为底边。

平面立体的投影实质上就是其各表面投影的集合。画平面立体的投影，就是画出各棱面和底面的投影，也可以说是画出各棱线及底边的投影，并区别可见性，可见的棱线和底边的投影画粗实线，不可见的棱线和底边的投影画虚线。

3.1.1.1　棱柱

1. 棱柱的形体特征

棱柱由棱面及上下底面组成，棱面的各棱线互相平行。如图3-1（a）所示的正五棱柱，其上下两个底面为全等且互相平行的正五边形，五个棱面为全等的矩形且与底面垂直，五条棱线等长，是五棱柱的高，与底面垂直。

2. 棱柱的投影

如图3-1（b）所示，正五棱柱的上下两个底面为水平面，在 H 面的投影反映实形，且重合为一个正五边形，在 V、W 面的投影积聚为上下两条直线，五条棱线的水平投影都积聚在五边形的五个顶点上，其正面和侧面投影为反映棱柱高的直段线。在正面投影中，棱线 DD_0、EE_0 被前边的棱面挡住不可见，画成虚线；在侧面投影中，棱线 CC_0、DD_0 分别被棱线 AA_0、EE_0 挡住，且投影重合，故不画虚线。

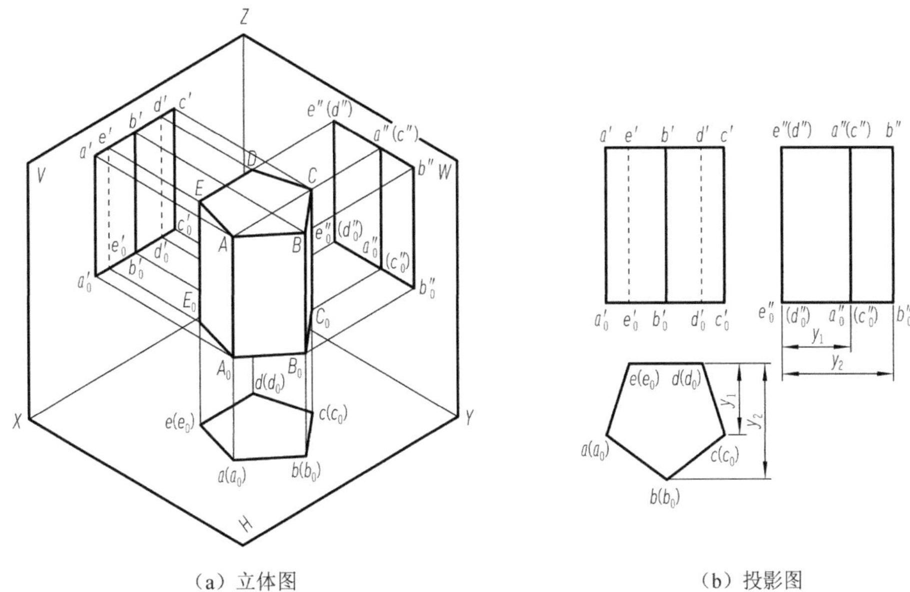

（a）立体图　　　　（b）投影图

图 3-1　正五棱柱的投影

由对正五棱柱的投影图分析，可以进一步得出直棱柱的投影特性：在和底面平行的投影面上的投影为平面多边形，反映形体特征；另外两面投影分别为若干个矩形框围成的图形。

注意：由于立体的投影主要是表达物体的形状，无需表达物体与投影面间的距离，因此在画投影图时，不必再像前面点、线、面一样画出投影轴，为了使图形清晰，也不必画出投影之间的连线。但要注意构成立体的各几何要素（点、线、面）在三面投影上必须符合投影规律，以保证立体在正面投影和水平投影长对正，正面投影和侧面投影高平齐，水平投影和侧面投影宽相等。

3. 棱柱表面上点的投影

在平面立体表面上取点和线，其原理和方法与平面上取点和线相同。对棱柱而言，当表面都处在特殊位置时，表面上的点的投影可利用积聚性作图。

【例 3-1】 如图 3-2（a）所示，已知正五棱柱表面上的点 F 和 G 的正面投影 f'、(g')，求作其余两面投影。

分析：由点 F 在 V 面的投影 f' 可见，再对照水平投影，可判断点 F 是棱面 BCC_0B_0 上的点，此棱面为铅垂面；由点 G 在 V 面的投影 g' 不可见，再对照水平投影，可判断点 G 是棱面 EDD_0E_0 上的点，此棱面为正平面。

作图：如图 3-2（b）所示。

（1）分别过点 f'、(g') 作竖直投影连线，交五边形的边为 f、g。

（2）过点 g' 作水平线，交有积聚性棱面 EDD_0E_0 于 g''。

（3）过点 f' 作水平线，利用投影关系，量取 y 坐标得 f''。

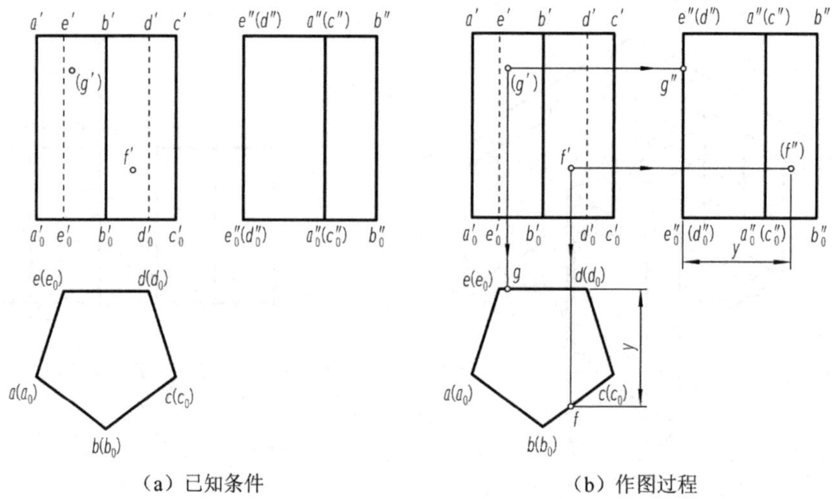

（a）已知条件　　（b）作图过程

图 3-2　正五棱柱表面上取点

注意：立体表面上点的可见性的判别，由点所在表面的可见性所确定。位于立体可见表面上的点、线为可见，位于立体不可见表面上的点、线为不可见。当点所在平面积聚为一线段时，则视为可见，如本例中的点 *f*、*g*、*g*″。

3.1.1.2　棱锥

1. 棱锥的形体特征

棱锥的底面为多边形，各棱线汇交于一点，棱面为三角形面。如图 3-3（a）所示的三棱锥，底面 *ABC* 为水平面，棱面 *SAC* 为侧垂面，其余两个棱面为一般位置平面，其中，*AB*、*BC* 为水平线，*AC* 为侧垂线，棱线 *SA*、*SB*、*SC* 皆为一般位置直线。

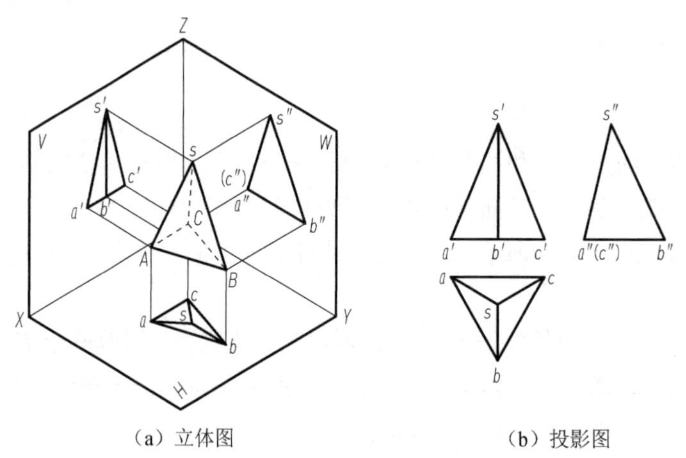

（a）立体图　　（b）投影图

图 3-3　三棱锥的投影

2. 棱锥的投影

如图 3-3（b）所示，正三棱锥的底面 *ABC* 为水平面，其水平投影反映实形，正面和侧面投影积聚为水平直线段；锥顶 S 的水平投影 s 在△abc 的中心，根据三棱锥的高度，对应水平投影 s 可作出其正面投影 s'和侧面投影 s''。最后将锥顶 S 和各顶点 A、B、C 的同面投影分别连线，即得该三棱锥的三面投影图。

在水平投影中，三个棱面的水平投影可见，底面被三个棱面挡住，投影不可见；在正面投影中，前棱面 SAB、SBC 的正面投影可见，后棱面 SAC 的正面投影不可见；在侧面投影中，左棱面 SAB 的侧面投影可见，右棱面 SBC 被左棱面 SAB 挡住，投影重合。

由对正三棱锥的投影图分析，可以进一步得出棱锥的投影特性：棱锥在其底面所平行的投影面上的投影反映形体特征，是平面多边形（是几棱锥就是平面几边形，且其内包含相同数目的三角形）；另外两面投影为一个或多个三角形。

3. 棱锥表面上点的投影

在棱锥表面上定点，不像棱柱表面上定点可以根据点所在平面投影的积聚性直接求出，而是需要在所处平面上作辅助线，然后在辅助线上作出点的投影。

【例 3-2】 如图 3-4（a）所示，已知三棱锥表面上的点 E 的水平投影 e，点 F 的正面投影 f'，求作其余两投影。

【解】 分析：由点 F 在 V 面的投影 f'可见，点 E 在 H 面的投影 e 可见，再对照水平投影和正面投影，可作出判断，点 E 是左棱面 SAB 面上的点，点 F 是右棱面 SBC 面上的点，两点均在一般位置平面上，需分别作辅助线求出它们的另两面投影。

作图：如图 3-4（b）所示。

（1）在水平投影上，连 se 并延长交 ab 于点 1，由 1 向上作竖直投影连线，交 $a'b'$ 于点 1′，得到辅助线 SⅠ 的正面投影；在正面投影上，过点 f'作底边 $b'c'$的平行线交 $s'c'$ 于点 2′，过点 2′向下作竖直投影连线，交 sc 于 2，由 2 作 bc 的平行线。

（2）点 E、F 分别在 SⅠ、FⅡ 上，过点 e 向上作竖直线，交 s'1′于 e'；过 f'向下作竖直线，交过点 2 与 bc 平行的直线于 f。

（3）分别过点 e'、f'作水平投影连线，利用投影关系，分别量取 y_1、y_2 坐标得 e''、f''。

（4）判别可见性。因点 F 所在棱面 SBC 的侧面投影不可见，故 f''不可见，而点 E 所在棱面 SAB 的侧面投影可见，故 e''可见。

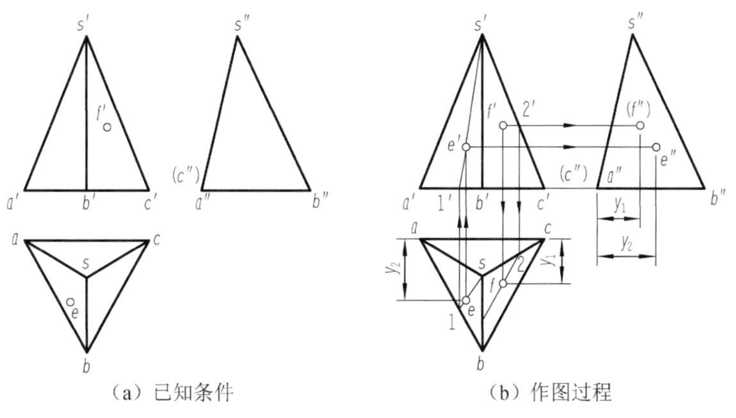

（a）已知条件　　　　（b）作图过程

图 3-4　三棱锥表面上取点

3.1.2　曲面立体的投影

曲面立体是由曲面或曲面与平面包围而成的立体。工程上应用最多的是回转体，如圆柱、圆锥、圆球等。回转体是由回转曲面或回转曲面与平面围成的立体。回转曲面是由运动的母线（直线或曲线）绕着固定的轴线（直线）做回转运动而成的；曲面上任一位置的母线称为素线。

在画回转体的投影图时，除了要画出回转体的轮廓线和尖点的投影外，还要画出其对投影面转向轮廓线的投影。转向轮廓线就是区分曲面为可见曲面与不可见曲面的分界线。如图 3-5 所示，球面在向 *H* 面投影时，区分可见的上半球面和不可见的下半球面的分界线是球面上最大的水平圆，该圆就是球面对 *H* 面的转向轮廓线，该圆在 *H* 面的投影就是球面在 *H* 面的投影；球面对 *V* 面的转向轮廓线是球面上最大的正平圆，该圆是可见的前半球面和不可见的后半球面的分界圆，该圆在 *V* 面的投影就是球面在 *V* 面的投影；球面对 *W* 面的转向轮廓线是球面上最大的侧平圆，该圆是可见的左半球面和不可见的后半球面的分界圆，该圆在 *W* 面的投影就是球面在 *W* 面的投影。

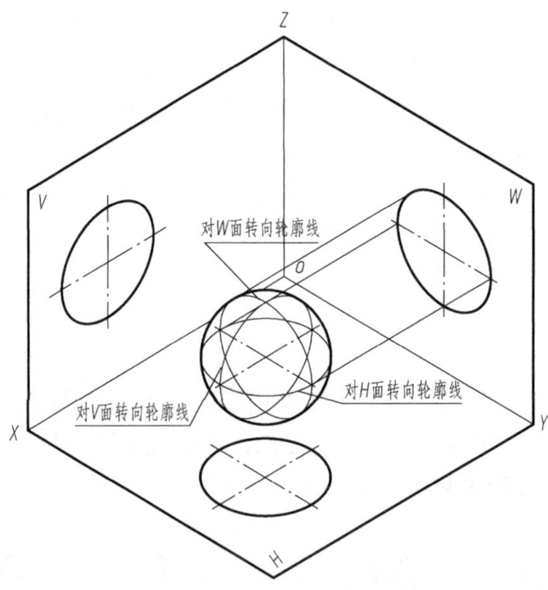

图 3-5　球面上的转向轮廓线

注意：画回转体的投影图时，应在投影图中用细点画线画出轴线的投影和圆的中心线。画对称中心线要满足画起、画落、画相交，且对称中心线要超出图形的轮廓线外 2～3mm。

3.1.2.1　圆柱

1. 圆柱的形体特征

圆柱表面是由圆柱面和顶面圆、底面圆所组成，如图 3-6（a）所示。圆柱面是由一直母线绕与之平行的轴线回转而成，圆柱面上的所有素线都与轴线平行。

2. 圆柱的投影

如图 3-6（b）所示，圆柱的轴线垂直于 H 面，其顶面和底面为水平面，在水平投影面上的投影反映实形且重合为圆，其正面和侧面的投影分别积聚为上下两条水平直线；圆柱面垂直于 H 面，在 H 面的投影积聚在圆周上，圆柱面在 V 面的投影是圆柱面对 V 面的转向轮廓线 AA_0、BB_0（它们分别是圆柱面上最左、最右素线，是区分前半可见圆柱面与后半不可见圆柱面的分界线）的投影 $a'a'_0$、$b'b'_0$，对 V 面的转向轮廓线 AA_0、BB_0 在 W 面的投影与轴线重合，不需画出；圆柱面在 W 面的投影是圆柱面对 W 面的转向轮廓线 CC_0、DD_0（它们分别是圆柱面上最前、最后素线，是区分左半可见圆柱面与右半不可见圆柱面的分界线）的投影 $c''c_0''$、$d''d_0''$，对 W 面的转向轮廓线 CC_0、DD_0 在 V 面的投影与轴线重合，不需画出。

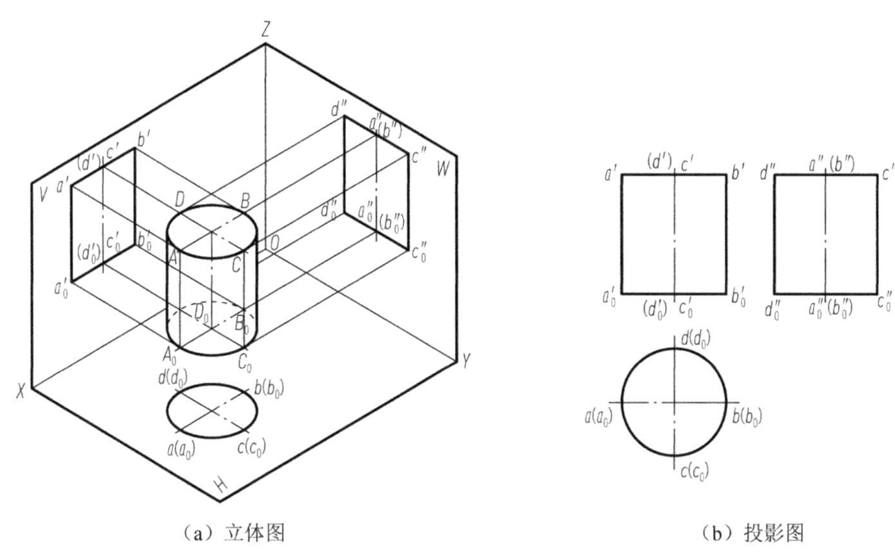

（a）立体图　　　　　　（b）投影图

图 3-6　圆柱的投影

圆柱的投影特点：在轴线所垂直的投影面的投影为圆；在另两个投影面的投影为完全相同的矩形。

作图时应先画投影为圆的图，再画出其他两面投影。

3. 圆柱表面上点的投影

在圆柱表面上定点和线，可以直接利用圆柱表面投影的积聚性来作图。

【例 3-3】 如图 3-7（a）所示，已知圆柱面上的点 E、F、G 的正面投影分别为 e'、f'、g'，求作另两面投影。

【解】 分析：由点 E、G 在 V 面的投影 e'、g'可见，点 F 在 V 面的投影 f'不可见，再对照水平投影和正面投影，可作出判断，点 E 在前、左半圆柱面上，点 G 在前边侧面转向轮廓线上，点 F 在后、右半圆柱面上，因此可先利用圆柱面的水平投影的积聚性，作出水平投影，再求出侧面投影。

作图：如图 3-7（b）所示。

（1）求 E、F 的另两面投影。因点 E、F 在圆柱面上，其水平投影必在圆柱面有积聚性的圆周上。分别过点 e'、(f')向下作竖直投影连线，交圆周于 e、f，e 在前半圆周，f 在后半圆周。过点 e'、(f')作水平投影连线，分别量取 y_1、y_2 坐标，得 e''、f''。因点 F 在右半圆柱面上，故侧面投影 f''不可见。

（2）求点 G。因点 G 在侧面转向轮廓线上，即圆柱面最前素线上，所以点 G 在 H 面的投影 g 是圆的最前点，过 g'作水平线交圆柱面最前素线于 g''。

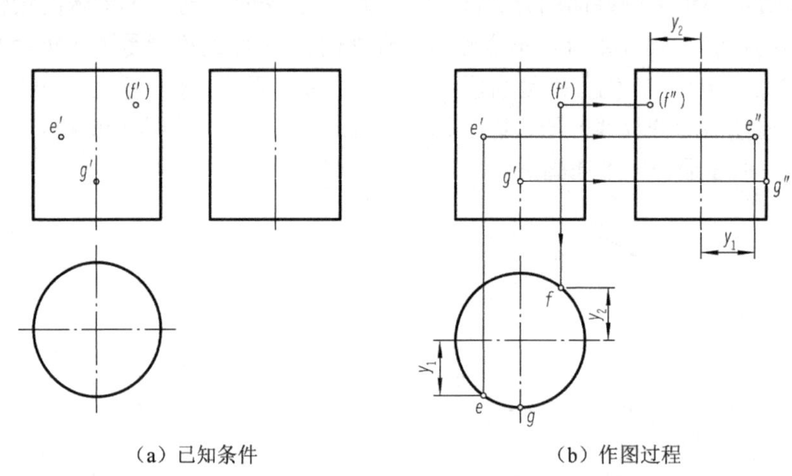

（a）已知条件　　（b）作图过程

图 3-7　圆柱表面上取点

3.1.2.2　圆锥

1. 圆锥的形体特征

圆锥表面是由圆锥面和底面圆所组成，如图 3-8（a）所示。圆锥面是一直母线 SA 绕与它相交的轴线 SO 旋转一周而形成的曲面。圆锥面的所有素线均相交于点 S，直母线 SA 上任一点的运动轨迹是圆。

2. 圆锥的投影

圆锥的三面投影图如图 3-8（b）所示。因为圆锥轴线为铅垂线，所以圆锥的水平投影为一圆，这是圆锥面的投影，也是圆锥底面的投影。画图时用垂直相交的点画线表示圆的中心线，交点为锥顶的水平投影。

圆锥的正面和侧面投影均为等腰三角形，其底边是底圆的积聚投影，长度等于底圆的直径。正面投影三角形的两腰为圆锥正面转向轮廓线 SA、SB 的投影，为正平线，它们把圆锥分为前半圆锥面和后半圆锥面，它们在 H 面的投影与水平点画线重合，在 W 面的投影与竖直点画线重合；侧面投影三角形的两腰为圆锥侧面转向轮廓线 SC、SD 的投影，为侧平线，它们把圆锥分为左半圆锥面和右半圆锥面，它们在 H 面的投影与竖直点画线重合，在 V 面的投影与竖直点画线重合。圆锥面在三个投影面上的投影都没有积聚性。

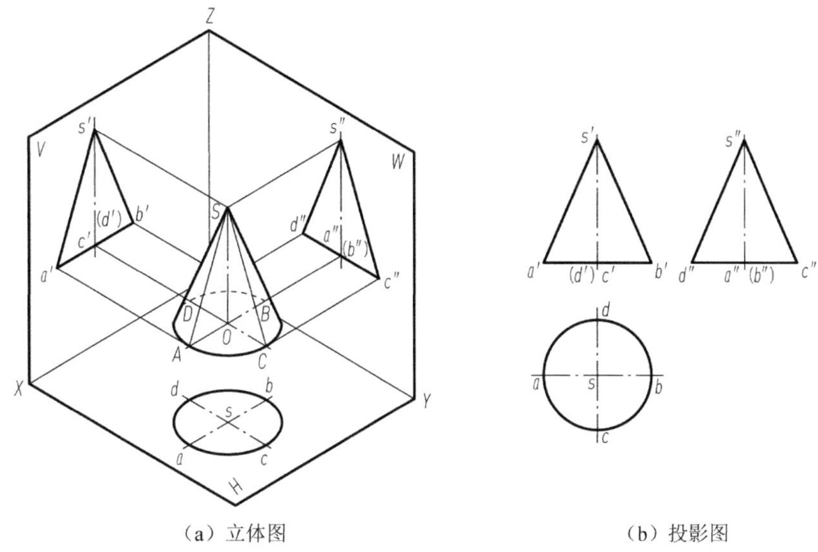

（a）立体图　　　　（b）投影图

图 3-8　圆锥的投影

3. 圆锥表面上点的投影

因圆锥面的三个投影都没有积聚性，所以在圆锥表面上定点时，必须借助于其上的辅助线，常用的作图方法为素线法和纬圆法。所谓素线法是指在圆锥表面上过已知点作一过锥顶的直线，即素线，如图 3-9（a）所示，先求出素线的投影，继而求出点的投影。纬圆法是指在圆锥表面上过已知点作一垂直于圆锥轴线的圆，如图 3-9（b）所示，先求出纬圆的投影，继而求出点的投影。

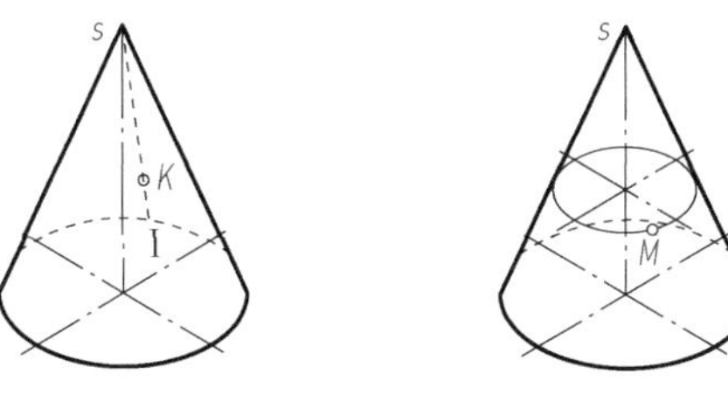

（a）在圆锥面上构造素线　　（b）在圆锥面上构造纬圆

图 3-9　圆锥面上构造辅助线方法

【例 3-4】 如图 3-10（a）所示，已知圆锥表面上的点 A、B、K、M 的正面投影分别为 a'、b'、(k')、m'，求作其余两面投影。

【解】 分析：由 A、B、K、M 四点在 V 面的投影 a'、b'、(k')、m'，可以判断出 A 点位于圆锥面对 V 面的转向轮廓线上；B 点位于圆锥面对 W 面转向轮廓线上；K 点位于右、后半圆锥面上；M 点位于左、前半圆锥面上。对于转向轮廓线上的点 A、B，可直接求出它们在其他两个投影面的投影，对于圆锥面上一般位置点 K、M，可采用素线法或纬圆法作图，求出另两面投影。

作图：如图 3-10（b）所示。

（1）根据圆锥面转向轮廓线投影的对应关系，过 a' 向下作竖直线，交圆的水平点画线于 a，过 a' 向右作水平线，交 W 面竖直点画线于 a''；过 b' 向右作水平线，交 W 面前

转向轮廓线于 b''，根据 y_1 坐标，在 H 面的竖直点画线上直接量取，得到 b。

（2）素线法求点 K [参照图 3-9（a）]。过 k' 作一过锥顶的素线 $s'1'$，即圆锥面素线 SⅠ的正面投影，再求出其水平投影 $s1$，过 k' 向下作投影连线，与 $s1$ 相交得 k；过 k' 向右作投影连线，并量取 y_2 坐标得 k''。因点 K 在右半圆锥面上，故 k'' 不可见。

（3）纬圆法求点 M [参照图 3-9（b）]。过 m' 作一垂直于轴线的水平线段，交圆锥对 V 面的转向轮廓线于点 2′、3′，线段 2′3′ 即纬圆在 V 面的投影，线段 2′3′ 的长度就是纬圆直径的真长，在水平投影面上，纬圆的圆心与锥顶 s 重合，故以 s 为圆心，以线段 2′3′ 的长度为直径画圆，即为此纬圆的水平投影。从 m' 作竖直投影连线，交前半圆周于 m；从 m' 向右作水平投影连接，并量取 y_2 坐标得 m''。

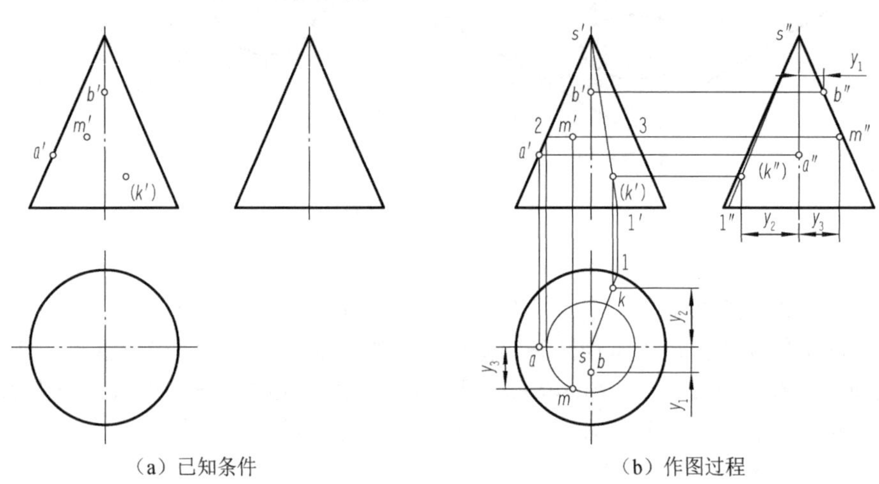

（a）已知条件　　（b）作图过程

图 3-10　圆锥表面上取点

3.1.2.3　圆球

1. 圆球的形体特征

圆球表面完全由曲面围成，如图 3-11（a）所示，圆球表面可以看成是以半圆为母线、以半圆的直径为轴线旋转一周而形成的曲面。母线上任意点运动的轨迹均为圆周。圆球面上没有直线。

2. 圆球的投影

图 3-11（b）为圆球的三面投影图。其投影均为三个大小相等的圆，直径等于圆球的直径。其中，圆 a 是圆球对水平面转向轮廓线 A 的水平投影，其正面投影 a'、侧面投影 a'' 分别与水平中心线重合；圆 b' 是圆球对正面转向轮廓线 B 的正面投影，其水平投影 b 与水平中心线重合，侧面投影 b'' 与竖直中心线重合；圆 c'' 是圆球对侧面转向轮廓线 C 的侧面投影，其水平投影 c 和正面投影 c' 分别与竖直中心线重合。

3. 圆球表面上点的投影

圆球的三个投影均无积聚性，所以在圆球表面上定点，需采用辅助圆法，即过球面上的已知点作与投影面平行的圆作为辅助圆。

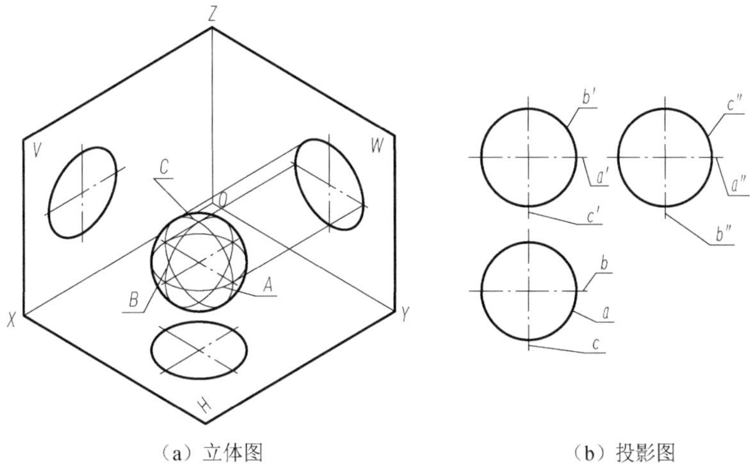

（a）立体图　　　　　　　　　　　　　（b）投影图

图 3-11　圆球的投影

【例 3-5】 如图 3-12（a）所示，已知圆球表面上的点 *A*、*B* 的一个投影 *a*′、*b*″，求作另两面投影。

【解】 分析：由点 *A* 在 *V* 面的投影 *a*′可见，再对照圆球的三面投影图可以判断点 *A* 在左、前、上半球面上，需采用辅助圆法求出另两面投影；*b*″可见，且在圆周上，故点 *B* 在前、下半球面上，并且在侧面转向轮廓线上，可直接根据从属性求出另两面投影。

作图：如图 3-12（b）所示。

（1）求点 *A*。过 *a*′作水平线，与正面投影的转向轮廓线相交于点 1′、2′，1′2′即为所作水平辅助圆的正面投影；所作水平辅助圆的水平投影为圆，其圆心与球心重合，其直径为线段 1′2′的长度，作出水平辅助圆的水平投影后，从 *a*′向下作竖直投影连线，交该辅助圆的前半圆于 *a*；从 *a*′向右作水平投影连线，并量取 y_1 坐标得 *a*″。由于点 *A* 在左、上半球面上，故 *a*、*a*″均可见。

（2）求点 *B*。因点 *B* 是侧面转向轮廓线上的点，可直接根据投影对应关系求出另两面投影 *b*′、*b*″。从 *b*″向左作水平投影连线，交正面竖直点画线于 *b*′，在水平点画线上量取 y_2 坐标得 *b*，由于点 *B* 在前，下半球面上，故 *b*′可见，*b* 不可见。

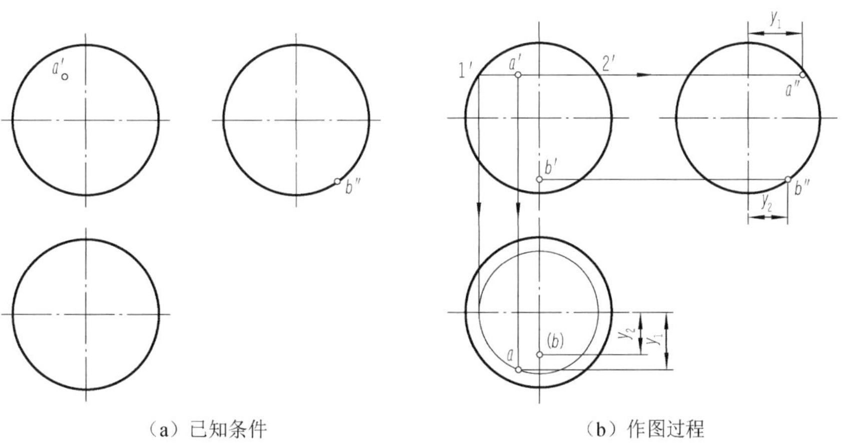

（a）已知条件　　　　　　　　　　　　　（b）作图过程

图 3-12　圆球表面上取点

图 3-12 点 *A* 的另两面投影也可通过作一侧平辅助圆或正平辅助圆求出，请读者自行分析。

3.2　平面与立体相交

立体被平面截切，在其表面必然会产生交线，该交线称为截交线。用于切割立体的面，称为截平面，截交线围成的平面图形称为截断面。工程用零件常出现被截切的立体，为了准确地表达出它们的形状，下面将分别介绍平面立体和曲面立体被截切后的立体的投影图的绘制。

3.2.1　被平面截切的平面立体的投影

绘制被截切的平面立体的投影，关键是要正确画出截交线的投影。在求解截交线之前首先来了解一下截交线的性质。

（1）由于截交线是截平面切割立体而产生的，所以，截交线一定是截平面和立体表面的共有线，截交线上的点一定是截平面与立体表面的共有点。

（2）截交线所围成的图形一定是封闭的平面图形。

求解平面与平面立体的截交线步骤如下。

（1）首先判断截交线形状（是几边形）。判断的方法有两种，一是可通过截平面与立体表面相交，产生的交线的数量来判断（两个平面相交会产生一条交线）；二是可通过截平面与平面立体各棱线或底边的交点的数量来判断（线、面相交会产生一个交点）。

（2）在截平面有积聚性的投影面上标出多边形各顶点。

（3）利用立体表面取点法，求出多边形各端点在其他投影面的投影。

（4）连线（同一表面相邻两点依次连线），并判别可见性。

（5）检查，加深图线，完成作图。

【例 3-6】 如图 3-13（a）所示，四棱柱被正垂面截切，求作四棱柱被截切后的水平投影和侧面投影。

【解】 分析：由图 3-13（a）可以看出，四棱柱被一正垂面截切，截平面与四棱柱的四个侧表面及顶面相交，共产生五条交线，故可判断截交线为五边形，如图 3-13（c）所示。截交线在 *V* 面的投影已知，积聚为直线，五边形的五个端点分别为截平面与三条棱线的交点以及和顶面两条边的交点，再利用立体表面取点法即可求出该五点的其他两面投影，进而画出截交线的投影。截交线在 *H*、*W* 面的投影均为五边形。

作图：如图 3-13（b）所示。

（1）画出被截切前的四棱柱的侧面投影。

（2）在截交线已知的投影面上，即 *V* 面上标出五边形各端点 1′、2′、3′、4′、5′。

（3）利用前面讲的立体表面取点法求出各点在 *H*、*W* 面的投影。

（4）连线。*H*、*W* 面均为五边形，且均可见。

（5）检查（擦去被切掉的线）、加深图线（包括截交线和应保留的立体投影线）、完成全图。

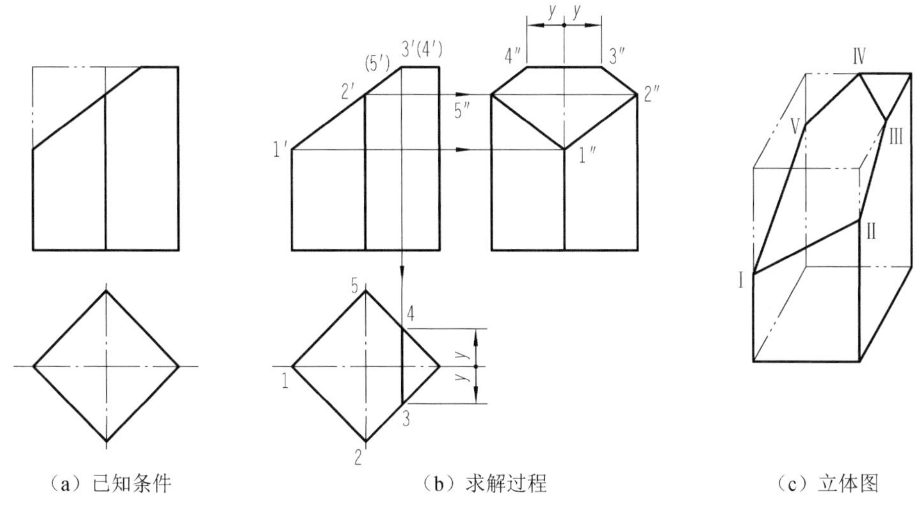

（a）已知条件　　　　（b）求解过程　　　　（c）立体图

图 3-13　被截切的四棱柱的投影

【例 3-7】 如图 3-14（a）所示，三棱锥被水平面和正垂面截切，求作三棱锥被截切后的水平投影和侧面投影。

【解】 分析：由图 3-14（a）可以看出，三棱锥被一正垂面和一水平面截切。水平截面和棱面 *SAB*、棱面 *SAC* 各产生一条水平交线，在 *V* 面投影重合，为已知；正垂截面和棱面 *SAB*、棱面 *SAC* 也各产生一条交线，在 *V* 面投影重合，为已知；两个截平面相交又产生了一条公共交线（正垂线）。故正垂面和水平面截切三棱锥产生的截交线都为三角形，且两个三角形有一个公共边，所以共有四个端点。其中两点位于棱线上，另两点位于棱面上，如图 3-14（c）所示。

作图：如图 3-14（b）所示。

（1）画出被切割前完整三棱锥的水平和侧面投影。

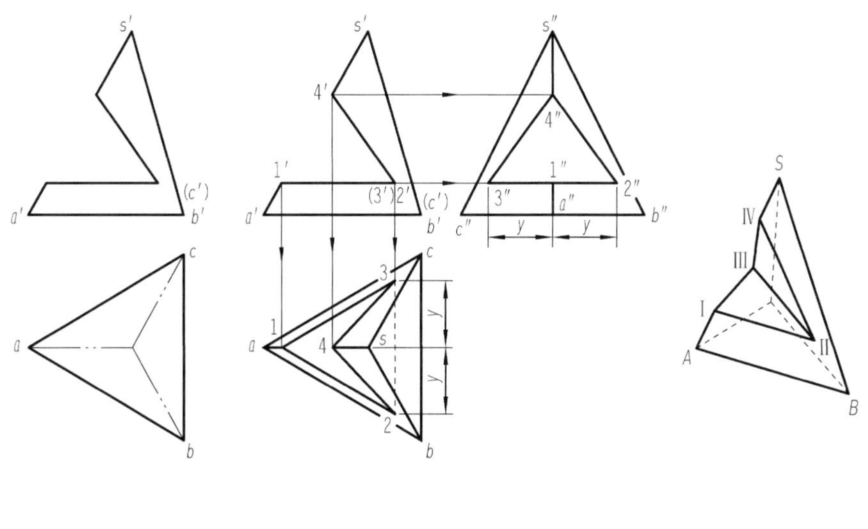

（a）已知条件　　　　（b）求解过程　　　　（c）立体图

图 3-14　被截切的三棱锥的投影

（2）在截交线已知的投影面上，即 V 面上标出两个三角形的各端点 1′、2′、3′、4′。

（3）求点Ⅰ、Ⅱ、Ⅲ、Ⅳ在 H 面和 W 面的投影。过 1′、4′作竖直直线交 sa 于 1、4；过 1′、4′作水平直线交 $s''a''$于 1″、4″；因 ⅠⅡ、ⅠⅢ为水平线，分别平行于 AB、AC，所以求点 2、3 需构造水平线。具体作法，过 1 作 ab 和 ac 的平行线交过点 2′(3′) 作的竖直线于 2、3，再根据点的投影规律求出 2″、3″。

（4）连线。水平投影 12、13、24、34 均可见，画粗实线，23 不可见，画虚线；侧面投影均可见，画粗实线。

（5）检查，擦去水平面 1、4 之间的棱线以及侧平面 1″、4″之间的棱线、画出三棱锥须保留的棱线 a1、s4、s''4″、1″a''，加深图线，完成全图。

3.2.2　被平面截切的回转体的投影

绘制被平面截切的回转体的投影，关键是求截交线的投影。回转体被截平面截切，所得截交线是截平面与回转立体表面的共有点的集合，一般情况下是封闭的平面曲线。但由于截平面与回转体相对位置的变化，也可能得到由直线与平面曲线组成的截交线，或者完全是由直线段组成的截交线。

当截交线为平面曲线时，求解截交线的一般步骤如下。

（1）首先根据回转体的形状及截平面与回转体轴线的相对位置，判断截交线的形状。

（2）确定截交线上特殊点：①确定截交线形状的特征点；②确定截交线范围的极限位置点（如最高、最低、最左、最右、最前、最后点）；③转向轮廓线上的点。

（3）为了光滑连接，再根据需要求截交线上若干个一般点。

（4）最后将一系列的交点按照顺序光滑地相连，并判断其可见性。

1. 被平面截切的圆柱体的投影

圆柱体被平面截切，根据截平面对圆柱体轴线的相对位置不同，截交线有三种基本情况，见表 3-1。

表 3-1　平面与圆柱相交的各种情况

立体图	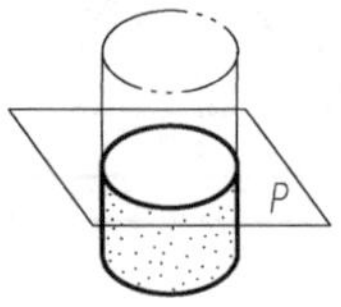 P	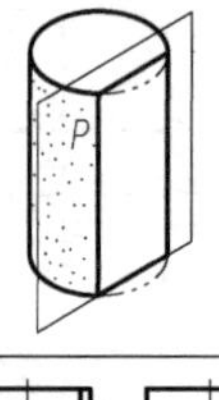 P	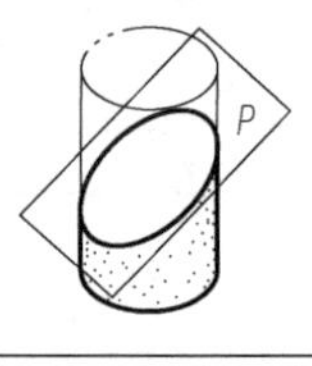 P
投影图	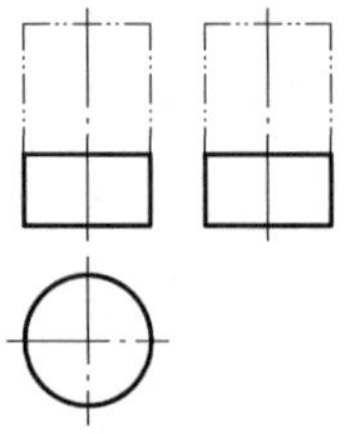	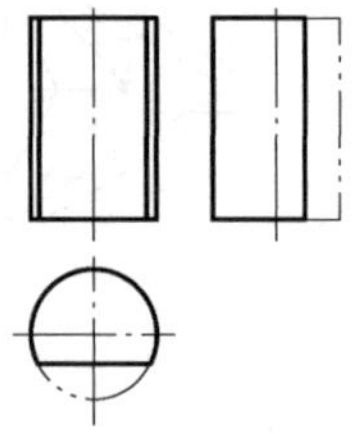	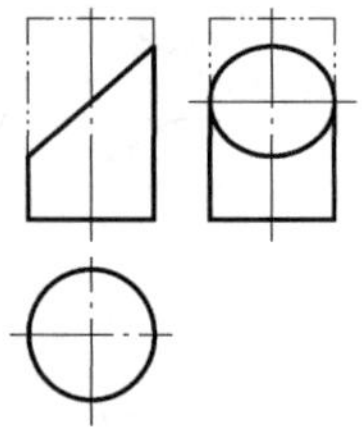
截交线形状	圆——截平面垂直于圆柱轴线，截交线为圆	矩形——截平面平行于圆柱轴线，截交线为矩形	椭圆——截平面倾斜于圆柱轴线，截交线为椭圆

【例 3-8】 如图 3-15（a）所示，圆柱被正垂面截切，求作被截切的圆柱体的侧面投影。

【解】 分析：由图 3-15（a）可以看出，圆柱体被一与轴线斜交的正垂面截去上面一部分，截交线是椭圆，如图 3-15（c）所示。截交线的正面投影积聚为一段直线，截交线的水平投影积聚在圆周上，侧面投影为椭圆。

作图：如图 3-15（b）所示。

（1）画出完整圆柱的侧面投影。

（2）求特殊点。在正面投影图上标出椭圆长轴、短轴端点 1′、2′、3′、4′。该四点也是极限位置点，长轴端点 1′、2′同时又是对正面转向轮廓线上的点，短轴端点 3′、4′同时又是对侧面转向轮廓线上的点，该四点的水平投影 1、2、3、4 也可直接找到，进而求出这些点的侧面投影 1″、2″、3″、4″。

（3）求一般点。为了能光滑地连出截交线的侧面投影，再在截交线的 V 面投影的适当位置取点 5′、6′、7′、8′，过该四点分别作竖直线交圆周于 5、6、7、8，再利用点的投影规律求其侧面投影 5″、6″、7″、8″。

（4）画出截交线的侧面投影。依截交线上各点水平投影的顺序，连接得截交线的侧面投影椭圆。

（5）画出截切圆柱体轮廓线的侧面投影。截切圆柱体侧面投影的转向轮廓线应画至 3″、4″处。侧面投影上所有图线均可见。

（6）检查，加深图线，完成全图。

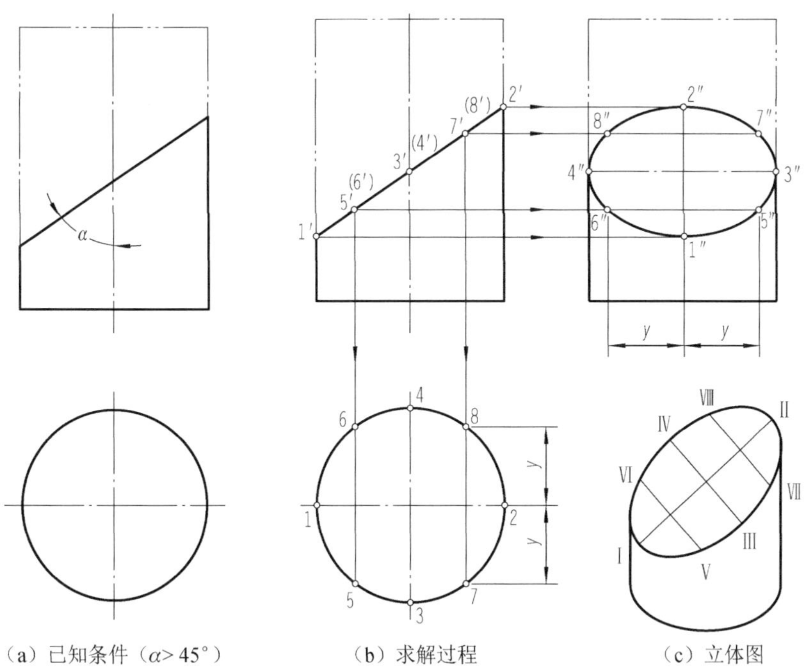

（a）已知条件（α> 45°）　（b）求解过程　（c）立体图

图 3-15　被斜切的圆柱的投影

注意：如图 3-15、图 3-16 所示，截平面与圆柱轴线倾斜的程度发生变化，会直接影响截交线椭圆的长短轴方向和大小，当截平面与圆柱轴线成 45° 角时，截交线的侧面投影为圆。

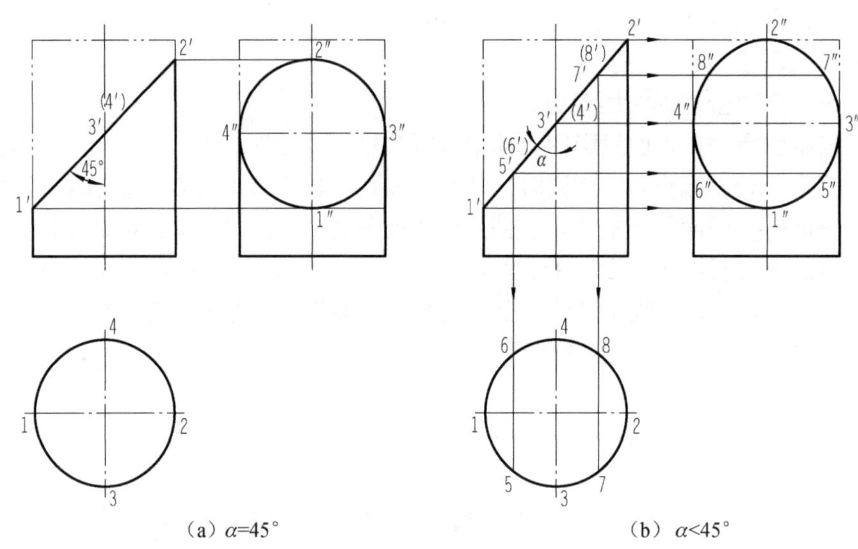

(a) α=45°　　(b) α<45°

图 3-16　截交线与轴线的倾斜程度对截交线形状的影响

【例 3-9】 如图 3-17（a）所示，圆柱被两个侧平面和一个水平面截切，求作切口圆柱的侧面投影。

【解】 分析：由图 3-17（a）可以看出，圆柱的切口是由平行于轴线且左右对称的侧平面和垂直于轴线的水平面截切而形成的，如图 3-17（c）所示。两个侧平面截切圆柱，截交线为两个完全相同的矩形，它们在 V、H 面的投影分别积聚为直线，是已知的，

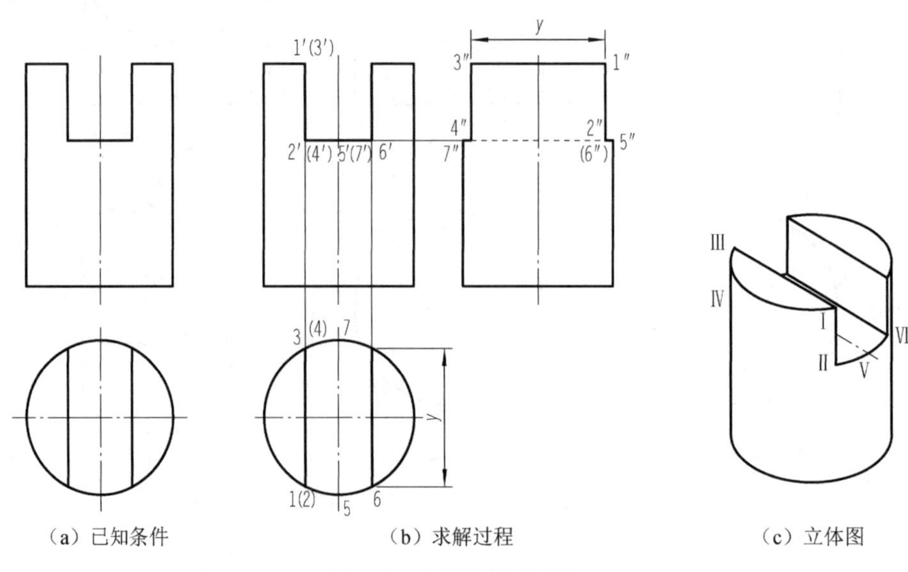

(a) 已知条件　　(b) 求解过程　　(c) 立体图

图 3-17　开槽圆柱的投影

在 W 面的投影重合为一个，且为矩形的实形，待求；水平面截切圆柱，截交线为圆的一部分，在 V 面投影积聚为直线，在 H 面的投影为两个侧平截面夹持的区域，在 W 面投影积聚为直线，待求。

作图：如图 3-17（b）所示。

（1）画出完整圆柱的侧面投影。

（2）标出左侧截平面截得的截交线为矩形的四个端点在 V、H 面的投影，求出其在 W 面的投影，连线，四条线只有 2″4″不可见，画虚线。根据前面分析，右侧截平面截得的截交线在 W 面投影与左侧的投影重合，故不必另求。

（3）根据水平截平面截得的截交线在 V 面的投影为直线 2′6′，在 H 面的投影为两条竖直线夹持的区域，可求出其在 W 面的投影为直线 5″7″，该直线包括三段，其中 2″4″仍为不可见，2″5″和 4″7″为可见。

（4）检查，加深图形。

如果圆柱有切口，如图 3-18 所示，三个截平面与内外圆柱面均有交线，求内圆柱表面截交线的方法类似于求外圆柱表面截交线的方法。读者可自行分析。

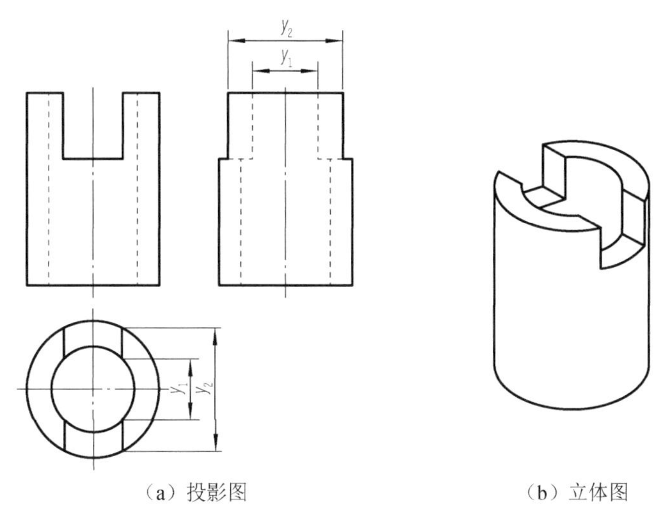

（a）投影图　　（b）立体图

图 3-18　开槽圆柱筒的投影

2. 被平面截切的圆锥体的投影

圆锥体被平面截切，根据截平面与圆锥体轴线相对位置的不同，截交线有五种不同的形状，见表 3-2。

表 3-2　平面与圆锥相交的各种情况

轴测图	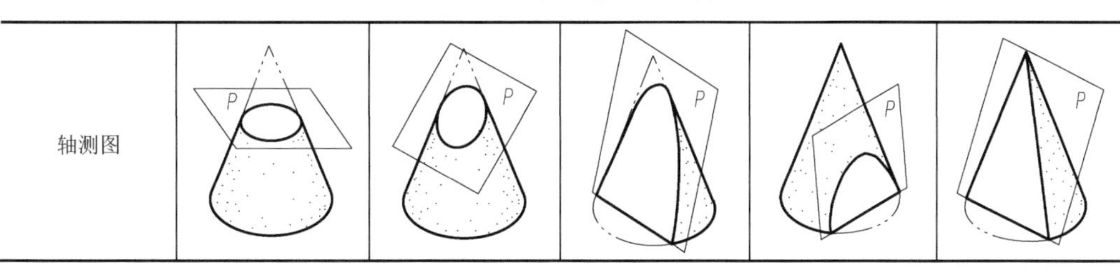

续表

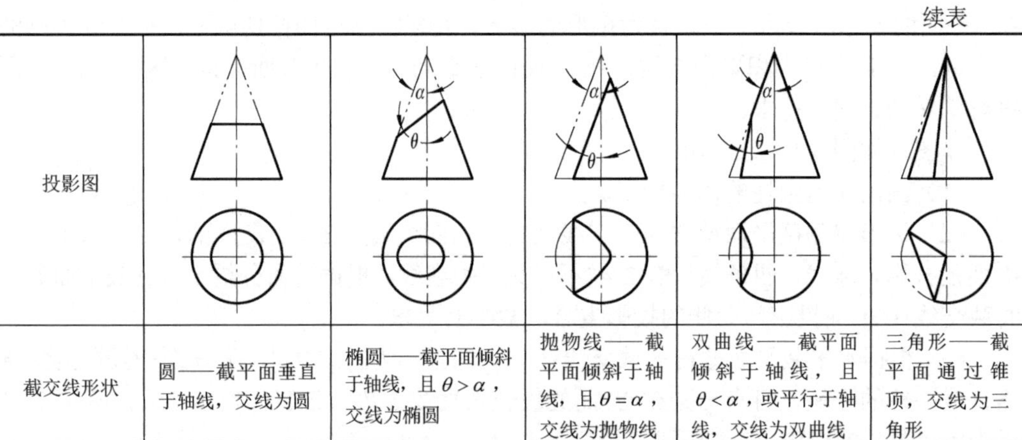

投影图					
截交线形状	圆——截平面垂直于轴线，交线为圆	椭圆——截平面倾斜于轴线，且 $\theta>\alpha$，交线为椭圆	抛物线——截平面倾斜于轴线，且 $\theta=\alpha$，交线为抛物线	双曲线——截平面倾斜于轴线，且 $\theta<\alpha$，或平行于轴线，交线为双曲线	三角形——截平面通过锥顶，交线为三角形

【例 3-10】 如图 3-19（a）所示，圆锥被正垂面截切，求作圆锥被截切后的水平投影和侧面投影。

【解】 分析：由图 3-19（a）可以看出截平面与圆锥轴线的倾斜角度大于锥顶角，故参见表 3-2，可判断该截交线为一椭圆，截交线的正面投影积聚成一直线，为已知，其他两投影仍为椭圆，待求。该题作图的关键是圆锥表面上点的投影的求法，即圆锥转向轮廓线上点的求法和圆锥面上一般位置点的求法，参见图 3-10。

作图：如图 3-19（b）所示。

（1）画出完整圆锥的侧面投影。

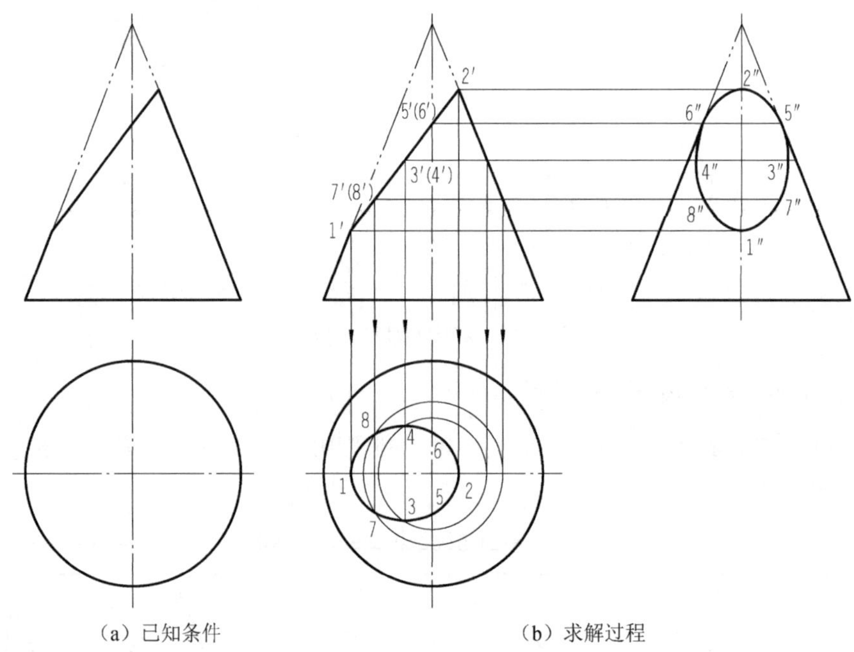

（a）已知条件　　（b）求解过程

图 3-19　截切圆锥体的投影（一）

（2）求截交线上各点的投影。①先标出椭圆长、短轴端点的正面投影 1′、2′、3′、4′，3′（4′）在 1′2′连线的中点上，可通过作 1′2′线段的垂直平分线获得。由于椭圆长轴端点

1′、2′位于圆锥对 V 面的转向轮廓线上，故根据投影规律，可直接求出其水平投影 1、2 和侧面投影 1″、2″，由于椭圆短轴端点 3′、4′是圆锥面上一般位置点，故需用纬圆法求出其水平投影 3、4，再根据点的投影规律求出 3″、4″；②标出圆锥对侧面转向轮廓线（即最前、最后素线）上点的正面投影 5′（6′），再根据投影规律求出这两点的水平投影 5、6 和侧面投影 5″、6″；③为了光滑连接椭圆的投影，在截交线上点稀疏的地方再取两个一般点 7′（8′），再用辅助纬圆法求出其水平投影 7、8 和侧面投影 7″、8″。

（3）画出截交线的水平投影和侧面投影。用曲线顺序光滑连接各点，即得椭圆的水平投影和侧面投影。

（4）画出轮廓线的侧面投影，并判别可见性。轮廓线的侧面投影画到 5″、6″为止，且可见。

（5）检查，加深图线，完成全图。

【例 3-11】 如图 3-20（a）所示，圆锥被侧平面截切，求作圆锥被截切后的侧面投影。

【解】 分析：由图 3-20（a）可以看出，截平面与圆锥轴线平行，故可判断截交线为双曲线的一个分支。截交线的正面投影和水平投影分别积聚成直线，为已知，其侧面投影为双曲线的一个分支的真形，待求。

作图：如图 3-20（b）所示。

（1）画出完整圆锥的侧面投影。

（2）求截交线上各点的投影。求截交线上特殊点的投影，先按投影关系求出截交线上最高点和最低点的三面投影 1′、1、1″和 2′、2、2″及 3′、3、3″；求截交线上一般点的投影，用辅助纬圆法求解，在最高点 1′和最低点 2′（3′）之间作一水平线（该水平线为辅助纬圆的正面投影），得到 4′（5′），作出纬圆的水平投影，得到水平投影 4、5，再利用点的投影规律求出侧面投影 4″、5″。

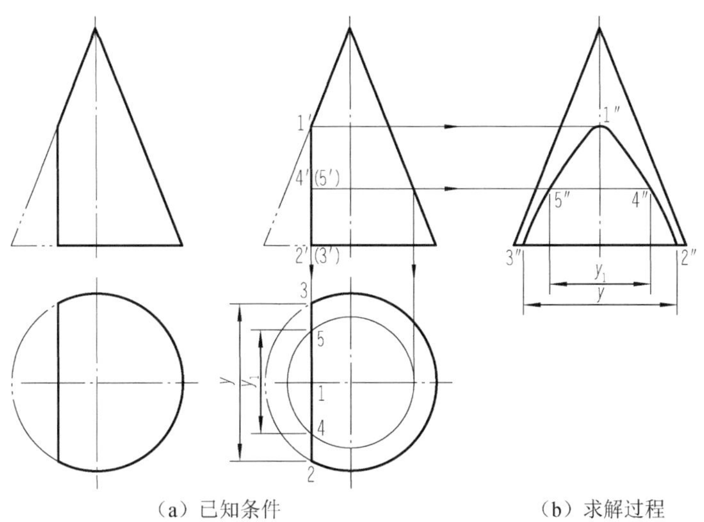

（a）已知条件　　（b）求解过程

图 3-20　截切圆锥体的投影（二）

（3）画出截交线的侧面投影。按各点的顺序光滑连接成曲线，即得双曲线的侧面投影。双曲线及轮廓线的侧面投影均可见。

（4）检查，加深图线，完成全图。

3. 被平面截切的圆球体的投影

圆球体被平面截切，其截交线的空间形状均为圆，截交线在投影面的投影形状取决于截平面与投影面的相对位置关系。

下面举例说明如何求被平面截切的圆球体的投影。

【例 3-12】 如图 3-21（a）所示，球被正垂面截切，求作球被截切后的 H 面、W 面的投影。

【解】 分析：由图 3-21（a）可以看出，截平面为正垂面，故截交线的正面投影积聚为直线，该直线的长度等于截交线圆的直径；截交线的水平和侧面投影均为椭圆，待求。

作图：如图 3-21（b）所示。

（1）画出完整球的侧面投影。

（2）求特殊点。在 V 面上标出椭圆长轴端点 1′、2′（1′、2′也是对 V 面转向轮廓线上的点），过点 o'作弦 1′2′的垂线交 1′2′于 3′（4′），3′（4′）为短轴的端点，再标出对 H 面、W 面转向轮廓线上的点 5′（6′）和 7′（8′）。转向轮廓线上的点 1′、2′、5′（6′）、7′（8′）在 H、W 面的投影 1、2、5、6、7、8 和 1″、2″、5″、6″、7″、8″可直接求出，短轴的端点 3′（4′）在 H、W 面的投影 3、4 和 3″、4″可用纬圆法求出。

（3）求适当数量的中间点。在 V 面截交线上的适当位置，标出 9′（10′），用纬圆法求其水平投影和侧面投影 9、10 和 9″、10″。

（4）依次光滑连接各点的水平投影和侧面投影。截交线椭圆的水平和侧面投影均可见。

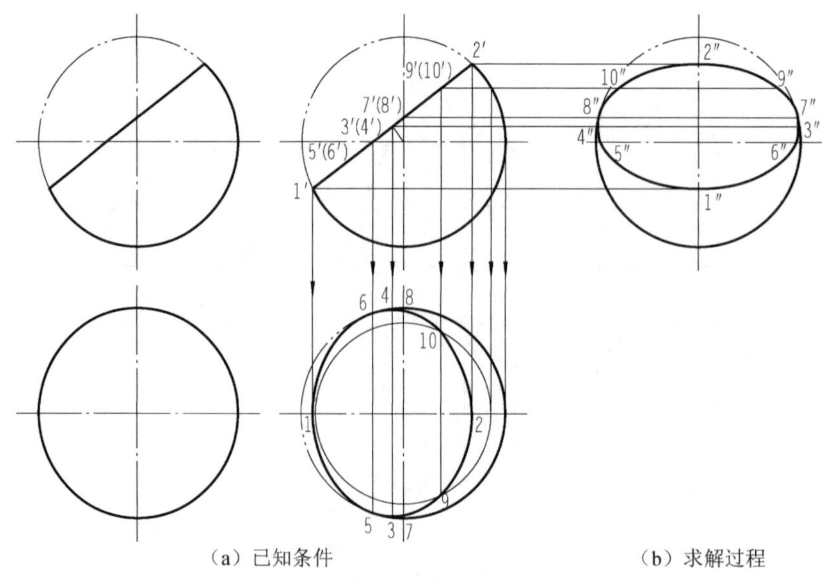

（a）已知条件　　（b）求解过程

图 3-21　截切球的投影

（5）整理水平投影和侧面投影的轮廓线，擦去不要的图线。

注意：水平投影上，球的轮廓线圆只画点 5、6 以右部分；侧面投影上，球的轮廓线圆只画点 7″、8″以下部分。

【例 3-13】 补画半球被截切后的水平投影和侧面投影。

【解】 分析：由图 3-22（a）可以看出，半球上部的通槽是由左右对称的两个侧平面和一个水平面截切而成，它们与球的截交线均为一段圆弧。由于截交线的正面投影有积聚性，只需求出它们的水平投影和侧面投影。

作图：如图 3-22（b）所示。

（1）画出半球的侧面投影。

（2）两侧平面截切半球，截交线为圆弧，在 *W* 面投影重合，且反映实形，圆弧半径为线段 1′2′（1′、2′分别是侧平面在 *V* 面投影的延长线与半球轮廓的上下两个交点）的长度，圆弧的圆心在 *W* 面投影与半球的球心重合；截交线在水平面的投影积聚为两条直线。

（3）水平面截切半球，截交线为圆弧，且在 *H* 面投影反映实形，圆弧半径为线段 3′4′（3′是水平面在 *V* 面投影的延长线与半球轮廓的交点，4′是水平面在 *V* 面投影与回转轴线的交点）的长度，圆弧的圆心在 *H* 面投影与半球的球心重合；截交线在侧平面的投影积聚为直线 1″4″，在 1″4″线段中有一段线段 5″6″为不可见，要画虚线，其余段为可见。

（4）检查，擦去被切掉的线，加深须保留的线，完成全图。

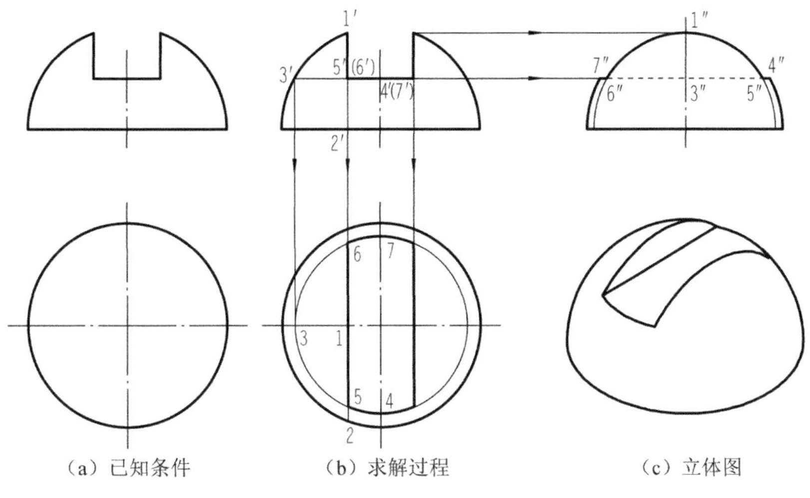

（a）已知条件　　（b）求解过程　　（c）立体图

图 3-22　开槽半球的投影

3.3　立体与立体相交的投影

立体与立体相交，在立体表面上必然会产生交线，我们把该交线称为相贯线，两相交的立体称为相贯体。

根据发生相交的两立体的表面性质，两立体相交可分为三种情况：平面立体与平面立体相交（简称平平相交）；平面立体与曲面立体相交（简称平曲相交）；曲面立体与曲面立体相交（简称曲曲相交），如图 3-23 所示。

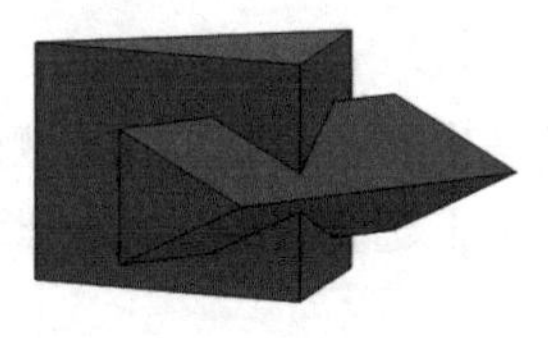
（a）平平相交

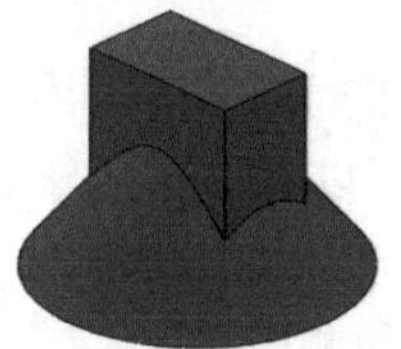
（b）平曲相交

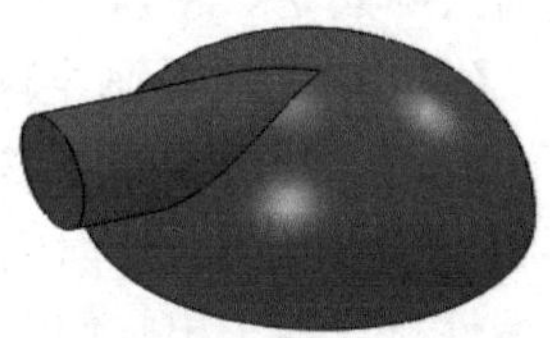
（c）曲曲相交

图 3-23　两立体相贯

平平相交和平曲相交产生的相贯线可看成是一个平面立体被另外一个平面立体的多个平面截切，通过前面介绍的求截交线的方法求解。故本节不再讨论。

机件上常见的相贯线，大多数是回转体相交而成，因此，本节主要介绍两回转体表面相贯线的性质及其画法。

相贯线的基本性质如下。

（1）相贯线一般情况下是封闭的空间曲线，特殊情况下是平面曲线或直线。

（2）相贯线是两回转体表面的共有线，相贯线上的点是两曲面立体表面的共有点。

（3）相贯线的形状取决于发生相交的两曲面立体的形状、大小及它们之间的相对位置。

当相贯线为曲线时，其求解步骤如下。

（1）判断相贯线形状。

（2）求特殊点：①确定形状的特征点；②确定范围的极限位置点（包括最高点、最低点、最左点、最右点、最前点、最后点）；③转向轮廓线上的点。

（3）求一般点。为了光滑连接曲线的投影，可以根据需要求出若干个一般点。

（4）连线（相邻两点依次连线），并判别可见性。

相贯线可见性判别原则：只有同时位于两个立体均可见表面上的相贯线，才为可见；否则为不可见。

求相贯线的方法主要有两种：①取点法；②辅助平面法。下面分别介绍这两种方法。

3.3.1　取点法求相贯线的投影

当相贯线的投影至少在一个投影面上为已知时，可在已知的相贯线上取特殊点和一般点，再利用立体表面取点法求出它们在其他投影面的投影，光滑连线，并判别可见性。

【例 3-14】 如图 3-24（a）所示，求作轴线垂直相交的两圆柱的相贯线。

【解】 分析：由图 3-24（a）可以看出，两圆柱的轴线垂直相交，称为正交，其相贯线为一封闭的、且前后、左右均对称的空间曲线，如图 3-24（c）所示。由于小圆柱面的水平投影积聚为圆，小圆柱又全部穿进大圆柱，因此，相贯线的水平投影便重合在其上；同理，大圆柱面的侧面投影积聚为圆，相贯线的侧面投影也就重合在小圆柱穿进处的一段圆弧上，且左半和右半相贯线的侧面投影互相重合。于是，问题就可归结如下：已知相贯线的水平投影和侧面投影，求作它的正面投影。由于相贯线前后对称，在 V 面投影重合，所以，只求前半部分相贯线就可。前半部分相贯线在 H 面的投影为小圆的前半圆周，在 W 面的投影为前半弧段，只要在它们上面找出一系列特殊点和一般点，进而求出 V 面投影，连线即可。

作图：如图 3-24（b）所示。

（1）求相贯线上的特殊点。H 面小圆周上的最左点和最右点 1、2 在 W 面的对应投影为最高点 1″（2″），其在 V 面的投影为两圆柱正面投影的转向轮廓线交点 1′、2′，1′、2′也是相贯线在 V 面投影的最高点；H 面小圆周上的最前点 3 在 W 面的对应投影为最低点 3″，根据点的投影规律，可求出其在 V 面的投影 3′，点 3′也是相贯线在 V 面投影的最低点。

（2）求相贯线上的一般点。在 H 面小圆周上取两点 5、6，找出其在 W 面的对应投影 5″（6″），再根据点的投影规律，求出其在 V 面的投影 5′、6′。

（3）根据前面的分析，相贯线在 V 面的投影可见，故用粗实线依次光滑连接 1′、5′、3′、6′、2′各点。

（4）检查，加深，完成作图。

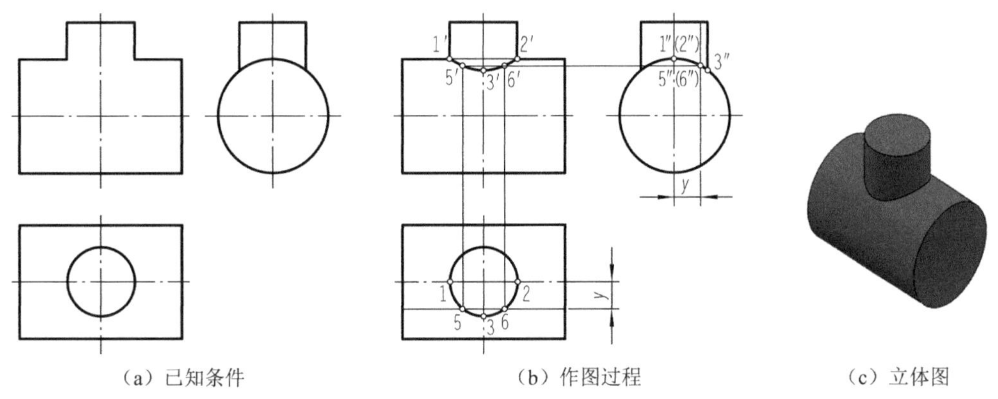

（a）已知条件　（b）作图过程　（c）立体图

图 3-24　作两圆柱的相贯线的投影

两圆柱正交，随着它们直径尺寸的变化，对相贯线的形状会产生影响，其变化规律如图 3-25 所示。

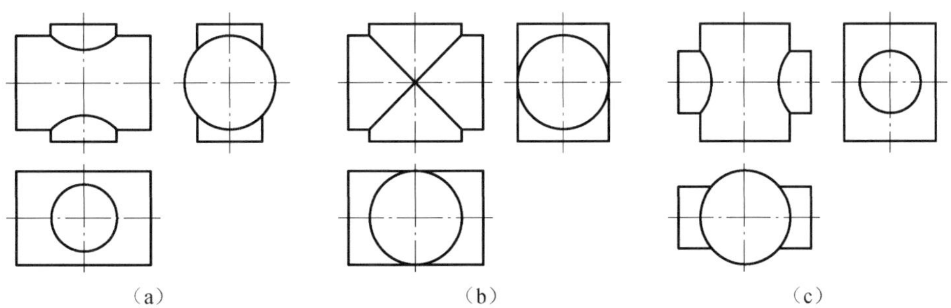

（a）　（b）　（c）

图 3-25　两正交圆柱相贯线的变化规律

当水平圆柱的直径大于直立圆柱时，相贯线呈现在上下两端，如图 3-25（a）所示；当两圆柱直径相等时，相贯线为平面曲线（椭圆），其正面投影积聚为两相交直线，如

图 3-25（b）所示；当水平圆柱的直径小于直立圆柱时，相贯线呈现在左右两端，如图 3-25（c）所示。由图 3-25 可以看出相贯线的变化趋势：相贯线总是凸向大圆柱。

轴线垂直相交的两圆柱，其相贯线除了有外表面与外表面相贯之外，还有外表面与内表面相贯和两内表面相贯，不论何种形式，相贯线的形状和作图方法相同。表 3-3 列出了轴线垂直相交的两圆柱体相贯的三种形式。

表 3-3　轴线垂直相交的两圆柱体相贯的三种形式

图形形式	两圆柱体外表面与外表面相交	两圆柱体外表面与内表面相交	两圆柱体内表面与内表面相交
立体	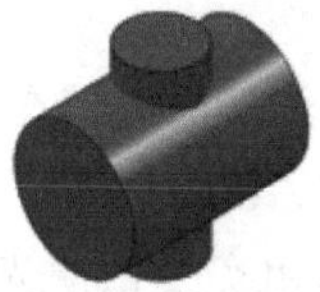	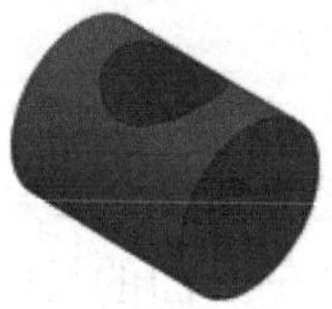	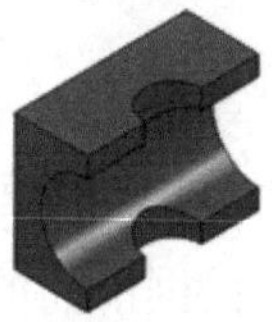
投影	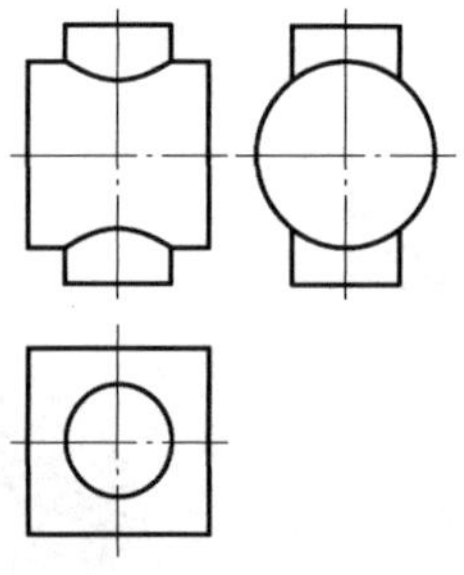	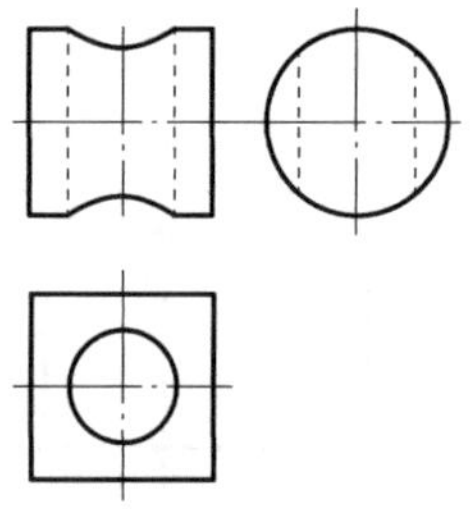	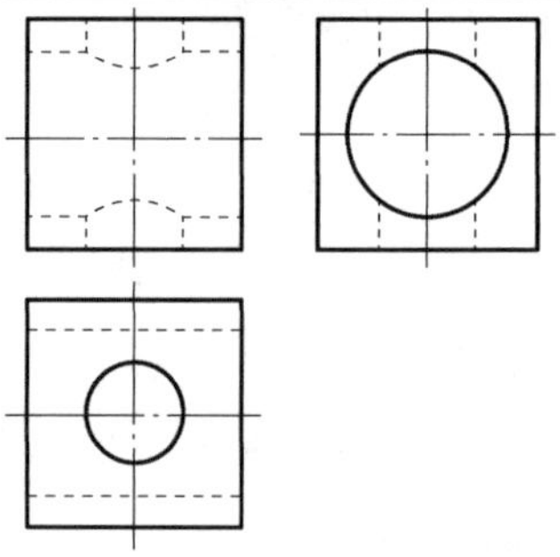

3.3.2　利用辅助平面求相贯线的投影

当参与相交的两回转体表面之一无积聚性（或均无积聚性）时，可采用辅助平面法求相贯线。

所谓辅助平面法，就是假想用一平面在适当的部位切割两相交回转体，分别求出辅助平面与两回转体的截交线。这两条截交线的交点，不仅是两回转体表面上的点，也是辅助截平面上的点，即为三面共有点，它就是相贯线上的点。同理，若作一系列辅助平面，便可求得相贯线上的一系列点，经判别可见性后，依次光滑连接各点的同面投影，即为所求的相贯线。

为作图简便，辅助平面的选择原则如下：辅助平面与两回转体表面的交线的投影，应是简单易画的直线或圆。

在应用辅助平面求相贯线时，要注意辅助平面必须在相贯线的范围内截切，否则求不出相贯线上的点。

下面介绍用辅助平面求相贯线的实例。

【例 3-15】　如图 3-26（a）所示，求作圆柱与圆台相贯线的投影。

【解】　分析：由图 3-26（a）可知，圆柱与圆台轴线垂直相交，相贯线为一条封闭的空间曲线，并且前后对称。由于圆柱的侧面投影为圆，所以相贯线的侧面投影也重影于该圆周上，故求相贯线的投影只需求出它的正面投影和水平面投影即可。

从两形体相交的位置来看，求一般点可采用辅助平面法，即一系列与圆台轴线垂直的水平面作为辅助平面最为方便，因为它与圆台的交线是圆，与圆柱的交线是直线，圆和直线都是简单易画的图线。具体作图过程如下。

（1）求特殊点。两回转体正面投影转向轮廓线的交点 1′、2′可直接求得，它们是相贯线的最高点和最低点，点 1、2 在 H 面位于圆柱轴线上。

在 V 面，过圆柱轴线作辅助水平面，该平面与圆台截交线为圆，与圆柱截交线为圆柱对 H 面的转向轮廓线，截交线的交点为 3、4。点 3、4 也是相贯线的最前点和最后点，由点 3、4 可求得点 3′、4′，它们位于 V 面圆柱的轴线上。

在 W 面上过锥顶作圆的切线，切点为 5″（其对称点为 6″）。5″、6″既是圆锥面上的点（一定位于圆锥面的素线上），又是圆柱面上的点（其一定在圆柱面的素线上），利用立体表面取点法，即可求出点 5、6，进而求出 5′、6′，5′、6′是相贯线上的最右点。

（2）求一般点。作水平辅助平面，该水平面在 W 面与圆交于 7″、8″，在 H 面上，辅助水平面与圆锥、圆柱面的截交线为圆和两条直线，它们的交点是 7、8 点，由此可求出 7′、8′。

（3）判别可见性，依次光滑连接各点。当两回转体表面都可见时，其上的交线才可见。按此原则，相贯线的正面投影前后对称，投影重合，且为可见，故用粗实线依次光滑连接各点；相贯线的水平投影只有位于上半圆柱面上的点才为可见，故以 3、4 为分界点，曲线 35164 为可见，用粗实线依次光滑连接，曲线 37284 为不可见，用虚线依次光滑连接。

（4）检查（被圆柱遮挡的圆台底圆部分要画虚线），加深，完成作图。

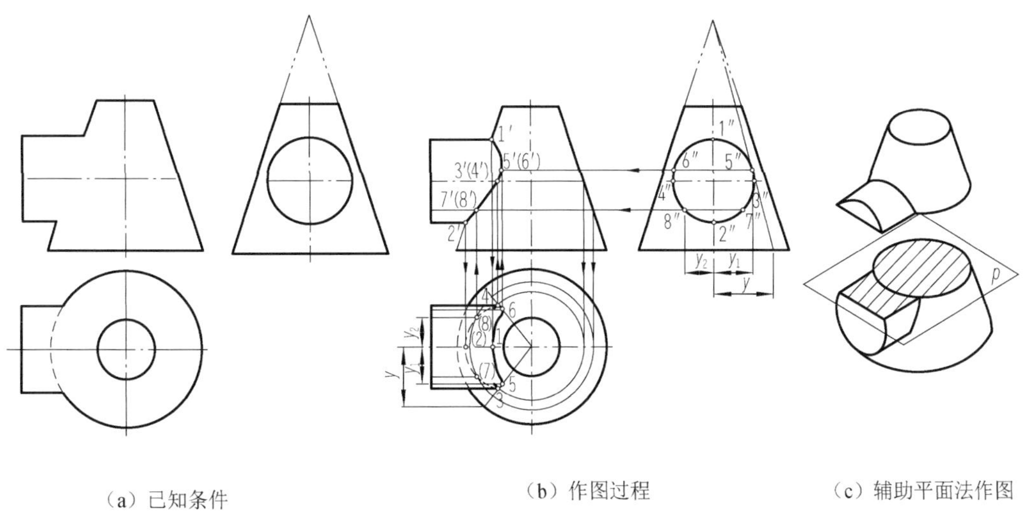

（a）已知条件　　（b）作图过程　　（c）辅助平面法作图

图 3-26　圆柱与圆台相交

说明：因本例相贯线在 W 面的投影为已知，故也可以用取点法作图，请同学们自行分析。

【例 3-16】 如图 3-27（a）所示，求作圆球与圆台相贯线的投影。

【解】 分析：由图 3-27（a）可知，圆台的轴线不通过球心，但圆台和球有公共的前后对称面，且圆台从球的左上方全部贯穿进球体，故可判断相贯线是一条前后对称的闭合的空间曲线。由于圆台面和圆球面的投影都无积聚性，所以，相贯线的三面投影均未知，不能用取点法求解，只能用辅助平面法，具体作图如下：

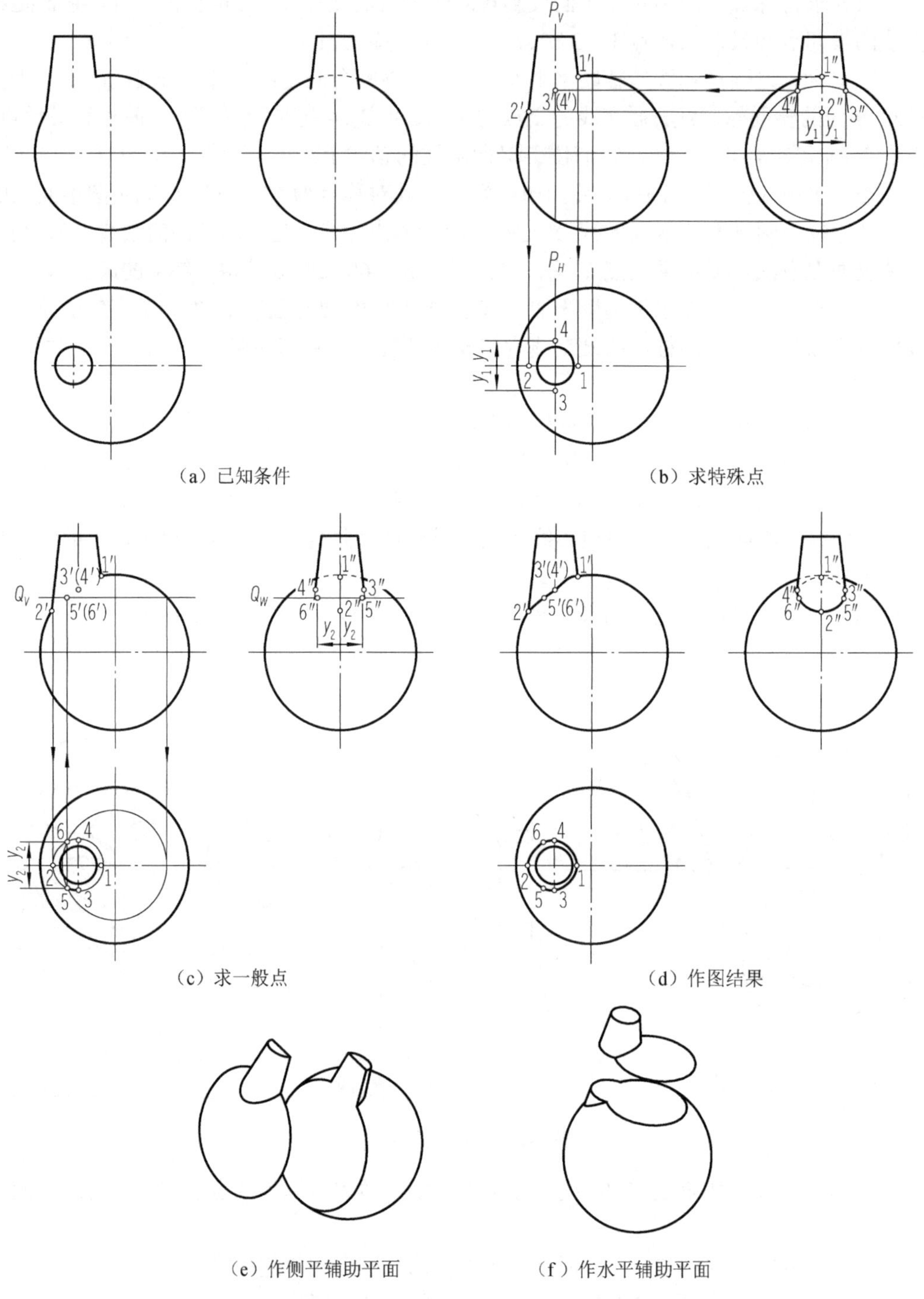

（a）已知条件　　（b）求特殊点

（c）求一般点　　（d）作图结果

（e）作侧平辅助平面　　（f）作水平辅助平面

图 3-27　作圆台和球的相贯线的投影

作图：（1）求特殊点。两回转体正面投影转向轮廓线的交点 1′、2′可直接求得，它们是相贯线的最高点和最低点，也是相贯线的最左点和最右点。根据点的投影规律，可直接求出其在 H 面和 W 面的投影点 1、2 和点 1″、2″，如图 3-27（b）所示。

求相贯线对 W 面转向轮廓线上的点，参见图 3-27（e），过圆台的左右对称面作侧平面 P。辅助平面 P 截切圆台产生的截交线为圆台面对 W 面的转向轮廓线，截切球产生的截交线为侧平圆。先画出截交线在 W 面的投影，它们的交点为 3″、4″，3″、4″也是相贯线上的最前点和最后点，根据点的投影规律，可直接求出其在 V 面和 H 面的投影点 3′（4′）和点 3、4，如图 3-27（b）所示。

（2）求一般点。参见图 3-27（f），作辅助水平面，该水平面与圆台和球的截交线均为圆，且在 H 面的投影反映实形。先画出截交线在 H 面的投影，它们的交点即为相贯线上的点 5、6，再根据点的投影规律，可直接求出其在 V 面和 W 面的投影点 5′（6′）和点 5″、6″，如图 3-27（c）所示。

（3）判别可见性，依次光滑连接各点。当两回转体表面都可见时，其上的交线才可见。按此原则，相贯线的正面投影和水平投影均为可见，故用粗实线依次光滑连接各点；相贯线的侧面投影只有位于左半圆台面上的点才为可见，故相贯线以 3″、4″为分界，位于 3″、4″下面部分的曲线 4″6″2″5″3″为可见，画粗实线，位于 3″、4″上面部分曲线 4″1″3″为不可见，画虚线，如图 3-27（d）所示。

（4）检查，加深，完成作图。

3.3.3　两回转体相贯线的特殊情况

在一般情况下，两回转体的相贯线为封闭的空间曲线，但是，在某些特殊情况下，也可能是平面曲线或直线。下面简单地介绍相贯线为平面曲线或直线的比较常见的特殊情况。

（1）当轴线相交，且平行于同一投影面的两回转体公切于一球时，其相贯线为平面曲线——椭圆，在与两回转体轴线平行的投影面上，该椭圆的投影积聚成直线。

如图 3-28 所示，圆柱与圆柱相交、圆柱与斜圆柱相交、斜圆柱与圆锥相交、圆锥与圆锥相交，它们的轴线都分别相交，且都平行于正面，还可公切一个球。因此，它们的相贯线都是垂直于正面的椭圆，连接它们的正面投影的转向轮廓线的交点，得两条相交直线，即相贯线（两个椭圆）的正面投影。

（2）两个同轴回转体（轴线在同一直线上的两个回转体）的相贯线，是垂直于公共轴线的圆。

如图 3-29（a）所示，球和圆锥相贯，圆锥从球中穿过，它们的共同轴线是铅垂线，相贯线是垂直于铅垂线的两个圆，该两圆在 V 面的投影分别积聚为直线，在 H 面的投影为圆（一实圆，一虚圆）。

如图 3-29（b）所示，球和右侧回转体相贯，且右侧回转体的轴线过球心，所以，它们可看成是共轴回转体，它们的相贯线是垂直于轴线的圆。因为图中的轴线是正平线，所以，相贯线是处于正垂面位置的圆，相贯线在 V 面的投影积聚为直线，在 H 面的投影为椭圆。

（3）轴线平行的两圆柱相交，其相贯线为不封闭的两平行直线，如图 3-30 所示。共锥顶的两圆锥相交，相贯线是直线，如图 3-31 所示。

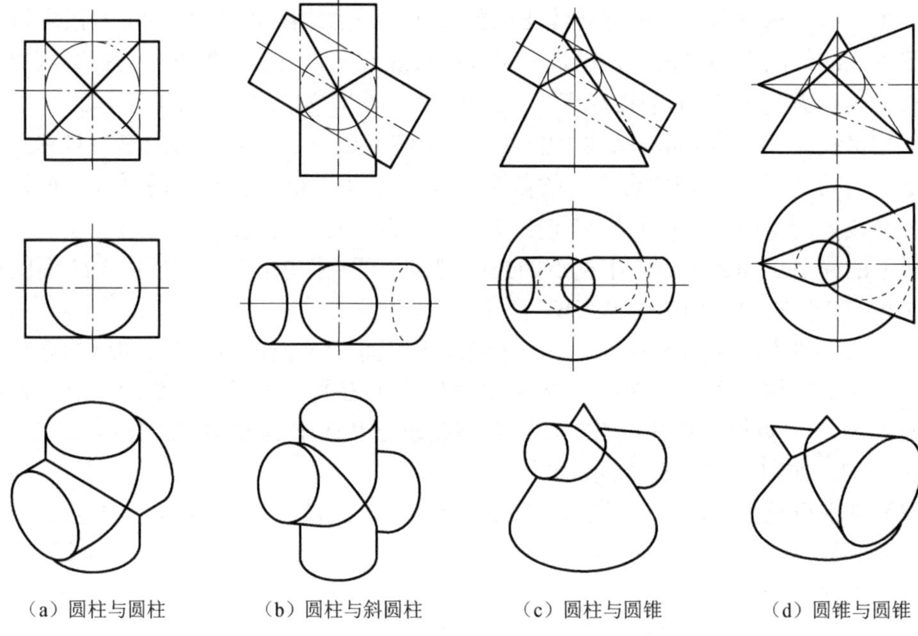

（a）圆柱与圆柱　（b）圆柱与斜圆柱　（c）圆柱与圆锥　（d）圆锥与圆锥

图 3-28　公切于同一个球面的两回转体的相贯线

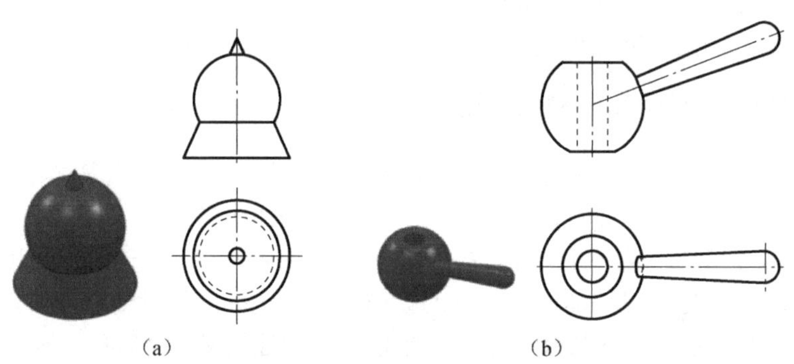

（a）　（b）

图 3-29　两个同轴回转体的相贯线

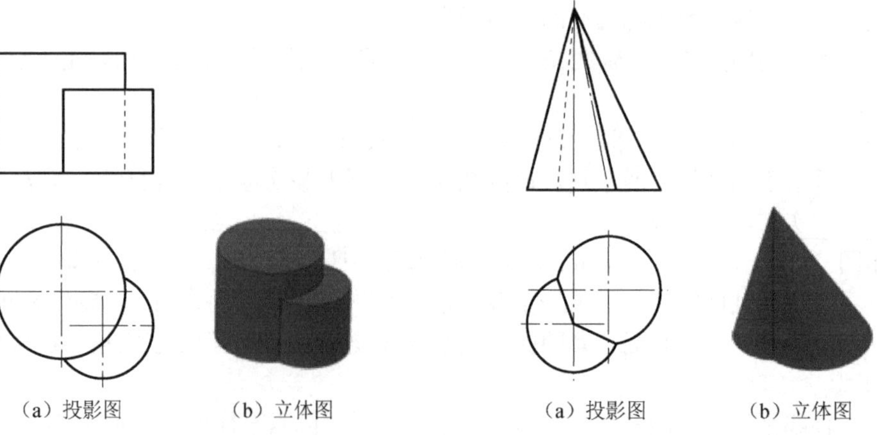

（a）投影图　（b）立体图

图 3-30　轴线平行的两圆柱的相贯线

（a）投影图　（b）立体图

图 3-31　共锥顶的两圆锥的相贯线

思 考 题

1．绘制立体的三面投影图为什么不画投影轴？

2．立体的三面投影图应符合什么投影规律？

3．构思立体时，是从哪面投影图入手？

4．你能概括出不同的几何体表面取点、取线的作图原理和方法吗？

5．请说明曲面立体圆柱、圆锥、球中的曲面的成型原理及三种曲面立体投影图绘制原理和方法。

6．请解释转向轮廓线的概念及其投影特点。

7．简述平面立体被平面截切，截交线的求解步骤。

8．简述圆柱、圆锥、球三种曲面立体被不同位置平面截切后分别会产生哪些截交线形状，如何求其投影。

9．如何求解两个曲面立体相交产生的相贯线的投影？

10．相贯线的特殊情况有几种，如何求解？

第 4 章　组　合　体

组合体是指简单的几何体以一定的方式组合而成的形体。把零件的结构和工艺因素进行简化后而得到的形体就是组合体。所以，组合体也可看成是由零件抽象出来的几何模型。本章将重点学习组合体投影图的画法、组合体的尺寸标注方法及阅读组合体投影图的方法等，为进一步学习零件图的绘制和阅读打下基础。

4.1　三视图的形成与投影规律

4.1.1　三视图的形成

在机械制图中，将形体按正投影法向投影面投射时所得到的投影称为“视图”。也可以将视图理解为从一定的方向来看物体，从前面看就是主视图，也称为前视图，从顶上看就是俯视图，从左边看就是左视图。照此类推，后面还会学到右视图、仰视图和后视图。这里的前、后、左、右是以观察者的方向来定的。主视图、俯视图和左视图是人们最常使用的视图，称为三视图。

三视图是工程上表达简单形体的基本视图，其具体形成过程同三面投影图的形成方法是一样的。如图 4-1 所示，将图 4-1（a）中的形体放在三投影体系中，按照图中所示的观察方向，向三个投影面做投影，然后按照三投影体系的展开方法，就可得到如图 4-1（b）所示的三视图（主视图、俯视图、左视图）。

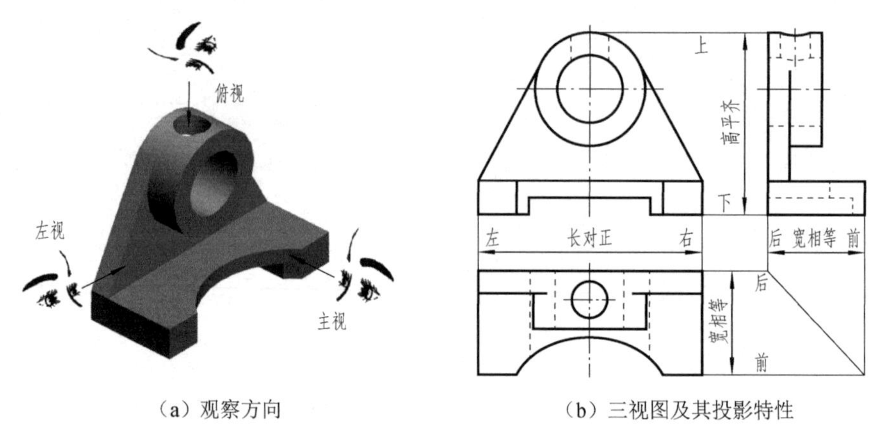

（a）观察方向　　（b）三视图及其投影特性

图 4-1　三视图的形成及特性

（1）主视图是物体在 V 面的投影，投影方向是从前向后。

（2）俯视图是物体在 H 面的投影，投影方向是从上向下。

（3）左视图是物体在 W 面的投影，投影方向是从左向右。

4.1.2　三视图的投影规律

从三视图的形成过程可以看出，三视图的位置关系为俯视图在主视图的正下方，左视图在主视图的正右方。按此位置配置的三视图，不需注写其名称，如图 4-1 所示。

（1）主视图反映了物体上下、左右的方位关系，即反映了物体的高度和长度。

（2）俯视图反映了物体左右、前后的方位关系，即反映了物体的长度和宽度。

（3）左视图反映了物体上下、前后的位置关系，即反映了物体的高度和宽度。

由此可得出三视图之间的投影规律如下。

（1）主、俯视图同时反映了物体的长度，称为长对正。

（2）主、左视图同时反映了物体的高度，称为高平齐。

（3）俯、左视图同时反映了物体的宽度，称为宽相等。

三等投影规律，不但体现在整个物体的投影上，物体的局部投影也应该符合三等投影规律。三等投影规律是绘图、读图的基本依据。

另外还可以看出，左视图的右边就是物体的前边，左视图的左边就是物体的后边；俯视图下边就是物体的前边，俯视图的上边就是物体的后边。也就是说，俯视图和左视图靠近主视图的那一边表示物体的后面，远离主视图的那一边表示物体的前面。

4.2　组合体的构形及分析方法

4.2.1　组合体的组合方式

大多数组合体都可以看成是由一些基本形体经过叠加、切割、穿孔等方式组合而成。组合体的组合方式一般有叠加型、切割型和综合型三种组合方式。

1. 叠加型

叠加是指组合体的组成部分，一个一个按照一定的顺序叠放在一起。如图 4-2 所示的形体，可以看成是由大圆柱、肋板、小底板、圆柱凸台叠加后穿孔而形成的。

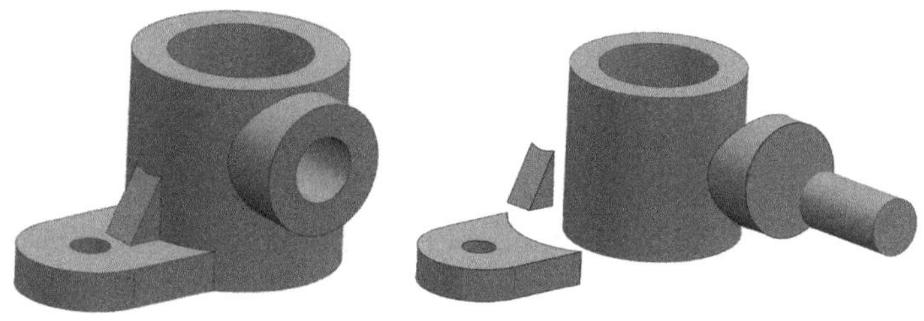

图 4-2　叠加型

2. 切割型

切割式组合体一般是由一个基本形体被挖切去某些部分而形成。如图 4-3 所示的形体，可看成是一长方体挖切去几块而形成的。

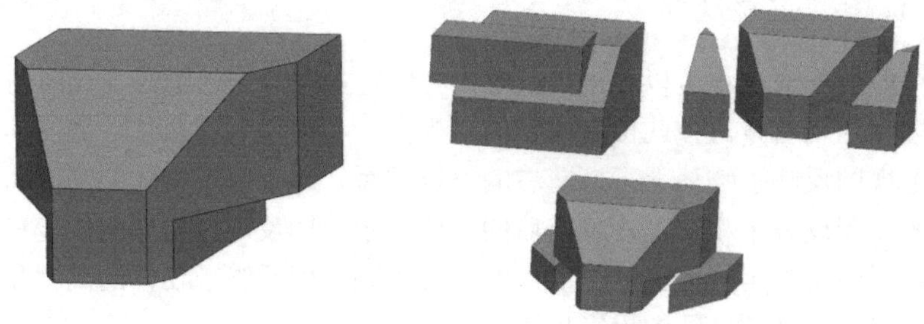

图 4-3　切割型

3. 综合型

对于形状较为复杂的组合体，它们的组合形式往往是既有叠加，又有切割，如图 4-4 所示。

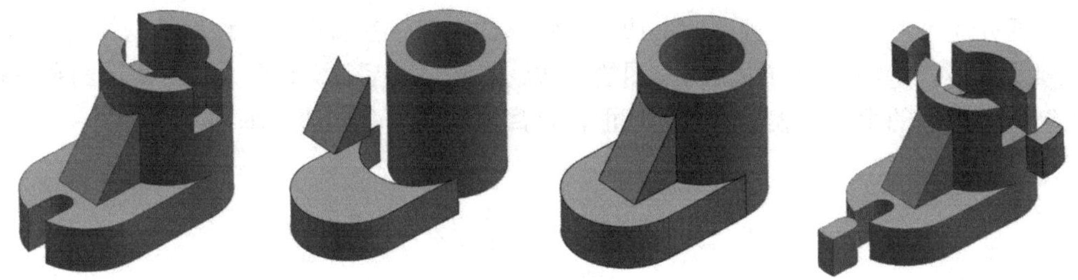

图 4-4　综合型

4.2.2　组合体上相邻表面之间的连接关系

由于组成组合体的各形体的形状大小以及相对位置的不同，它们的表面之间总会存在以下四种常见的连接形式：相错、平齐、相切和相交。清楚分析组合体的表面连接方式，对于准确绘制和阅读组合体的投影图都非常重要。

1. 相错

相错指的是两个立体的表面没有接触关系，相互之间没有干涉，中间有另外的面将它们分开，但是在投影中两个表面邻接，分割的面投影积聚，投影之间有分界线，如图 4-5 所示。

2. 相交

相交是指两个立体的表面在某处相交。相交就会产生交线，交线的投影应画出，如图 4-6 所示。

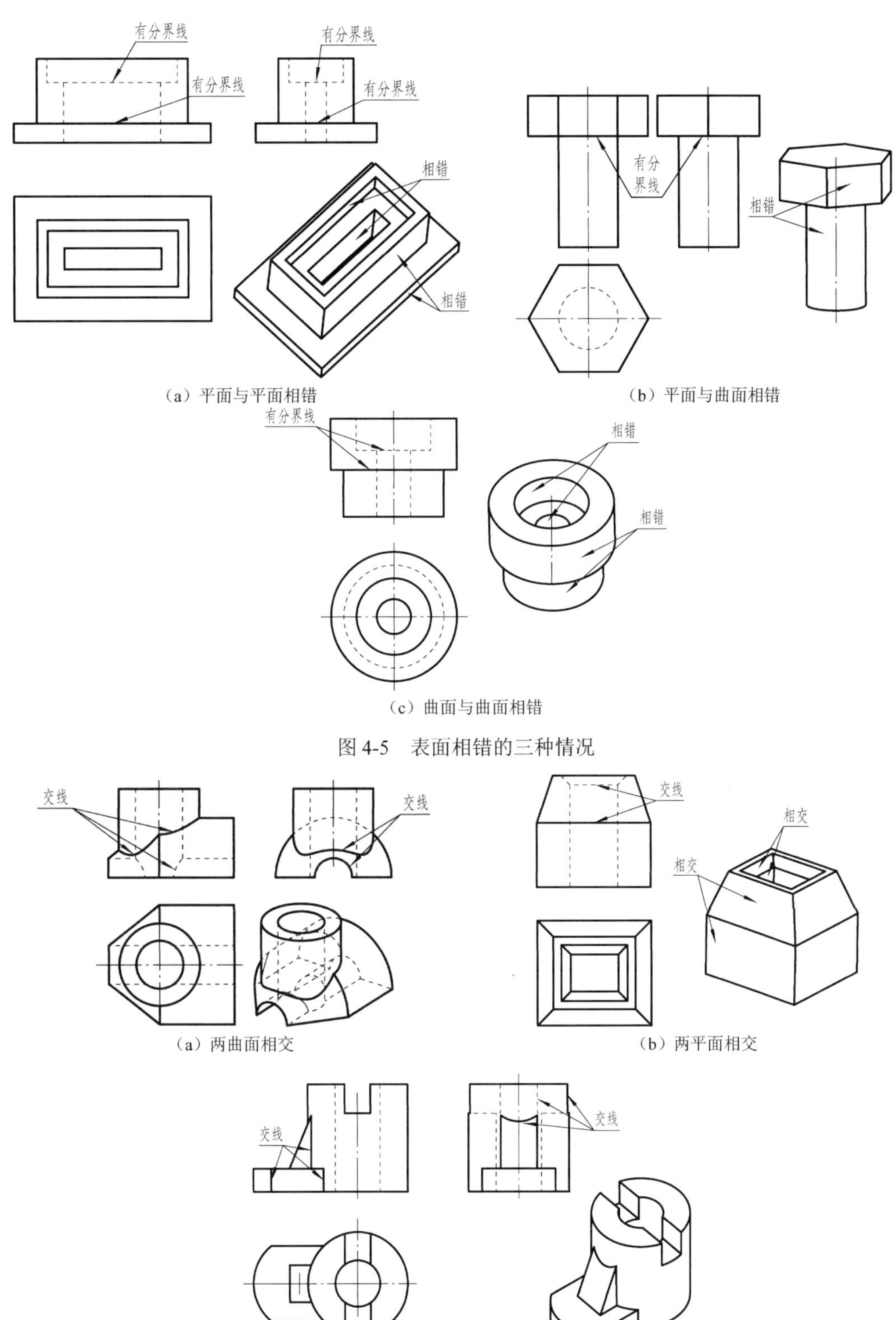

（a）平面与平面相错

（b）平面与曲面相错

（c）曲面与曲面相错

图 4-5 表面相错的三种情况

（a）两曲面相交

（b）两平面相交

（c）平面和曲面相交

图 4-6 表面相交的三种情况

3. 平齐

平齐是指两个立体叠加在一起后，这两个立体在一个或几个方向的表面出现共面的情况。如图 4-7（a）所示，由于叠加后的形体前后表面都平齐（共面），所以，在主视图上两个基本体之间没有分界线，在投影图上也不画线。而由于叠加后的形体左右表面都不平齐，所以，在左视图上两个基本体之间有分界线，在投影图上必须画线。图 4-7（b）说明了平齐与相错的区别。

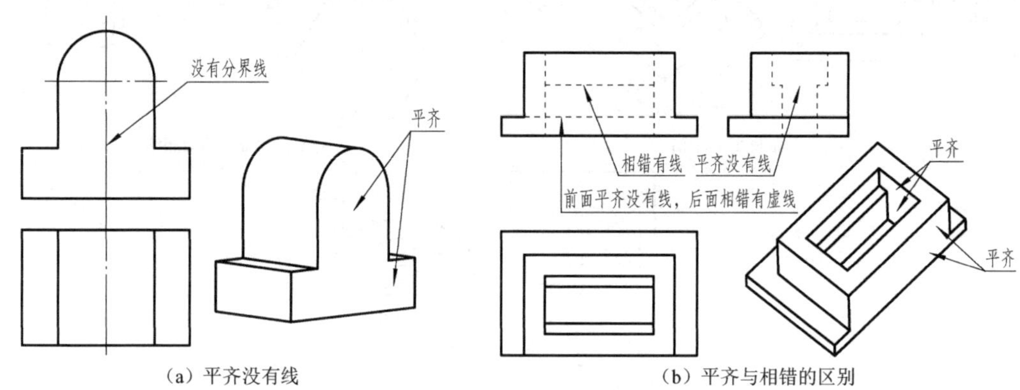

（a）平齐没有线　　（b）平齐与相错的区别

图 4-7　表面平齐与不平齐

4. 相切

相切是指两个基本体的表面在邻接处相切，可以是平面与曲面相切，也可以是曲面与曲面相切。因为相切是两个基本体的表面光滑过渡，所以在相接处没有轮廓线，在投影图上也不应该画线。还应该注意，在曲面投影积聚的视图上应通过做垂线等方法找到切点，在其他视图上相切的面的长、宽、高应该按照对应关系只画到切点处，如图 4-8 所示。

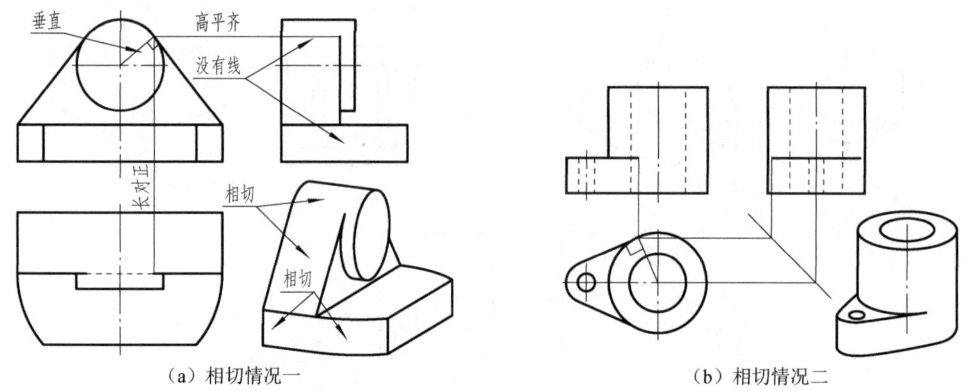

（a）相切情况一　　（b）相切情况二

图 4-8　表面相切

4.2.3　组合体的分析方法

组合体的分析方法主要有两种，一种是形体分析法，一种是线面分析法。

1. 形体分析法

所谓形体分析法，就是根据组合体的形状，将其分解成若干组成部分，或叠加或切割，弄清各个组成部分的形状，它们的相对位置及连接形式，从而得出整个组合体的结构和形状。

在今后学习画图、看图和标注尺寸中经常要运用形体分析法。

如图 4-9 所示，支座可以看成是由空心大圆柱、底板和肋板三部分先叠加，然后底板切去一块，大圆柱切去两块而形成。底板的前后两个面和大圆柱相切，相切处没有线，肋板和大圆柱相交，会有三处交线，大圆柱切去两块也会有截交线。

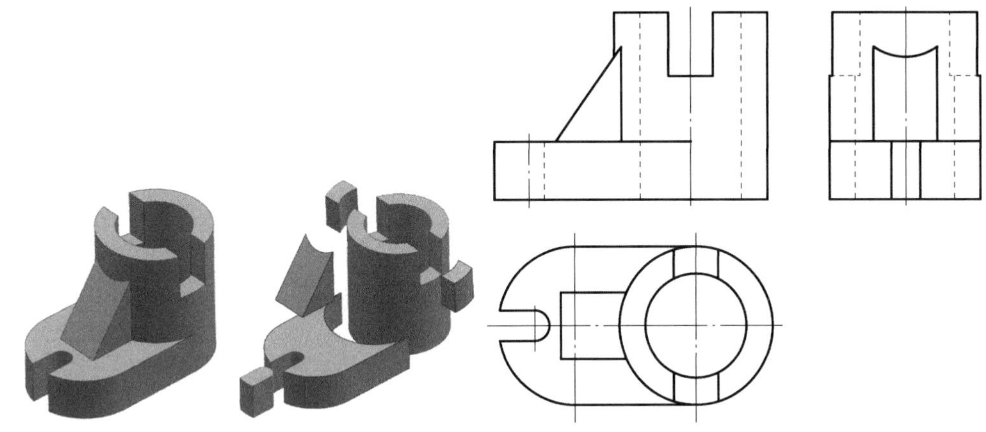

图 4-9 形体分析法

2. 线面分析法

如果被切割的形体是一些常见的基本体，如圆柱、长方体等，仍用形体分析法进行分析，如果被切割的形体出现比较复杂的不易表达或读懂的情况时，就要使用线面分析法进行分析。

所谓线面分析法就是把组合体分解成若干个面和线，根据线、面的投影特点，确定各个面的形状、面与面的相对位置关系，以及各交线的性质，从而想象出组合体的形状。线面分析法可以单独使用，也可以配合形体分析法分析立体的局部结构。如图 4-10 所示，分析铅垂面的三面投影就能想象出铅垂面的形状。

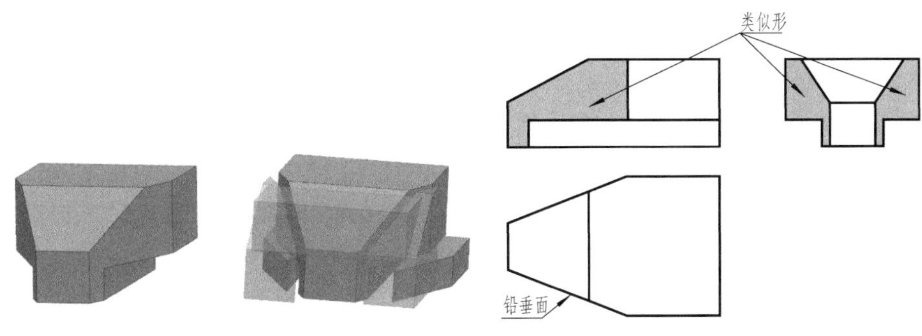

图 4-10 线面分析法

4.3　组合体视图的画法

组合体的分析方法主要以形体分析法为主，线面分析法为辅。绘制组合体视图时，首先进行形体分析，判断表面连接方式和组成部分的相对位置关系；然后选择主视图投影方向，主视图确定好了，俯视图和左视图也就确定了；最后确定比例和图幅并绘制投影。

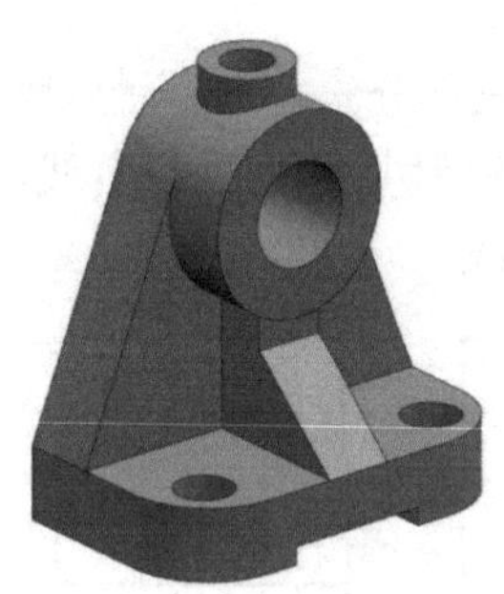

图 4-11　轴承座

画图时，先绘制主要形体，再绘制细节；先叠加再切割；先确定位置，再绘制形状；先独立绘制各个基本体，再考虑表面连接方式进行相应的修改；先用细线进行绘制，检查无误后再进行加粗描深。绘制时应三个视图同时进行，不能逐个画。

下面以图 4-11 所示轴承座为例，说明画组合体三视图的方法和步骤。

1. 形体分析和表面连接方式分析

（1）形体分析。如图 4-12 所示，把轴承座分解为底板、肋板、大圆柱、凸台和支撑板。

（2）表面连接方式分析。肋板的三个面与大圆柱外圆柱面相交，支撑板的斜平面与大圆柱外圆柱面相切，肋板与支撑板叠放在底板上，凸台与大圆柱为两垂直相交的空心圆柱体，内、外圆柱面上均有相贯线。

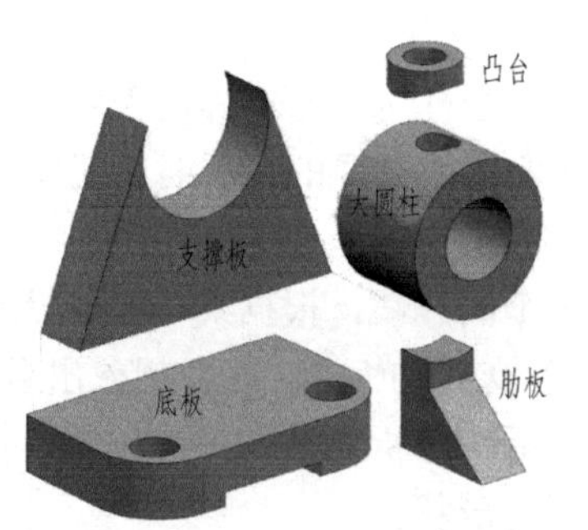

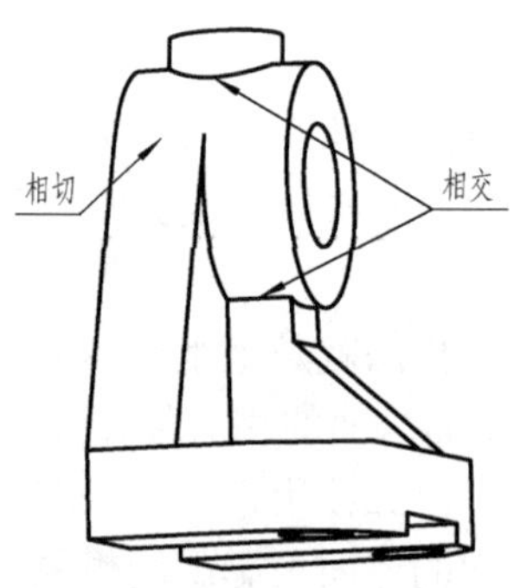

图 4-12　轴承座分解

2. 选择主视图

选择主视图需要解决两个问题：组合体的安放位置和主视图的投影方向的确定。组合体的安放通常是自然安放，合乎生活习惯。主视图的投影方向确定原则如下：①通常要求主视图能较多地表达物体的形状特征，并使物体的主要表面、轴线等平行或垂直于投影面，以反映物体的实形；②投影图中虚线尽可能少；③合理利用图纸。每一个物体都有六个方向的投影可以选择，如图 4-13 所示。由于轴承座安放位置是底板朝下，所以可以选择的投影方向就只有 A、B、E、D 四个方向，C、F 方向首先排除，E 方向虚线较多，不如 A 方向，应该排除，现在只剩下 A、B、D 三个方向可以选择。B 和 D 的投影是对称的，但是 B 的左视图是 A 方向，D 的左视图是 E 方向，所以 B 方向作为主视图方向较好。

综上所述，A 方向和 B 方向都能很好地表达物体的形状特征，都可以选作主视图方向。下面选 B 方向作为主视图方向进行讲解。

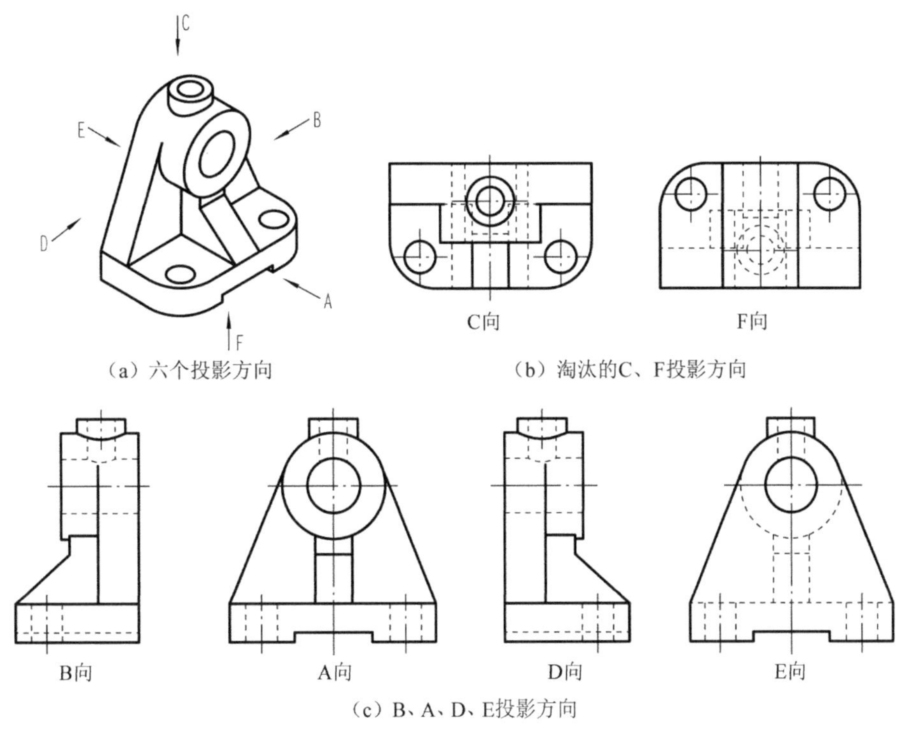

（a）六个投影方向　　（b）淘汰的C、F投影方向

（c）B、A、D、E投影方向

图 4-13　主视图的投影方向分析

3. 作图步骤

如图 4-14 所示，作图步骤如下。

（1）根据轴承座的总体尺寸，确定绘图比例和图幅。

（2）布置视图，画基准线。基准线是指画图时测量尺寸的基准，每个视图需要两个方向的基准线，一般常用对称中心线、轴线和较大的平面作为基准线。

（3）逐个画出各结构单元的三视图，一般先画主要单元的三视图，遵循先实（实形体）后虚（挖空部分）、先大后小、先轮廓后细节、三个视图联系起来画的绘图原则。

（4）检查、描深、再检查。底稿画完后，按结构单元逐个检查，纠错补漏；按标准图线描深，对称图形、半圆或大于半圆的圆弧要画出对称中心线，回转体一定要画出轴线；描深后，再进行一次检查，以发现描深时的错误和其他错误。

【例 4-1】 绘制如图 4-15（a）所示的切割组合体的三视图。

【解】 切割式组合体可以看成是由一个基本体切去一部分或几部分后构成的，如图 4-15（a）所示的组合体就是属于这种类型。

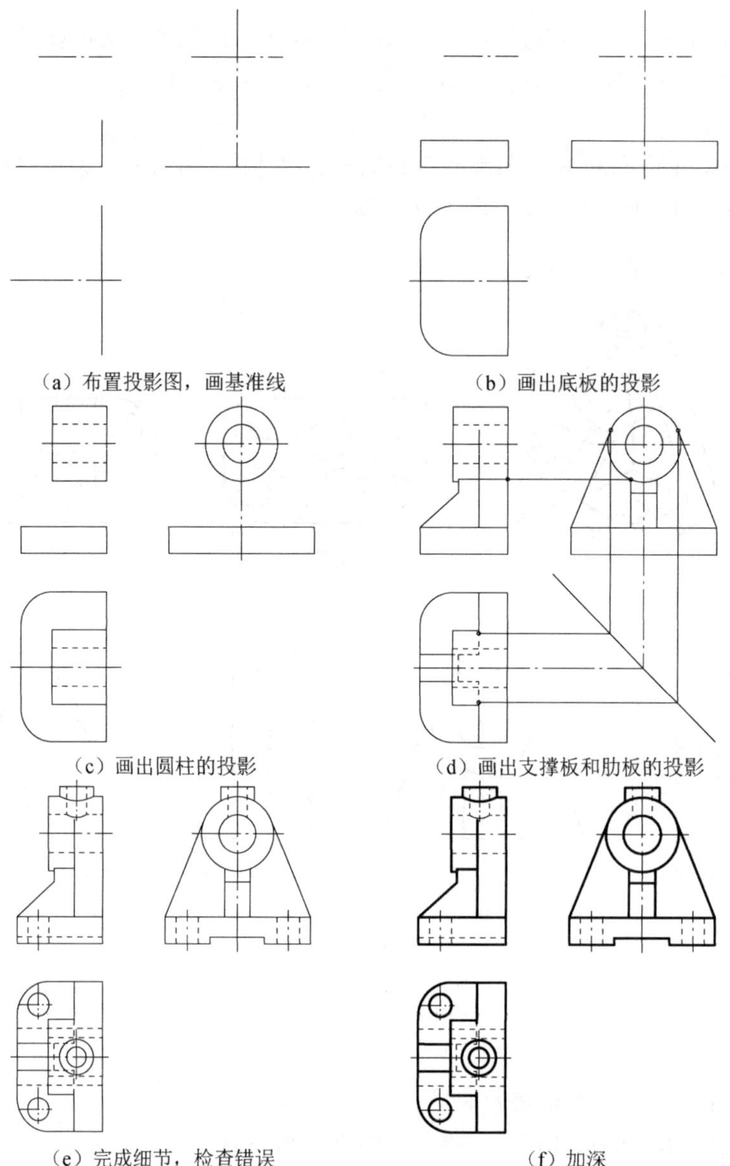

图 4-14　轴承座三视图的绘制过程

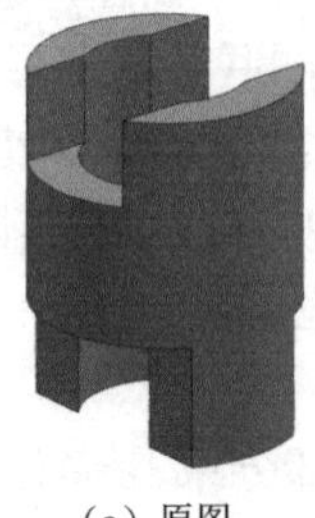

（a）原图

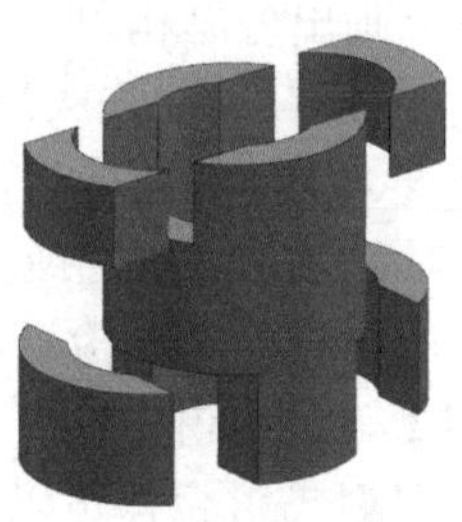

（b）形成方法

图 4-15　切割组合体

分析：用形体分析法可将该组合体看成大圆柱内部是空的，叫做内圆柱面，空心圆柱上侧左右各被切去一个两端是圆柱面的长方块，下侧切去两个弓形块而成。

应用线面分析法可知，切去上端长方块的两个对称截平面与圆柱的轴线平行，截交线为八条平行于轴线的线，另一截平面垂直圆柱轴线，截交线为两个圆弧。其下端被截情况与上端相反，保留了中间的部分，而切去两边弓形状，亦产生了截交线，因此该组合体画图的关键是求作截交线的投影，如图 4-15（b）所示。

作图：画图时，一般先画出一个完整的基本体（如圆柱）；然后再画截平面有积聚性的那个投影，表示出被截去的那一部分的形状特征；最后，根据投影对应关系画出它另外的投影，如图 4-16 所示。

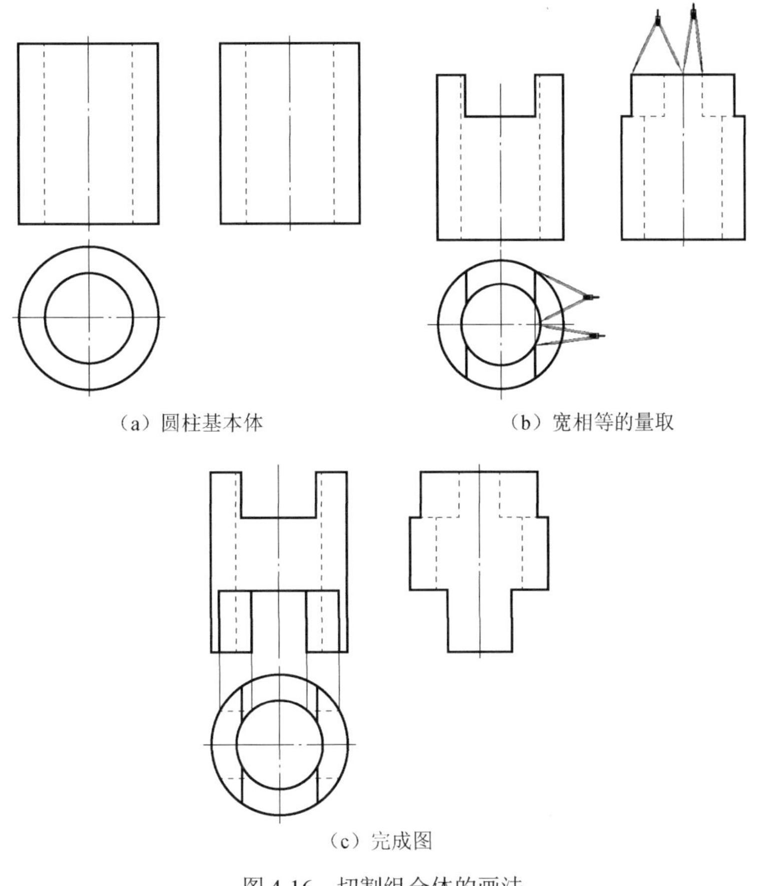

（a）圆柱基本体　（b）宽相等的量取

（c）完成图

图 4-16　切割组合体的画法

4.4　组合体的尺寸标注

视图只能表达物体的形状，而不能反映物体的真实大小。物体的真实大小是根据图样上所注的尺寸确定的。

4.4.1　尺寸标注的要求与分类

1. 尺寸标注的要求

组合体尺寸标注的基本要求是正确、完整、清晰。正确就是组合体的尺寸标注要符合国家标准中关于尺寸标注的有关规定；完整就是标注的尺寸足够确定组合体的形状和大小，既不遗漏尺寸，也不能重复标注；清晰就是尺寸标注在图形的明显位置，排列整齐，便于看图。

2. 尺寸分类

按照形体分析法及每个尺寸的具体作用，将组合体的尺寸分为三类：定形尺寸、定位尺寸和总体尺寸。

（1）定形尺寸。确定组合体各组成部分的形状和大小的尺寸，如图 4-17（a）中，确定底板的定形尺寸——长 100、宽 60、高 20，以及圆角半径 $R15$ 和圆孔直径 $2\times\phi15$；确定右侧立板的定形尺寸——宽 60、高 60、厚 20，圆角半径 $R20$，圆孔直径$\phi15$；确定肋板的定形尺寸——长 60、宽 20、高 40。

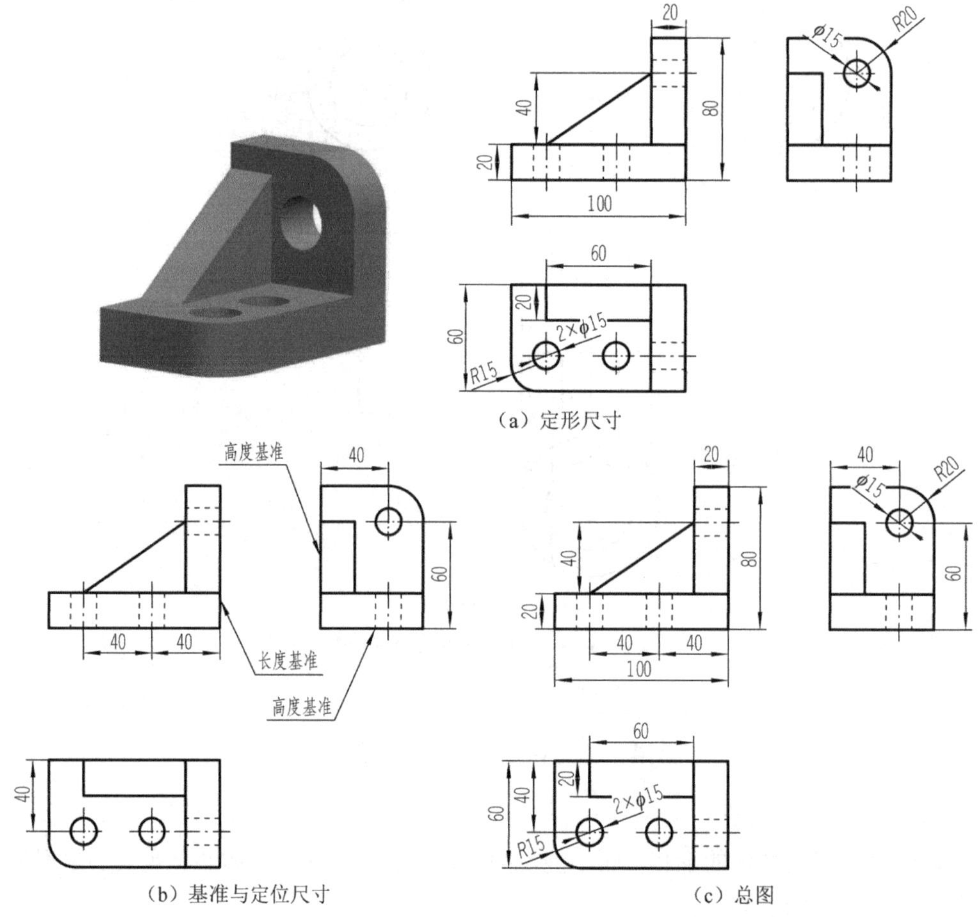

（a）定形尺寸

（b）基准与定位尺寸

（c）总图

图 4-17　组合体尺寸分类

（2）定位尺寸。确定组合体中各基本几何体之间的相对位置的尺寸。标注定位尺寸时，首先要确定标注尺寸的起点——尺寸基准。

组合体的长、宽、高三个方向的任何一个方向至少要有一个尺寸基准。一般选用组合体的对称面、底面和轴线等作为尺寸基准。回转体的定位基准，一般确定在其轴线的位置。如图 4-17（b）所示，上面圆孔高度距高度基准是 60，宽度距宽度基准是 40，长度因为穿通所以不用标。底板右孔长度方向的定位尺寸是 40，宽度定位尺寸是 40，高度方向因为是穿通也不用标。左孔长度方向是以右孔轴线为辅助基准，定位尺寸是 40，高度和宽度方向与左孔一样。肋板是叠加放置的，长、宽、高的位置是已知的，不用标定位尺寸。圆角是连接圆弧不需定位尺寸。

（3）总体尺寸。表示组合体的总长、总宽、总高的尺寸。

一般情况下要标出组合体的总长、总宽、总高尺寸，如图 4-17（c）中的 100、60、80 分别是总长、总宽、总高尺寸。

完成后最终的结果如图 4-17（c）所示。

4.4.2　基本形体的尺寸标注

组合体的尺寸标注是按照形体分析进行的，因此，首先必须掌握基本几何体的尺寸标注。下面以实例说明柱、锥、球等基本几何体所需定形尺寸的数目及习惯上的标注方式。

1. 常见平面立体的尺寸标注

平面立体一般尺寸标注长宽高的定形尺寸，棱柱和棱锥标注底面尺寸和高，棱台标注底面和顶面尺寸和高，如图 4-18 所示。

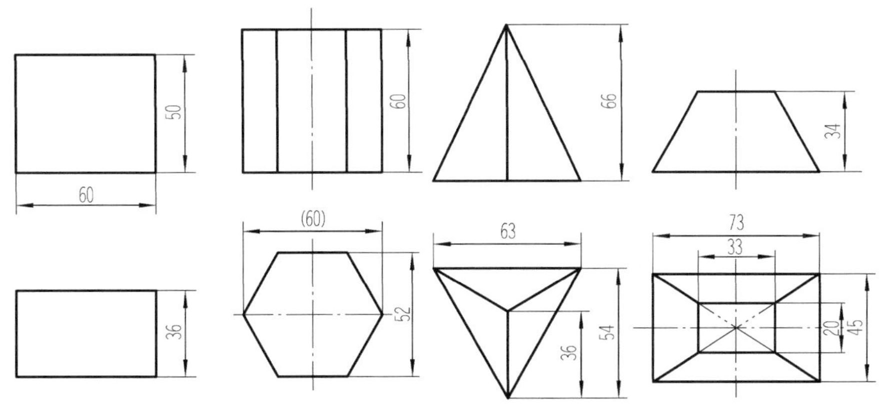

图 4-18　平面立体尺寸标注

2. 常见回转体的尺寸标注

一般标注径向尺寸和轴向尺寸，径向尺寸要标注直径，而且一般是标在非圆的投影图上，如图 4-19 所示。

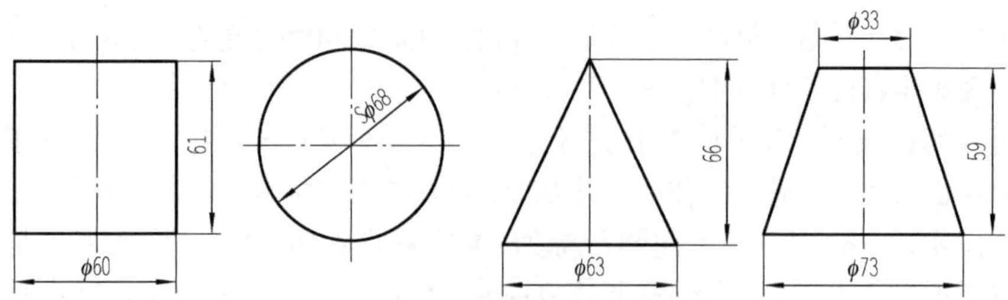

图 4-19　曲面立体尺寸标注

3. 常见形体的定位尺寸

任何一个基本体都要标注长、宽、高三个方向的定位尺寸。以下两种情况可以不标注定位尺寸：一是基本体本身就是基准，如图 4-20 所示，底板本身就是长、宽、高的基准；二是需要标注的定位尺寸和基准重合，如第一个底板的中心的孔，长、宽方向和基准重合不用标，高度方向穿通了也不用标定位尺寸。

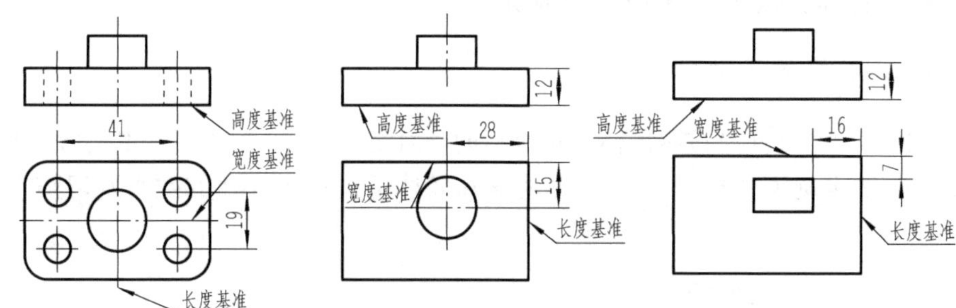

图 4-20　常见形体的定位尺寸

4. 带切口形体的尺寸标注

带切口形体的尺寸标注除注出基本形体的尺寸外，还要注出确定截平面位置的尺寸，如图 4-21 所示。

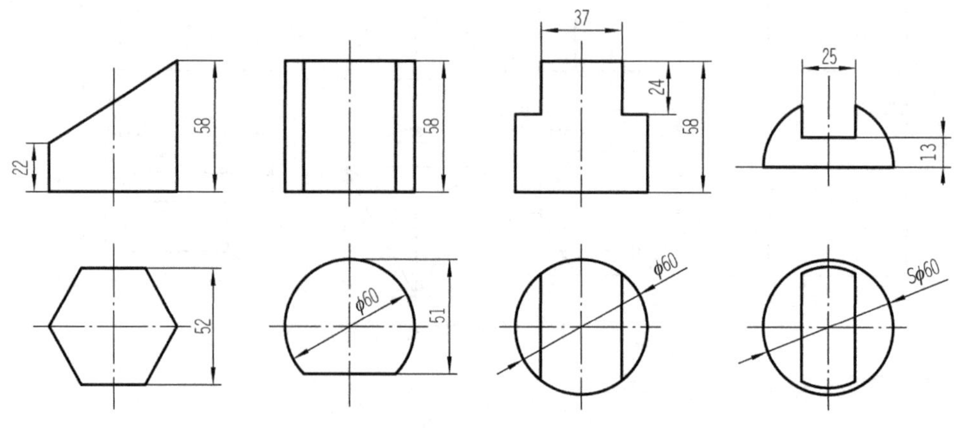

图 4-21　带切口形体的尺寸标注

注意：截交线和相贯线上不应标注尺寸，如图 4-22 所示。

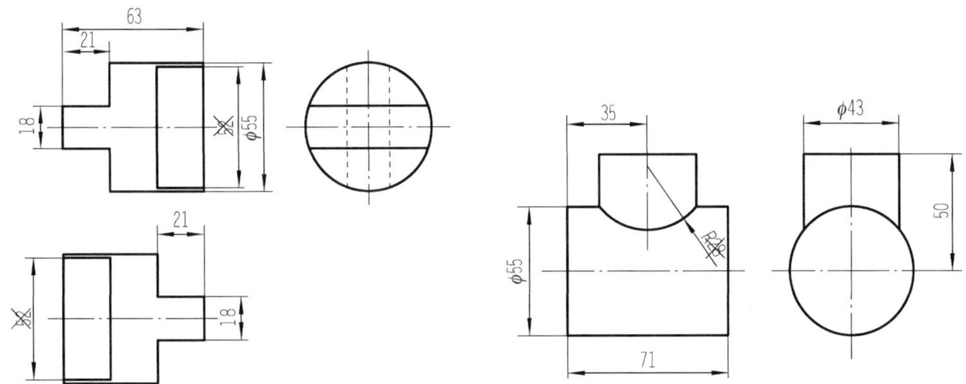

图4-22　截交线或相贯线的尺寸标注

5. 常见底板的尺寸标注

很多箱式零件为了放置安装方便，都有一个带孔带槽的底板。常见底板的尺寸标注如图4-23所示，标注时先标总体的定形尺寸，再标孔槽的定形尺寸，最后标孔槽的定位尺寸。

注意：有些物体为了制作方便，比如组合体端部是回转体，则不标注总体尺寸，如图4-23（b）～图4-23（d）所示，图4-23（a）是另外一种情况，底板四角的小圆弧与孔同心，除了注出两孔的中心距和圆弧半径，还要注出总体尺寸。

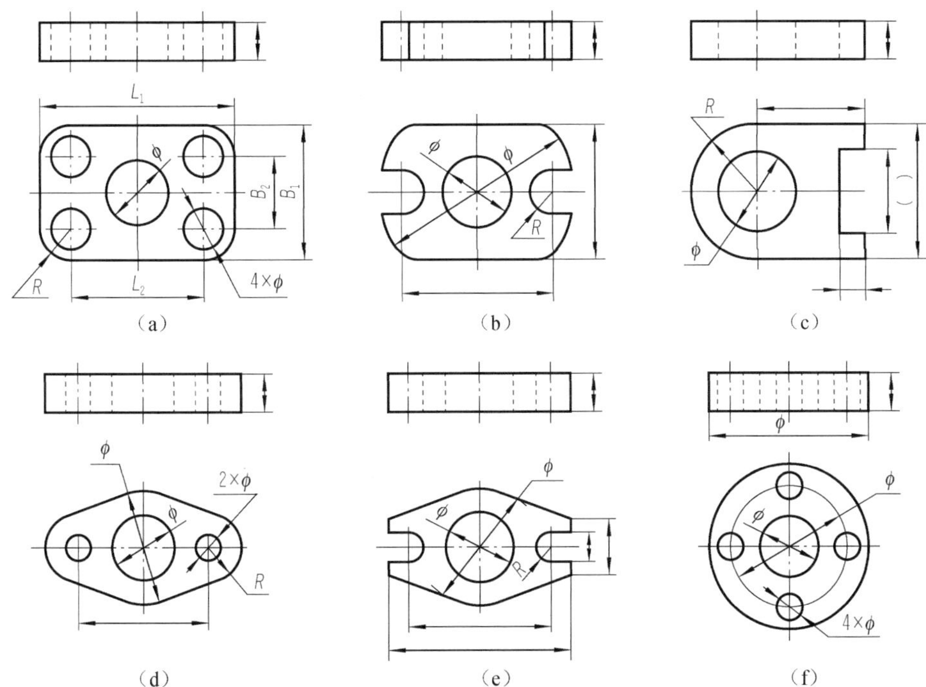

图4-23　常见底板尺寸标注

4.4.3　组合体的尺寸标注

给组合体三视图标注尺寸的一般步骤如下。

（1）进行形体分析。

（2）选定尺寸基准。

（3）逐个标注形体的定形尺寸、定位尺寸。

（4）标注总体尺寸标注。

（5）调整并检查。

【例 4-2】 标注如图 4-24 所示组合体的尺寸。

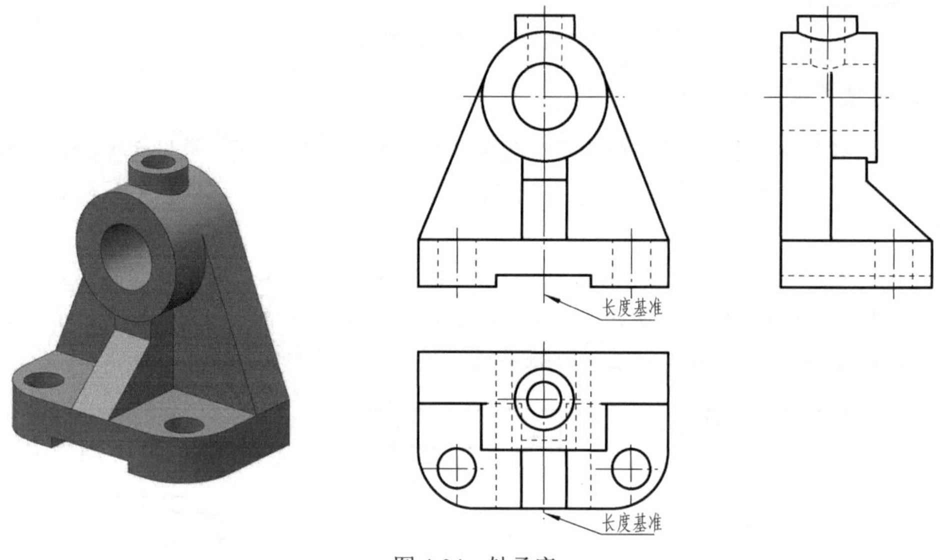

图 4-24　轴承座

【解】 第一步，形体分析。

如图 4-12 所示，该组合体可以分解为底板、大圆柱、支撑板、肋板、凸台五个基本部分。

第二步，选定尺寸基准。

如图 4-25 所示，选择底板底面为高度方向的基准，选择通过圆筒轴线的对称平面为长度方向的尺寸基准，选择大圆柱的后端面为宽度方向的尺寸基准。

第三步，标注每一个组成部分的定形尺寸和定位尺寸。

（1）底板。底板长方体的定形尺寸为长 222、宽 134、高 40。因为底板的底面、后面和对称中心面就是组合体的基准，所以定位尺寸全不用标，如图 4-26（a）所示。底板方槽的定形尺寸为长 84、宽 134、高 10。宽 130 和底板长方体相同，要省略。同样原因定位尺寸全不用标，如图 4-26（b）所示。底板上两个小孔的定形尺寸为 2×ϕ34，高为 40。高和底板的高一样，故省略。小孔的定位尺寸长为 156，宽为 100，高度因为穿通底板所以不标，底板的两个圆角为连接圆弧，只需标注定形尺寸 R34，圆角不标注个数，如图 4-26（c）所示。

综合起来，底板的尺寸标注如图 4-26（e）所示。

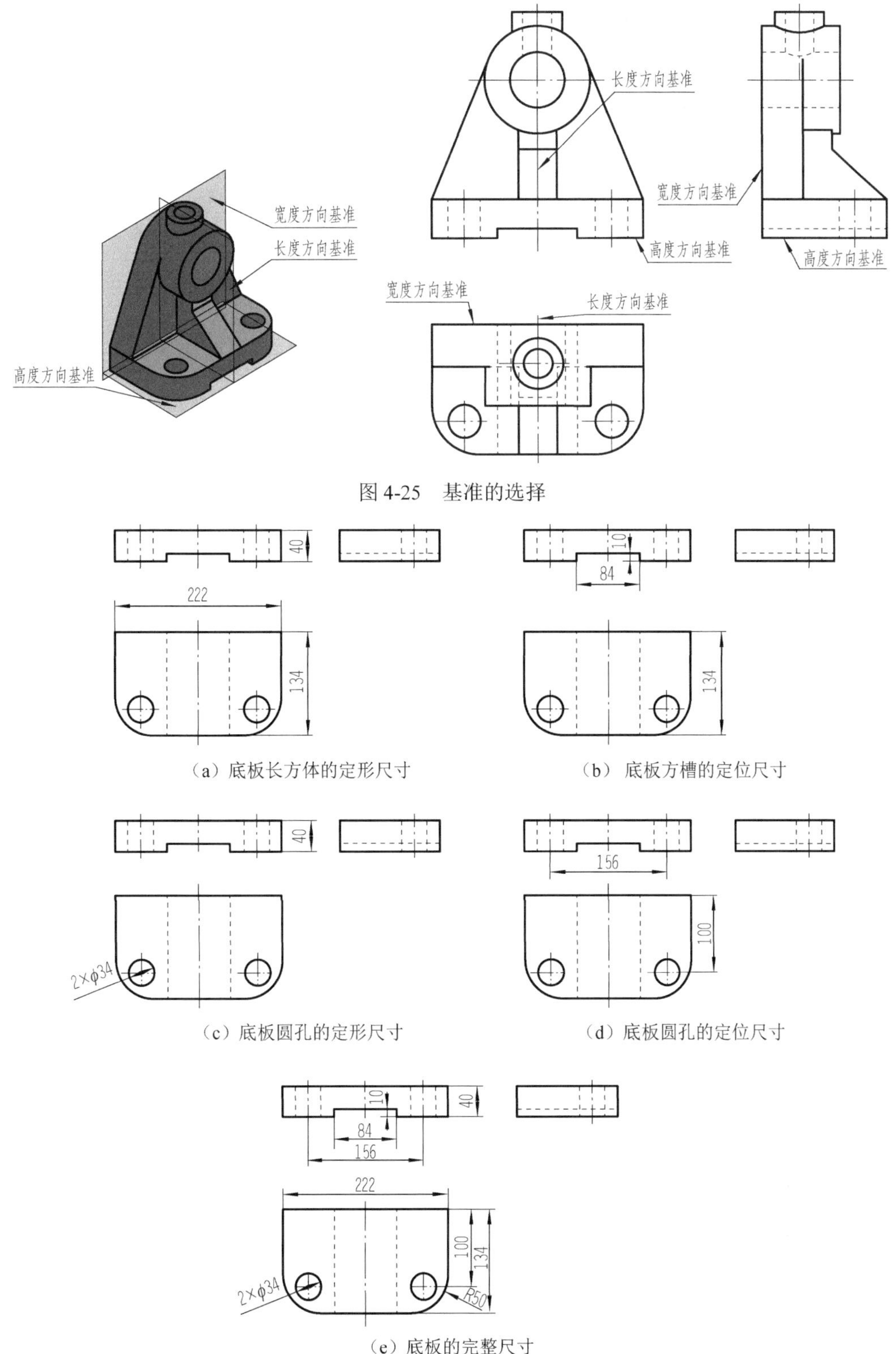

图4-25 基准的选择

(a) 底板长方体的定形尺寸

(b) 底板方槽的定位尺寸

(c) 底板圆孔的定形尺寸

(d) 底板圆孔的定位尺寸

(e) 底板的完整尺寸

图4-26 底板的尺寸标注步骤

（2）大圆柱。大圆柱的定形尺寸为径向尺寸ϕ111、ϕ57，轴向尺寸 84。长度方向轴心和长度方向基准重合，故长度方向定位尺寸省略；高度方向定位尺寸为 163；宽度方向圆柱的底面和宽度方向基准重合，故宽度方向定位尺寸省略，如图 4-27 所示。

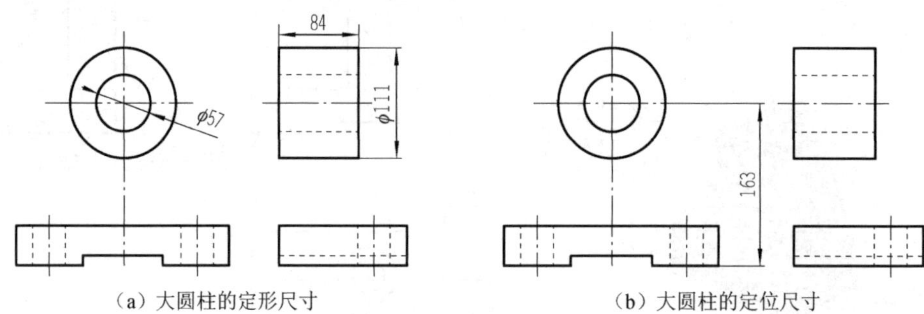

（a）大圆柱的定形尺寸　　（b）大圆柱的定位尺寸

图 4-27　大圆柱的尺寸标注

（3）支撑板。支撑板的形状由下面的底板和上面的大圆柱确定，故定形尺寸只有一个厚度尺寸为 44，如图 4-28 所示。

（4）凸台。凸台的定形尺寸为径向ϕ30 和ϕ52，凸台轴向与大圆柱相交，相贯线上不标尺寸。凸台的长度方向轴心线和基准重合，所以长度方向定位尺寸省略，宽度为 40，高为 70，如图 4-29 所示。

（5）肋板。肋板的定位尺寸如图 4-30 所示，肋板的位置长度方向居中，高度方向在底板上方，宽度方向在支撑板的前方，所以定位尺寸全部省略。

（6）组合体综合。把以上几个组成部分的定形尺寸和定位尺寸综合起来，如图 4-31（a）所示。

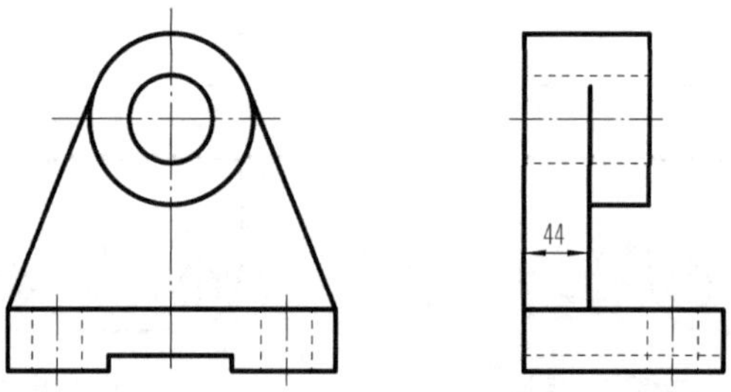

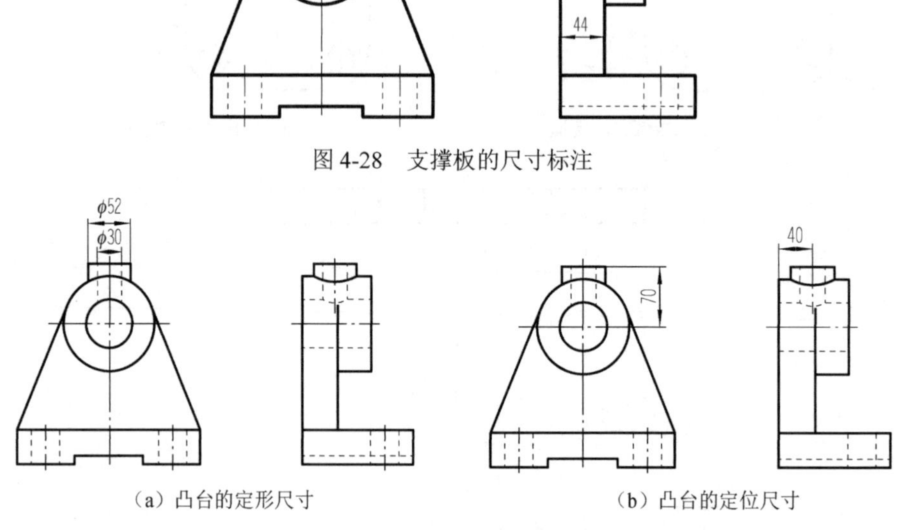

图 4-28　支撑板的尺寸标注

（a）凸台的定形尺寸　　（b）凸台的定位尺寸

图 4-29　凸台的尺寸标注

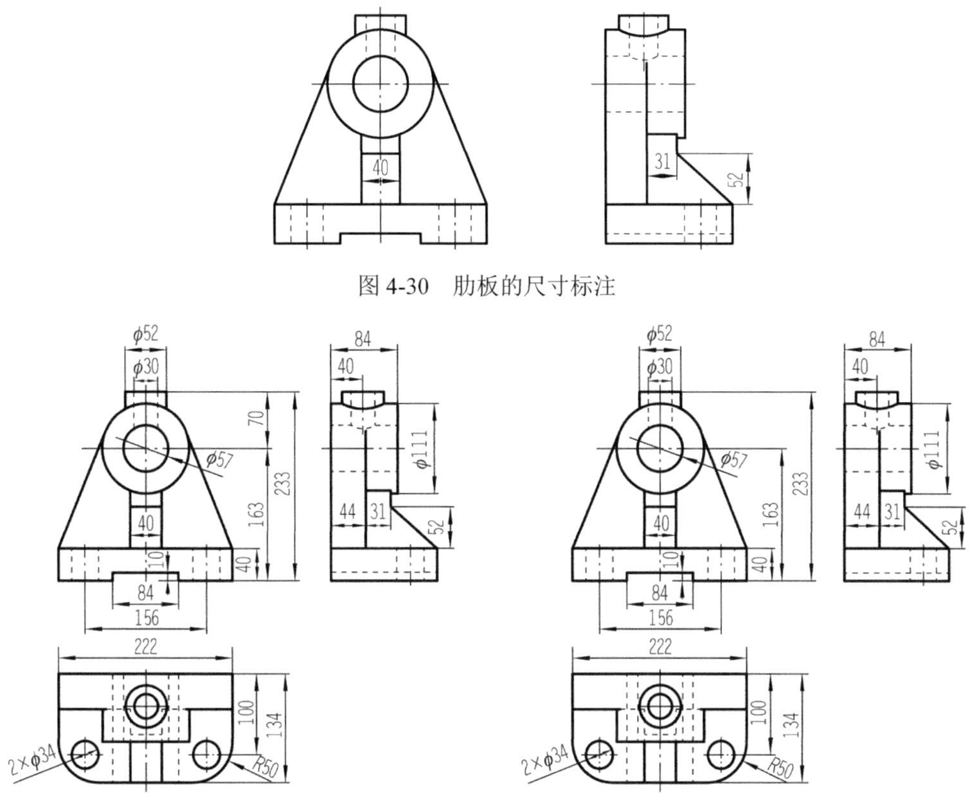

图4-30　肋板的尺寸标注

图4-31　组合体的尺寸标注

第四步，标注总体尺寸。

整体尺寸包括总长、总宽、总高三个总体尺寸。有些定形尺寸就是整体尺寸时就不用再标了，如底板的长222就是组合体的总长尺寸，底板的宽134就是组合体的总宽尺寸，组合体现在只差一个总高尺寸，标注好总高尺寸233以后，总高尺寸230就和163、70两个尺寸形成尺寸链，故70这个尺寸就重复了，应删除，如图4-31（b）所示。

第五步，校核。

整体尺寸标注完成后，要对已标注的尺寸进行检查。检查尺寸标注的数量是否齐全，是否有重复和遗漏的，尺寸标注的位置是否清晰等，如有不妥，要进行必要的调整，使其达到正确、完整、清晰的要求，如图4-31（b）所示。

检查并调整尺寸，调整就是按照标注尺寸要清楚的原则进行尺寸的微调，如尺寸线间隔均匀，大尺寸在外、小尺寸在内等。检查尺寸，就是检查尺寸有没有重复，有没有遗漏，检查的方法也是用形体分析法，逐个检查每个组成部分的定形尺寸和定位尺寸，还要检查总体尺寸。

4.4.4　标注尺寸的注意事项

（1）标注互相平行的尺寸线，其排列方法如下：小尺寸离图形最近，然后是中尺寸，大尺寸在最外面，离轮廓线最远，这样可避免尺寸线交叉，另外，互相平行的尺寸线之间的间距尽量保持一致、均匀，如图 4-32 所示。

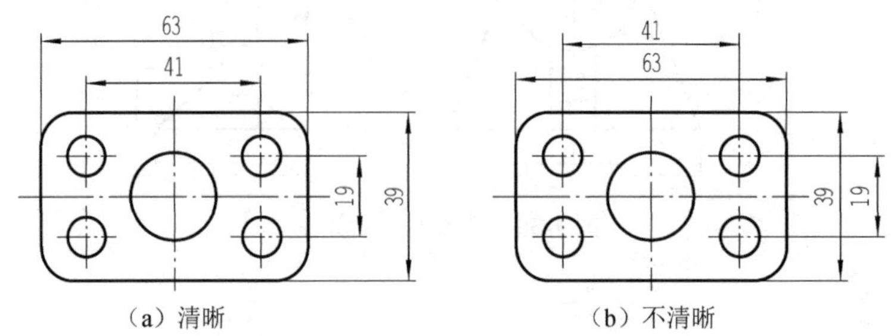

（a）清晰　（b）不清晰

图 4-32　大小尺寸的布置

（2）尺寸应尽量标注在视图外面，以免尺寸线、尺寸数字与视图的轮廓线相交，如图 4-33 所示。

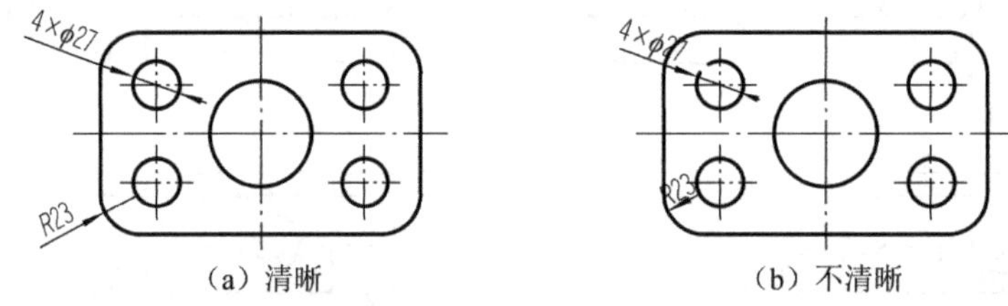

（a）清晰　（b）不清晰

图 4-33　标注在视图之外

（3）三个以上同心圆柱的直径尺寸，最好注在非圆的视图上，如图 4-34 所示。

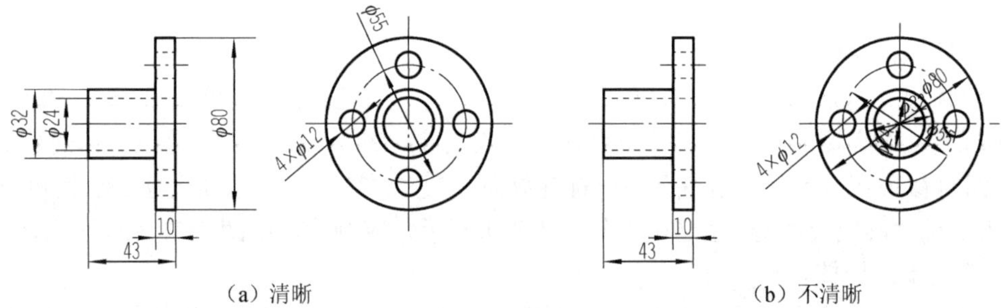

（a）清晰　（b）不清晰

图 4-34　同心圆柱的直径标注

（4）尺寸应注在形状最明显的视图上。如图 4-35 所示，图中方孔的定形尺寸注在主视图上，U 形槽的尺寸注在俯视图上，底板圆角的尺寸注在俯视图上。

（5）各基本形体的定形尺寸和有关的定位尺寸尽量集中标注。图 4-35 中方孔的定形尺寸和定位尺寸都集中注在主视图上，看图比较方便。

（6）尺寸尽量不注在虚线上。但若与集中标注相冲突时，就需综合考虑。如图 4-35 所示，圆孔尺寸注在主视图上较好。

（7）相贯线、截交线不能标注尺寸。

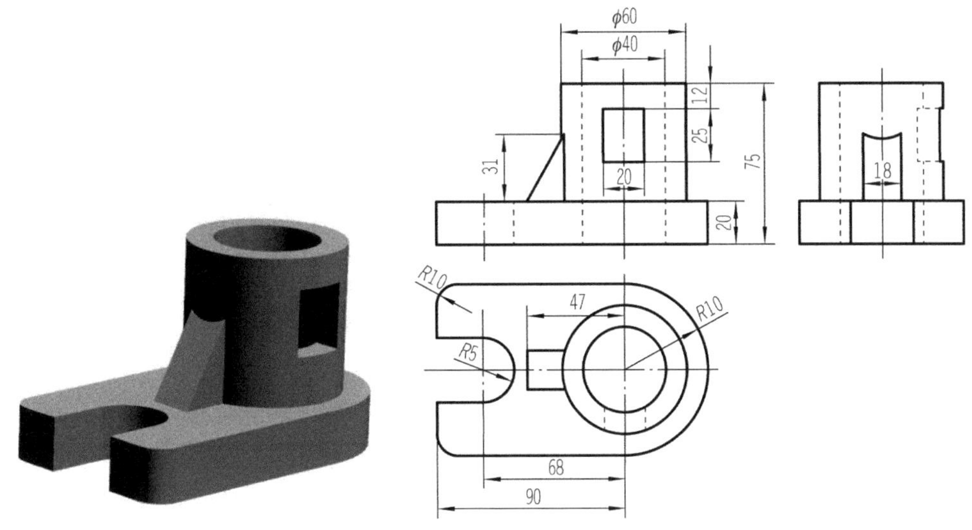

图4-35 底座的尺寸标注

4.5 组合体的读图

组合体的读图是画图的逆过程，就是根据给定的三视图，想象组合体的空间形状，读图时应根据已知的视图，运用投影原理和三视图投影规律，正确分析视图中的每条图线、每个线框所表示的投影含义，综合想象出组合体的空间形状。它既能提高空间想象能力，又能提高投影的分析能力。

读组合体视图是后续零件图和装配图读图的基础。在教材中，将读图贯穿始终，从识读基本体视图到识读组合体视图，再到识读零件图，最后识读装配图，图形的识读由浅入深，由易到难。

读图的方法一般分为两种，一种是适用于叠加式组合体的形体分析法，一种是适用于切割式组合体的线面分析法。读图时，常把形体分析法和线面分析法综合应用。

4.5.1 读图的要领

1. 几个视图联系起来看

一个组合体通常需要几个视图才能表达清楚，一个视图不能确定物体形状。如图 4.36（a）所示的视图由四个矩形组成，而投影是矩形的基本体有四棱柱、圆柱、三棱柱等，投影是矩形的面有平面、曲面。所以能投影出如图 4-36（a）所示的投影的组合体有很多，这里列出来八个组合体，如图 4-36（b）所示。

图4-36 一个视图不能确定物体的形状

有时即使有两个视图相同，若视图选择不当，也不能确定物体的形状。如图 4-37 所示的视图，它们的主、俯视图都相同，由于左视图不同，也表示不同的物体。正面投影和水平投影都是三个矩形组成，而正面投影和水平投影都是矩形的组合体有四棱柱、圆柱、三棱柱，正面投影和水平投影都是矩形的面有平面和曲面，所以能投影出如图 4-37（a）所示的投影的组合体有很多，这里列出来八个组合体，如图 4-37（b）所示。

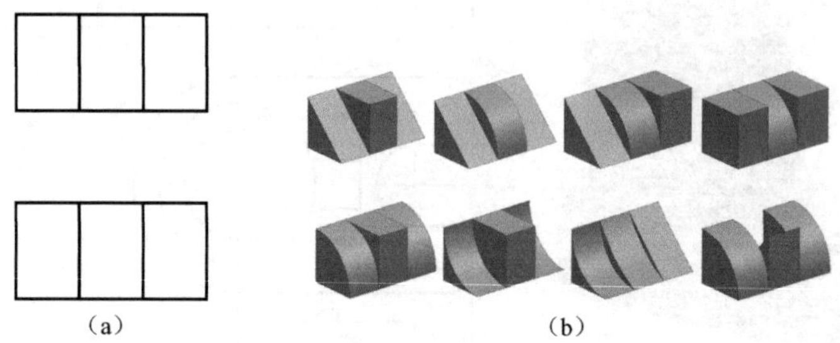

（a）　（b）

图 4-37　两个视图不能确定物体的形状

由上述两个例子可以看出，读图时不能孤立地只看一个视图，而必须将几个视图联系起来，依照基本体的投影特性进行分析，才能正确地想象出物体的形状。

2. 善于构思物体的形状

读图时，还要熟悉基本体的投影特性，善于构思物体的形状。如图 4-38 所示，两个组合体的正面投影一样，水平面投影也很相似，但它们表达的是不同的形体。

在图 4-38（a）中，正面投影轮廓为方形，水平面为圆形，只有圆柱的投影符合，正面投影中还有一个三角形，对应的水平面投影是两个不完整的矩形，形状应该是棱柱，结合起来就能确定组合体为圆柱切去三棱柱。

在图 4-38（b）中，注意俯视图中横线为虚线。正面投影轮廓为方形，水平面为圆形，只有圆柱的投影符合，正面投影中还有一个三角形，对应的水平面投影还是圆形，只有圆锥符合，结合起来就能确定组合体一半为圆柱，一半为圆锥。

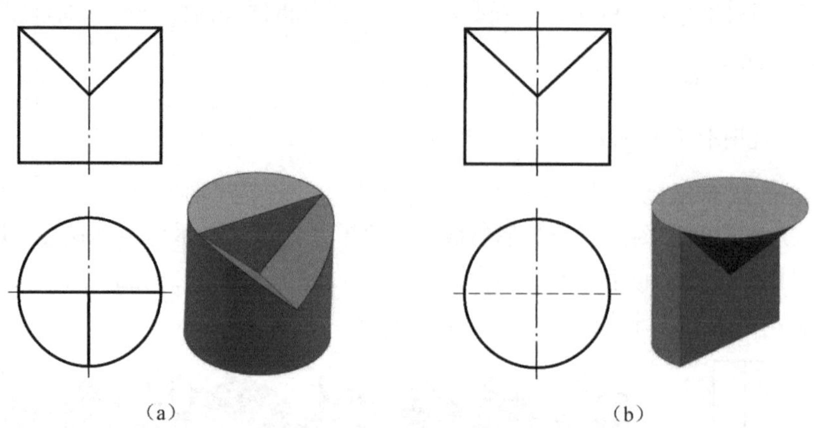

（a）　（b）

图 4-38　构思物体的形状

3. 领会投影图中线和线框的含义

视图是由图线和线框组成的，读图需弄清视图中线框和图线的含义。

（1）视图中的每个封闭线框可以是物体上一个表面（平面、曲面）的投影，如图 4-39（a）所示，也可以是曲面及其相切面（平面或曲面）的投影，如图 4-39（b）所示，还可以是一个孔的投影，孔的投影一般是虚线。大线框内如果有小线框一般是凸台或者内孔。相邻的线框，其表面不是相交就是相错。在读图时要能确定线框所代表的是平面还是曲面。

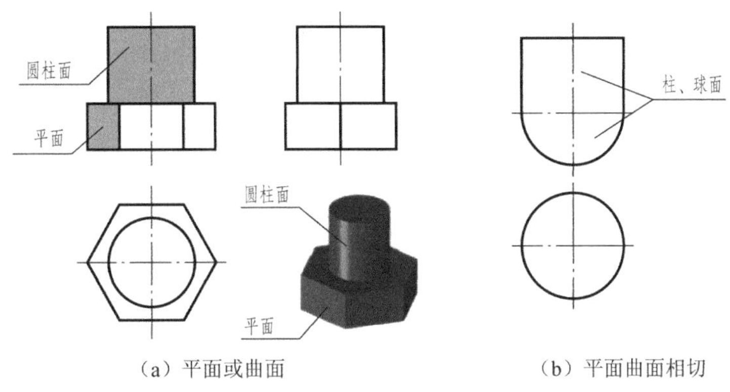

（a）平面或曲面　　（b）平面曲面相切

图 4-39　线框的含义

（2）视图中的每一条图线可以是面的积聚性投影，也可以是两个面的交线的投影，还可以是曲面的转向轮廓线的投影，如图 4-40 所示。所以在读图时要能确定图线表示的是表面交线还是积聚性投影。

（3）视图中的细点画线，其含义可能是对称图形的对称中心线、回转体轴线的投影、圆的对称中心线。点画线在绘制图形时有辅助作用，实体上并不存在，读图时可以起到确定图形性质的作用。有点画线的地方要么图形是对称的，要么有回转体。

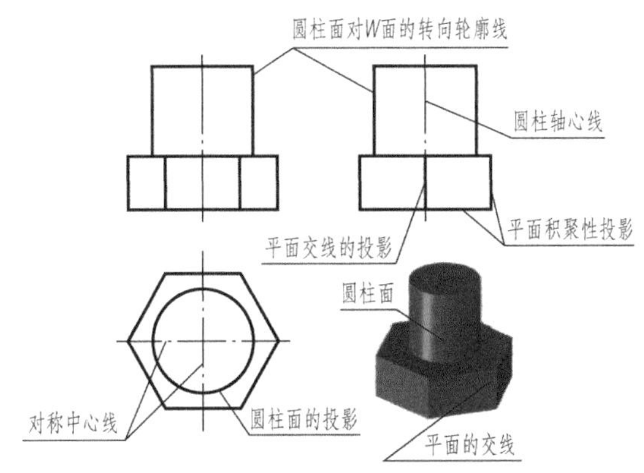

图 4-40　线的含义

4.5.2 读图的基本方法

1. 形体分析法

读图的基本方法与画图一样，主要也是运用形体分析法。通过画组合体的视图可知，视图中的一个封闭相框，就是一个简单立体在某一方向的投影。所以，读图时一般从主视图入手，将主视图分解为若干个封闭的线框；然后根据投影规律，逐一找出每一封闭线框在其他投影面的对应投影；进而想象各部分的基本体形状、相对位置和组合方式；最后综合想象组合体的整体形状。

【例 4-3】 读图 4-41 所示的三视图，想象出形体的形状。

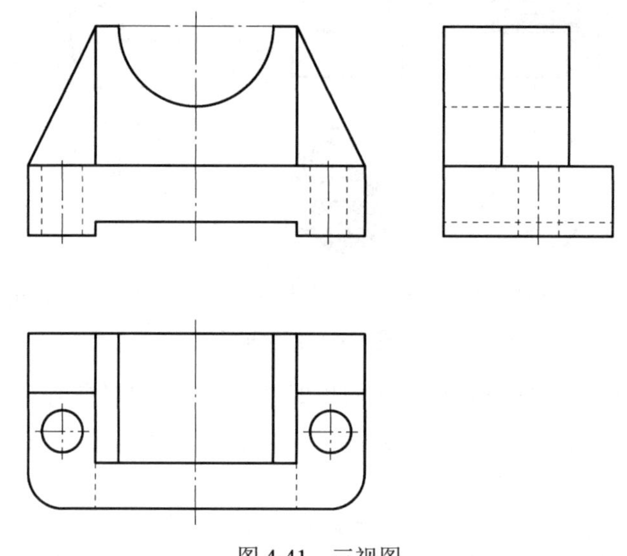

图 4-41　三视图

【解】 （1）分析视图，划分线框。

从特征视图入手，对物体的形状有个概括的了解。然后将视图分为几个线框，根据叠加式组合体的视图特点，每个线框代表一个形体的某个方向的投影。

形体分析法应按由大到小、由下到上、由实到虚的顺序分析视图。即由大形体到小形体、由下面向上面分析，实线是可见轮廓，虚线为不可见轮廓，先分析可见部分，后分析不可见部分。

本例从主视图入手，按线框将形体划分为三个组成部分，如图 4-42（a）所示。

（2）对照投影，想出形体。

根据每一个组成部分的对应投影，想象出每个组成部分的形体，如图 4-42（b）～图 4-42（d）所示。

（3）确定位置，想出整体。

想象出各部分的形状后再来确定各部分的相对位置，如图 4-42（e）所示，形体Ⅱ叠加在形体Ⅰ上，前面相错，后面平齐，左右方向对称；形体Ⅲ叠加在形体Ⅰ上，在形体Ⅱ两侧。

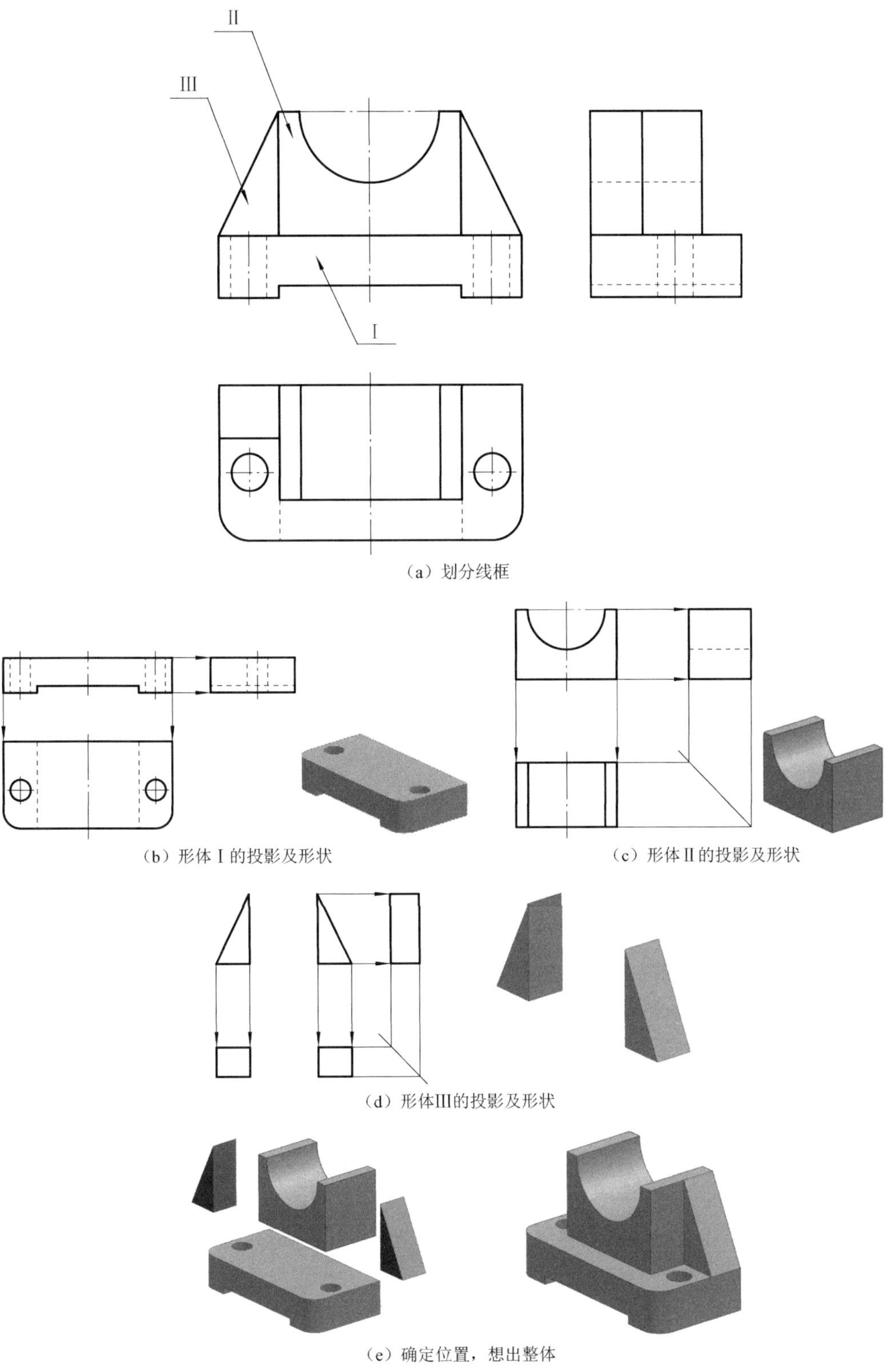

(a) 划分线框

(b) 形体 I 的投影及形状

(c) 形体 II 的投影及形状

(d) 形体III的投影及形状

(e) 确定位置，想出整体

图 4-42　读组合体三视图的方法和步骤

【例 4-4】 读懂图 4-43 所示组合体三视图，绘制出该形体的左视图，并标注尺寸。

【解】 根据两视图补画第三视图是制图课常见的练习题型，作图的步骤是首先由已知的两视图想象出组合体的形状，然后按照“长对正，高平齐，宽相等”的对应关系，用形体分析法画出各个组成部分。该题共分三个步骤，第一用形体分析法想象出组合体形状，第二用形体分析法画出左视图，最后用形体分析法标注尺寸。

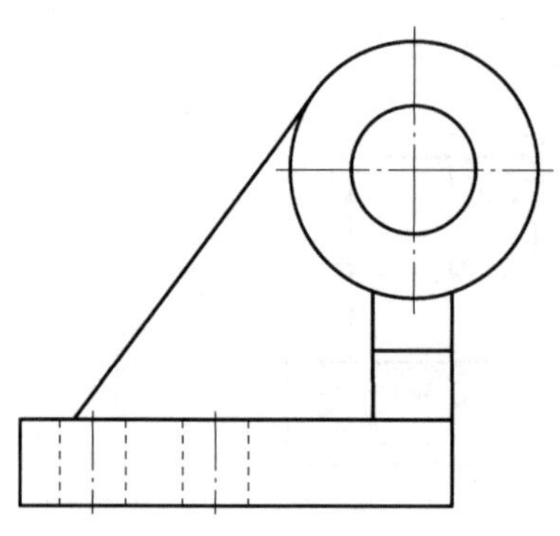

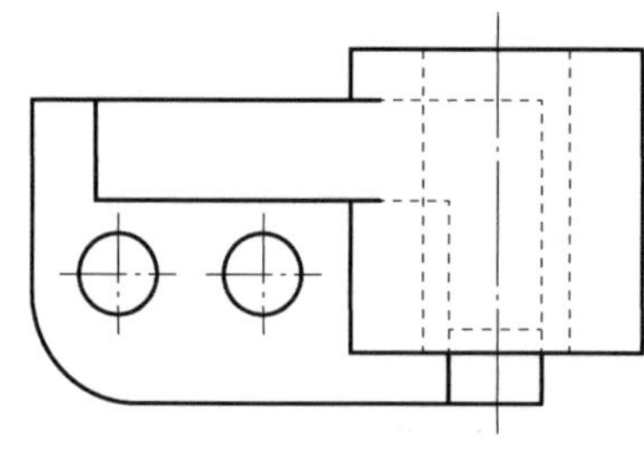

图 4-43　组合体三视图

第一步，用形体分析法想象出组合体形状。

（1）分析视图，划分线框。

如图 4-43 所示的支架，主视图较多地反映了支架的形体特征，初步判断该物体是由四个部分组成的，因此可将主视图分成四个主要线框。如图 4-44（a）所示，下面是矩形线框Ⅰ，上面是圆形线框Ⅱ，线框Ⅰ、Ⅱ之间是线框Ⅲ和Ⅳ，其中线框Ⅲ左边斜线与圆形线框Ⅱ相切。

（2）对照投影，想出形体。

根据主视图中的线框及其与俯视图投影的对应关系，对线框进行形体分析，分别想象出它们的形状。

由于矩形线框Ⅰ对应的俯视图投影也是矩形线框，可确定该部分基本形状是长方体底板，其上开有两个通孔，是安装圆孔，左前角是圆角过渡，如图 4-44（b）所示。

上部圆形线框Ⅱ对应俯视图投影是矩形线框，可确定该部分基本形状是圆柱体，大圆柱中心有通孔，如图 4-44（c）所示。

中间左边部分线框Ⅲ是由直线、圆弧构成的封闭线框，对应俯视图投影是矩形线框，可确定是一块带圆弧面的三棱柱支撑板，如图 4-44（d）所示。

中间右边部分线框Ⅳ是由直线、圆弧构成的四边形线框，对应其俯视图投影，可确定是一块由四棱柱切割后得到的支撑板，如图 4-44（e）所示。

（3）确定位置，想出整体。

视图中明显表示出彼此的位置关系。在底板与圆筒之间有一块支撑板Ⅲ，它的斜面与圆筒的外圆柱面相切，它的后表面与底板的后表面平齐；在底板与圆筒之间还有一个肋板Ⅳ。综合主体和细节，即可确切地想象出支架的整体形状，如图 4-44（f）和图 4-44（g）所示。

第二步，用形体分析法画出各部分的左视图并标注尺寸，并注意表面连接方式，一处相切，一处相交。先绘制各个组成部分的三视图，并标注各个组成部分的定形尺寸，如图 4-45（a）～图 4-45（e）所示。然后标注定位尺寸，标注之前首先要确定基准，如图 4-45（f）所示。标注的定位尺寸如图 4-45（g）所示。最后调整并标注总体尺寸，如图 4-45（h）所示。

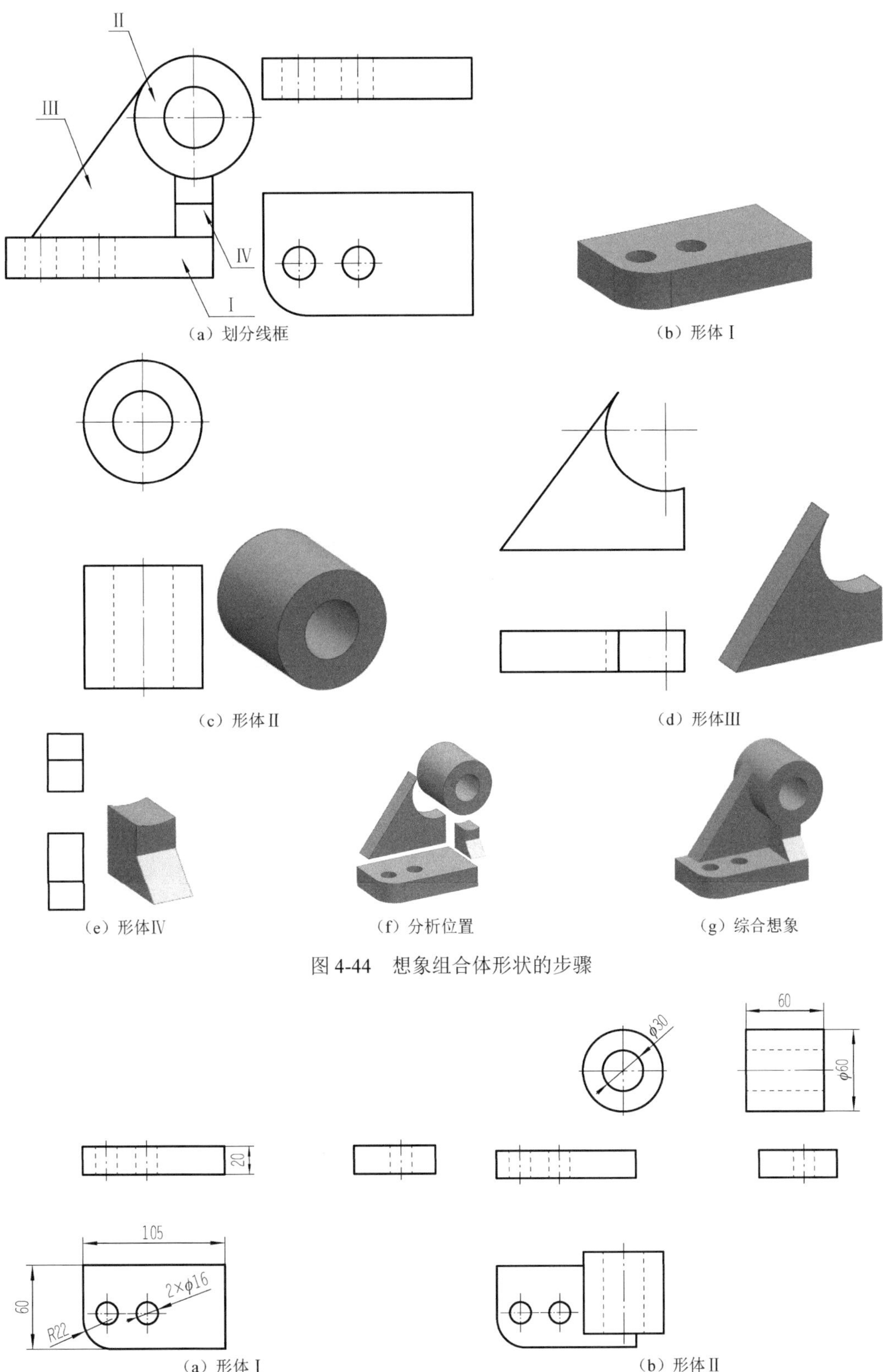

(a) 划分线框　(b) 形体 I

(c) 形体 II　(d) 形体III

(e) 形体IV　(f) 分析位置　(g) 综合想象

图 4-44　想象组合体形状的步骤

(a) 形体 I　(b) 形体 II

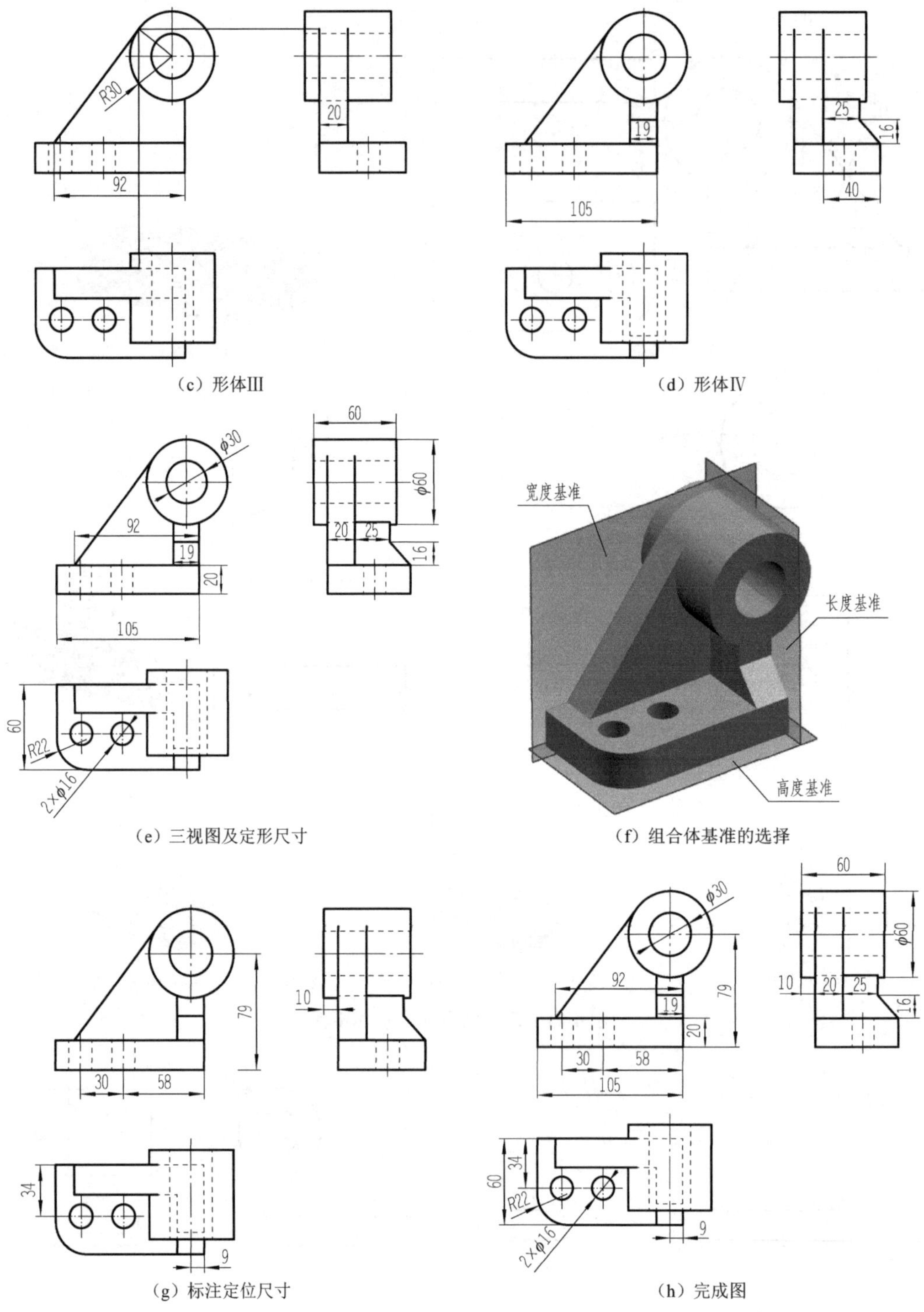

（c）形体Ⅲ　（d）形体Ⅳ

（e）三视图及定形尺寸　（f）组合体基准的选择

（g）标注定位尺寸　（h）完成图

图 4-45　补画左视图的方法和步骤

2. 线面分析法

线面分析法就是把组合体分解成若干个面，根据线、面的投影特点，逐个确定各个面的形状、面与面的相对位置关系，以及各交线的性质，从而想象出组合体的形状，如图 4-46 所示。线面分析法主要用于读切割式组合体的视图。

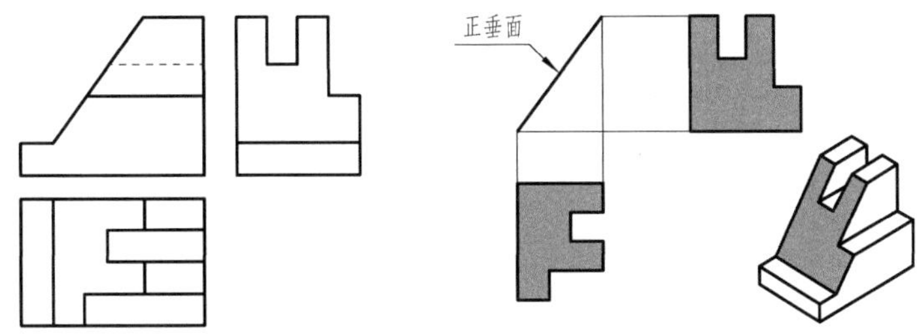

图 4-46 线面分析法

线面分析法主要从线和面的角度去分析物体的形成及构成形体各部分的形状与相对位置的方法。所以看图时，应注意线、面的正投影特性和线、面的空间位置关系，以及视图之间相联系的图线、线框的含义，进而确定由它们所描述的空间物体的表面形状及相对位置，想象出物体的形状。

下面以例 4-5 说明用线面分析法看图的步骤。

【例 4-5】 如图 4-47 所示，已知组合体的主视图和俯视图，补画出左视图。

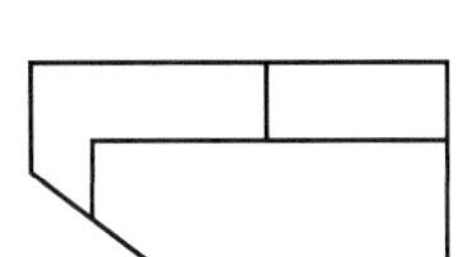

图 4-47 组合体主视图和俯视图

【解】 方法一：一般切割式组合体是由某个基本体切割而成，应先根据视图进行形体分析，分析出切割前的原基本体，再进行线面分析。图 4-48（a）所示组合体的两视图通过补线处理，其切割前的基本体是一个长方体，如图 4-48（b）所示。

由俯视图中线框 p、主视图中图线 p'可知，P 为一正垂面，它切去长方体的左上角，如图 4-48（c）所示。

从主视图中线框 q'、俯视图中图线 q 可知，Q 为铅垂面，将长方体的左前角切去，如图 4-48（d）所示。

与主视图中线框 r'有投影联系的是俯视图中图线 r，所以 R 为正平面，同理 S 为水平面，R 与 S 将长方体前上部切去一块长方体，通过几次切割后，长方体所剩余部分的形状就是组合体的形状，如图 4-48（e）所示。

从直观图 4-49 中可看出，由于长方体被不同的平面切割，在表面上产生了许多交线和多边形，如 AB 为倾斜线（正垂面与铅垂面的交线），AE、CD 均为水平线（水平面与铅垂面的交线），BC、ED 均为铅垂线（分别是侧平面和正平面与铅垂面的交线）。

最后还要用投影的类似性来检查加粗，如图 4-49 所示。五边形 $ABCDE$ 是铅垂面，在俯视图中积聚为一条直线，在主视图和左视图中投影为类似形，在图 4-49 中以斜线填充表示；六边形 $ABFGHI$ 是正垂面，在主视图中积聚为一条直线，在在俯视图和左视图中投影为类似形，在图 4-49 中以小方块填充表示。

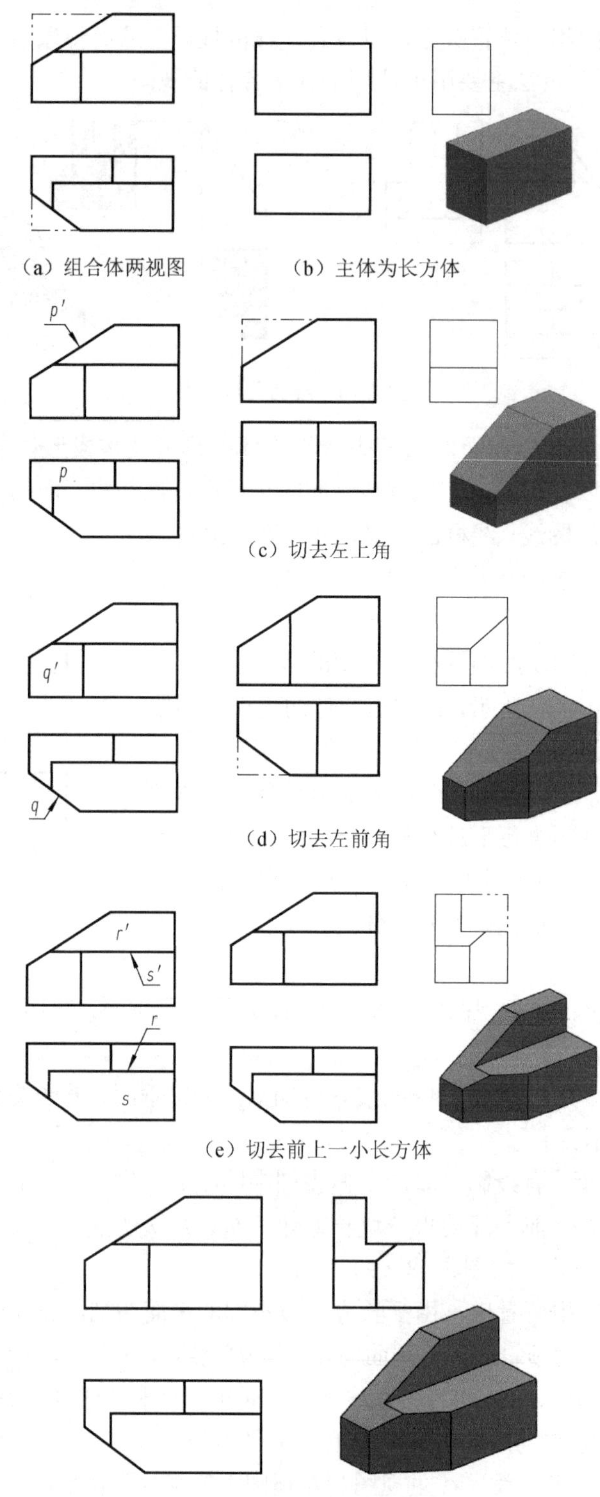

图 4-48　线面分析法补画左视图步骤方法一

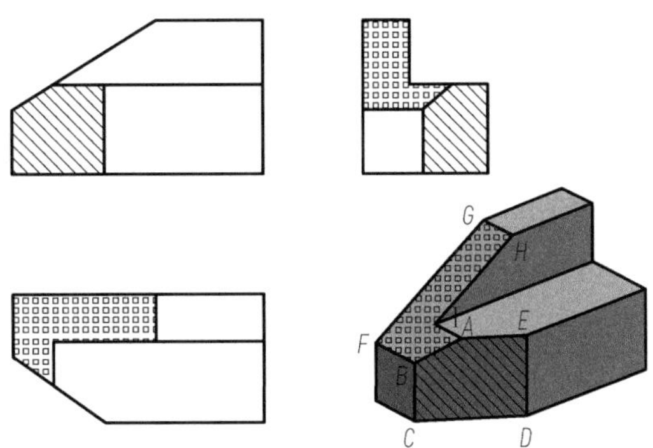

图 4-49　类似形检查

方法二：这一类的题目还有另外一种解法，就是按照线面的投影规律，直接画出投影面垂直面或一般面的投影，然后补画出相应平行面的投影。

如图 4-50（a）所示，六边形 *ABFGHI* 是正垂面，在主视图中积聚为一条直线，在俯视图中投影为类似形 *abfghi*，在左视图中投影也应该是和俯视图相类似的六边形。按照面的投影规律，绘制出六边形 *ABFGHI* 的左视图 *a″b″f″g″h″i″*。

如图 4-50（b）所示，五边形 *ABCDE* 是铅垂面，在俯视图中积聚为一条直线，在主视图中投影为类似形 *abcde*，在左视图中投影也应该是和主视图相类似的五边形。按照面的投影规律，绘制出五边形 *ABCDE* 的左视图 *a″b″c″d″e″*。

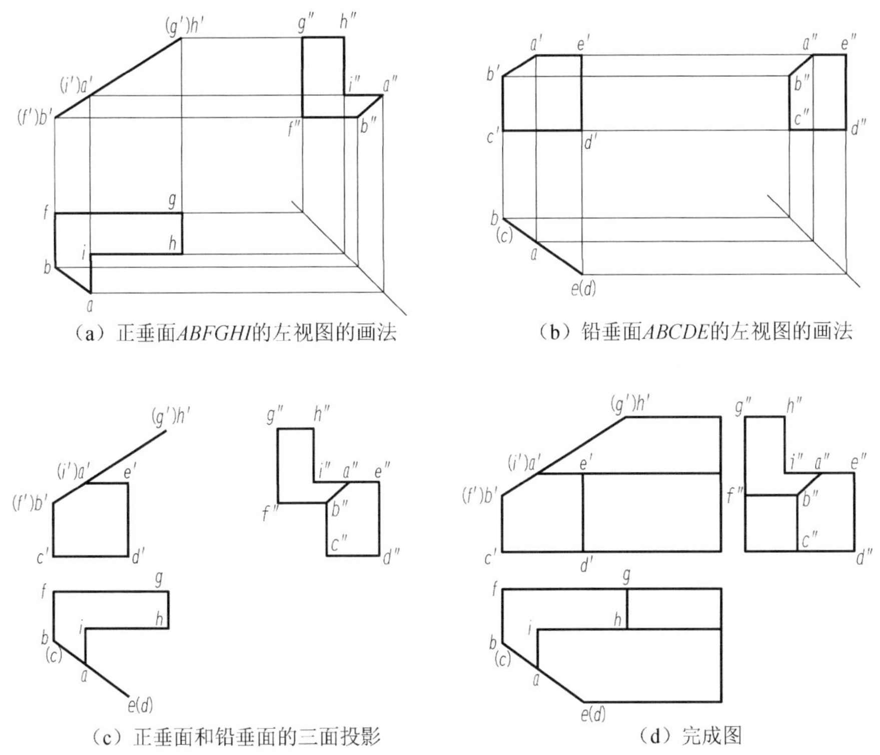

图 4-50　线面分析法补画左视图步骤方法二

正垂面和铅垂面的三面投影绘制完成后如图 4-50（c）所示，还要绘制其他面在左视图的投影，因为一般面和垂直面已经按照类似形法绘制完成，侧垂面都会积聚成直线，所以现在只需要绘制侧平面的投影。侧平面有两个，最左面一个矩形，最右面一个多边形，绘制完如图 4-50（d）所示。

4.6* 计算机三维造型概述

4.6.1 计算机辅助设计简介

21 世纪的一个重大变革是全球市场的统一，它使市场竞争更加激烈，产品更新更快。在这种背景下，计算机辅助设计（computer aided drawing，CAD）技术得到迅速普及和极大发展。

CAD 技术是在产品开发过程中使用计算机系统辅助产品创建、修改、分析和优化的有关技术。目前，可以使用的典型工具包括公差分析、质量属性计算、有限元建模和分析结果的可视化。许多发达国家相继推出成熟的 CAD/计算机辅助工程（computer aided engineering，CAE）/计算机辅助制造（computer aided manufacturing，CAM）集成化的商品软件，在设计理论、设计方法、设计环境、设计工具等各方面出现了许多成熟的现代 CAD 技术。

当前先进的 CAD 应用系统将设计、绘图、分析、仿真、加工等一系列功能集成于一个系统内。常用软件有 UG II（Unigraphics Solution 公司）、IDEAS （SDRC 公司）、CATIA（Dassult 公司）、CREO 或 PRO/E（PTC 公司 ）、SolidWorks（SolidWorks 公司）等。各公司产品特色定位和应用市场都有所不同，图 4-51 说明了各种软件的特点。

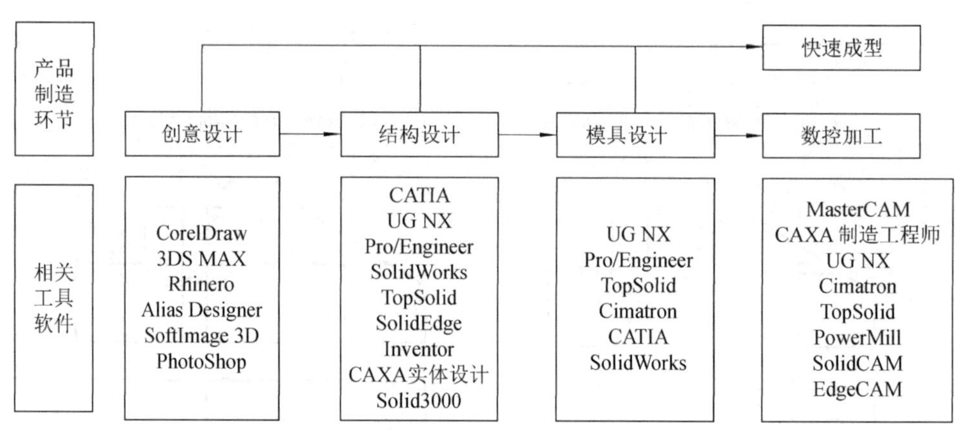

图 4-51 CAD 软件

三维造型就是在计算机上建立完整的产品三维几何形状的过程。三维 CAD 系统可以方便地设计出所见即所得的三维实体模型，可以进行装配和干涉检查；可以进行模拟仿真；可以对重要零（部）件进行有限元分析与优化设计；可以进行数控加工；可以进行快速成型；可以由三维模型直接自动生成二维工程图；可以进行产品数据共享与集成等。图4-52是一个减速器的装配图和部分零件图的计算机三维建模。

（a）减速机着色图

（b）减速机装配图

（c）减速机箱盖零件图

（d）减速机齿轮零件图

图4-52 减速器的三维造型

三维造型软件要完成如下的功能：①形体输入，在计算机上构造三维形体的过程；②形体控制，如对形体进行平移、缩放、旋转等变换；③信息查询，如查询形体的几何参数、物理参数等；④形体分析，如容差分析、物质特性分析、干涉量的检测等；⑤形体修改，对形体的局部或整体进行修改；⑥显示输出，如消除形体的隐藏线、隐藏面，显示、改变形体、明暗度、颜色等；⑦数据管理，三维图形数据的存储和管理。

4.6.2 建模原理

创建实体模型的方法归纳起来主要有两种；一种是利用系统提供的基本实体创建对象来生成实体模型；另一种是由二维平面图形通过拉伸、旋转等方式生成三维实体模型。前者只能创建一些基本实体，如长方体、圆柱体、圆锥体、球体等；而后者可以创建出许多形状复杂的三维实体模型，是三维实体建模中一个非常有效的手段。

实体模型具有线框模型和表面模型所没有的体的特征，其内部是实心的，所以用户可以对它进行各种编辑操作，如穿孔、切割、倒角和布尔运算等。

实体模型建模的方式有拉伸、旋转、扫掠、放样。不同的三维造型软件，造型的基本形式原理一致，只在操作使用和称呼上有些差异，如扫掠，有些称为扫描，放样和混合类似。

（1）拉伸特征。拉伸是由一截面轮廓草图经过拉伸而成的，适用于构造截面相同的实体特征。拉伸命令是三维造型中最常使用的命令，绝大部分建模用拉伸命令完成。如用UG绘制如图4-53（a）所示的立体图，过程如下：首先在UG里绘制好草图，草绘完成矩形和两个圆形的绘制，然后点击拉伸命令，弹出拉伸对话框，选择截面和方向并输入我们需要拉伸的长度，完成拉伸，如图4-53（b）～图4-53（e）所示。

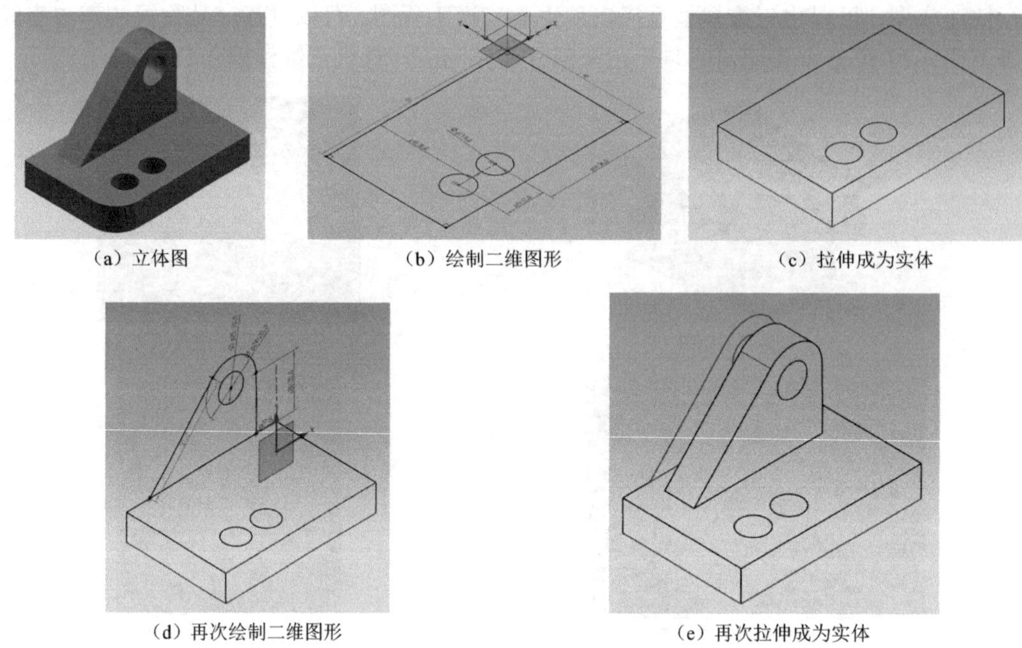
（a）立体图　（b）绘制二维图形　（c）拉伸成为实体

（d）再次绘制二维图形　（e）再次拉伸成为实体

图 4-53　UG 创建的拉伸特征

（2）旋转特征。旋转是由一个草图绕一中心线旋转而成的，适用于构造回转体实体特征，圆盘类、柱类都可以通过回转得到。回转命令在插入菜单的设计特征里面可以找到，也可以点击快捷图标找到。当选择命令进入界面以后会提示我们选择一个草绘平面，或者是选择现有的几何图形，然后点击确认，就可以实现所创建的回转体。如图 4-54 所示的轴就是旋转形成的。

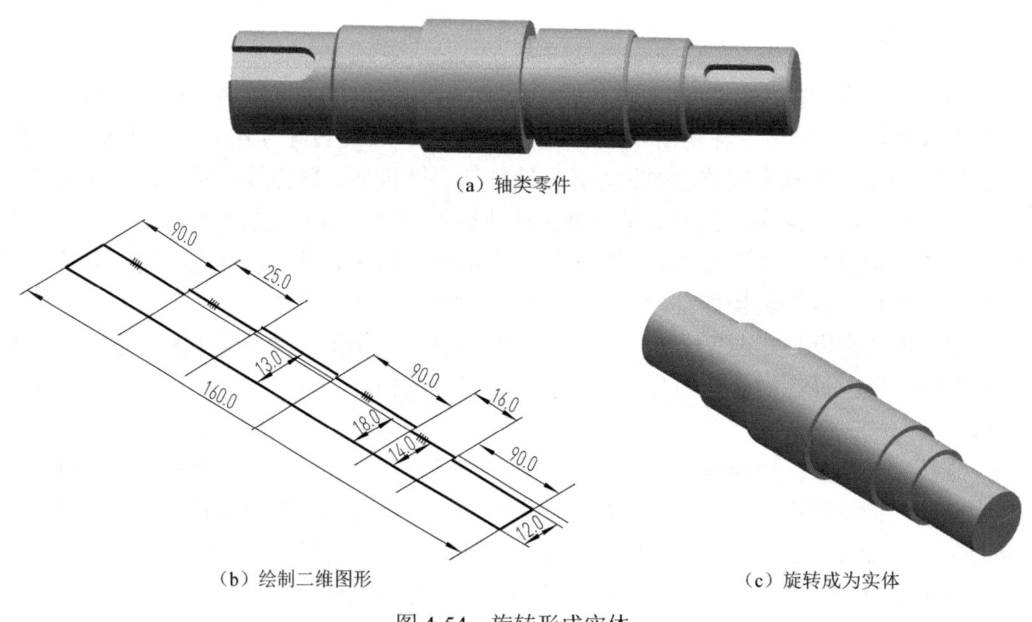

（a）轴类零件

（b）绘制二维图形　（c）旋转成为实体

图 4-54　旋转形成实体

（3）扫描特征。扫描是沿一条路径移动轮廓（截面）来生成实体的。不同的软件叫法不同，在UG中称为扫掠。UG中的扫掠功能很强大，有扫掠、样式扫掠、截面、变化扫掠、沿引导线扫掠等，其中有些命令已经集合了混合或放样的功能。所以在UG中不再单独出现放样或混合的命令。如图4-55所示，小圆是轮廓，大圆弧和直线是路径，沿引导线扫掠而成弯钩部分特征。

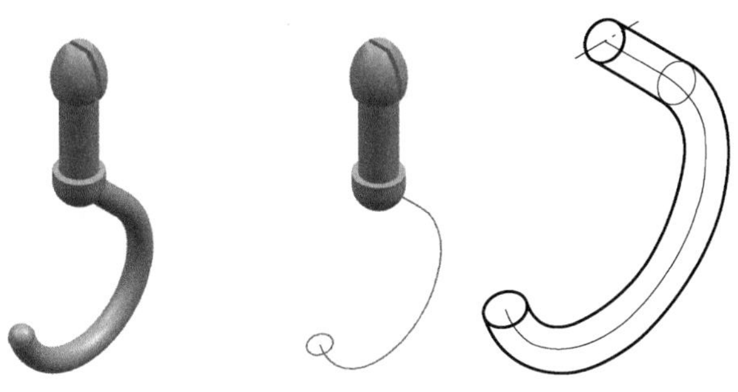

图4-55 沿引导线扫掠

（4）放样特征。所谓放样是指沿某个路径连接多个剖面或轮廓，通过在轮廓之间进行过渡来生成特征，如图4-56所示。在SolidWorks软件中使用放样命令，至少需要两个轮廓草图和一个引导线草图，并且引导线需要和两个轮廓草图添加穿透约束。

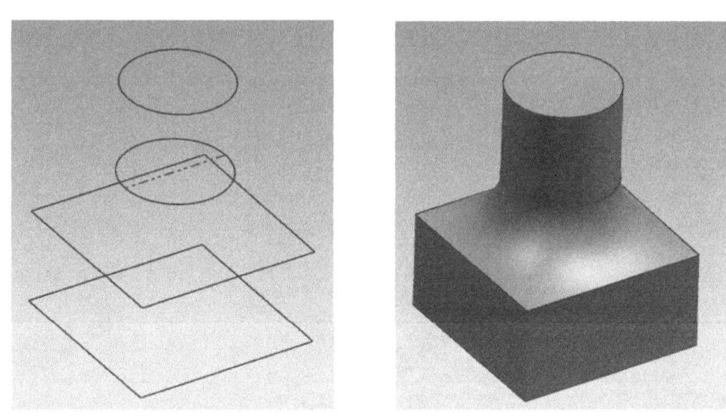

图4-56 不同的界面混合或放样成实体

4.6.3 典型实例

【例4-6】 用UG三维造型软件绘制如图4-57（a）所示的轴承座的三维造型图。

【解】 （1）由于此零件为机械零件，使用的大多数指令都拉伸，先拉伸零件的底座，如图4-57（b）绘制草图，再拉伸出如图4-57（c）所示的底板。

（2）在水平面上绘制两个圆并拉伸两个圆柱，然后运用布尔运算，去掉底部需要剪掉的部分并用倒圆角命令倒圆角，如图4-57（d）所示，完成底板的三维建模，如图4-57（e）所示。

（3）以底板为绘图基准，在正投影面上创建两个同心圆，如图4-57（f）所示，其拉伸得到的特征如图4-57（g）所示。

（4）在正投影面上绘制支撑板的轮廓，如图 4-57（h）所示，拉伸出实体，如图 4-57（i）所示。

（5）对称拉伸中间的肋板，并与之前的特征求和，如图 4-57（j）所示，完成最终绘制，如图 4-57（k）所示。

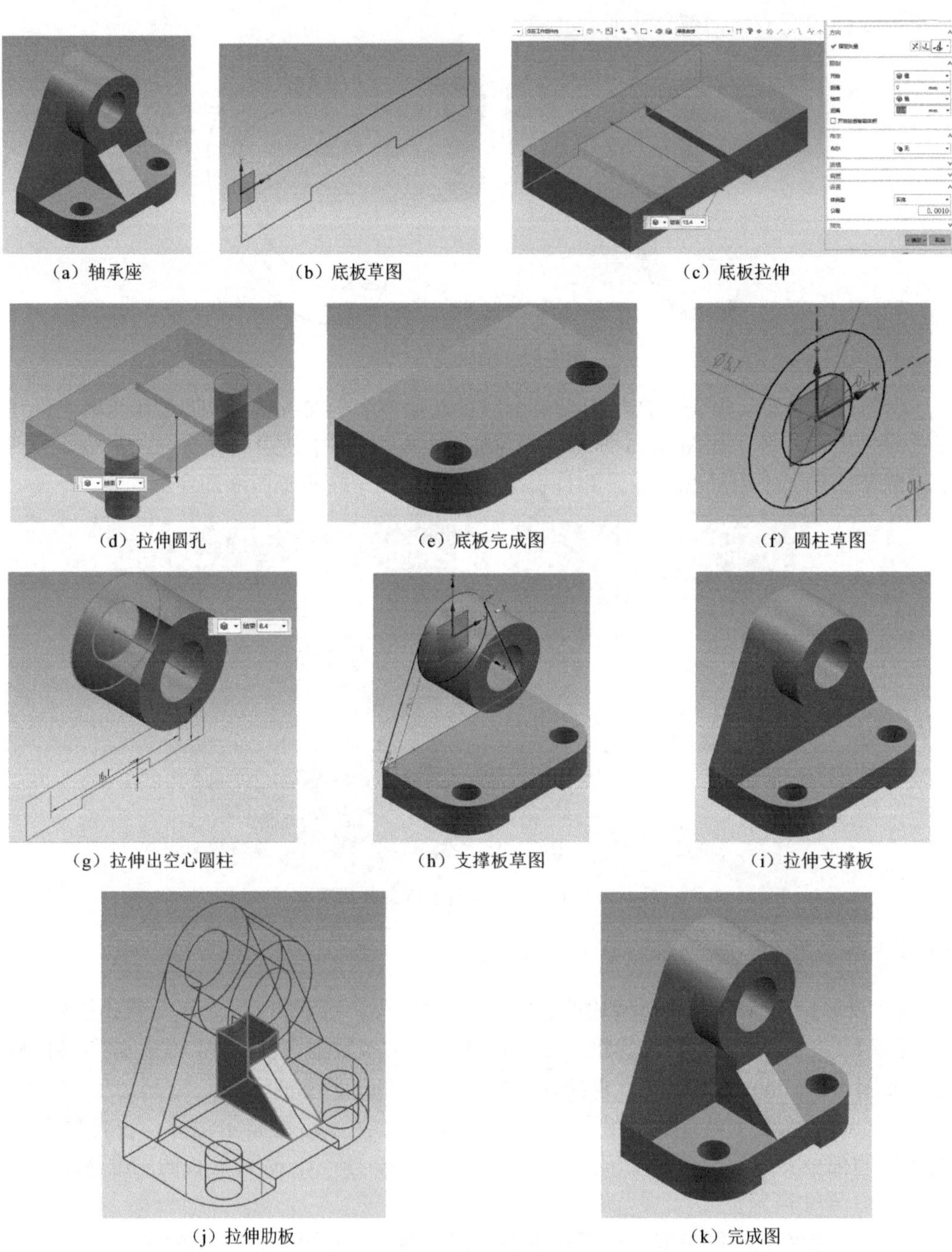

（a）轴承座　（b）底板草图　（c）底板拉伸

（d）拉伸圆孔　（e）底板完成图　（f）圆柱草图

（g）拉伸出空心圆柱　（h）支撑板草图　（i）拉伸支撑板

（j）拉伸肋板　（k）完成图

图 4-57　轴承座的三维建模过程

思 考 题

1．举例说明组合体的组合方式和相邻形体的表面连接关系。
2．确定主视图需考虑哪些问题。
3．简述绘制组合体三视图的方法和步骤。
4．简述形体分析法和线面分析法各适用于什么结构特点的形体。
5．尺寸标注清晰的要求有哪些？

第5章　轴　测　图

在工程上应用正投影法画出的多面视图，如图 5-1（a）所示，可以完全确定物体的形状大小，绘图简单，度量性好，但是直观性不强。在一个投影面上的投影只能反映物体的二维尺度，只有多面投影联系起来阅读，才能构思出三维物体。为了帮助看图，工程上常采用轴测图，作为辅助图样，如图 5-1（b）所示，来表达空间形体。轴测图能在一个投影面上同时反映出空间形体长、宽、高三个方向上的形状结构，可以直观形象地表达三维物体。但由于其属于单面投影图，形体的一些表面形状有所改变，而且度量性差，作图较为复杂，因而在应用上有一定的局限性，常作为工程设计和工业生产中的辅助图样。

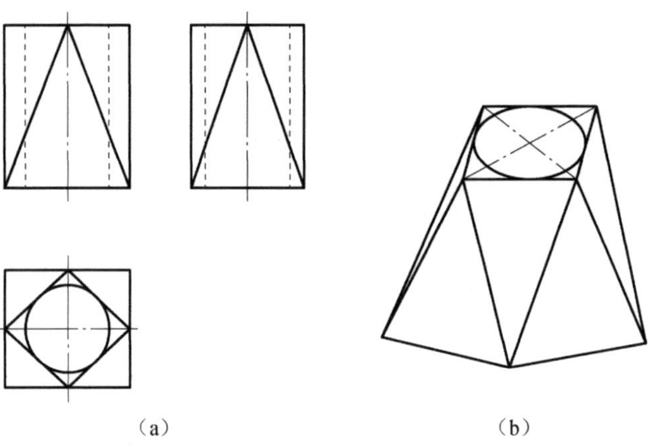

图 5-1　多面正投影图与轴测投影图

5.1　轴测图的基本知识

5.1.1　轴测图的形成

轴测投影属于平行投影的一种，它是用平行投影法沿不平行于任一坐标面的方向，将空间形体连同其上的参考直角坐标系一起投射在选定的一个投影面上而形成的投影，如图 5-2 所示。这个选定的投影面 P 称为轴测投影面，S 表示投射方向，用这种方法在轴测投影面上得到的图称为轴测图。

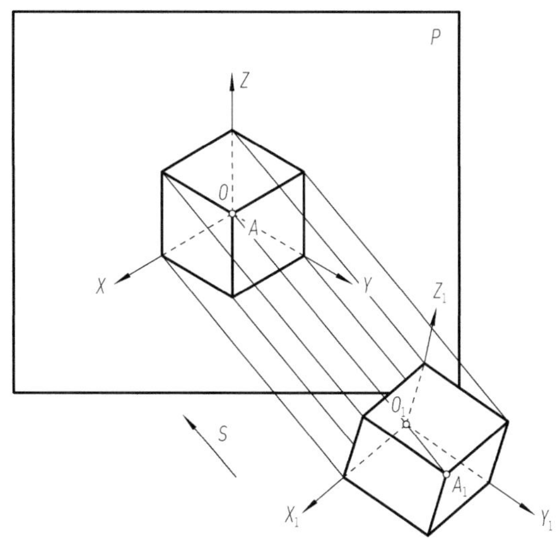

图 5-2　轴测投影图的形成

5.1.2　轴测轴、轴间角和轴向伸缩系数

1. 轴测轴

如图 5-2 所示，表示空间物体长、宽、高三个方向的直角坐标轴 O_1X_1、O_1Y_1、O_1Z_1，在轴测投影面上的投影 OX、OY、OZ 称为轴测轴。

2. 轴间角

如图 5-2 所示，相邻两轴测轴之间的夹角 $\angle XOZ$、$\angle ZOY$、$\angle YOX$ 称为轴间角。三个轴间角之和为 360°。

3. 轴向伸缩系数

由平行投影法的特性可知一条直线与投影面倾斜，该直线的投影必然缩短。在轴测投影中，空间物体的三个（或一个）坐标轴是与投影面倾斜的，其投影就比原来的长度短。为衡量其缩短的程度，我们把在轴测图中平行于轴测轴 OX、OY、OZ 的线段，与对应的空间物体上平行于坐标轴 O_1X_1、O_1Y_1、O_1Z_1 的线段的长度之比，即轴测图中各轴向的单位长度与相应空间坐标轴上轴向单位长度之比称为轴向伸缩系数，分别用 p_1、q_1、r_1 表示 OX、OY、OZ 轴方向上的轴向伸缩系数。

5.1.3　轴测图的分类

轴测投影按投射方向是否与投影面垂直分为两大类。

如果投射方向 S 与投影面 P 垂直（即使用正投影法），则所得到的轴测图叫做正轴测图。

如果投射方向 S 与投影面 P 倾斜（即使用斜投影法），则所得到的轴测图叫做斜轴测图。

每大类再根据轴向伸缩系数是否相同，又分为以下三种。

（1）若三个轴向伸缩系数相同，即 $p_1=q_1=r_1$，称为正（或斜）等轴测图。

（2）若有两个轴向伸缩系数相等，即 $p_1=q_1\neq r_1$ 或 $p_1\neq q_1=r_1$ 或 $r_1=p_1\neq q_1$，称为正（或斜）二测图。

（3）如果三个轴向伸缩系数都不等，即 $p_1\neq q_1\neq r_1$，称为正（或斜）三测图。

工程上用得较多的是正等测图和斜二测图，本章将重点介绍正等测图和斜二测图的作图方法。

5.2　正 等 测 图

由正等测图的概念可知，其三个轴的轴向伸缩系数相等，即 $p_1=q_1=r_1$。因此，要想得到正等测图，需将物体放置成使它的三个坐标轴与轴测投影面具有相同的夹角的位置，然后用正投影方法向轴测投影面投射，如图 5-2 所示，这样得到的物体的投影，就是其正等测图。

5.2.1　轴间角和轴向伸缩系数

1. 轴间角

正等测图的三个轴间角相等，即 $\angle XOZ=\angle ZOY=\angle YOX=120°$。在画图时，要将 OZ 轴画成竖直位置，OX 轴和 OY 轴与水平线的夹角都是 30°，因此可直接用丁字尺和三角板作图，如图 5-3 所示。

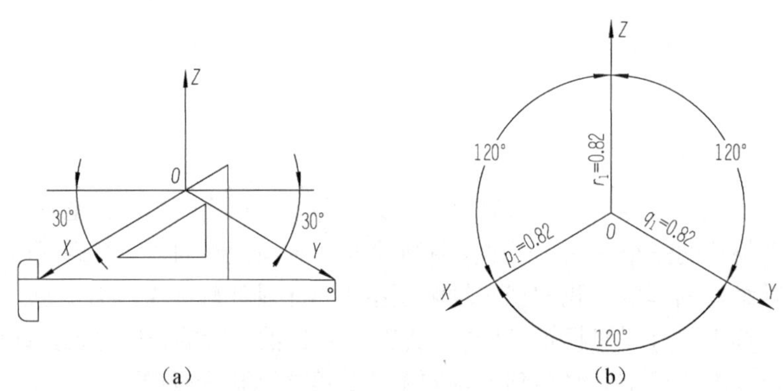

图 5-3　正等测图的轴间角及轴向伸缩系数

2. 轴向伸缩系数

正等测图的三个轴的轴向伸缩系数都相等，即 $p_1=q_1=r_1\approx 0.82$，为了简化作图，常将三个轴的轴向伸缩系数取为 1。运用简化后的轴向伸缩系数画出的轴测图与按实际的轴向伸缩系数画出的轴测投影图相比，图形在各个轴向方向上放大了 $1/0.82\approx 1.22$ 倍。

5.2.2　正等测图的画法

画轴测图的基本方法是坐标法。但实际作图时，要考虑有利于坐标的定位和度量，还应根据形体的形状特点的不同而灵活采用叠加和切割等其他作图方法，画正等测图的一般步骤如下。

（1）读形体正投影图，进行形体分析，设立坐标轴。

（2）画轴测轴。

（3）依次作出形体上各线段和各表面的轴测图，进而完成物体的轴测图。

5.2.2.1 平面立体

【例 5-1】 如图 5-4（a）所示，根据正六棱柱的主、俯视图，作出其正等测图。

【解】 分析：首先要看懂两视图，想象出正六棱柱的形状大小。由图 5-4（a）可以看出，正六棱柱的前后、左右都对称，故选择顶面的中点作为坐标原点，从顶面开始作图。在轴测图中，为了使画出的图形明显，通常不画出物体的不可见轮廓，本例中坐标系原点放在正六棱柱顶面有利于沿 Z 轴方向从上向下量取棱柱高度 h，避免画出多余作图线，使作图简化。

作图：

（1）在投影图上选定坐标原点和坐标轴，如图 5-4（a）所示。

（2）画正等测轴测轴，根据尺寸 S、D 定出顶面上的Ⅰ、Ⅱ、Ⅲ、Ⅳ四个点，如图 5-4（b）所示。

（3）过Ⅰ、Ⅱ两点作直线平行于 OX，在所作两直线上各截取正六边形边长的一半，得顶面的四个顶点 E、F、G、H，如图 5-4（c）所示。

（4）连接各顶点如图 5-4（d）所示。

（5）过各顶点向下取尺寸 H，画出侧棱及底面各边，如图 5-4（e）所示。

（6）擦去多余的作图线，加深可见图线，即完成全图，如图 5-4（f）所示。

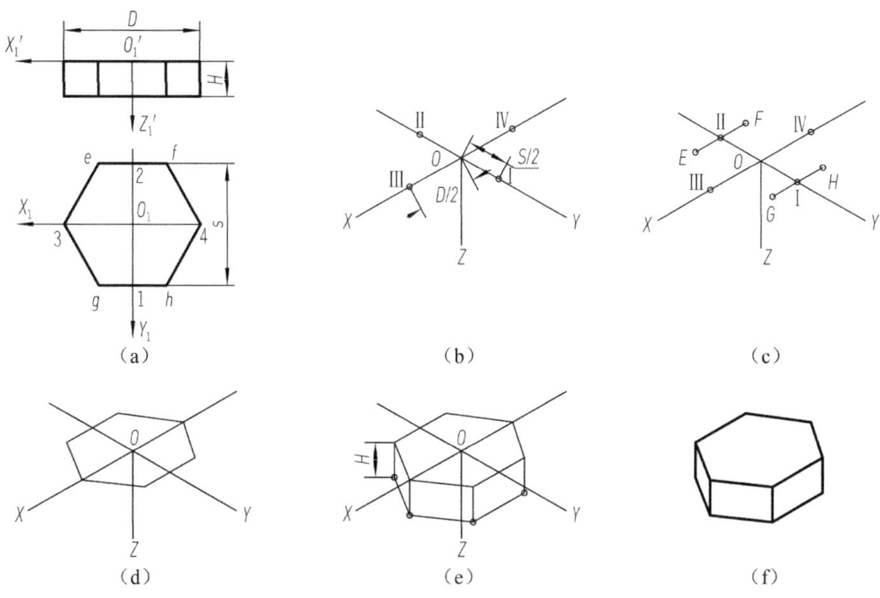

图 5-4 用坐标法画正六棱柱的正等测图

【例 5-2】 如图 5-5（a）所示，根据平面立体的三视图，画出它的正等测图。

【解】 分析：通过对图 5-5（a）所示的物体进行形体分析，可以把该形体看成是由一长方体斜切左上角，再在前上方切去一个六面体而成。画图时可先画出完整的长方体，然后再切去一斜角和一个六面体而成。

作图：

（1）在投影图上选定坐标原点和坐标轴，如图 5-5（a）所示。

（2）画轴测轴，根据给出的尺寸作出长方体的轴测图，然后再根据 20 和 10 作出斜面的投影，如图 5-5（b）所示。

（3）以四棱柱前表面的左上角点为参照，沿 X 轴方向量取尺寸 24，沿 Z 轴方向量取尺寸 10，作出以该两边为邻边的矩形，将矩形四点向后平移深度 12，即由前往后切掉四棱柱，与带斜角的四棱柱产生交线，如图 5-5（c）所示。

（4）擦去多余的图线，并加深图线，即得物体的正等测图，如图 5-5（d）所示。

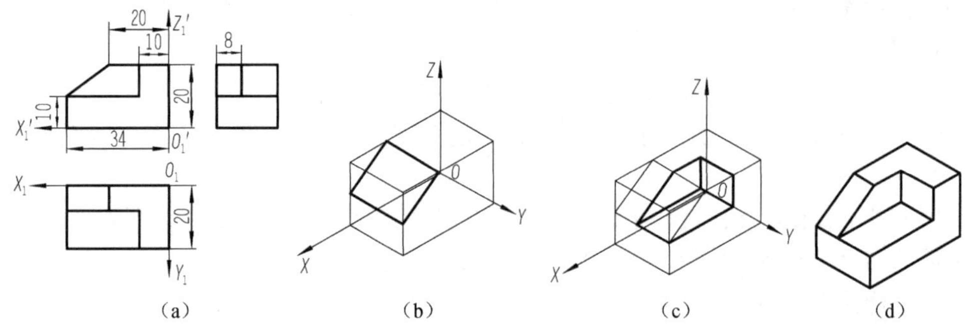

图 5-5　用切割法画轴测图

5.2.2.2　曲面立体

1. 平行于坐标面的圆的正等测图画法

在平行投影中，把在或平行于坐标面 XOZ 的圆叫做正平圆，把在或平行于坐标面 ZOY 的圆叫做侧平圆，把在或平行于坐标面 XOY 的圆叫做水平圆。当圆所在的平面平行于投影面时，它的投影反映实形，依然是圆。而如图 5-6 所示的各圆，虽然它们都平行于坐标面，但三个坐标面或其平行面都不平行于相应的轴测投影面，因此它们的正等测投影就变成了椭圆。这三个椭圆的形状、大小和画法完全相同，只是椭圆的长短轴方向不同，长轴与垂直于该坐标面的轴测轴垂直，即与其所在的菱形的长对角线重合；而短轴与垂直于该坐标面的轴测轴平行，即与其所在的菱形的短对角线重合。

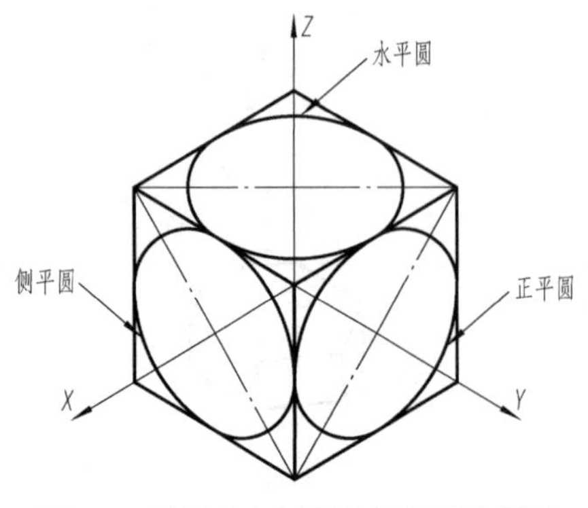

图 5-6　平行于坐标面的圆的正等测图

下面以水平圆为例，说明圆的正等测画法。

（1）过圆心 O_1 作坐标轴和圆的外切正方形，切

点为 a、b、c、d，如图 5-7（a）所示。

（2）作轴测轴及各切点的轴测投影 A、B、C、D，再过 A、B、C、D 分别作 OX 和 OY 轴平行线，得到圆的外切正方形的正等轴测投影——菱形，菱形的对角线为椭圆长、短轴方向，如图 5-7（b）所示。

（3）菱形短对角线端点为Ⅰ、Ⅲ。连ⅠD、ⅠB、ⅢA、ⅢC、它们分别相交于点Ⅱ、Ⅳ、Ⅱ、Ⅳ，一定位于菱形的长对角线上，则Ⅰ、Ⅲ、Ⅱ、Ⅳ为绘制椭圆四段圆弧的四个圆心，如图 5-7（c）所示。

（4）以Ⅰ为圆心、ⅠD 为半径作大圆弧 $\overset{\frown}{DB}$，以Ⅲ为圆心、ⅢA 为半径作大圆弧 $\overset{\frown}{AC}$，如图 5-7（d）所示。

（5）以为Ⅱ圆心、ⅡA 为半径作小圆弧 $\overset{\frown}{AD}$，以Ⅳ为圆心、ⅣB 为半径作小圆弧 $\overset{\frown}{BC}$，所得近似椭圆，即为所求，如图 5-7（e）所示。

（6）擦去多余的图线，描深即得要画的椭圆，如图 5-7（f）所示。

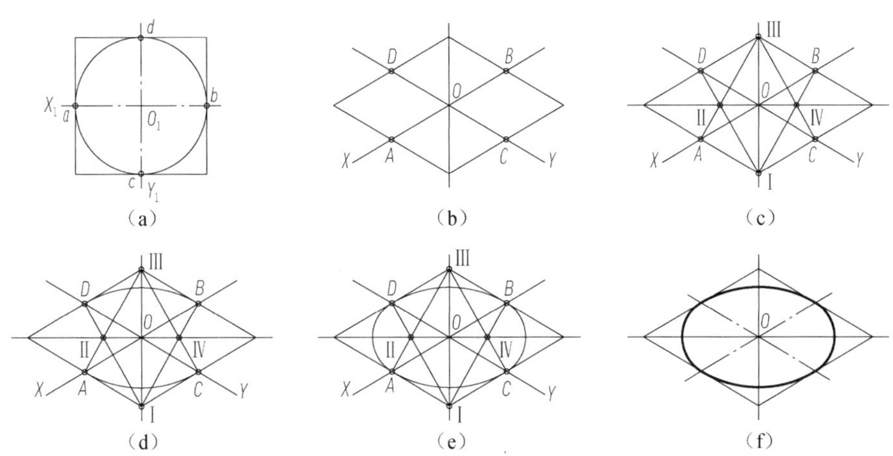

图 5-7　圆的正等测图的近似画法

2. 曲面体的正等测图的画法

【例 5-3】 作出图 5-8（a）所示圆柱切割体的正等测图。

【解】 分析：该形体由圆柱体切割而成。可先画出切割前圆柱的轴测投影，然后根据切口宽度 b 和深度 h，画出槽口轴测投影。为作图方便和尽可能减少作图线，作图时选顶圆的圆心为坐标原点，连同槽口底面在内该形体共有 3 个位置的水平面，在画轴测图时要注意定出它们的正确位置。

作图：

（1）在投影图上确定坐标系，如图 5-8（a）所示。

（2）画轴测轴，用近似画法画出顶面椭圆，根据圆柱的高度尺寸 H 定出底面椭圆的圆心位置，将顶面椭圆各连接圆弧的圆心下移 H，圆弧与圆弧的切点也随之下移 H，作出圆柱底面近似椭圆的可见部分，然后过椭圆两长轴的端点作两椭圆的公切线，就完成了圆柱正等测图的绘制，如图 5-8（b）所示。

（3）由 h 定出槽口底面的中心，并按上述的移心方法画出槽口椭圆的可见部分，如

图 5-8（c）所示。作图时注意这一段椭圆由两段圆弧组成。

（4）根据宽度 b 画出槽口，如图 5-8（d）所示。

（5）整理加深，即完成该立体的正等测图，如图 5-8（e）所示。

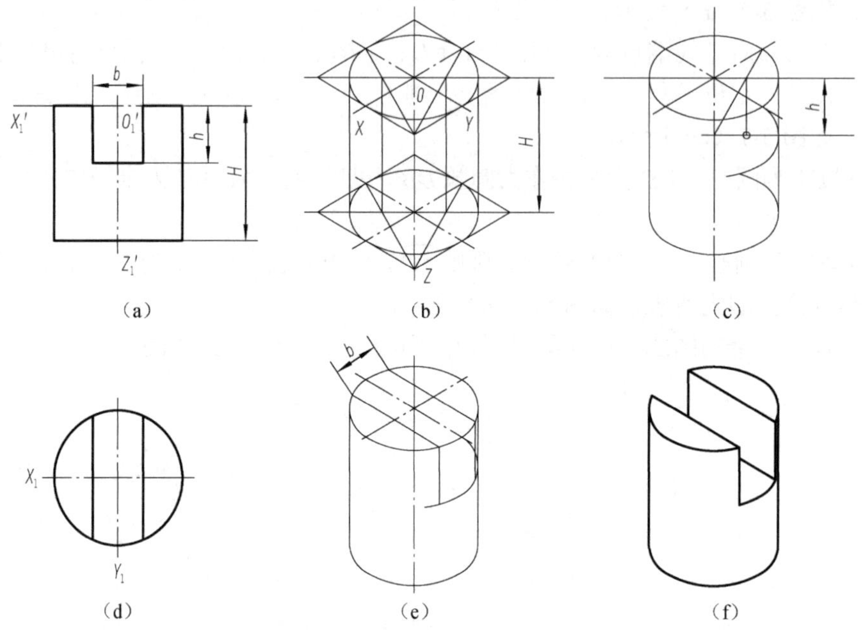

图 5-8　画圆柱切割体的正等轴测图

3. 带 1/4 圆柱面的底板的正等测图的画法

1/4 的圆柱面，称为圆柱角（圆角）。圆角是零件上出现次数较多的工艺结构之一。圆角轮廓的正等轴测图是 1/4 椭圆弧。实际画圆角的正等测图时，没有必要画出整个椭圆，而是采用简化画法。以带有圆角的平板为例，如图 5-9（a）所示，其正等测图的画图步骤如下。

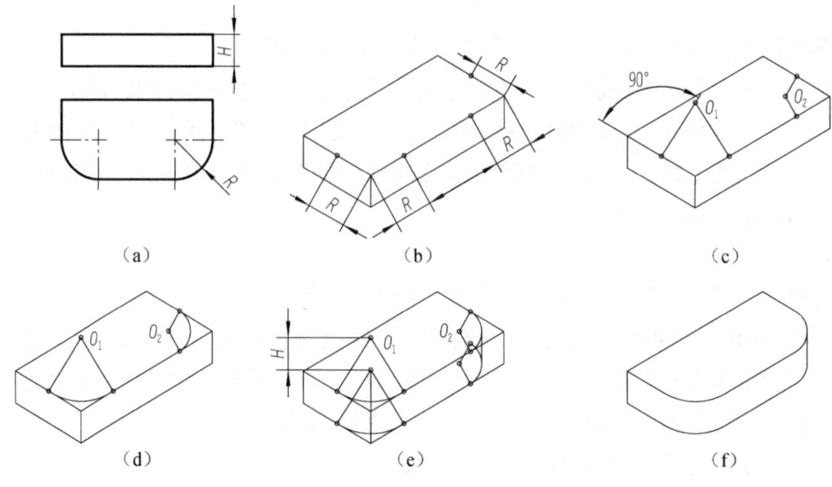

图 5-9　圆角的正等测图的画法

（1）在要作圆角的两边上量取圆角半径 R，如图 5-9（b）所示。

（2）从量得的两点（即切点）作各边线的垂线，得两垂线的交点 O_1 和 O_2，如图 5-9（c）所示。

（3）分别以两垂线的交点 O_1 和 O_2 为圆心，以圆心到切点的距离为半径作圆弧，所得弧即为轴测图上的圆角，如图 5-9（d）所示。

（4）将切点、圆心均沿 Z 轴方向下移板厚尺寸 H，以顶面对应半径画弧，即可完成圆角的作图，然后作右侧两圆角的公切线，如图 5-9（e）所示。

（5）检查，描深，擦去多余的图线并完成全图，如图 5-9（f）所示。

4. 组合体的正等轴测图的画法

【例 5-4】 作出图 5-10（a）所示支架的正等测图。

【解】 分析：支架是由相互垂直的两块板——立板和底板组成。立板的顶部是圆柱面，两侧的斜壁与圆柱面相切，立板上还有一个圆柱通孔；底板是带有两个圆角的长方形板，其左、右两边圆柱通孔。

作图：

（1）建立如图 5-10（a）所示坐标系，画轴测轴。

（2）画底板的外轮廓和确定立板圆孔的中心Ⅰ、Ⅱ，如图 5-10（b）所示。 分别以Ⅰ和Ⅱ为椭圆心，用四心法画出立板顶部圆柱面部分的正等测近似椭圆；作出底板与立板的交线上的 A、B、C、D 四个点，如图 5-10（c）所示。

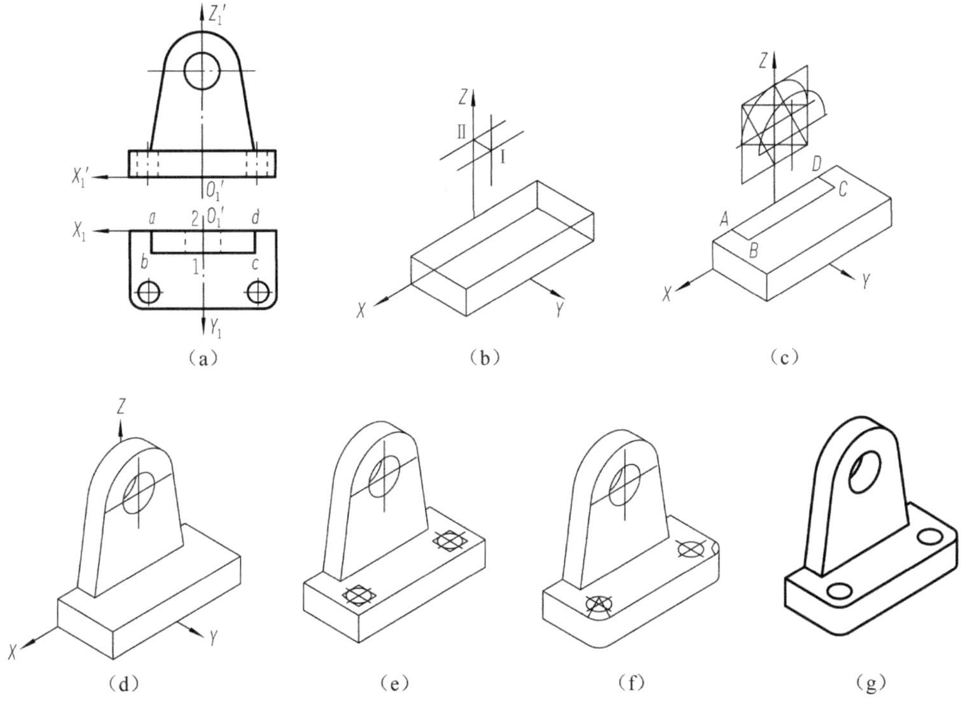

图 5-10 组合体的正等轴测作图

（3）由 A、B、C 三点作椭圆弧的切线；作出立板顶部右侧前、后面椭圆弧的公切线；作出立板上面的圆柱通孔的正等测图，如图 5-10（d）所示。

（4）画出底板上的两个圆柱通孔的正等测图及底板圆角的正等测图，如图 5-10（e）和图 5-10（f）所示。

（5）检查，描深，擦去多余的图线并完成全图，如图 5-10（g）所示。

5.3 斜二测图

由于空间坐标轴与轴测投影面的相对位置可以不同，投影方向对轴测投影面倾斜角度也可以不同，所以斜轴测投影可以有许多种。当投射方向 S 倾斜于轴测投影面时所得的投影，称为斜轴测投影。最常采用的斜轴测图是使物体的 XOZ 坐标面平行于轴测投影面，称为正面斜轴测图。如图 5-11 所示，以 V 面（即 XOZ 坐标面）或 V 面的平行面作为轴测投影面，而投射方向与三个坐标轴都不平行（即轴测投影方向倾斜于轴测投影面），这样所得的斜轴测投影，称为正面斜轴测投影。在正面斜轴测投影中，不管投射方向如何倾斜，平行于轴测投影面的平面图形，它的斜轴测投影反映实形。也就是说，正面斜轴测图中 OX 轴和 OZ 轴之间的轴间角∠XOZ=90°，两者的轴向伸缩系数都等于 1，即 $p_1=r_1=1$。而轴测轴 OY 的方向和轴向伸缩系数 q，可随着投影方向的改变而变化，可取得合适的投影方向，使所作出的斜轴测图立体感更强。本节只介绍 GB/T 14692—2008 中所列的常用的斜二测图。

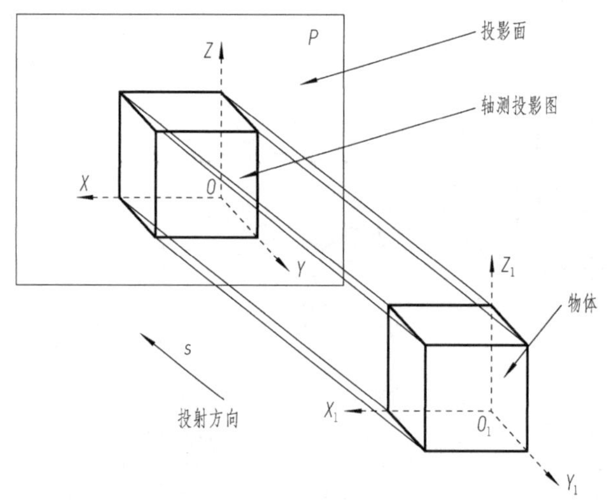

图 5-11　斜二测轴测图的形成

5.3.1 轴间角和轴向伸缩系数

1. 轴间角

如图 5-12 所示，OZ 轴竖直放置，∠XOZ=90°，∠ZOY=∠YOX=135°。

2. 轴向伸缩系数

如图 5-12 所示，X、Y、Z 三个方向上的轴向伸缩系数分别为 $p_1=r_1=1$，$q_1=0.5$。

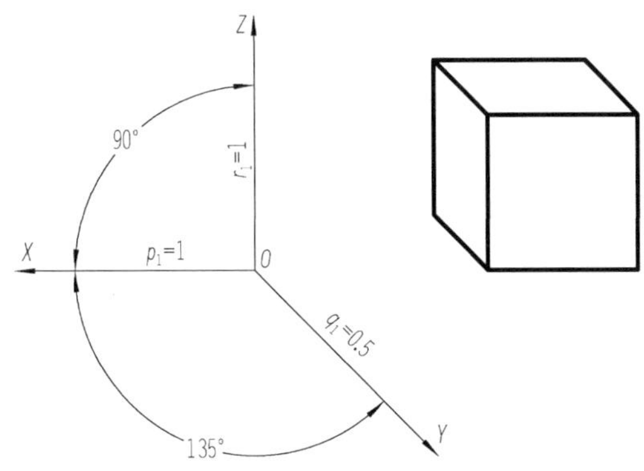

图 5-12 斜二测图的轴间角和轴向伸缩系数

5.3.2 画法举例

平行于坐标面 XOZ 的圆（正平圆）的斜二测图反映实形。平行于坐标面 XOY（水平圆）和 YOZ（侧平圆）的圆的斜二测图是椭圆，如图 5-13 所示。斜二测图中的正平圆可直接画出，因此当形体上只有平行于一个坐标面的圆时，选画斜二测，作图较简便；当形体上有平行于两个或三个坐标面的圆时，选用正等测轴测图。

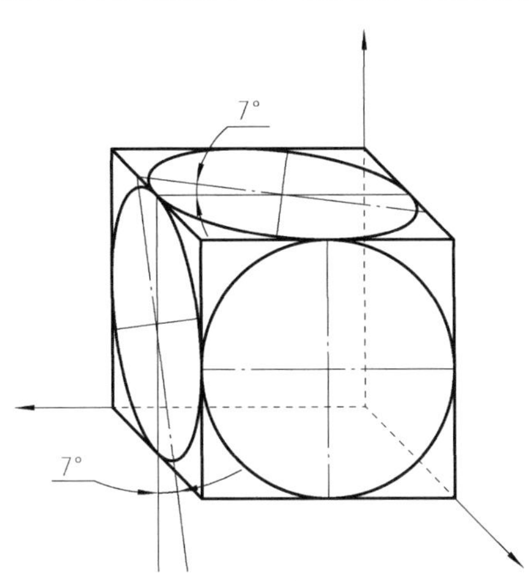

图 5-13 平行于坐标面的圆的斜二测图

【例 5-5】 作出图 5-14（a）所示的带圆孔的圆台的斜二测图。

【解】 分析：带孔圆台的两个底面分别平行于侧平面，由上述知识可知，其斜二测图均为椭圆，作图较为烦琐。为方便作图，可将图中所示物体的位置调换一下，让其投影为圆的面位于 V 面，这样再进行绘图，其表达的物体形状结构并未改变，只是观察的方向不同，但作图过程得到了大大简化。

作图：

（1）画轴测轴，使圆台大端面的圆心 O 为坐标原点；将圆心 O 沿着 Y 轴前移 $L/2$,

得到圆台前端面的圆心 A，如图 5-14（b）所示。

（2）分别以 O、A 为圆心，画圆台大小端面的圆，以及圆台中部的通孔圆；作出圆台大、小圆端面的公切线，如图 5-14（c）所示。

（3）擦去多余的图线，描深，完成全图，如图 5-14（d）所示。

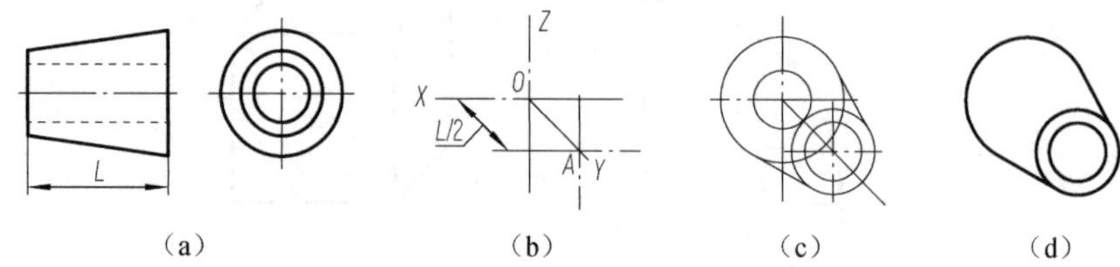

图 5-14　带圆孔的圆台的斜二测图的画法

【例 5-6】 作出图 5-15（a）所示的形体的斜二测图。

【解】（1）在投影图上建立参考坐标系，如图 5-15（a）所示。

（2）作轴测轴。先画形体前表面的形状，实际上与主视图完全一样，如图 5-15（b）所示，再将形体前表面形状沿 Y 轴方向向后平移 $L/2$，画出后表面形状，将前、后表面的对应点连线，半圆柱面轴测投影的轮廓线按两圆弧的公切线画出，如图 5-15（c）。

（3）擦去作图线，描深，完成全图，如图 5-15（d）所示。

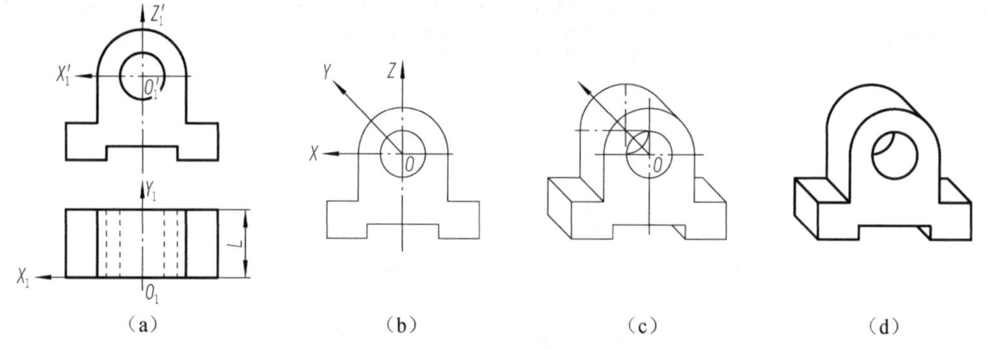

图 5-15　物体的斜二测图的画法

思 考 题

1．试比较轴测投影图和正投影图的优缺点。

2．正等测轴测投影、斜二轴测投影的轴间角和轴向伸缩系数各是多少？

3．如何求作点的斜二轴测投影图和正等轴测投影图？

4．在正等测图中怎样用近似画法画椭圆？在用“四心法”作物体上不同位置的投影面平行圆时，应如何确定轴测投影椭圆长、短轴的方向？

5．在什么情况下，物体上某些平面的轴测投影反映实形？画图时应如何利用这一性质？

6．在画正等测图时，如何绘制底板的圆角？

第 6 章　机件的常用表达方法

在实际工程中，由于使用场合和要求的不同，机件结构形状也是各不相同的。如果仍用前面讲的三视图来表达复杂结构的形体，就很难将其内、外形状表达清楚。机件的图样应该是设计者用最少的图形把机件的结构（内、外形）完整、正确、清晰地表达出来，且便于标注尺寸和技术要求。为此，《技术制图　图样画法　视图》（GB/T 17451—1998）、《机械制图　图样画法　视图》（GB/T 4458.1—2002）、《技术制图　图样画法　剖视图和断面图》（GB/T 17452—1998）和《机械制图　图样画法　剖视图和断面图》（GB/T 4458.6—2002）等国家标准规定了各种画法，包括视图、剖视图、断面图、局部放大图、简化画法和其他规定画法等。本章将着重介绍机件的各种常用表达方法。

6.1　视　　图

视图是用正投影法将物体向投影面投射所得的图形，主要用来表达物体的外部结构形状。

视图分为基本视图、向视图、局部视图和斜视图。

6.1.1　基本视图

6.1.1.1　基本视图的形成及配置

为了表达形体六个方向（上、下、前、后、左、右）外表面的形状，在原有的三个投影面（正立投影面、水平投影面、侧立投影面）的基础上，再增设三个投影面，组成一个正六面体，这六个投影面称为基本投影面。将机件置于正六面体内，分别向六个基本投影面投影所得的视图，称为基本视图。该六个视图分别是由前向后、由上向下、由左向右投影所得的主视图、俯视图和左视图，以及由右向左、由下向上、由后向前投影所得的右视图、仰视图和后视图。基本投影面的展开方式如图 6-1（a）所示，展开后各视图的配置如图 6-1（b）所示。在同一图样内，六个基本视图按图 6-1（b）配置时，一律不标注视图名称。

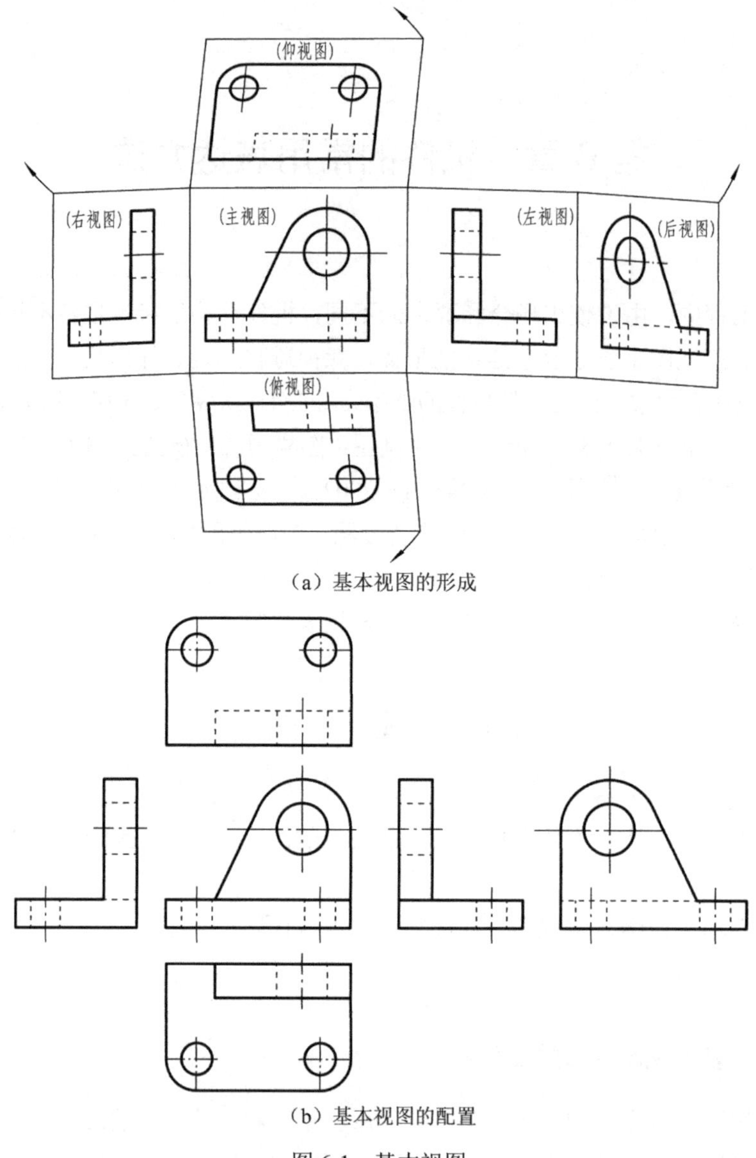

（a）基本视图的形成

（b）基本视图的配置

图 6-1　基本视图

6.1.1.2　基本视图的投影规律

基本视图具有“长对正、高平齐、宽相等”的投影规律，即主视图、俯视图和仰视图长对正（后视图同样反映零件的长度尺寸，但不与上述三视图对正），主视图、左视图、右视图和后视图高平齐，左视图、右视图与俯视图、仰视图宽相等。另外，主视图与后视图、左视图与右视图、俯视图与仰视图还具有轮廓对称的特点。

画基本视图时应注意以下几点。

1. *方位关系*

六个基本视图反映了机件的上下、左右和前后的位置关系，如图 6-1（b）所示，主视图的四周俯视图、左视图、仰视图、右视图反映形体的前后方位，且靠近主视图的一侧，反映形体的后面，远离主视图的一侧反映形体的前面；主视图、左视图、右视图、后视图反映机件的上下方位；主视图、俯视图、仰视图、后视图反映形体的左右方位，且主视图、俯视图、仰视图的左右方位与实体左右方位一致，而后视图的左右方位与实体左右方位相反。

2. 视图数量的选用原则

在表达机件的图样时，尽量选用基本视图，且优先按基本视图配置，但不是六个基本视图都必须画，在机件结构表达清楚的前提下，应使视图的数量最少。

6.1.2　向视图

向视图是可自由配置的视图。如果基本视图不能按图 6-1（b）配置，或不能画在同一张图纸上时，则可画向视图。这时，应在视图的上方标注“×”（“×”为大写的拉丁字母），称为“×”向视图，在相应的视图附近用箭头指明投影方向，并注上相同的字母，如图 6-2 中的 A 向视图、B 向视图和 C 向视图所示。

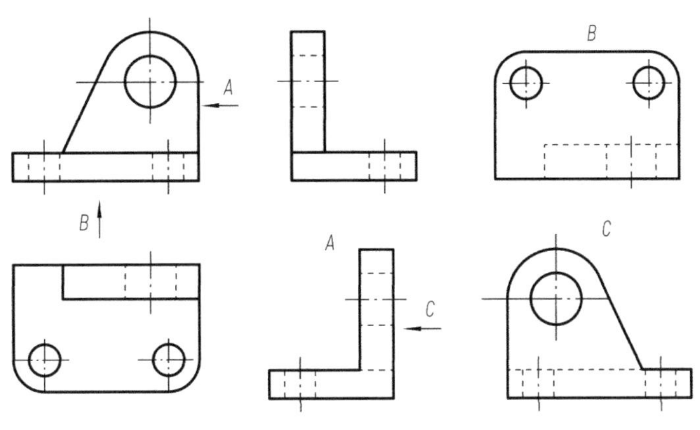

图 6-2　向视图及其标注

6.1.3　局部视图

1. 局部视图的形成

当采用一定数量的基本视图后，该机件上仍有部分结构尚未表达清楚，但又没有必要画出整个机件的投影时，将机件的某一部分向基本投影面投影，所得到的视图叫做局部视图。如图 6-3（a）所示机件，当画出其主俯视图后，仍有两侧的凸台没有表达清楚。因此，需要画出表达该部分的局部左视图和局部右视图，如图 6-3（b）所示。局部视图的断裂边界用波浪线画出，如图 6-3（b）中的局部视图 A；当所表达的局部结构是完整的，且外轮廓又成封闭时，波浪线可以省略，如图 6-3（b）中的局部视图 B。

2. 局部视图的配置及标注

局部视图可按基本视图的配置形式配置，也可按向视图的配置形式配置并标注。画图时，一般应在局部视图上方标上视图的名称“×”（“×”为大写拉丁字母），在相应的视图附近用箭头指明投影方向，并注上同样的字母。当局部视图按投影关系配置，中间又无其他图形隔开时，可省略各标注。

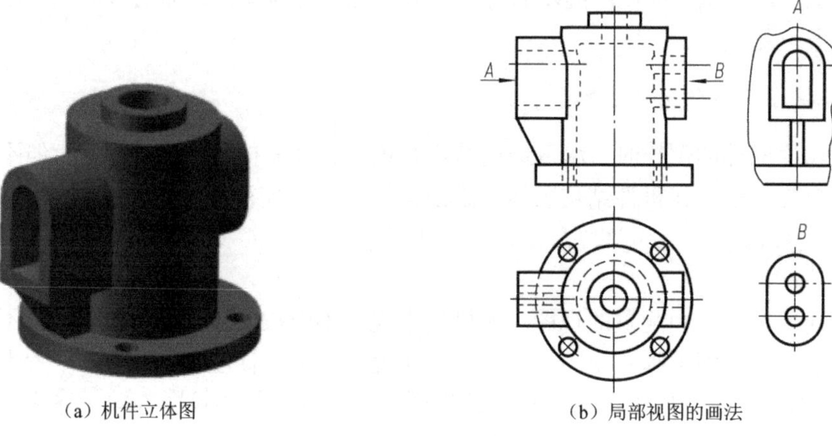

（a）机件立体图　　（b）局部视图的画法

图 6-3　局部视图

注意：波浪线是立体表面断痕在投影面的投影，因此，波浪线不能超出图形的轮廓线外，波浪线不能穿空而过。

6.1.4　斜视图

1. 斜视图的形成

机件向不平行于任何基本投影面的平面投射所得的视图称为斜视图。斜视图主要用于表达机件上倾斜部分的实形。图 6-4（a）所示的机件，其左侧倾斜部分在基本视图上不能反映实形，为此，可选用一个新的辅助投影面（该投影面应垂直于某一基本投影面），使它与物体的倾斜部分表面平行，然后向新投影面投射，这样便使倾斜部分在新投影面上反映实形。

2. 斜视图的配置及标注

如图 6-4（b）所示，斜视图一般按向视图的形式配置并标注，必要时也可配置在其他适当位置，在不引起误解时，允许将视图旋转配置，表示该视图名称的大写拉丁字母应靠近旋转符号的箭头端，也允许将旋转角度标注在字母之后。

注意：因为斜视图只是为了表达机件倾斜部分的结构形状，所以原来平行基本投影面的一些其他结构，在斜视图中不反映实形，常省略不画，用波浪线断开，波浪线的画法要求与局部视图要求一样。

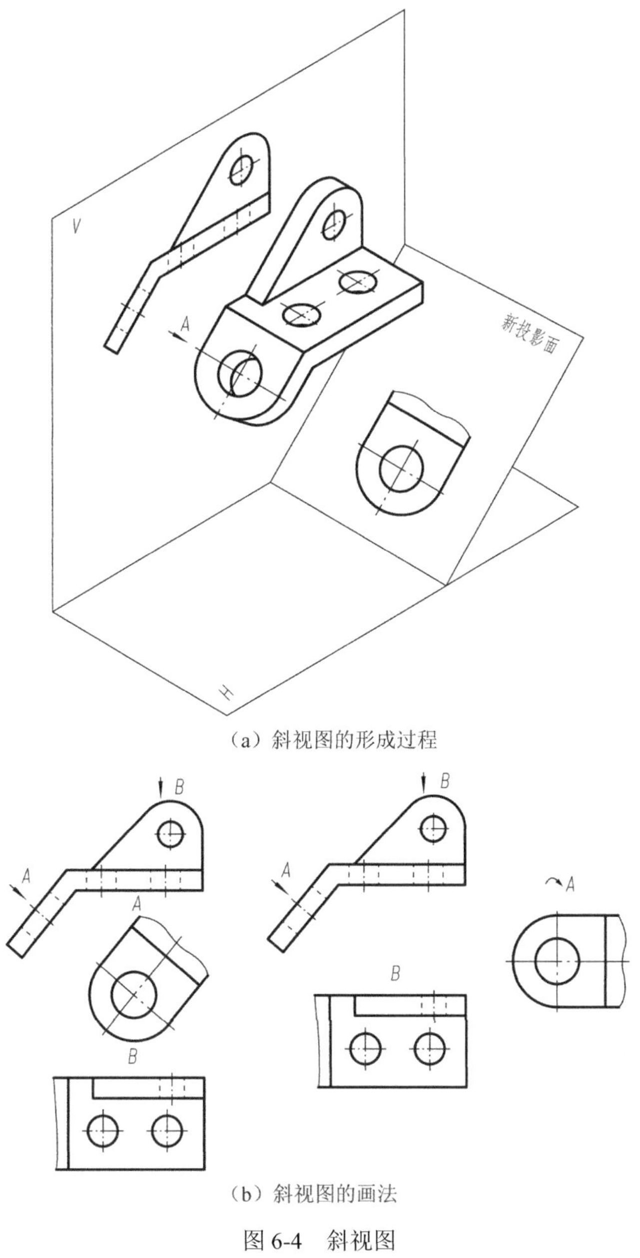

（a）斜视图的形成过程

（b）斜视图的画法

图 6-4　斜视图

6.2　剖　视　图

有些机件内、外形结构都很复杂，在视图中，内腔与外形的细虚线、实线交错、重叠，很难分清层次，影响图样的清晰性，给读图造成困难，且不利于标注尺寸。为了清晰地表达机件内部的结构形状，常采用剖视的画法。

6.2.1　剖视图的概念和基本画法

6.2.1.1　剖视图的概念

图 6-5（a）、图 6-5（b）是机件的视图和立体图，主视图上出现了多条表达内部结构的细虚线。为了清楚地表达机件的内部结构，假想用剖切面剖开机件，移去观察者与剖切面之间的部分，将留下的部分向投影面投影，这样得到的图形就称为剖视图，简称剖视。如图 6-5（c）所示，假想用正平面在机件的前后对称面处剖开机件，移去机件的前半部分，将余下的部分向与剖切面平行的投影面投影，并在剖切平面与机件实体接触处画上反映机件材质的剖面符号，就得到如图 6-5（d）所示的剖视图。

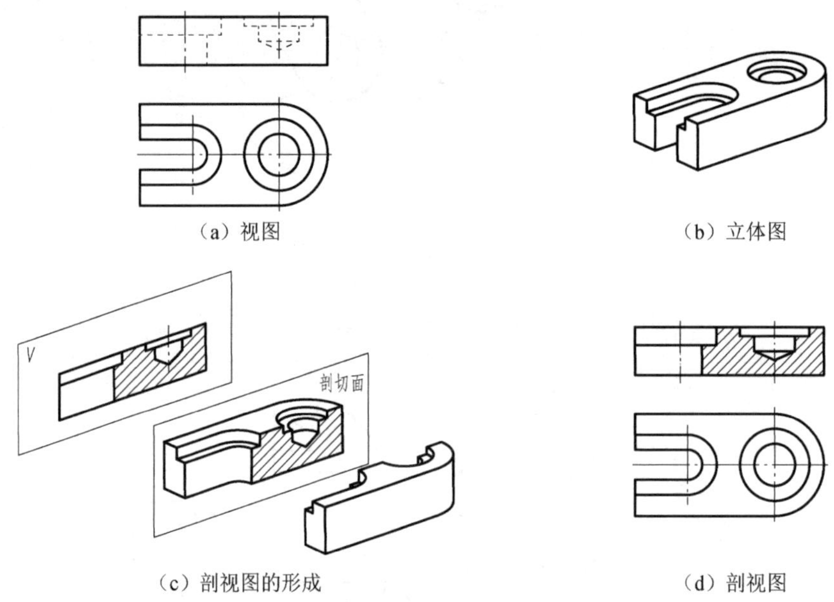

（a）视图　（b）立体图

（c）剖视图的形成　（d）剖视图

图 6-5　剖视的概念

为了区别被剖的机件的材料，《机械制图　剖面区域的表示法》（GB/T 4457.5—2013）规定了各种材料剖面符号的画法。表 6-1 列出了常用材料剖面符号。

表 6-1　常用材料剖面符号

材料名称	剖面符号	材料名称	剖面符号
金属材料（已有规定剖面符号者除外）		砖	
线圈绕组元件		玻璃及供观察用的其他透明材料	
转子、电枢、变压器和电抗器等的叠钢片		液体	

续表

材料名称	剖面符号	材料名称	剖面符号
型砂、填砂、粉末冶金、砂轮、陶瓷刀片、硬质合金刀片等		非金属材料（已有规定剖面符号者除外）	

注：剖面符号仅表示材料的类别，材料的名称和代号必须另行注明；叠钢片的剖面线方向，应与束装中叠钢片的方向一致；液面用细实线绘制

6.2.1.2　剖视图的画法

1. 确定剖切面的位置

为了能够清楚地表达机件的内部结构，剖切平面应通过内部孔、槽等结构的对称面或轴线，且剖切平面应平行或垂直于某一投影面，以便使剖切后的孔、槽的投影反映实形。如图 6-5（c）所示，就是选用通过物体前后对称平面的剖切面（该面也是正平面）剖切物体。

2. 画剖视图

应弄清楚剖切后哪部分移走了，哪部分留下了，剩余部分与剖切面接触部分（剖面区域）的形状，剖切面后面的结构还有哪些是可见的。画图时先画剖切面上内孔形状和外形轮廓线的投影，再画剖切面后的可见轮廓线的投影。要把剖面区域和剖切面后面的可见轮廓线画全。如图 6-5（c）所示，将剖开的机件移去前半部分，并将剖切面截切机件所得断面以及机件的后半部分向正立投影面投射，就得到如图 6-5（d）所示的剖视图。注意：因为剖切是假想的，所以，当物体的一个视图画成剖视后，其他视图不受影响，仍应按完整的机件画出，如图 6-5（d）中的俯视图。

3. 画剖面符号

剖切面与机件的实体接触部分称为剖面区域。在剖面区域中应按表 6-1 的规定绘制剖面符号，以表示该零件的材料类别，如图 6-5（d）所示的剖视图中，所画的剖面符号就体现了机件的材料是金属材料。金属材料的剖面符号通常称为剖面线，若不需表示材料类别时，通常将剖面线画成与主要轮廓线或剖面区域的对称线成 45° 角的等间距的细实线，且在同一个机件的所有剖视图中，剖面线的方向和间距必须相同。如果剖面的主要轮廓线为 45° 角方向的斜线，需将剖面线画成和水平线成 30° 或 60° 角等距细实线，如图 6-6 所示。

另外，对于机件上的肋板、轮辐及薄壁等结构，当剖切平面沿纵向剖切时（剖切平面平行于其厚度表面），这些结构不画剖面符号，而用粗实线与其邻接部分分开；当剖切平面沿横向剖切时，仍按剖视图的基本要求绘制。

4. 虚线的省略问题

为使图形清晰，对表达清楚的结构在剖视图中的细虚线可省略不画，但对尚未表达清楚的结构，仍需画出细虚线。如图 6-7 所示，主视图中的虚线应省略，俯视图中的虚线不可以省略。

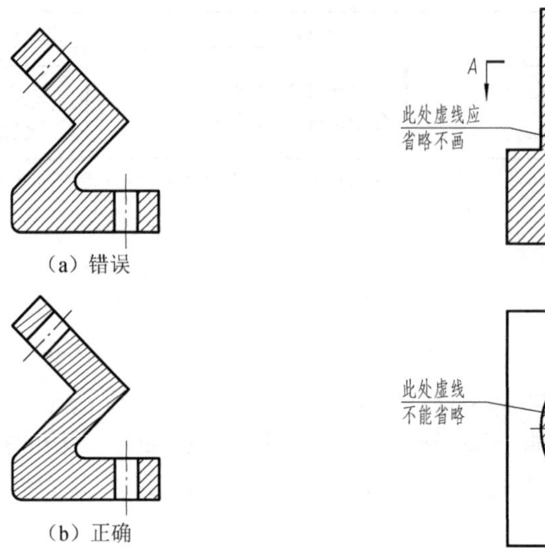

（a）错误

（b）正确

图 6-6　剖面线画法

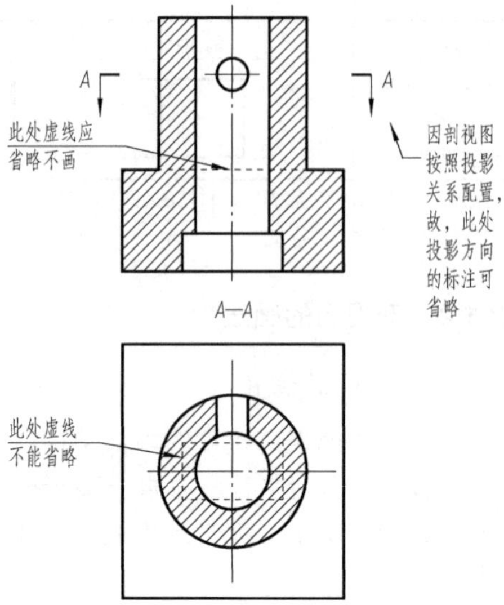

图 6-7　剖视图中虚线的处理及标注问题

6.2.1.3　剖视图的配置与标注

剖视图通常按投影关系配置在相应的位置上，如图 6-5（d）所示，必要时可以配置在其他适当的位置。

剖视图标注的目的在于表明剖视图的名称、剖切平面的位置以及投射方向。

（1）一般应在剖视图的上方用大写拉丁字母标出剖视图的名称“×—×”，在相应的视图上用加粗短线表示剖切符号（剖切符号线宽为 1～1.5*d*，线长为 5～10mm）。剖切符号是指示剖切面的起、迄和转折位置，用细线加箭头表示投影方向，在剖切面的起、迄和转折处标注相同的字母“×”，但当转折处地方有限又不致引起误解时，可省略转折处的字母，如图 6-7 所示。

（2）当剖视图配置在基本视图位置，而中间又没有其他图形间隔时，可省略箭头。

（3）当单一的剖切平面通过机件的对称面或基本对称的平面，且剖视图配置在基本视图位置，而中间又没有其他图形间隔时，不需要标注，见图 6-5（d）。

6.2.2　剖视图的种类

根据机件被剖切范围的大小，剖视图可分为全剖视图、半剖视图和局部剖视图。

6.2.2.1　全剖视图

1. 全剖视图的概念

用剖切平面完全地剖开物体所得的剖视图，称为全剖视图。

2. 全剖视图的用途

（1）全剖视图用于表达内形复杂又无对称平面的机件，如图 6-5（d）中的主视图。

（2）为了便于标注尺寸，对于外形简单，且具有对称平面的机件也常采用全剖视图，如图 6-7 中的主视图。

6.2.2.2　半剖视图

1．半剖视图的概念

当机件具有或接近对称平面时，向垂直于对称平面的投影面上投射，以对称中心线（细点画线）为界，一半画成视图用以表达外部结构形状，另一半画成剖视图用以表达内部结构形状，这样组合的图形称为半剖视图，如图 6-8（b）所示，主、俯视图均为半剖视图。

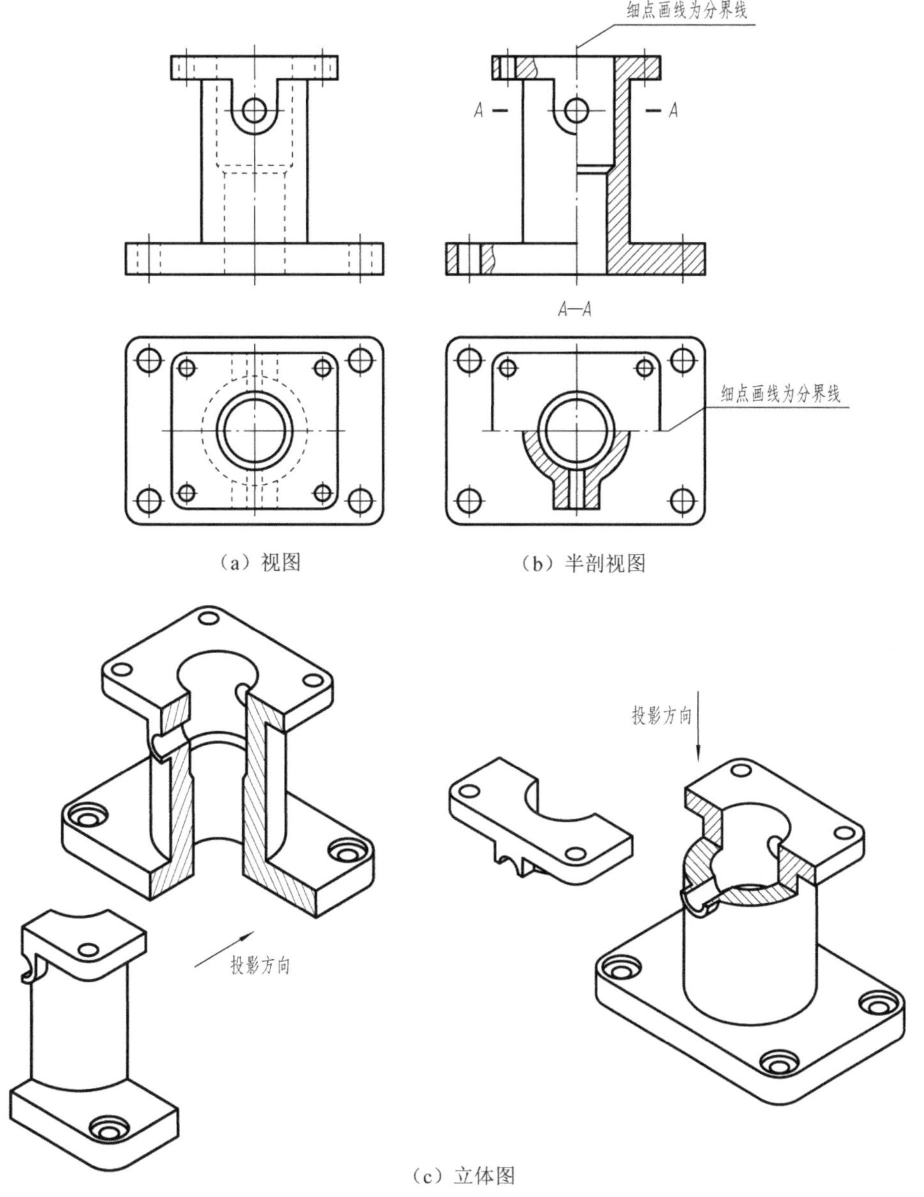

（a）视图　　（b）半剖视图

（c）立体图

图 6-8　半剖视图剖切示例

2. 半剖视图的用途

(1) 半剖视图用于内、外形结构都较复杂，均需表达的具有对称结构的机件，如图 6-8 所示。

(2) 若机件接近对称，且不对称部分已在其他视图中表达清楚，也可采用半剖视图，如图 6-9 所示。

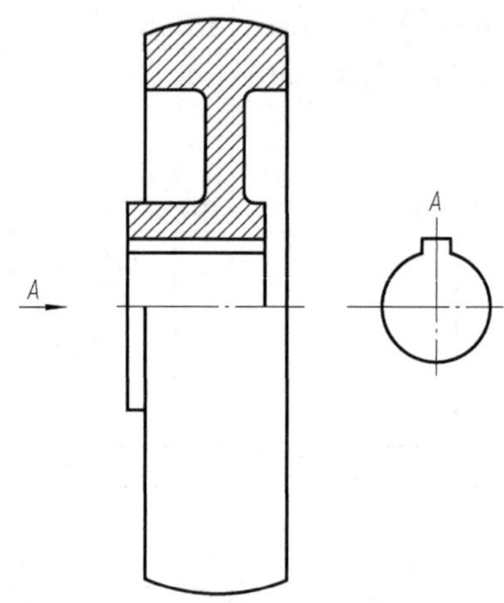

图 6-9 接近对称结构的半剖视图

画半剖视图时应注意：

(1) 在半剖视图中，外形视图和剖视图的分界线应画成细点画线，其上不能有其他线型与之重合。

(2) 由于半剖视图的一半表达了外形，另一半表达了内形，因此，在半剖视图上已表达清楚的内部结构，在表达外部形状的视图中，细虚线应省略。

(3) 半剖视图的标注与全剖视图完全相同。在图 6-8 (b) 中，主视图符合省略标注原则，故没标注，而对俯视图来说，由于剖切面不是机件的上下对称面，故应标出剖切符号和剖视图名称，但箭头可以省略。

(4) 在半剖视图中标注尺寸时，因为有些部分的形状只画出一半，所以标注尺寸时尺寸线上只能画出一端箭头，另一端只需超过中心线，不画箭头。

6.2.2.3 局部剖视图

1. 局部剖视图的概念

用剖切平面局部地剖开机件，所得的剖视图称为局部剖视图。

2. 局部剖视图的用途

(1) 局部剖视图用于内、外形结构都较复杂，均需表达的结构不对称的机件，如图 6-10 所示机件，上下、左右、前后都不对称，且内、外形结构均需要表达，因此，采用局部剖视表达。

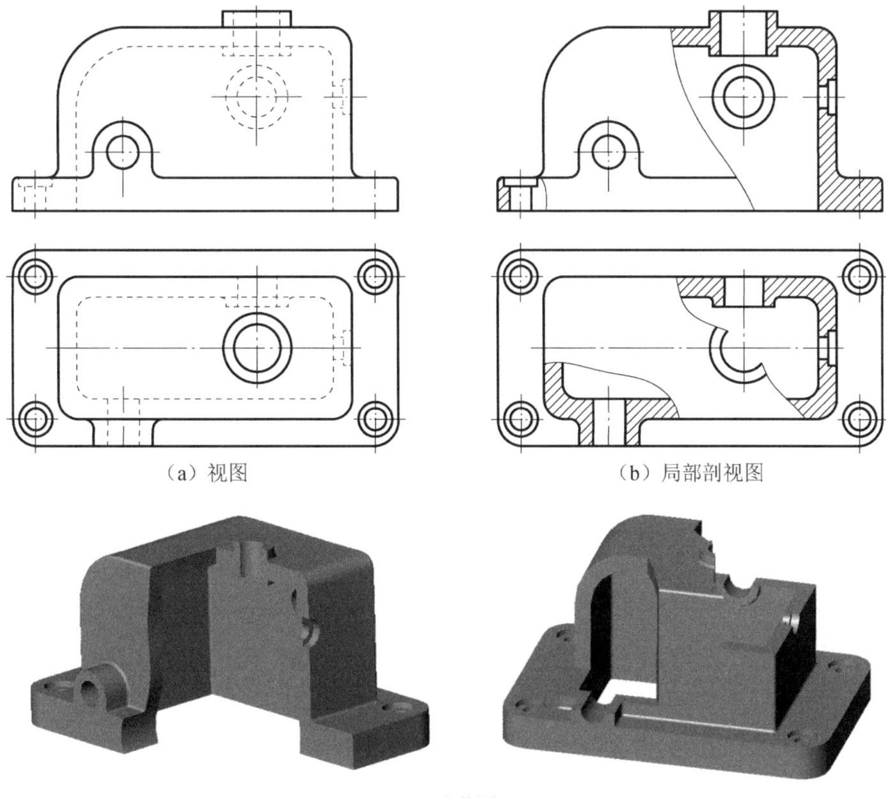

图 6-10　局部剖视图

（2）当对称机件的轮廓线与中心线重合，不宜采用半剖视图时，用局部剖视图，而且局部剖视范围的大小，视机件的具体结构形状而定，可大可小，如图 6-11 所示。

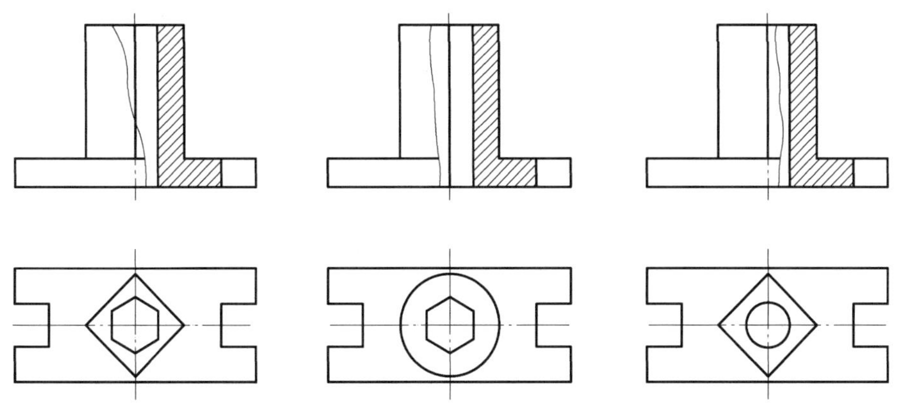
图 6-11　对称机件的局部剖视图

画局部剖视图时应注意：

（1）局部剖视图是一种比较灵活的表达方式，剖切位置和剖切范围视机件的结构形状确定，但在一个视图中，局部剖视的数量不宜过多，以免使图形过于破碎。

（2）局部剖切后，机件断裂处的轮廓线用波浪线表示。为了不引起读图的误解，波浪线不要与图形中的其他图线重合，也不要画在其他图线的延长线上。图 6-12 所示为波浪线的错误画法。

（3）当被剖切的局部结构为回转体时，允许将该结构的中心线作为局部剖视图与视图的分界线，如图 6-13 所示。

（4）局部剖视图不需要标注。

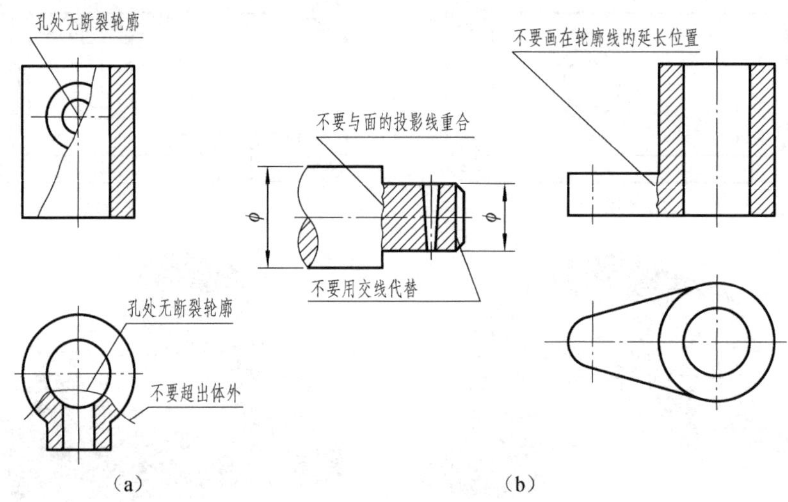

图 6-12　局部剖视图波浪线的错误画法

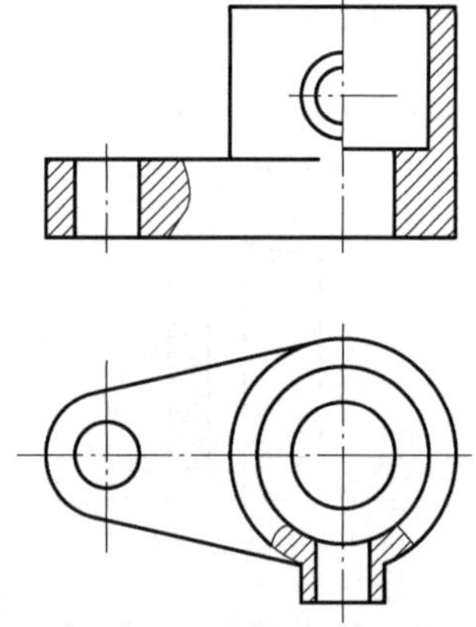

图 6-13　局部剖视图以中心线为分界线

6.2.3　剖切面的分类和剖切方法

由于机件的内部结构不同，剖切位置也不同，国家标准《技术制图》规定了采用单一剖切面、几个相交的剖切平面和几个平行的剖切平面以及组合的剖切面剖开机件的方法。无论采用何种剖切面剖切，均可根据需要画成全剖视图、半剖视图和局部剖视图。

6.2.3.1　单一剖切平面

1. 用平行于某一基本投影面的平面剖切

前面所举图例中的剖视图均为采用平行于基本投影面的单一剖切平面剖切得到的剖视图，这种剖切方法最常用。

2. 用柱面剖切

当被剖切部分轮廓的对称面为曲面时，可以选择柱面进行剖切。如图 6-14 中的 *B—B* 剖视图所示。当采用柱面剖切机件时，要将剖切后的机件展开成平行于投影面后，再画其剖视图，并在图名后加注“展开”二字。

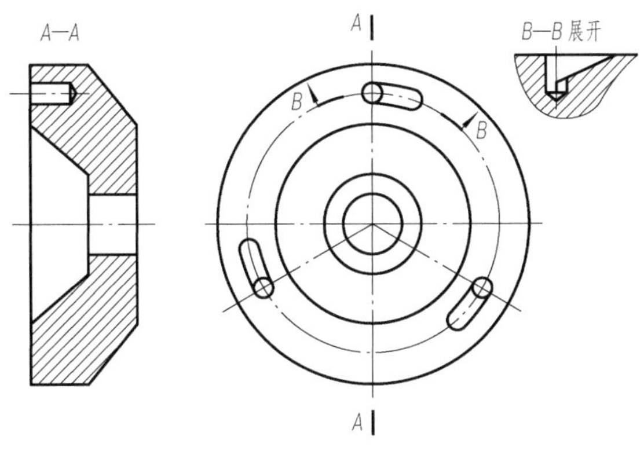

图 6-14　用柱面剖切

3. 用不平行于基本投影面的平面剖切

用不平行于任何基本投影面的剖切平面剖切机件的方法，称为斜剖。当机件上有倾斜部分的内部结构需要表达时，可以和画斜视图一样，选择一个垂直于基本投影面且与所需表达部分平行的投影面，然后再用一个平行于这个投影面的剖切平面剖开机件，向这个投影面投影，这样得到的剖视图称为斜剖视图，如图 6-15 中的 *A—A* 剖视图。

画斜剖视图时应注意以下几点：

（1）斜剖视图主要用于表达倾斜部分的结构，机件上与基本投影面平行的部分在斜剖视图中不反映实形，一般应避免画出。

（2）为看图方便，斜剖视图尽量按投影关系配置，如图 6-15（b）所示。为使视图布局合理，可将斜剖视图保持原来的倾斜程度，平移到图纸上适当的地方如图 6-15（c）所示；为了画图方便，在不引起误解时，还可把图形旋转到水平位置，但此时必须加注旋转符号，用箭头指示旋转方向，表示该剖视图名称的大写字母应靠近旋转符号的箭头端，如图 6-15（d）所示。

（3）斜剖视图标注的字母必须水平书写。

（4）当图形中的主要轮廓线与水平线成 45° 角时，该图形的剖面线应画成与水平线成 30° 或 60° 角的平行线，其倾斜方向仍与其他图形中的剖面线大致相同。

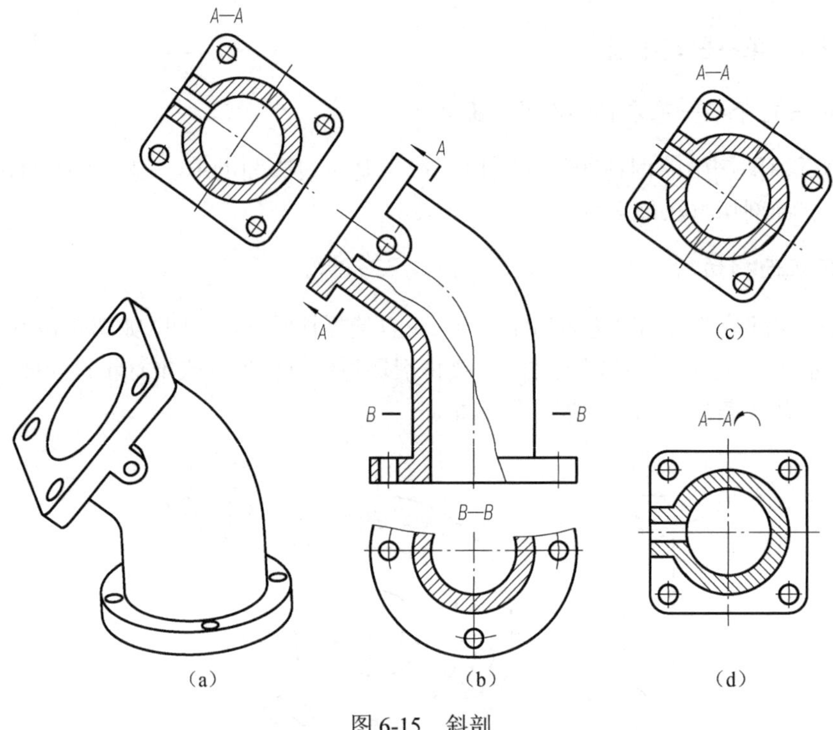

图 6-15　斜剖

6.2.3.2　几个相交的剖切平面

当机件的内部结构形状用一个剖切平面不能表达完全，且这个机件在整体上又具有回转轴时，可用两个相交的剖切平面剖开（剖切平面的交线垂直于某一基本投影面），这种剖切方法称为旋转剖，如图 6-16 所示。

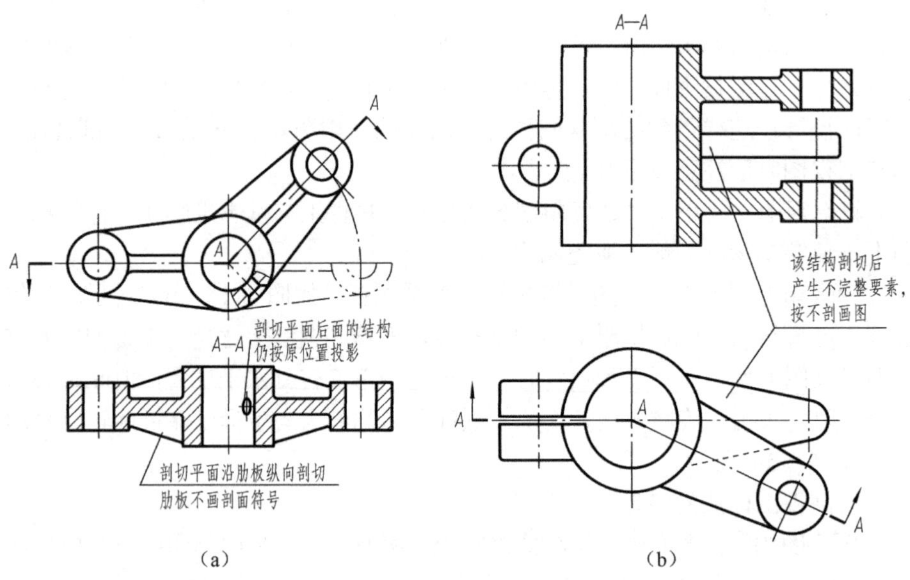

图 6-16　旋转剖

采用旋转剖画剖视图时，首先要把由倾斜平面剖开的结构连同有关部分旋转到与选定的基本投影面平行，然后再进行投影，使剖视图既反映实形又便于画图。

画旋转剖时应注意以下几点：

（1）旋转剖必须标注，标注时，在剖切平面的起、迄、转折处画上剖切符号，标上同一字母，并在起、迄处画出箭头表示投影方向，在所画的剖视图的上方中间位置用同一字母写出其名称“×—×”，如图 6-16 所示。

（2）两剖切平面的交线要与机件的回转轴线重合。

（3）在剖切平面后的其他结构一般仍按原来位置投影，如图 6-16（a）中的小油孔。

（4）当剖切后产生不完整要素时，应将该部分按不剖画出，如图 6-16（b）所示。

6.2.3.3　几个平行的剖切平面

当机件上有较多的内部结构（孔、槽等），且它们的轴线又不在同一平面内时，可用几个互相平行的剖切平面剖切，这种剖切方法称为阶梯剖。图 6-17 为机件用了两个平行的剖切平面剖切后画出的 *A*—*A* 全剖视图。

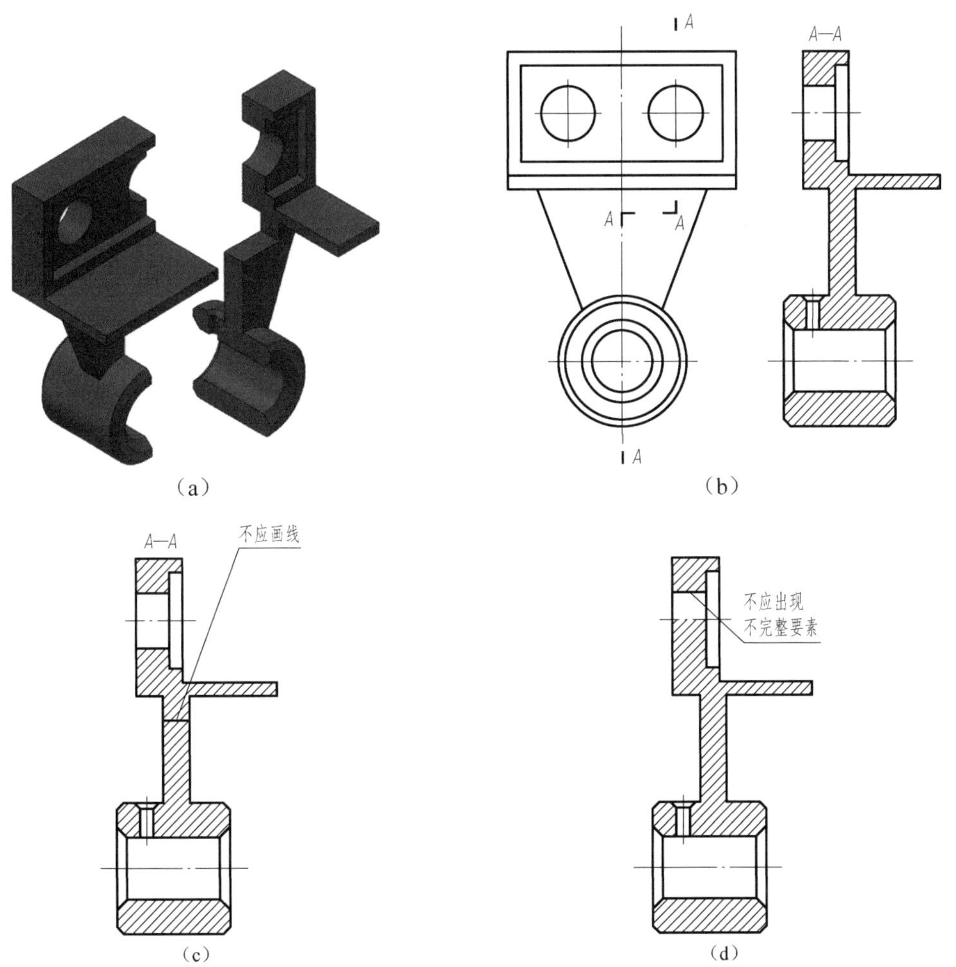

图 6-17　阶梯剖的画法

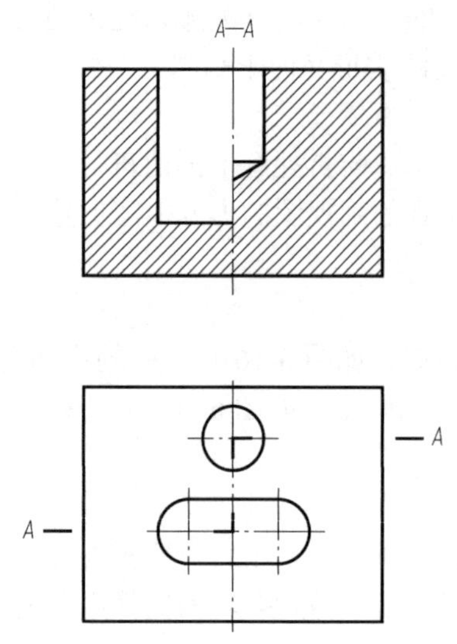

图 6-18　具有公共对称线的阶梯剖的画法

画阶梯剖时应注意以下几点：

（1）剖切平面的转折处不应与图上的轮廓线重合。在剖视图上不应在转折处画线，如图 6-17（c）所示。

（2）采用阶梯，在图形内不应出现不完整的结构要素，如图 6-17（d）所示。

（3）当机件上两个要素在图形上具有公共对称中心线或轴线时，可以各画一半，此时应以对称中心线或轴线为界，如图 6-18 所示。

（4）阶梯剖的标注与旋转剖的标注要求相同。在相互平行的剖切平面的转折处的位置不应与视图中的粗实线（或虚线）重合或相交，如图 6-17（b）所示。当转折处的地方很小时，可省略字母，如图 6-18 所示。

6.3　断　面　图

断面图主要用来表达机件某部分断面的结构形状。

6.3.1　断面图的概念

假想用剖切平面把机件的某处切断，仅画出该剖切面与物体接触部分（即截断面）的图形，称为断面图（简称断面），如图 6-19（c）所示。

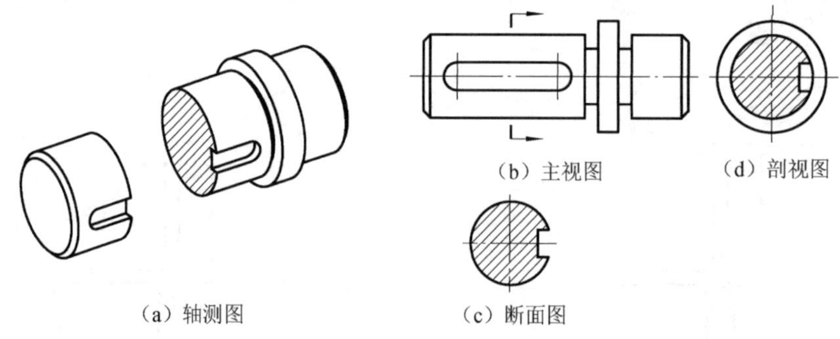

图 6-19　轴的断面图的形成以及断面图与剖视图的区别

断面图主要用来表达机件某部分截断面的形状。有些机件的某些结构，其断面形状在视图和剖视图中没有表达清楚，但又只需表达这一断面形状时，可采用断面图来表达，如机件上的肋、轮辐、型材的断面以及轴上的键槽和孔等。

断面图与剖视图的区别在于：断面图只画出剖切平面和机件相交部分的断面形状，是面的投影，而剖视图除需画出断面的形状外，还需画出断面后面结构的投影，是体的投影，如图 6-19 所示。

6.3.2　断面图的种类

按断面图在图纸上配置的位置的不同，断面图可分为移出断面图和重合断面图。

6.3.2.1　移出断面图

画在视图轮廓线以外的断面图，称为移出断面图。移出断面图的轮廓线用粗实线绘制，图 6-20（a）～图 6-20（d）均为移出断面。

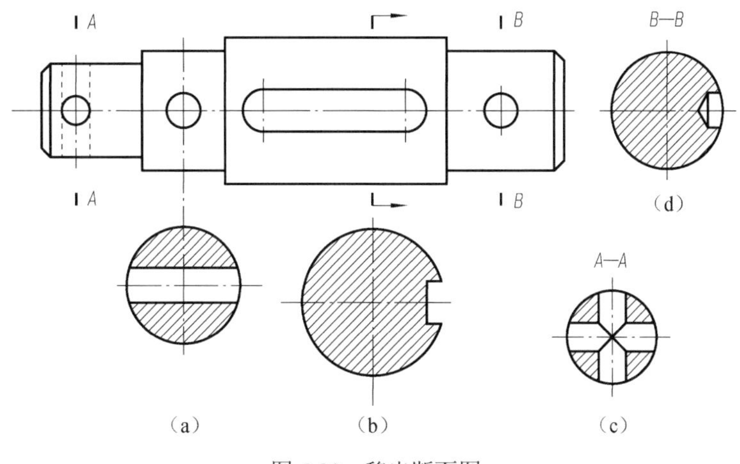

图 6-20　移出断面图

1. 移出断面图的配置

（1）图形位置应尽量配置在剖切位置符号或剖切平面迹线的延长线上（剖切平面迹线是剖切平面与投影面的交线），如图 6-20（a）、图 6-20（b）所示。

（2）必要时也允许断面放在图上其他适当位置，如图 6-20（c）所示。

（3）当机件的结构沿着一定规律变化时，也可将断面画在视图的中断处，如图 6-21 所示。

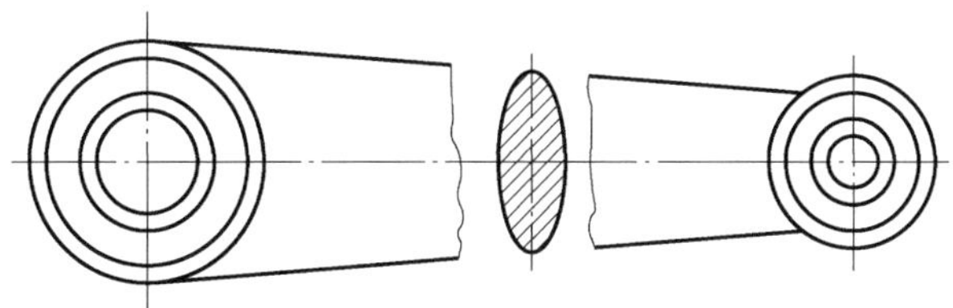

图 6-21　断面图配置在视图中断处

画移出断面图时应注意以下几点：

（1）当剖切平面通过机件上回转面形成的孔或凹坑的轴线时，这些结构按剖视画出，如图 6-20（a）、图 6-20（c）、图 6-20（d）。

（2）当剖切平面通过非圆孔导致出现完全分离的两个断面时，这结构也应按剖视画出，如图 6-22 所示。

（3）剖切平面应与机件主要轮廓线垂直，例如由两个或多个相交平面切出的移出断面，中间应断开，如图 6-23 所示。

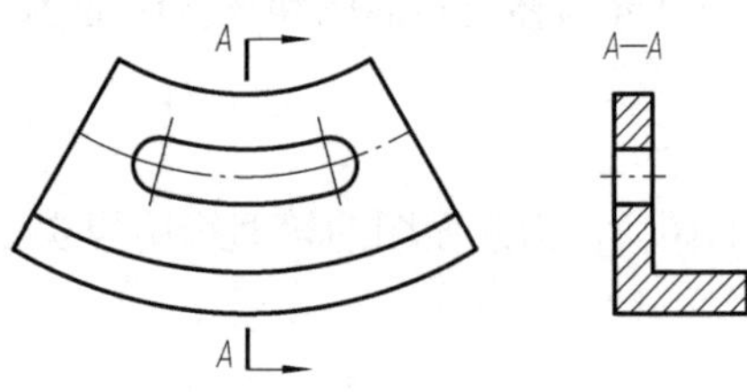

图 6-22　按剖视图绘制的断面图

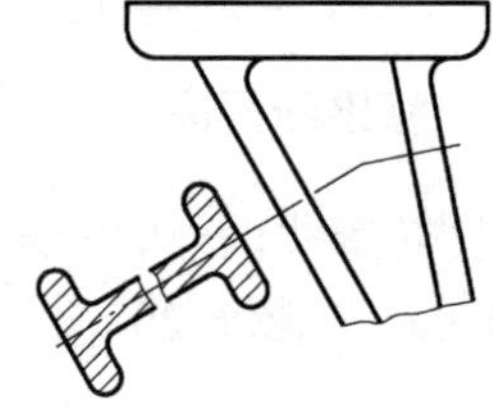

图 6-23　用两个相交剖切平面剖切的断面图

2. 移出断面图的标注

一般应用大写的拉丁字母标注断面的名称“×—×”，在相应的视图上用剖切符号表示剖切位置和投射方向（用箭头表示），并标注相同的字母，见图 6-22，剖切符号之间的剖切线可省略不画，但在一些特定情况下也可省略标注部分内容。

（1）配置在剖切线延长线上的不对称断面，可省略字母，如图 6-20（b）所示。

（2）配置在其他位置的对称断面，或按投影关系配置的不对称断面，可省略箭头，如图 6-20（c）、图 6-20（d）所示。

（3）配置在剖切线延长线上的对称断面，如图 6-20（a）所示，或配置在视图中断处的断面图，如图 6-21 所示，可省略标注。

6.3.2.2　重合断面图

画在视图轮廓线内部的断面图，称为重合断面图，如图 6-24、图 6-25 所示。

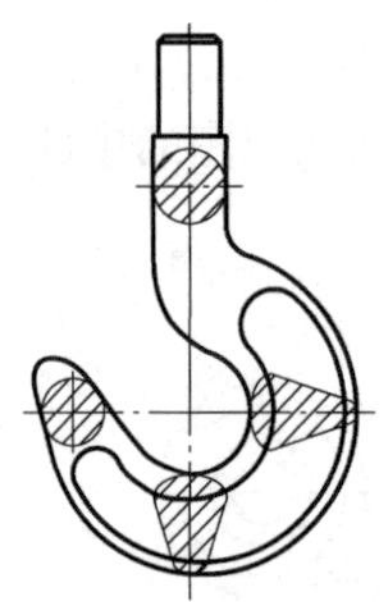

图 6-24　对称重合断面图画法

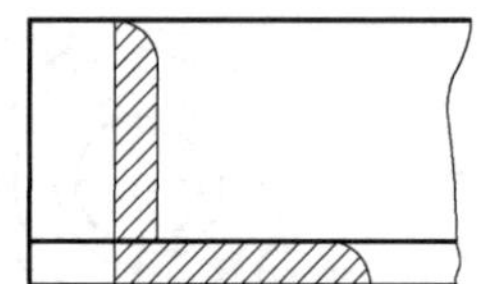

图 6-25　不对称重合断面图画法

重合断面图的轮廓线用细实线绘制。当视图中的轮廓线与重合断面的轮廓线重叠时，视图中的轮廓线仍应连续画出，不可间断。

重合断面图在不致引起误解时不必标注。

6.4　局部放大图、简化画法和其他规定画法

6.4.1　局部放大图

GB/T 4458.1—2002 规定了局部放大图的画法和标注法。当机件的某些局部结构较小，在原定比例的图形中不易表达清楚或不便标注尺寸时，可将此局部结构用较大比例单独画出，这种图形称为局部放大图，如图 6-26 所示。

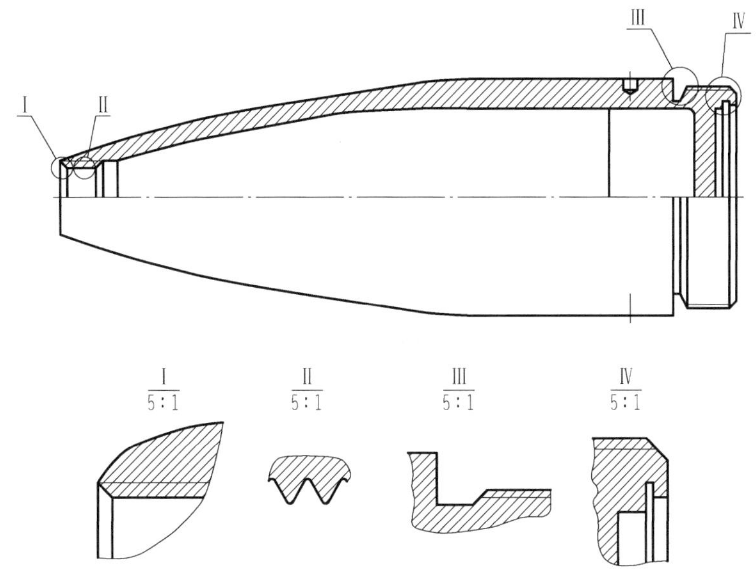

图 6-26　局部放大图

局部放大图可画成视图、剖视图、断面图，它与被放大部分的表达方式无关。局部放大图应尽量配置在被放大部位的附近。绘图时，应在原图形上用细实线圆圈出放大部位。当机件上有几个放大部位时，必须用罗马数字依次标明被放大部位，并在局部放大图的上方标出相应的罗马数字和所采用的比例，如图 6-26 所示。如放大部位仅有一处，则不必标明罗马数字，但必须标明放大比例。

6.4.2　简化画法和其他规定画法

对机件上的某些结构，GB/T 4458.1—2002、GB/T 4458.6—2002、GB/T 16675.1—2012、GB/T 16675.2—2012 规定了习惯画法和简化画法，现进行简要的介绍，本节未述及的其他有关内容，请查阅上述各标准。

1. 对称机件的简化画法

在不致引起误解时，对于对称机件的视图可只画出一半或四分之一，此时必须在对称中心线的两端画出两条与其垂直的平行细实线，如图 6-27 所示。

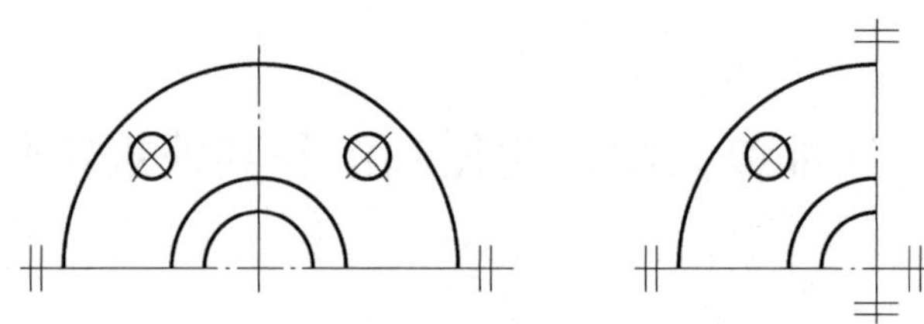

图 6-27　对称机件的简化画法

2. 重复结构的简化画法

当机件具有若干相同结构（齿、槽等），并按一定规律分布时，只需要画出几个完整的结构，其余用细实线连接，在零件图中则必须注明该结构的总数，如图 6-28（a）所示。

若干直径相同且成规律分布的孔（圆孔、螺孔、沉孔等），可以仅画出一个或几个。其余只需用点画线表示其中心位置，在零件图中应注明孔的总数，如图 6-28（b）所示。

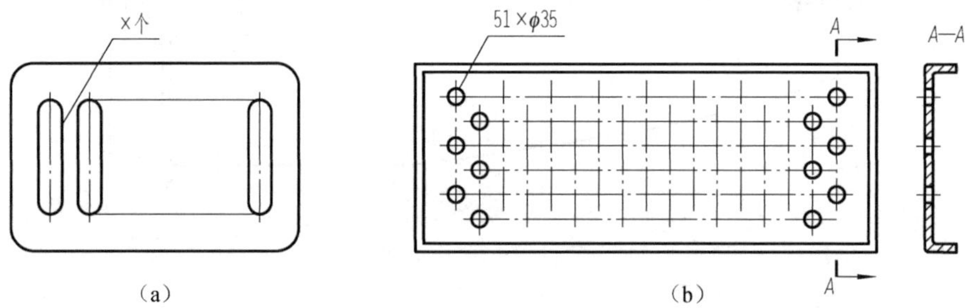

图 6-28　重复结构的简化画法

3. 网状物、滚花等结构的简化画法

对于网状物或机件上的滚花部分等，可以在轮廓线附近用细实线示意画出，并在图上或技术要求中注明这些结构的具体要求，如图 6-29 所示。

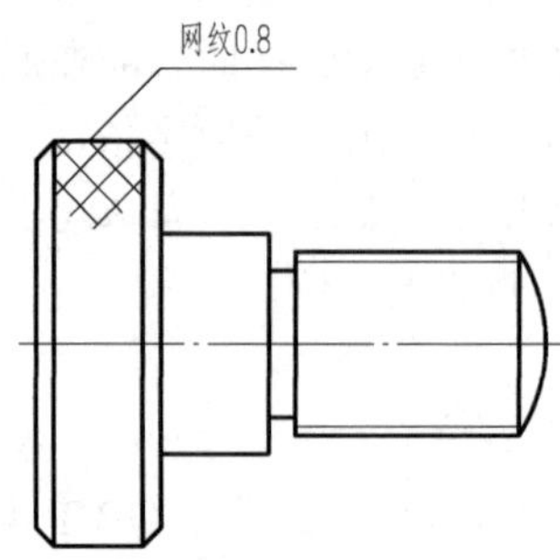

图 6-29　网状物、滚花等结构的简化画法

4. 回转体上均匀分布的肋、轮辐及孔等结构的规定画法

对于机件的肋、轮辐及孔等，如按纵向剖切，这些结构都不画剖面符号，而用粗实线将它与其邻接的部分分开。当零件回转体上均匀分布的肋、轮辐、孔等结构不处于剖切平面上时，可将这些结构旋转到剖切平面上画出，如图 6-30 所示。

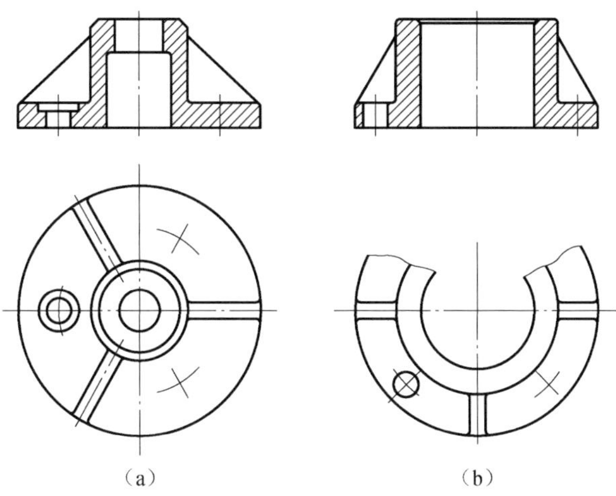

（a）　　（b）

图 6-30　回转体上均匀分布的肋、轮辐及孔的画法

5. 较小结构的简化画法

机件上的一些较小结构，如在一个图形中已表达清楚时，其他图形可简化或省略，如图 6-31 所示。

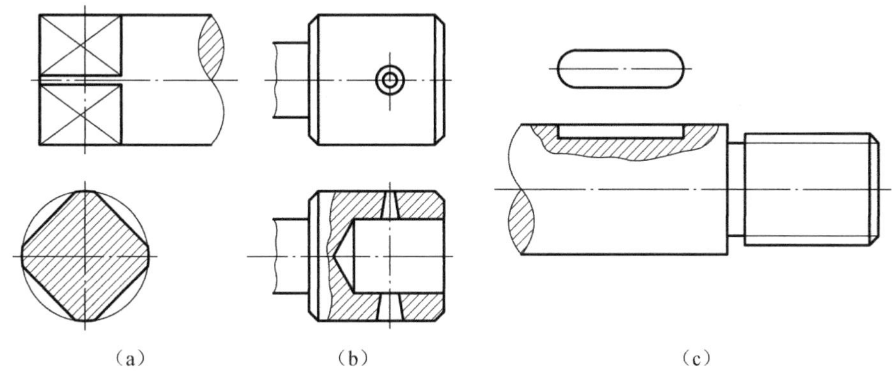

（a）　　（b）　　（c）

图 6-31　较小结构的截交线、相贯线简化或省略画法

6. 较小斜度或锥度的简化画法

机件上斜度不大的结构，如在一个图形中已表达清楚时，其他图形可按小端画出，如图 6-32 所示。

7. 轴上矩形平面表示法

当图形不能充分表达平面时，可用平面符号（相交的两细实线）表示，如图 6-33 所示。

8. 较长的结构断开画法

对于较长的机件（如轴、连杆、筒、管、型材等），若沿长度方向的形状一致或按一定规律变化时，为节省图纸和画图方便，可将其断开后缩短绘制，但要标注机件的实际尺寸（图 6-34）。

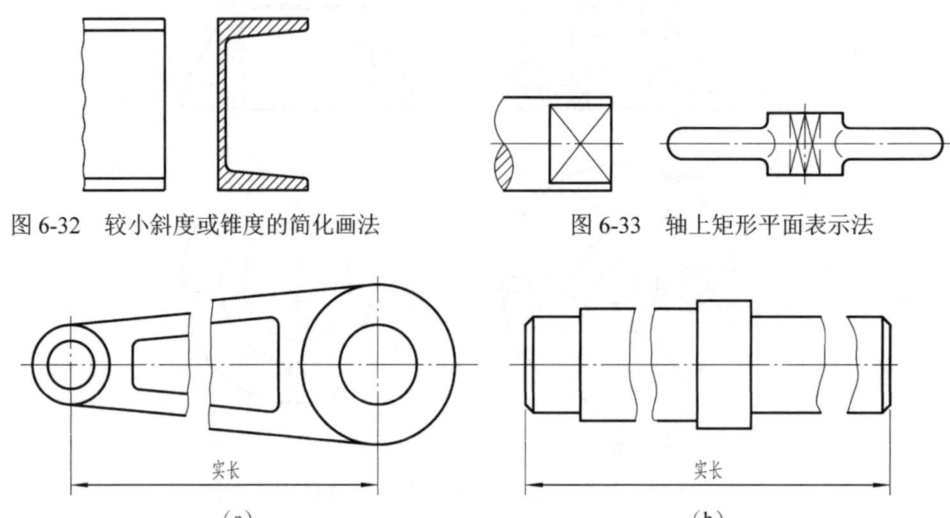

图 6-32　较小斜度或锥度的简化画法

图 6-33　轴上矩形平面表示法

图 6-34　较长的结构断开画法

6.5　机件的图样画法综合应用举例

在绘制机件图样时，应根据机件的具体情况综合运用视图、剖视图、断面图等各种表达方法，使得机件各部分的结构（内、外形）表达完整，正确且清晰。

在选择表达方案时，首先考虑表达主要结构的形状和相互位置关系，然后表达一些次要的或细小部位的结构。在确定表达方案时，既要注意使每个视图、剖视图和断面图等具有明确的表达内容，又要注意它们之间的相互联系和分工，以达到表达完整、清晰的目的。为了表达机件的内、外形结构，当机件有对称面时，可采用半剖视图；当机件无对称面，且内、外形结构一个简单，一个复杂时，在表达中就要突出重点，若外形复杂则以视图为主，若内形复杂则以剖视为主；当机件无对称平面，且内、外形都比较复杂时，若投影不重叠，可采用局部剖视，若投影重叠，要分别表达。

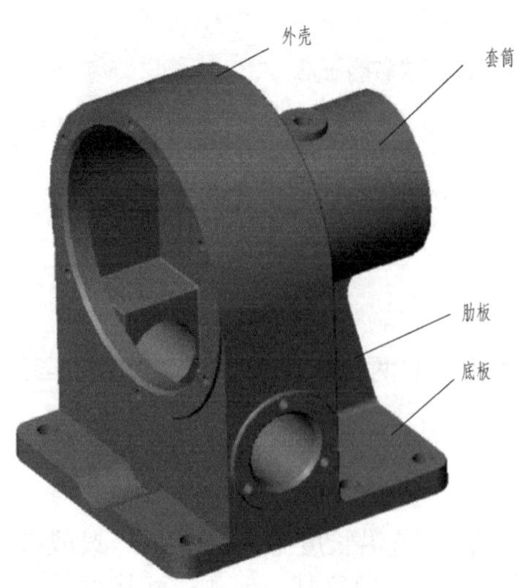

图 6-35　减速箱体

同一机件往往可以采用多种表达方案，要认真分析择优采用。表达方案的选择原则是：在完整、清晰地表达机件内、外结构和形状的前提下，力求作图简便。

下面以减速箱体为例来说明表达方案的选择。

1. 形体分析

从图 6-35 可知，减速箱体大致分成底板、外壳、套筒和肋板四个基本形体。在以上各基本形体上，又分别具有一些凸台、通孔、圆槽等要素。

2. 表达方案选择

图 6-36 为物体的一组完整视图。由于主视图不对称，故采用全剖视图表达四个基本形体的相对位置以及它们的内部结构形状。俯视图采用半剖视，主要表达底板的形状及其小孔的分布情况，也反映了内部方形凸台和外部圆柱凸台的形状和位置。左视图上采用较大范围的局部剖视，既表达两端方形凸台的结构，又保留了外壳端面上小孔的分布位置的视图表达。采用以上三个剖视图，已将箱体的主要部分基本表达清楚。对于箱体上的一些细部结构，又采用四个局部视图和一个重合断面进行补充表达。

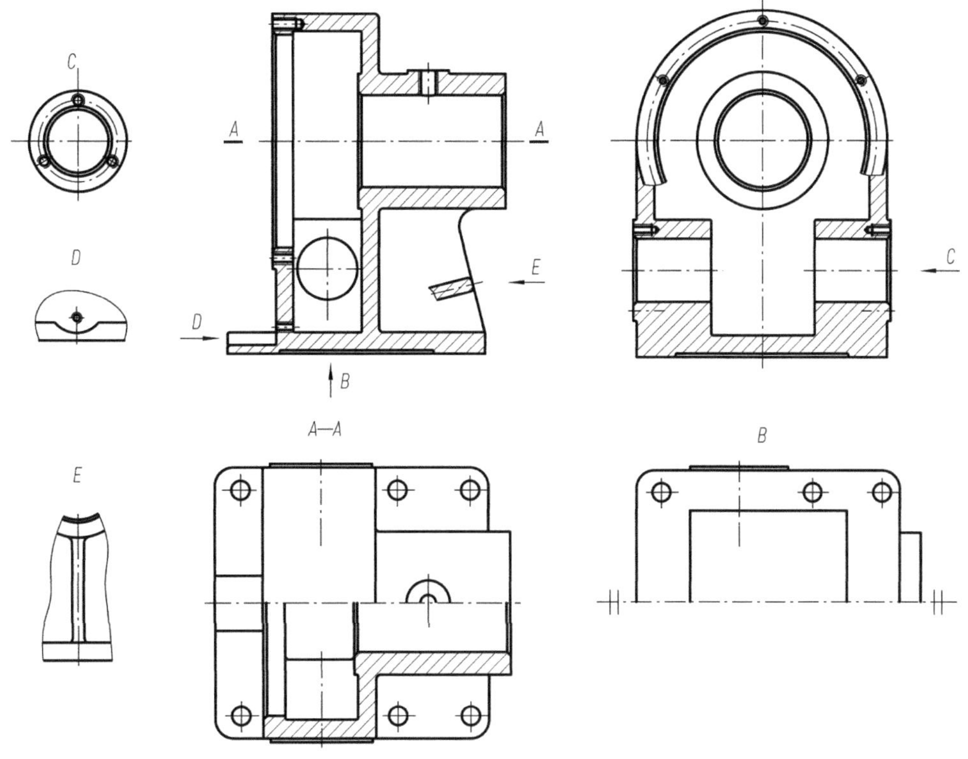

图 6-36　减速箱体表达方案

6.6*　轴测图的剖切画法

在画轴测图时，为了表达物体的内部结构，假想用剖切平面将物体剖开，画成轴测剖视图，如图 6-37 所示，为使物体的内外形结构表达清楚，一般用两个相互垂直的剖切平面，沿某两个坐标面方向剖开，得到的轴测图称为轴测剖视图。

1. 剖面线方向的确定

不同方向的剖切平面所得的断面，其剖切线方向应该不同。画图时应认真分析所画断面是与哪一坐标面平行，然后按图 6-38 所示的方向画出剖面线。

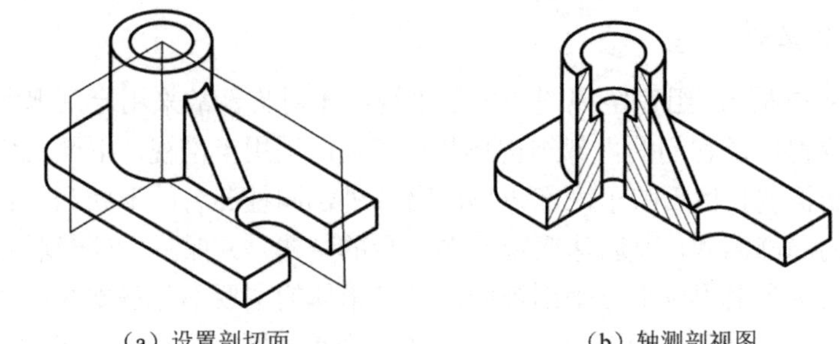

（a）设置剖切面　　（b）轴测剖视图

图 6-37　轴测剖视图的形成过程

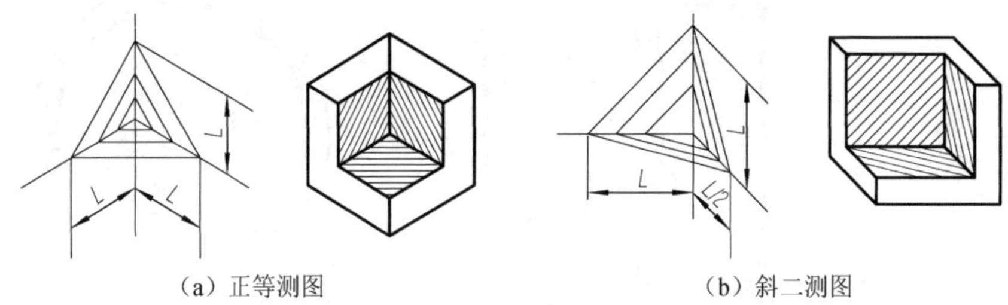

（a）正等测图　　（b）斜二测图

图 6-38　轴测剖视图中的剖面线方向

2. 轴测剖视图的画法

画轴测剖视图的两种方法示例：根据图 6-39 视图，画其斜二等轴测投影图。

（1）先画立体外形，然后剖切，再擦掉多余的外形轮廓，并在剖面部分画上剖面线，最后描深，如图 6-40 所示。

（2）先画出剖面形状的轴测图，然后补全内、外轮廓，最后画剖面线并描深，如图 6-41 所示。

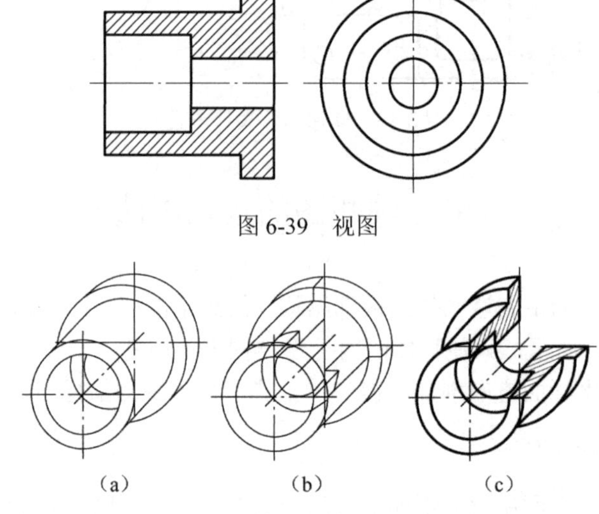

图 6-39　视图

（a）　（b）　（c）

图 6-40　斜二等轴测剖视图绘制过程（先画后剖）

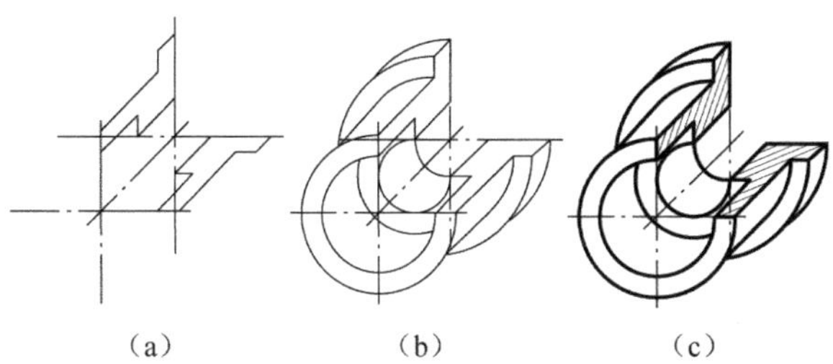

图 6-41　斜二等轴测剖视图绘制过程（先剖后画）

在画轴测剖视图时必须注意，当剖切平面通过肋板或薄壁结构的对称面时，在这些结构的断面上不画剖面线，而用粗实线将它与其他结构分开，如图 6-37（b）所示。

6.7*　第三角画法简介

GB/T 17451—1998 规定：技术图样应采用正投影法绘制，并优先采用第一角画法。中国和法国、德国、俄罗斯等多数国家都采用第一角画法，而美国、日本、澳大利亚等国家采用第三角画法。随着国际技术交流和国际贸易日益增长，在实际工作中经常会遇到要阅读和绘制第三角投影法的图样，因此了解第三角投影法对工程技术人员来说是非常必要的。

6.7.1　第三角画法的概念及六个基本视图的形成和配置

如图 6-42 所示，三个相互垂直相交的投影面，把空间分成八个分角（Ⅰ,Ⅱ,Ⅲ,Ⅳ,…）。第一角画法是将机件置于第Ⅰ角内，使机件处于观察者与投影面之间[视点（观察者）→物体→投影面]而得到正投影的方法，

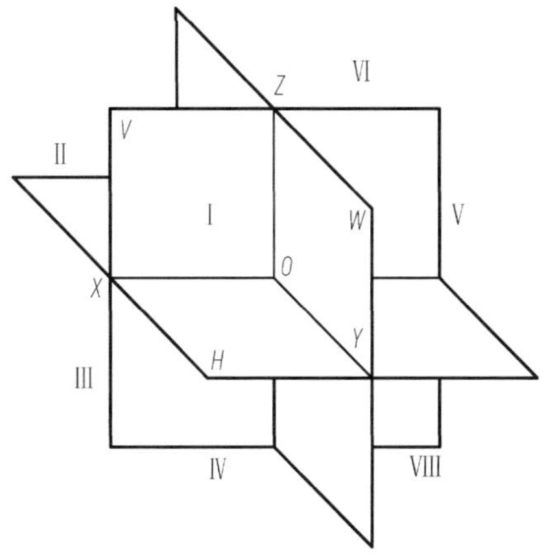

图 6-42　八分角立体图

如图 6-43 所示，我们以前讨论的投影画法都是第一角画法。第三角画法是将机件置于第Ⅲ角内，使投影面处于观察者与机件之间[视点（观察者）→投影面→物体]而得

到正投影的方法。如图 6-44 所示，将机件置于透明的六面体中，以透明六面体的六个面为投影面，按人、投影面、机件的相互位置分别将机件向六个投影面投射，然后再把投影面展开到与 V 面重合的平面上，即可得到第三角画法中的六个基本视图，如图 6-45 所示。

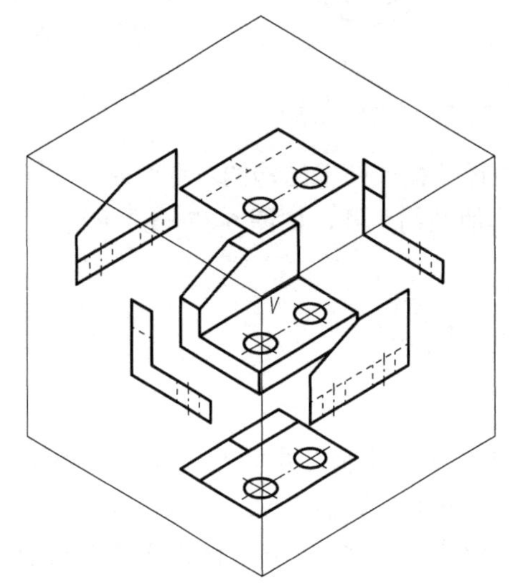

图 6-43　六个基本视图的形成（第一角画法）

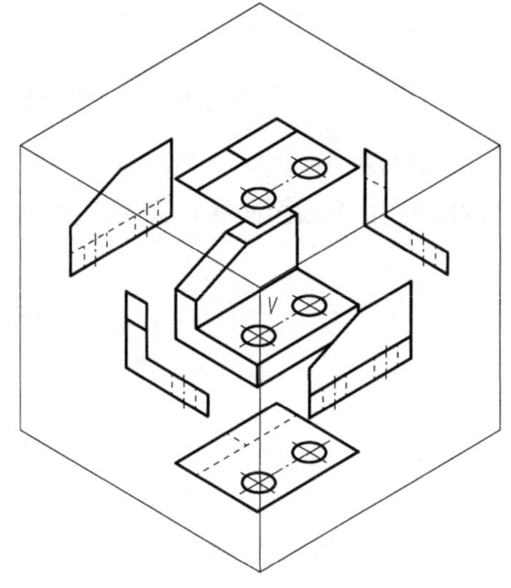

图 6-44　六个基本视图的形成（第三角画法）

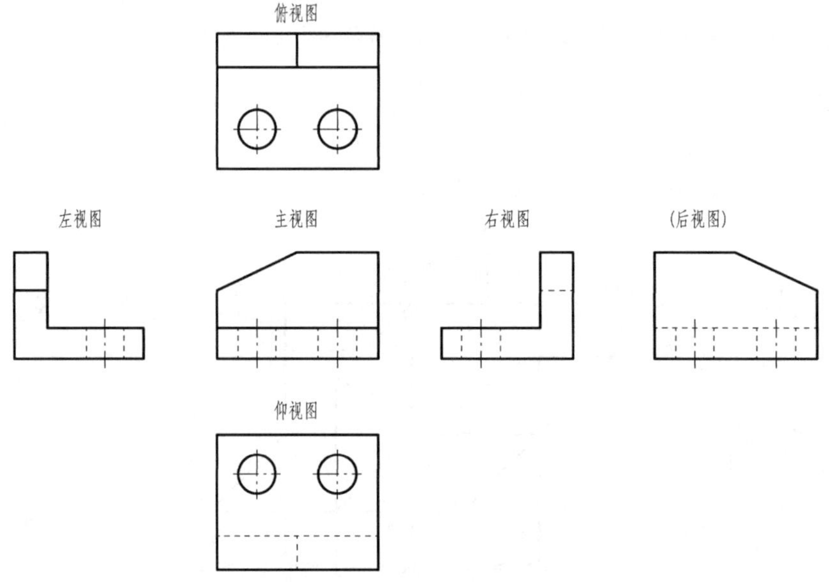

图 6-45　六个基本视图的配置（第三角画法）

6.7.2　第三角画法与第一角画法的比较

对比图 6-43、图 6-44，可以看出：

（1）虽然两种画法投射时，人、机件、投影面的相互位置关系不同，但各组视图都表达了机件各个方向的结构和形状，每组视图间都存在着长、宽、高三个方向尺寸的内在联系和机件上各结构的上下、左右、前后的方位关系。第一角画法中所归纳的“长对正，高平齐，宽相等”的投影规律，同样适用于第三角画法。

（2）两种画法的方位关系是，第一角画法，以“主视图”为参照，除后视图以外的其他基本视图，远离主视图的一方为机件的前方，靠近主视图的一方为机件的后方；第三角画法，以“主视图”为参照，除后视图以外的其他基本视图，远离主视图的一方为机件的后方，靠近主视图的一方为机件的前方。两种画法的前后方位关系刚好相反。

（3）两种画法视图的配置关系为主视图和后视图完全相同，左视图和右视图位置对调，仰视图和俯视图位置对调。

6.7.3　第一角画法和第三角画法的投影识别符号

为了便于区别，第一角画法和第三角画法用不同的投影识别符号表示，如图 6-46 所示。在图样中，采用第一角画法不必标注投影识别符号；采用第三角画法时，必须在图样中画出第三角画法的投影识别符号。其中，h 为图中尺寸字体高度，$H=2h$。

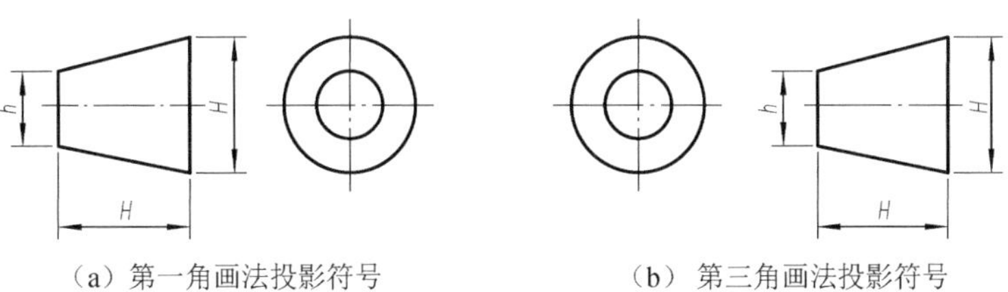

（a）第一角画法投影符号　　（b）第三角画法投影符号

图 6-46　投影符号

思　考　题

1．表达机件外形的投影图有哪几种？简述它们的概念、用途、标注及注意事项。

2．表达机件内部结构的投影图有哪几种？简述它们的概念、用途、标注及注意事项。

3．绘制剖视图时，可以采用那些剖切方法剖切，每种剖切方法各适用于具有什么结构特点的机件？

4．绘制剖视图时，当机件回转体上均匀分布的肋板、轮辐及孔等结构不处于剖切平面上时，应如何绘制这类结构？

5．剖视图和断面图有何不同？

6．简述断面图的配置与标注。

7．简述在第一角画法和第三角画法中，六个基本视图的形成过程及展开方法。

第 7 章　标准件与常用件

标准件是指结构、尺寸、画法、标记和技术要求等各个方面已经完全标准化，并由专业厂生产的常用的零（部）件，如螺纹件、键、销、滚动轴承等。

常用件是指部分结构要素标准化了的零（部）件，如齿轮、弹簧等。

本章将主要介绍螺纹、螺纹紧固件、键、销、齿轮的基本知识、规定画法、代号和标记。

7.1　螺纹和螺纹紧固件

零件是机器的基本组成部分，零件通过各种连接构成机器。螺纹连接是一种可拆的固定连接，具有结构简单、连接可靠和装拆方便等特点，在机器上得到了广泛应用。

螺纹连接是通过螺纹来实现连接作用的，由于其连接还兼具紧固特性，故将构成螺纹连接的这些零件称为紧固件。

7.1.1　螺纹的形成和要素

7.1.1.1　螺纹的形成

一动点沿圆柱的母线做等速直线运动，而该母线又绕圆柱的轴线做等角速旋转运动，动点的运动轨迹即为圆柱螺旋线，如图 7-1（a）所示。

某一平面图形（如三角形、矩形、梯形）沿着螺旋线运动，在该圆柱或圆锥面上所形成的连续凸起和沟槽称为螺纹，如图 7-1（b）所示。

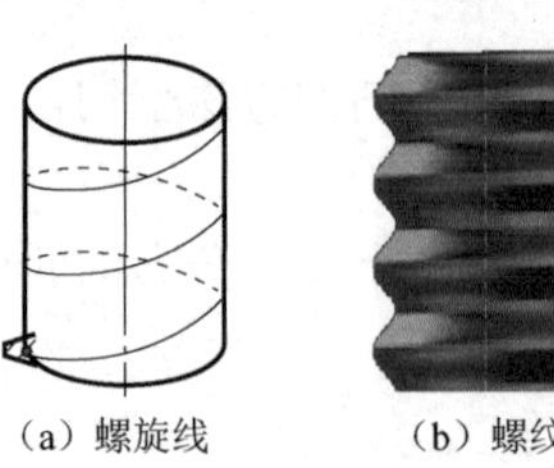

（a）螺旋线　　（b）螺纹

图 7-1　螺纹的形成

在圆柱或圆锥外表面上形成的螺纹称为外螺纹，在圆柱或圆锥内表面上形成的螺纹称为内螺纹，内、外螺纹一般成对使用。

常用的螺纹加工方法如图 7-2 所示。

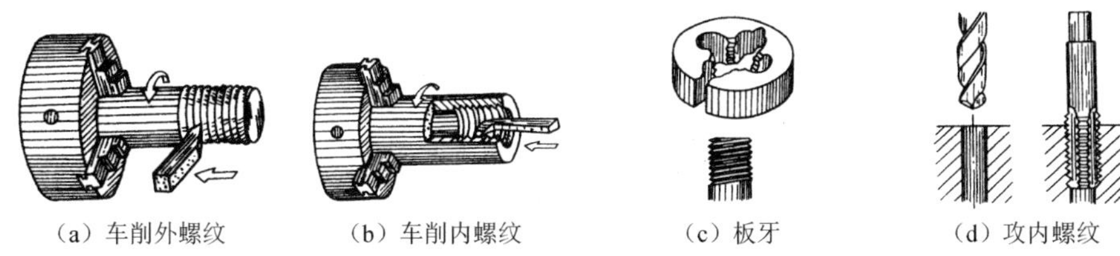
（a）车削外螺纹　　（b）车削内螺纹　　（c）板牙　　（d）攻内螺纹

图 7-2　螺纹加工

7.1.1.2　螺纹的要素

1. 牙型

在通过螺纹轴线的剖面上，螺纹的齿廓形状称为牙型。相邻两牙侧面间的夹角称为牙型角。如图 7-3 所示，三角形、梯形、锯齿形、矩形等牙型为常用的螺纹牙型。

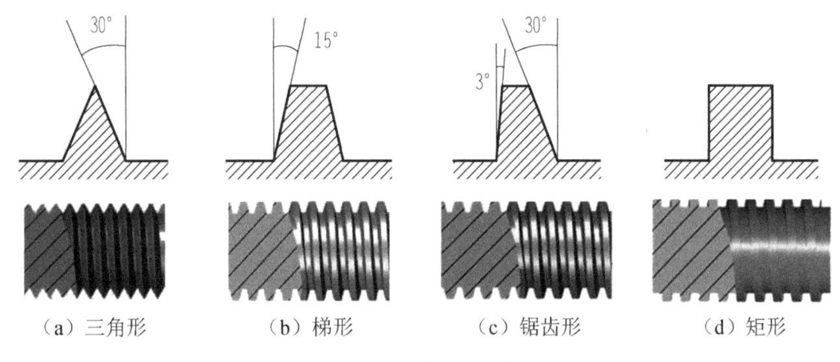

（a）三角形　　（b）梯形　　（c）锯齿形　　（d）矩形

图 7-3　螺纹牙型

2. 公称直径

代表螺纹尺寸的直径，通常指螺纹大径的尺寸，如图 7-4 所示。

螺纹大径：与外螺纹牙顶或内螺纹牙底相重合的假想圆柱面或圆锥面直径。用 d 表示外螺纹大径，用 D 表示内螺纹的大径。

螺纹小径：与外螺纹牙底或内螺纹牙顶相重合的假想圆柱面或圆锥面直径。用 d_1 表示外螺纹小径，用 D_1 表示内螺纹的小径。

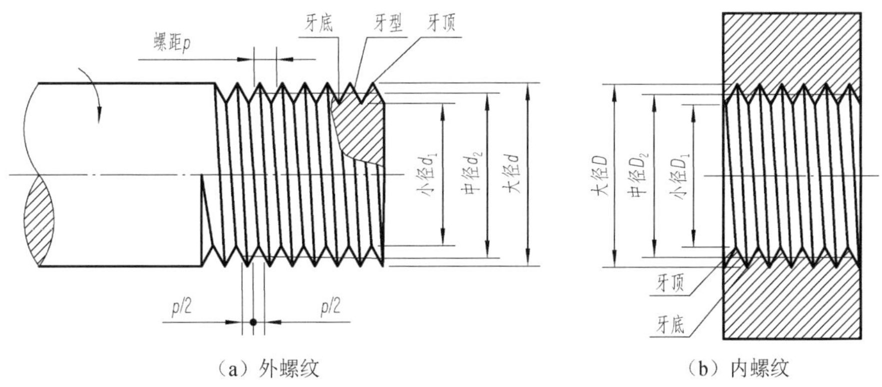

（a）外螺纹　　（b）内螺纹

图 7-4　螺纹直径

螺纹中径：螺纹的中径是一个假想圆柱的直径，该圆柱的母线（称为中径线）通过牙型上沟槽和凸起相等的地方，此圆柱称为中径圆柱，用 d_2 表示外螺纹中径，用 D_2 表示内螺纹中径。

3. 线数

螺纹有单线和多线之分，如图 7-5（a）所示，沿一条螺旋线所形成的螺纹称为单线螺纹；如图 7-5（b）所示，沿两条或两条以上在轴向等距分布的螺旋线所形成的螺纹称为多线螺纹。线数用 n 表示。

4. 螺距和导程

螺纹相邻两牙在中径线上对应两点间的轴向距离，称为螺距。

同一条螺旋线上的相邻两牙在中径线上对应两点间的轴向距离，称为导程。

螺距和导程的关系式为

$$P_h = n \cdot P$$

式中，P_h 为导程；n 为线数；P 为螺距。

图 7-5（a）所示的单线螺纹的导程等于螺距，图 7-5（b）所示的双线螺纹的导程等于 2 倍螺距。

5. 旋向

螺纹的旋向是指螺旋线在圆柱或圆锥等立体表面上的绕行方向，有右旋和左旋两种，工程上常采用右旋螺纹。

螺纹的旋向可以根据螺纹旋进旋出的方向来判断，按顺时针方向旋入的螺纹称为右旋螺纹，按逆时针方向旋入的螺纹称为左旋螺纹。竖立螺旋体，左边高即为左旋，右边高即为右旋，如图 7-6 所示。

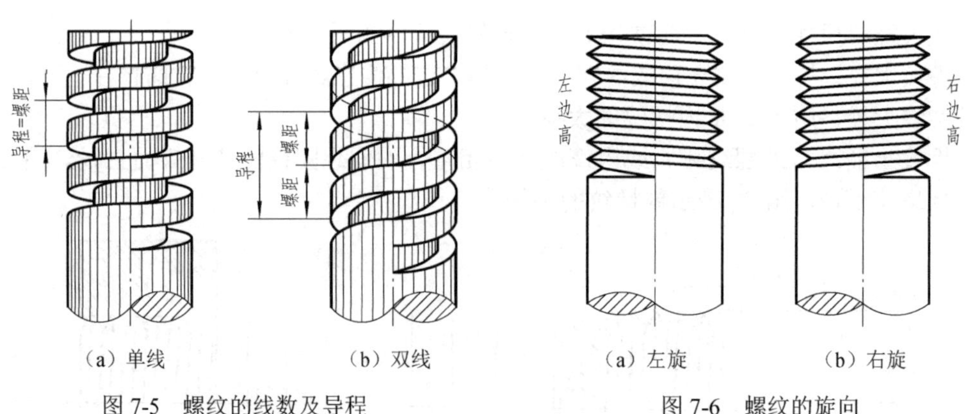

（a）单线　（b）双线

图 7-5　螺纹的线数及导程

（a）左旋　（b）右旋

图 7-6　螺纹的旋向

内外螺纹是成对使用的，只有上述五个要素完全相同的内、外螺纹才可旋合。

7.1.1.3　螺纹的结构

1. 倒角及倒圆

为了操作安全和便于装配，一般在螺纹端部要加工倒角或倒圆等，如图 7-7（a）所示。

2. 螺纹的收尾和退刀槽

车削螺纹时，刀具接近螺纹末尾处要逐渐离开工件，因此，螺纹收尾部分的牙型是不完整的，这段不完整的螺纹称为螺尾。在绘制螺纹时，一般不需绘制螺纹的收尾部分，如需要表示螺尾时，可用与螺纹轴线成 30° 角的细实线将其绘出，如图 7-7（b）所示。为了避免产生螺尾，可以预先在螺纹末尾处加工出退刀槽，然后再车削螺纹，如图 7-7（c）所示。

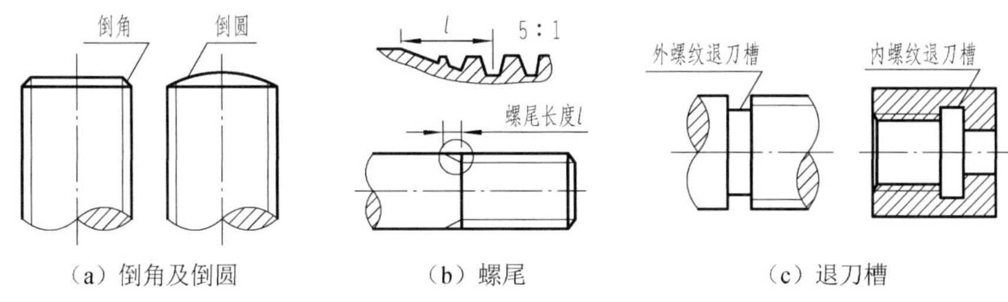

（a）倒角及倒圆　　（b）螺尾　　（c）退刀槽

图 7-7　螺纹的结构示例

7.1.2　螺纹的规定画法

为了简化作图，《机械制图　螺纹及螺纹紧固件表示法》（GB/T 4459.1—1995）规定了内、外螺纹及螺纹紧固件的画法。

1. 外螺纹的规定画法

在平行于螺纹轴线的视图中，螺纹的牙顶（大径）用粗实线绘制，牙底（小径）可取大径的 0.85 倍（$d_1 \approx 0.85d$），用细实线绘制，并画到螺杆的倒角或倒圆部分，螺纹终止线用粗实线绘制。

在垂直于螺纹轴线的视图中，大径用粗实线绘制，小径用细实线绘制约 3/4 圈，螺杆端面的倒角圆不需画出，如图 7-8（a）所示。

在剖视图中螺纹终止线只画牙顶到牙底的一段，在剖视图或断面图中，剖面线必须画到粗实线处，如图 7-8（b）所示。

2. 内螺纹的规定画法

当螺纹孔作剖视时，如图 7-9（a）所示，在平行于螺纹轴线的视图中，牙顶（小径）及螺纹终止线用粗实线绘制，牙底（大径）用细实线绘制。在垂直于螺纹轴线的视图中，小径用粗实线绘制，大径用细实线绘制约 3/4 圈，不画螺纹孔口的倒角圆。

绘制不通的螺纹孔时，一般应将螺孔深度和钻孔深度分别画出，通常按钻孔深度比螺孔深度深 0.5D 绘制，钻孔底部由钻头自然形成顶角约为 120° 圆锥，故应按 120° 画出，如图 7-9（b）所示。

当螺纹孔不作剖视时，如图 7-9（c）所示，大径、小径及螺纹终止线均为细虚线。

螺纹孔与螺纹孔相贯、螺纹孔与光孔相贯，其画法如图 7-10 所示。

注意：无论是外螺纹或内螺纹，在剖视或剖面图中的剖面线都必须画到粗实线。

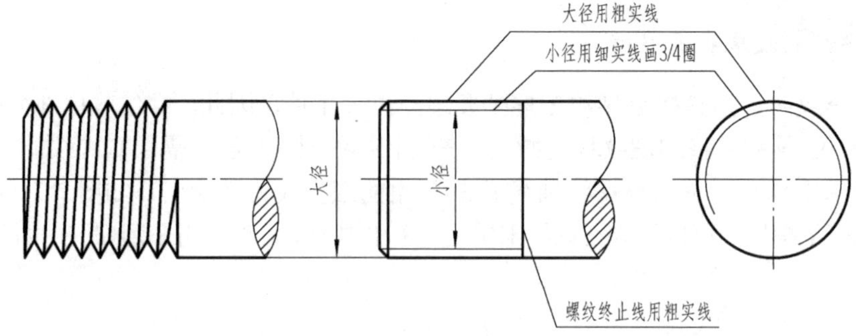

（a）外螺纹视图

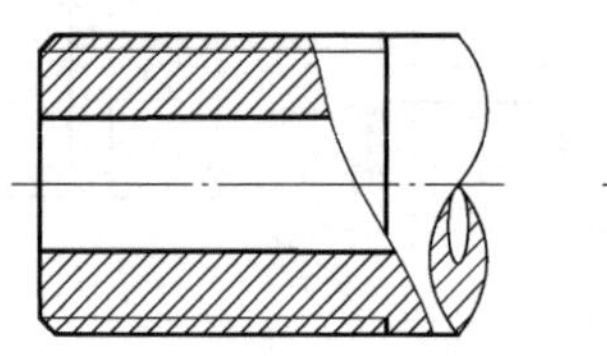
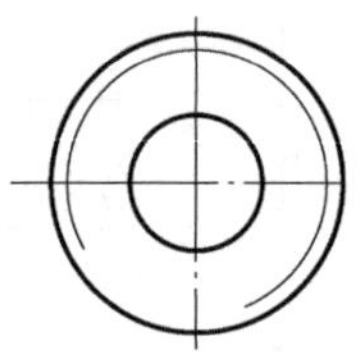

（b）外螺纹剖视图

图 7-8　外螺纹的规定画法

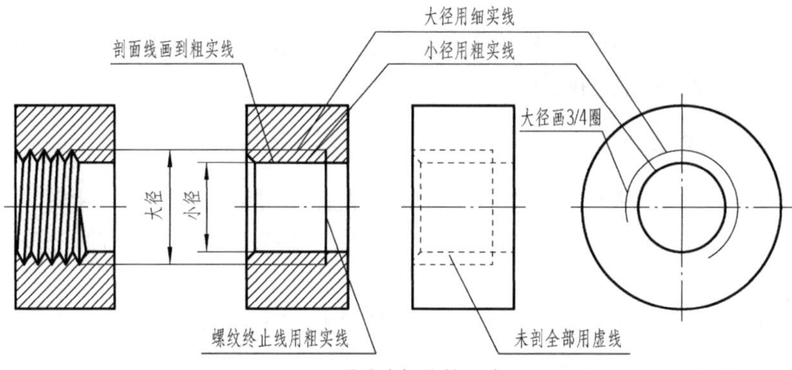

（a）通孔内螺纹的画法

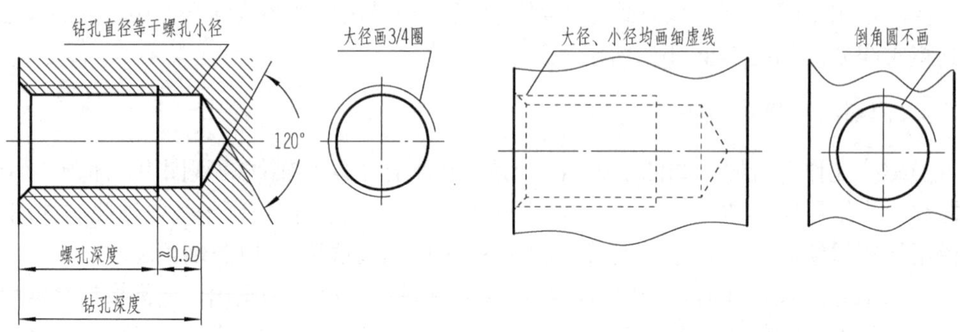

（b）未穿通孔的内螺纹画法　　（c）不可见的内螺纹画法

图 7-9　内螺纹的规定画法

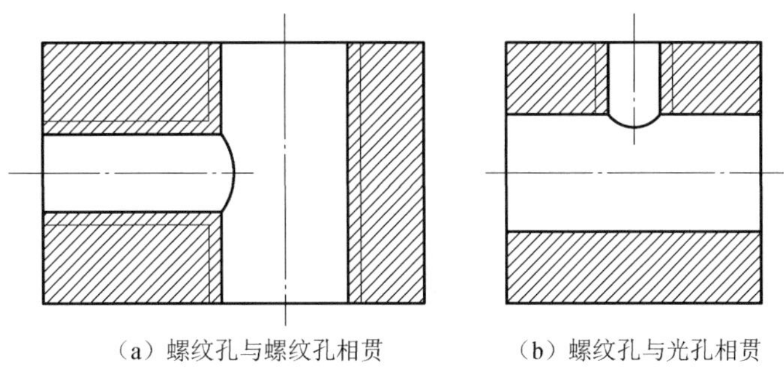

（a）螺纹孔与螺纹孔相贯　　（b）螺纹孔与光孔相贯

图 7-10　螺纹孔相贯画法

3. 内、外螺纹连接旋合的规定画法

如图 7-11 所示，以剖视图表达内、外螺纹旋合时，其旋合部分按外螺纹的画法绘制，其他部分仍按各自的画法表示。

注意：表示大、小径的粗实线和细实线应分别对齐，而与倒角的大小无关。

当剖切平面通过实心螺杆件轴线时，在垂直于螺杆轴线的剖视图中，螺杆按不剖绘制。

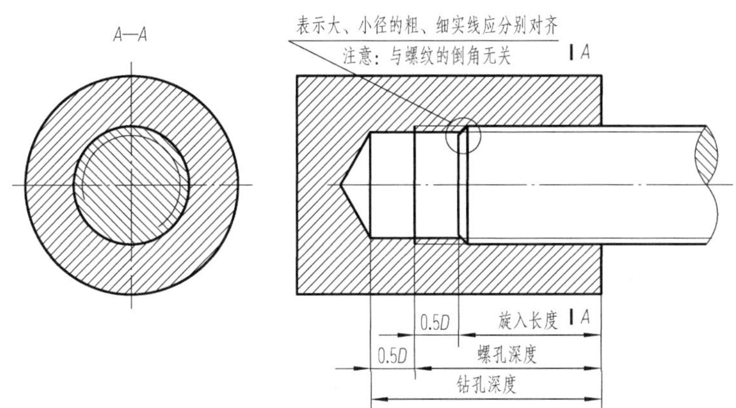

图 7-11　内外螺纹旋合的规定画法

4. 螺纹牙型的表示法

牙型符合标准的螺纹一般不需表示牙型，当需要表示牙型时，可按图 7-12 所示，用局部剖视图或局部放大图表示。

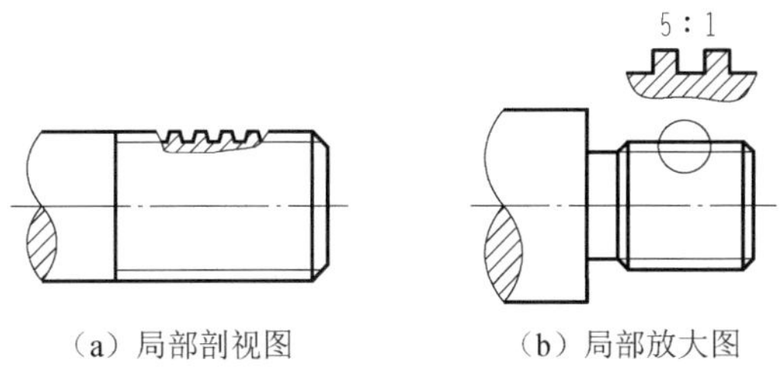

（a）局部剖视图　　（b）局部放大图

图 7-12　螺纹牙型表示法

7.1.3　常用螺纹的分类及标注

7.1.3.1　螺纹的分类

1. 按标准分类

螺纹按标准可分为标准螺纹、特殊螺纹和非标准螺纹。

（1）标准螺纹。牙型、大径、螺距均符合国家标准。

（2）特殊螺纹。牙型符合国家标准、大径或螺距不符合国家标准。

（3）非标准螺纹。牙型不符合国家标准。

2. 按用途分类

螺纹按用途可分为连接螺纹和传动螺纹。

（1）连接螺纹：①普通螺纹，普通螺纹又分为粗牙普通螺纹和细牙普通螺纹；②管螺纹，管螺纹又分为非密封管螺纹和密封管螺纹。

（2）传动螺纹：梯形螺纹、锯齿形螺纹。

7.1.3.2　螺纹的标注

采用规定画法后，螺纹的画法都是一样的，不能表达出其结构要素，因此需要按国标用标注或标记来说明。常用螺纹的分类和标记示例可参看表 7-1。

表 7-1　常用螺纹的分类和标记示例

<table>
<tr><th colspan="4">螺纹分类</th><th>特征代号</th><th>示例</th><th>标记解读</th></tr>
<tr><td rowspan="3">连接螺纹</td><td rowspan="2">普通螺纹</td><td colspan="2">粗牙</td><td rowspan="2">M</td><td> 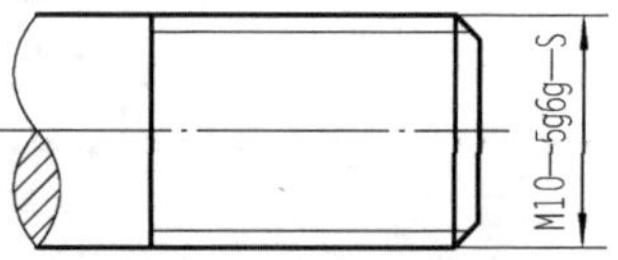M10—5g6g—S</td><td>普通螺纹，粗牙，公称直径为 10mm 的外螺纹，5g、6g 分别为中径、大径公差带代号，右旋，短旋合长度</td></tr>
<tr><td colspan="2">细牙</td><td> 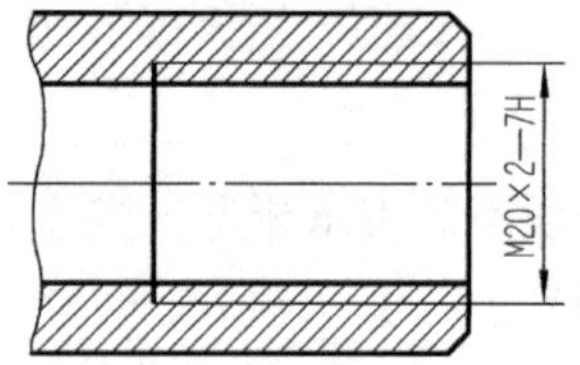M20×2—7H</td><td>普通螺纹，细牙，公称直径为 20mm 的内螺纹，螺距为 2mm，右旋，中径、顶径公差带代号均为 7H，中等旋合长度</td></tr>
<tr><td>管螺纹</td><td>非螺纹密封</td><td>圆柱管螺纹</td><td>G</td><td> 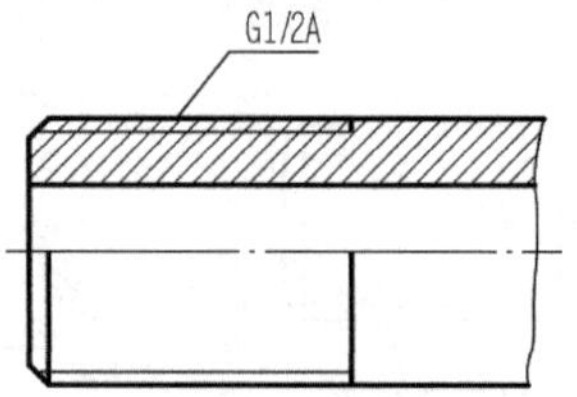G1/2A</td><td>55° 非螺纹密封圆柱外管螺纹，尺寸代号为 1/2，公差等级为 A 级，右旋</td></tr>
</table>

续表

<table>
<tr><th colspan="5">螺纹分类</th><th>特征代号</th><th>示例</th><th>标记解读</th></tr>
<tr><td rowspan="3">连接螺纹</td><td rowspan="3">管螺纹</td><td rowspan="3">螺纹密封</td><td colspan="2">圆柱管螺纹</td><td>Rp</td><td> 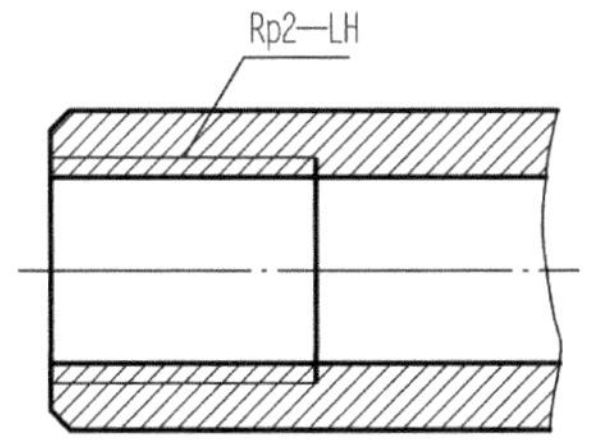Rp2—LH</td><td>55°用螺纹密封圆柱管螺纹，尺寸代号为 2，左旋</td></tr>
<tr><td rowspan="2">圆锥管螺纹</td><td>外</td><td>R_1
R_2</td><td rowspan="2"> 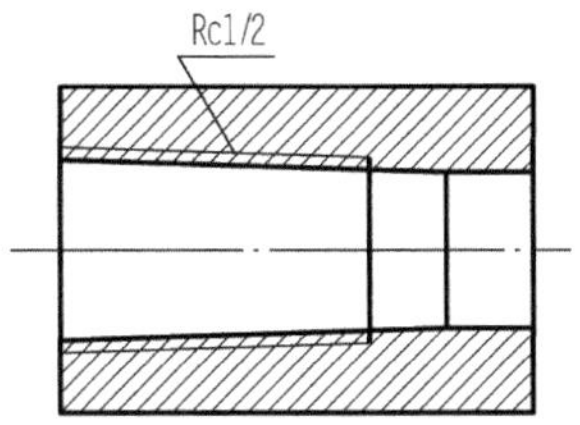Rc1/2</td><td rowspan="2">55°螺纹密封圆锥管螺纹（螺纹的牙型角为 55°、螺纹具有 1∶16 的锥度），尺寸代号为 1/2，右旋</td></tr>
<tr><td>内</td><td>Rc</td></tr>
<tr><td rowspan="2">传动螺纹</td><td colspan="4">梯形螺纹</td><td>Tr</td><td> 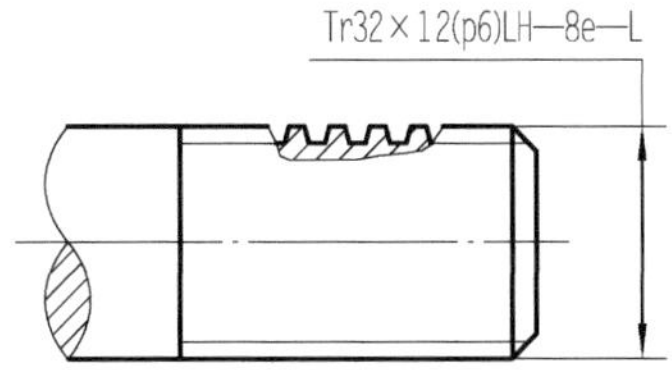Tr32×12(p6)LH—8e—L</td><td>梯形螺纹，公称直径为 32mm，导程为 12mm，螺距为 6mm，双线，左旋，中径公差带代号为 8e，长旋合长度的外螺纹</td></tr>
<tr><td colspan="4">锯齿形螺纹</td><td>B</td><td> 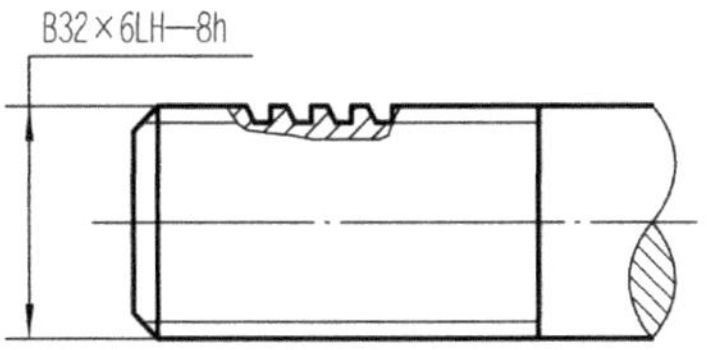B32×6LH—8h</td><td>锯齿形螺纹，公称直径为 32mm，导程（螺距）为 6mm，单线，左旋，中径公差带代号为 8h，中等旋合长度的外螺纹</td></tr>
<tr><td colspan="5">非标准螺纹</td><td>—</td><td>1　2　φ10　φ12</td><td>矩形螺纹标注，一般应画出螺纹局部剖视，标注顶径直径、底径直径和螺距、牙厚
一般矩形螺纹齿深为螺距的一半，即牙高等于牙厚</td></tr>
</table>

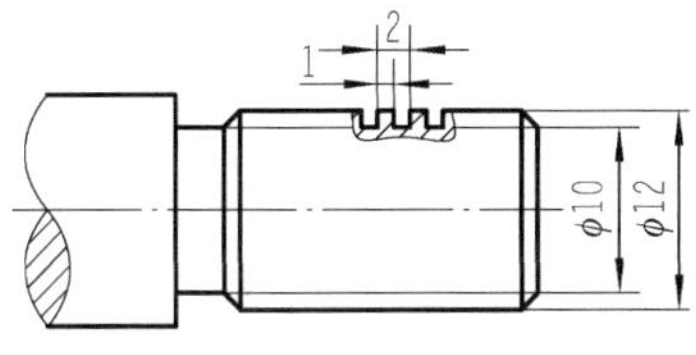

1. 普通螺纹

普通螺纹是常用的连接螺纹，其牙型为三角型，又分为粗牙和细牙两种，一般连接都用粗牙螺纹。螺纹的大径相同时，细牙螺纹的螺距和牙型高度比粗牙小，其主要用于薄壁零件的连接。

普通螺纹的完整标记如下：

螺纹特征代号 公称直径 × 导程（螺距）旋向 — 公差带代号 — 旋合长度代号

在标记普通螺纹时应注意如下问题：

（1）普通螺纹的特征代号为 M。

（2）公称直径为螺纹大径的基本尺寸。

（3）粗牙普通螺纹的螺距省略标注，细牙螺纹应注明螺距。

（4）螺纹公差带代号由两项公差带代号组成，前项表示螺纹中径公差带，后项表示顶径公差带。当中径与顶径公差带代号完全相同时，只需标注一个代号。代号字母大写表示内螺纹公差带，小写表示外螺纹公差带。

（5）螺纹旋合长度代号用 S、N、L 分别表示旋合长度较短、中等及较长三种，其中中等旋合长度 N 省略标注。

（6）旋向为右旋时不标，左旋时用 LH 注明。

例如：M20 表示公称直径为 20mm、旋向为右旋（省略）、中等旋合长度的普通粗牙螺纹；M20×2LH—7H 表示公称直径为 20mm、螺距为 2mm、旋向为左旋、中顶径公差带代号均为 7H、中等旋合长度的普通细牙内螺纹。

2. 梯形螺纹和锯齿形螺纹

梯形螺纹和锯齿形螺纹为传动螺纹，其标记与普通螺纹代号相似。

螺纹特征代号	公称直径	×	导程（螺距）	旋向	—	公差带代号	—	旋合长度代号

梯形螺纹和锯齿形螺纹在标记时需注意以下几点：

（1）梯形螺纹特征代号为 Tr，锯齿形螺纹特征代号为 B。

（2）螺纹的公称直径一律为螺纹的大径。

（3）单线螺纹只需标注螺距，多线螺纹应注明导程和螺距。

（4）螺纹的公差带代号只注中径的公差带代号，不含顶径公差带代号。

（5）螺纹的旋合长度代号分有 L（长）、N（中等）两组，中等不标注，不注写长度数值。

例如：Tr32×12（P6）LH—8e—L 表示梯形螺纹，是公称直径为 32mm、导程为 12mm、螺距为 6mm、双线、左旋、中径公差带代号为 8e、长旋合长度的外螺纹；B20×2LH—7H 表示锯齿形螺纹，是公称直径为 20mm、螺距为 2mm、旋向为左旋、中径公差带代号为 7H、中等旋合长度的内螺纹。

3. 管螺纹

管螺纹主要用来进行管道连接。常用的管螺纹主要有 55°非螺纹密封的管螺纹和 55°密封的管螺纹。

管螺纹的完整标记如下：

螺纹特征代号	尺寸代号	公差等级代号	—	旋向

在标记管螺纹时应注意如下问题：

（1）螺纹特征代号：55°非螺纹密封的管螺纹用 G 表示。用螺纹密封的管螺纹中，锥管外螺纹的特征代号为 R1（与密封圆柱内螺纹配合使用）、R2（与密封圆锥内螺纹配合使用），锥管内螺纹的特征代号为 Rc，圆柱内螺纹特征代号为 Rp。

（2）管螺纹来源于英制螺纹，螺纹代号中的数字（1/4,1/2,1/8,…）原指螺纹尺寸的直径（管子的孔径），单位是英寸（1 英寸=2.54 厘米）。因中国螺纹标准为米制，在寸制螺纹米制化过程中，一方面保留了人们已熟悉的用寸数字（行内人通常用分来称呼管螺纹尺寸，如 1/4 分）称呼管螺纹的习惯，另一方面在去掉表示英寸的符号后，并未将数值换算为常用的毫米。因而，用于代表管螺纹的尺寸代号的数字是定性的，没有单位，也不能称为公称直径。

（3）对于非螺纹密封的管螺纹，外螺纹公差等级分为 A 级、B 级两种，A 级为精密级，B 级为粗糙级。内螺纹公差等级只有一种，故不标注。如尺寸代号为 1/2、公差等级为 A 的外螺纹的标记为 G1/2A。对于螺纹密封的管螺纹，因内、外螺纹公差等级均只有一种，故也不标注。

（4）当螺纹为左旋时，应注上 LH，右旋不注。

4. 内外螺纹连接的标记

当内外螺纹连接在一起时，它们的公差带代号用斜线隔开。斜线之左表示内螺纹公差带，斜线之右表示外螺纹公差带，如 M21×2—6H/6g。

7.1.3.3　螺纹代号在图样上的标注

由表 7-1 可知，公称直径以毫米为单位的螺纹，其标记应直接注在大径的尺寸线上或其延长线上。

管螺纹的标记一律注在大径处的引出线上（投影面与螺纹轴线平行），或对称中心处引出线上（投影面与螺纹轴线垂直）。

非标准螺纹，一般应画出螺纹局部牙型的结构图，并标注出顶径直径、底径直径和螺距、牙厚。

7.1.4　常用的螺纹紧固件及其规定画法与标记

7.1.4.1　常用的螺纹紧固件及其标记

螺纹紧固件是通过螺纹来连接和紧固零件的零件。

如图 7-13 所示，常用的螺纹紧固件有螺栓、螺钉、螺柱、螺母和垫圈等，由于这类零件都是标准件，其结构、型式、尺寸和技术要求都可以根据标记从国家标准中查出并选用，因而绘图时也只需用规定的画法画出它们的装配图，同时给出它们的规定标记即可。

《紧固件标记方法》（GB/T 1237—2000）规定紧固件有完整标记和简化标记两种标记方法，有关完整标记的内容可查阅国家标准，本书采用不同程度的简化标记形式，表 7-2 为常用的螺纹紧固件及其标记示例。

图 7-13　常用螺纹紧固件

表 7-2　常用的螺纹紧固件及其标记示例

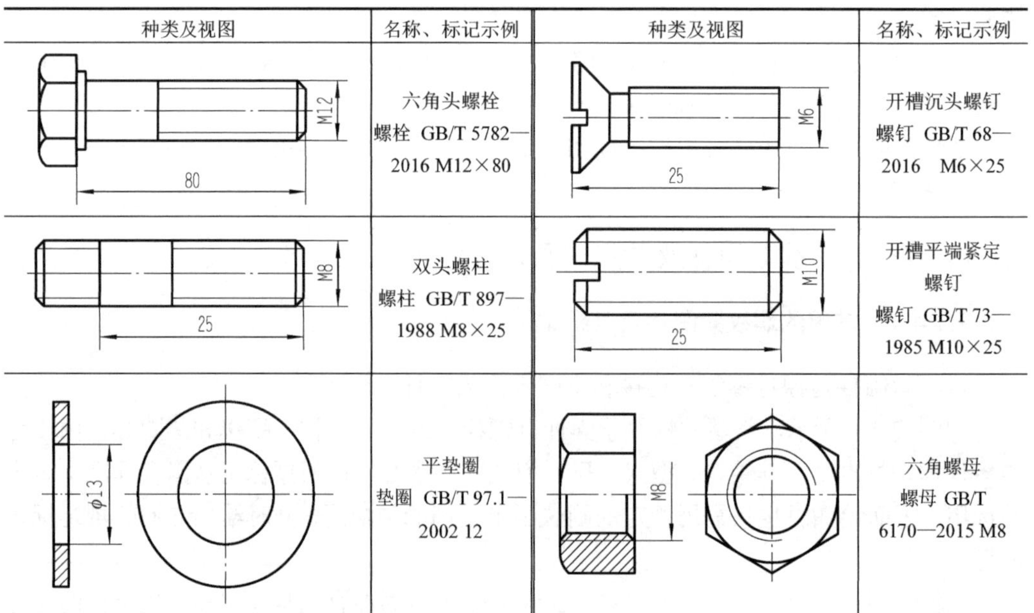

种类及视图	名称、标记示例	种类及视图	名称、标记示例
M12　80	六角头螺栓 螺栓 GB/T 5782—2016 M12×80	M6　25	开槽沉头螺钉 螺钉 GB/T 68—2016　M6×25
M8　25	双头螺柱 螺柱 GB/T 897—1988 M8×25	M10　25	开槽平端紧定螺钉 螺钉 GB/T 73—1985 M10×25
φ13	平垫圈 垫圈 GB/T 97.1—2002 12	M8	六角螺母 螺母 GB/T 6170—2015 M8

7.1.4.2　螺纹紧固件的连接画法

1. 螺栓连接的画法

螺栓连接由螺栓、螺母、垫圈和将被连接的两零件组成，主要用于紧固、连接两个不太厚的带有通孔的零件。如图 7-14（a）所示，螺栓连接时，螺栓穿过通孔，套上垫圈，再拧紧螺母。

螺栓连接中被连接零件上所钻的通孔直径比螺栓大径略大（约等于 1.1*d*）如图 7-14（b）所示。

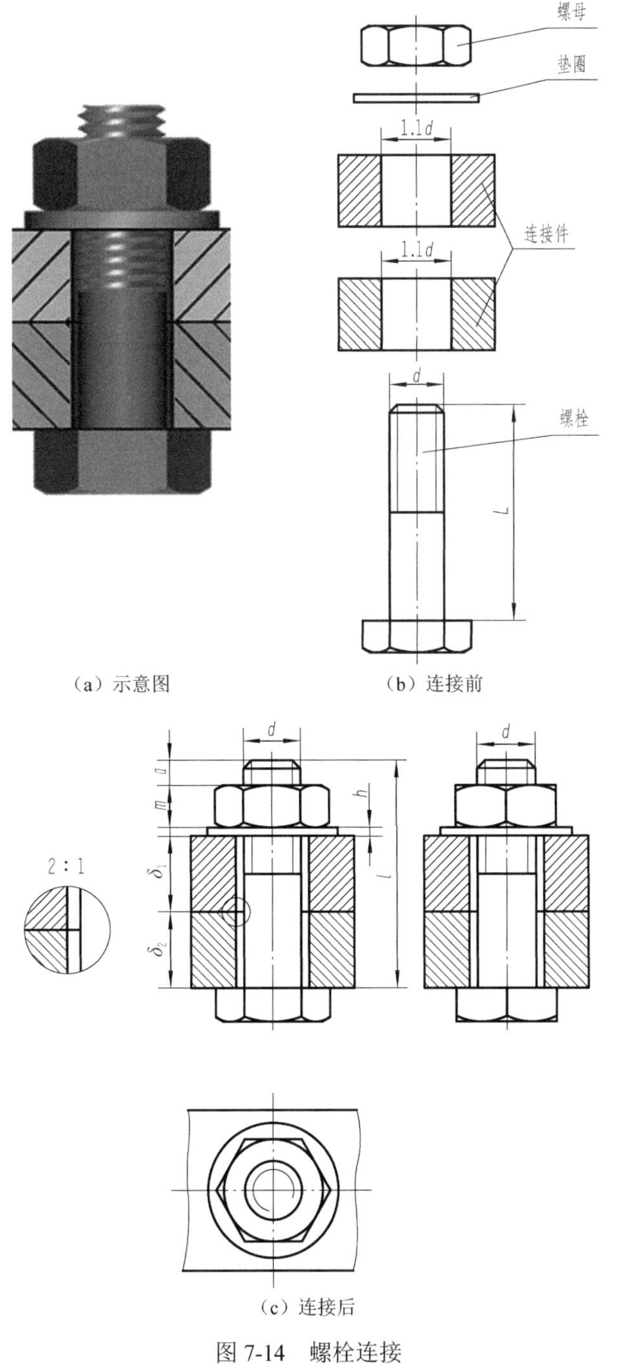

图 7-14　螺栓连接

如图 7-14（c）所示，在画螺栓连接图时，应遵守如下的基本规定：

（1）两零件的接触面画一条线，不接触表面画两条线。

（2）相邻两个零件的剖面线方向相反，或者方向一致、间隔不等。

（3）当剖切平面通过紧固件和实心零件（如螺钉、螺栓、螺母、垫圈、键、销和轴等）的轴线时，这些零件均按不剖（画外形）绘制，结构需要表达时，可采用局部剖视。

（4）螺栓连接，也可采用图 7-15 所示的简化画法，图中螺栓、螺母的倒角都省略不画，在装配图中常常采用这种简化画法。

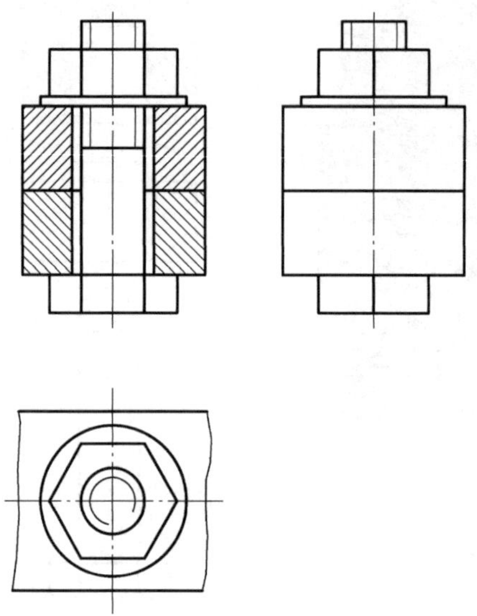

图 7-15　螺栓连接简化画法

螺栓连接中，螺栓、螺母和垫圈的零件图既可根据所查阅的相关标准获得的尺寸精确作图，也可采用如图 7-16 所示的以螺栓、螺母的公称直径为依据的比例作图法绘制。

螺栓连接中，需要选取螺栓的公称长度 l，由图 7-14（c）可知，有

l（螺栓的公称长度）$=\delta_1$（被连接零件 1 厚度）$+\delta_2$（被连接零件 2 厚度）

$+h$（垫圈的厚度）$+m$（螺母的厚度）

$+a$（螺栓伸出螺母的长度）

式中，螺栓伸出螺母的长度一般为 $a\approx 0.3d$。

通过计算，得出 l 的数值后，再从螺栓标准推荐的 l 系列值中选取合适的值。

2. 双头螺柱连接的画法

当两个被连接的零件有一个较厚，不宜钻通时，可采用螺柱连接，螺柱连接由双头螺柱、螺母、垫圈和将被连接的两零件组成。如图 7-17（a）所示，螺柱连接时，螺柱一端（旋入端）先旋进较厚零件的螺孔中，另一端（紧固端）穿过较薄零件的通孔，套上垫圈，再拧紧螺母。

螺柱连接通常在较薄的零件上钻孔，孔径比螺柱大径稍大（约 1.1d），在较厚的零件上则加工出螺孔，如图 7-17（b）所示。

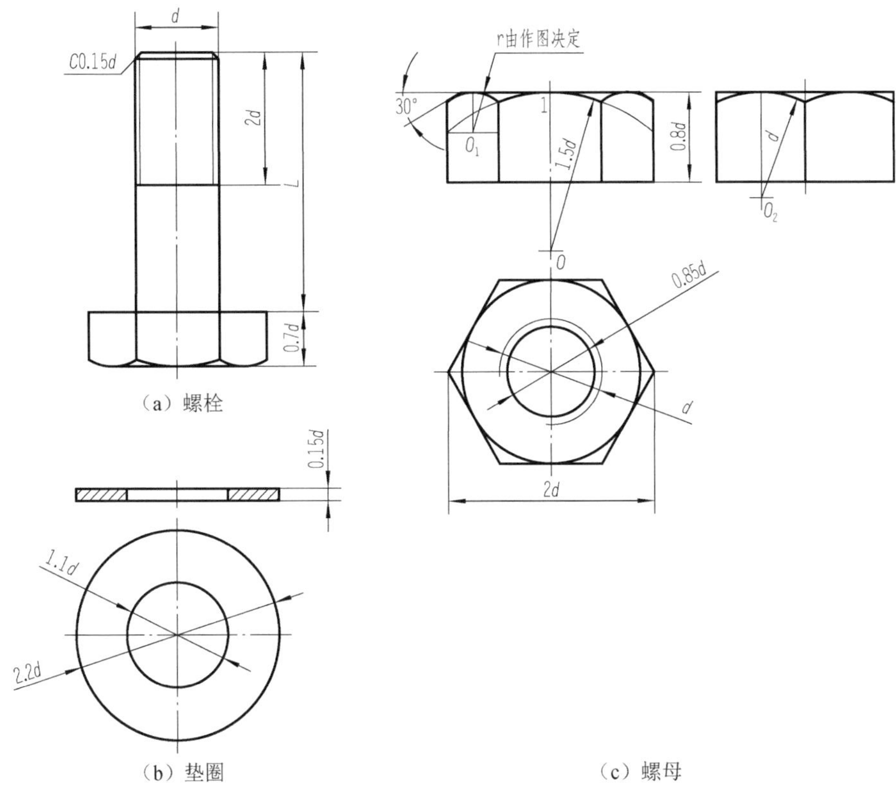

（a）螺栓
（b）垫圈
（c）螺母

图 7-16　螺栓、垫圈和螺母比例画法

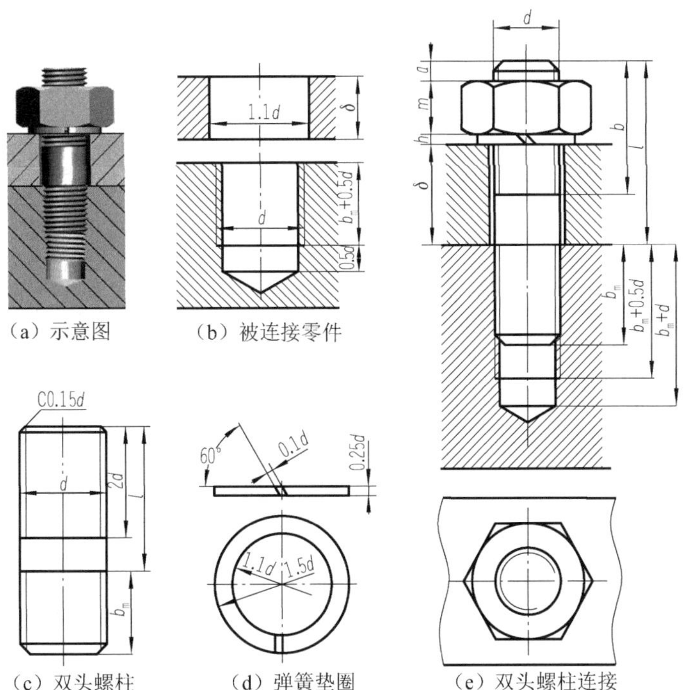

（a）示意图
（b）被连接零件
（c）双头螺柱
（d）弹簧垫圈
（e）双头螺柱连接

图 7-17　双头螺柱连接的画法

如图 7-17（c）所示，双头螺柱紧固端的螺纹长度为 $2d$，倒角为 $0.15d\times45°$。

旋入端的长度 b_m 国标规定有四种，可根据带螺孔的零件的材质选取。

（1）$b_m=d$（GB/T 897—1988），常用于钢或轻铜。

（2）$b_m=2d$（GB/T 900—1988），常用于铝。

（3）$b_m=1.25d$（GB/T 898—1988）或 $b_m=1.5d$（GB/T 899—1988），常用于铸铁。

l（螺柱的公称长度）$=\delta_1$（开通孔零件的厚度）$+h$（垫圈的厚度）$+m$（螺母的厚度）$+a$（螺栓伸出螺母的长度，$\approx0.3d$）

同样通过计算，得出 l 的数值后，应从螺柱标准推荐的 l 系列值中选取合适的值。

弹簧垫圈用作防松，外径比普通垫圈小，以保证紧压在螺母底面范围之内。螺柱连接时，当采用弹簧垫圈时，一般其斜口应画成与水平线成 60° 角，开槽宽 $m=0.1d$，开槽的方向应是阻止螺母松动的方向，如图 7-17（d）所示。

值得注意的是，画螺柱连接时，旋入端螺纹的终止线要与两个连接零件的接触面平齐。双头螺柱连接的画法如图 7-17（e）所示。

3. 螺钉连接的画法

螺钉连接用于受力不大的地方，将螺钉穿过较薄被连接零件的通孔后，直接旋入较厚被连接零件的螺孔内。螺钉连接的画法如图 7-18 所示。

画螺钉连接图时应注意：螺钉的螺纹终止线必须超过两个零件的接触面，有一定的旋入量。在投影为圆的视图中，螺钉头部的一字槽可按投影或涂黑表示，并应画成与水平线成 45° 角的斜线。

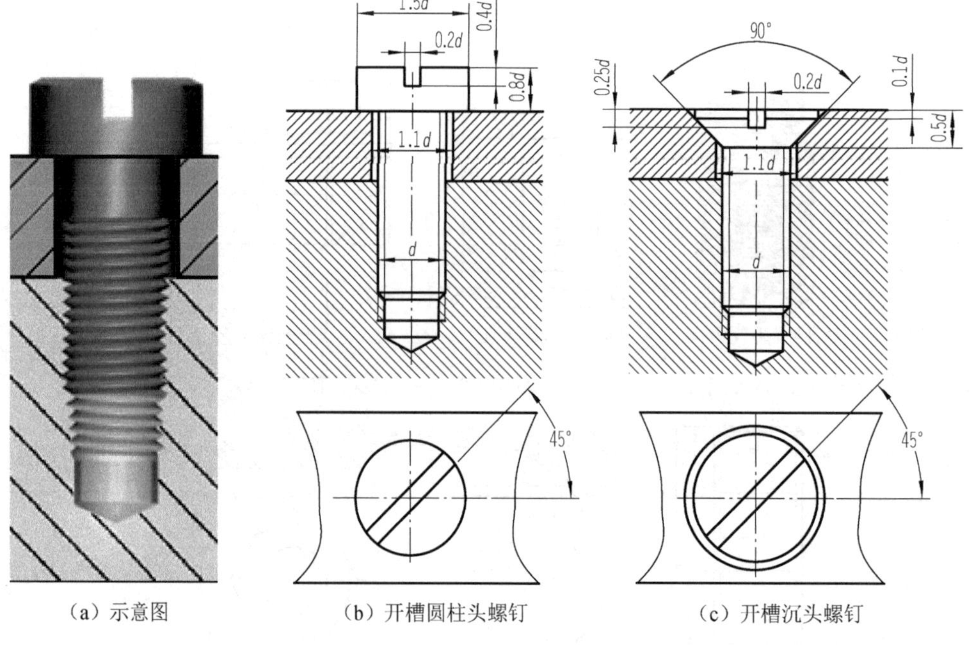

（a）示意图　　（b）开槽圆柱头螺钉　　（c）开槽沉头螺钉

图 7-18　螺钉连接的画法

7.2 齿　　轮

齿轮是轮缘上有齿能连续啮合传递运动和动力的机械元件，主要用来传递动力、变速及变向，在机器或部件中应用较广泛。齿轮的参数中只有模数和齿形角标准化，因此齿轮被称为常用件。

图 7-19 表示三种常见的齿轮传动形式。圆柱齿轮传动常用于两平行轴之间的传动；蜗杆与蜗轮传动用于两垂直交叉轴之间的传动；锥齿轮传动用于两相交轴之间的传动。

（a）圆柱齿轮传动

（b）蜗轮蜗杆传动

（c）锥齿轮传动

图 7-19　常见的齿轮传动

下面主要介绍直齿圆柱齿轮的基本知识和画法。

7.2.1　直齿圆柱齿轮各几何要素的名称、代号和尺寸计算

圆柱齿轮的轮齿有直齿、斜齿和人字齿之分，如图 7-20 所示。

（a）直齿

（b）斜齿

（c）人字齿

图 7-20　圆柱齿轮

1. 直齿圆柱齿轮的几何要素的名称和代号

图 7-21 是两个啮合的圆柱齿轮示意图，从图中可以看出圆柱齿轮各部分的几何要素。

（1）齿顶圆直径 d_a：过轮齿顶部的圆柱面直径。

（2）齿根圆直径 d_f：通过轮齿根部的圆柱面直径。

（3）分度圆直径 d：在标准齿轮上，齿厚 s 与槽宽 e 相等处的圆的直径。当一对齿轮啮合时，其分度圆是相切的，此时的分度圆也称为节圆。

（4）齿高 h：齿顶圆和齿根圆之间的径向距离。齿顶高 h_a 为齿顶圆和分度圆之间的径向距离；齿根高 h_f 为齿根圆和分度圆之间的径向距离。对于标准齿轮：$h=h_a+h_f$。

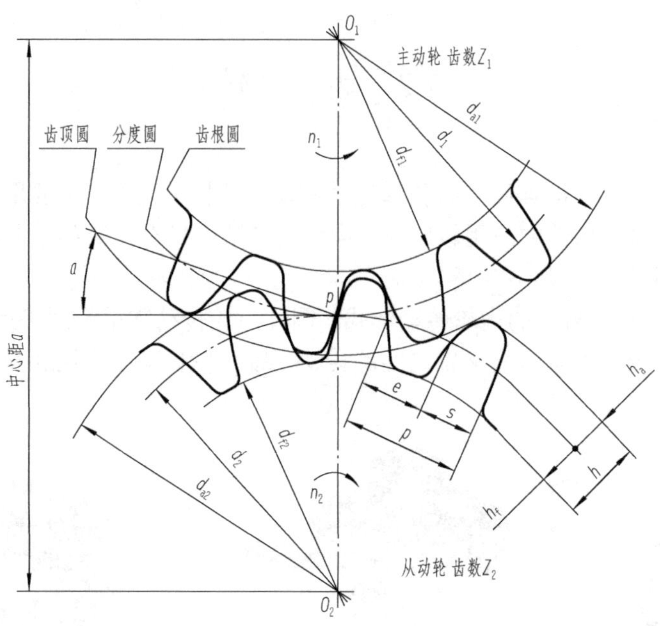

图 7-21　齿轮各部分参数

（5）齿距 p（周节 p）：在分度圆上，相邻两齿廓对应点之间的弧长。齿厚 s：一个轮齿齿廓在分度圆间的弧长。齿槽宽 e：一个轮齿齿槽在分度圆间的弧长。对于标准齿轮：$s=e$，$p=s+e$。

（6）齿数 z：齿轮上轮齿的个数。

（7）齿形角α：在两齿轮节圆相切点 P 处，两齿廓曲线的公法线（即齿廓的受力方向）与两节圆的公切线（即点 P 处的瞬时运动方向）所夹的锐角称为齿形角。中国采用的齿形角为 20°。

（8）模数 m：在分度圆上 $pz=\pi d$，则 $d=zp/\pi$，令 $p/\pi=m$，所以 $d=mz$，m 称为"模数"，它是齿轮设计和制造时的重要参数，其数值已标准化（GB/T 1357—2008），如表 7-3 所示。

表 7-3　齿轮的标准模数（GB/T1357—2008）

系列	
I	II
1　1.25　1.5　2　2.5　3　4　5　6　8　10　12　16　20　25　32　40　50	1.125　1.375　1.75　2.25　2.75　3.5　4.5　5.5　(6.5)　7　9　11　14　18　22　28　36　45

注：应优先选用第 I 系列，其次是第 II 系列，括号内的数值尽量不用

模数是轮齿的一个最基本参数，模数越大，轮齿越高也越厚，如果齿轮的齿数一定，则轮的径向尺寸也越大，齿轮的承载能力也越大。

2. 尺寸计算

标准齿轮的齿廓形状有齿数、模数、压力角三个基本参数，由这三个基本参数就可以计算齿轮各部分的几何尺寸，标准直齿圆柱齿轮各部分的尺寸计算方法如表 7-4 所示。

表 7-4　标准直齿圆柱齿轮各部分的尺寸

名称	符号	计算公式	名称	符号	计算公式
分度圆直径	d	$d=mz$	齿根圆直径	d_f	$d_f=d-2h_f=m(z-2.5)$
齿顶高	h_a	$h_a=m$	中心距	a	$a=(d_1+d_2)/2=m(z_1+z_2)/2$
齿根高	h_f	$h_f=1.25m$	齿距	p	$p=\pi m$
全齿高	h	$h=h_a+d_f=2.25m$	齿厚	s	$s=p/2=\pi m/2$
齿顶圆直径	d_a	$d_a=d+2h_a=m(z+2)$	齿槽宽	e	$e=p/2=\pi m/2$

7.2.2　圆柱齿轮的规定画法

1. 单个圆柱齿轮的画法

如图 7-22 所示，齿顶圆和齿顶线用粗实线绘制，分度圆和分度线用细点画线绘制。在视图中，齿根圆和齿根线用细实线绘制，也可省略不画；在剖视图中，齿根线用粗实线绘制，这时不可省略。在剖视图中，若剖切平面通过齿轮的轴线时，轮齿一律按不剖绘制。

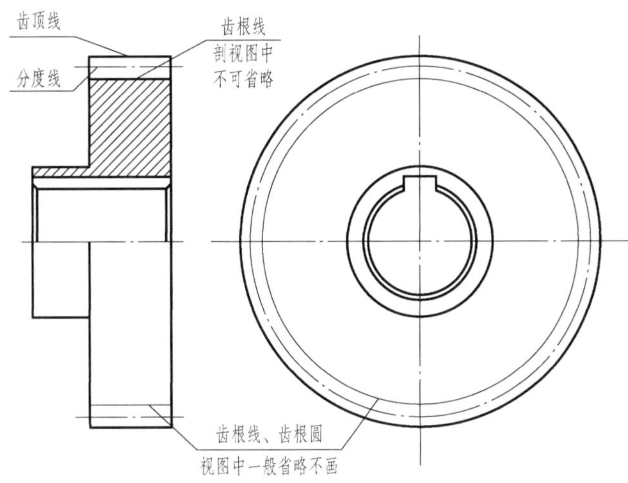

图 7-22　单个直齿圆柱齿轮

2. 啮合的圆柱齿轮的画法

啮合齿轮的画法有如下规定。

（1）在与齿轮轴线平行的投影面上若为视图，啮合区内只需用粗实线画出节线。

（2）对于斜齿和人字圆柱齿轮在投影为圆的视图及啮合区的画法均与直齿圆柱齿轮相同。在非圆视图上，斜齿轮的两齿轮需画出方向相反的与各齿向相同的三条细实线，人字齿轮的两齿轮需用细实线画出三条方向相反的人字形线，如图 7-23（a）所示。

（3）画啮合的圆柱齿轮的剖视图时，啮合区内，一个齿轮（一般为主动齿轮）的齿顶线、齿根线用粗实线绘制；另一个齿轮（一般为从动齿轮）的齿根线用粗实线绘制，齿顶线用细虚线绘制，也可省略不画，如图 7-23（b）所示。

（4）在与轴线垂直的投影面上，啮合区域内节线相切，用细点画线绘制；齿顶圆均用粗实线绘制，也可将啮合区域内的齿顶圆省略不画，如图 7-23 所示。

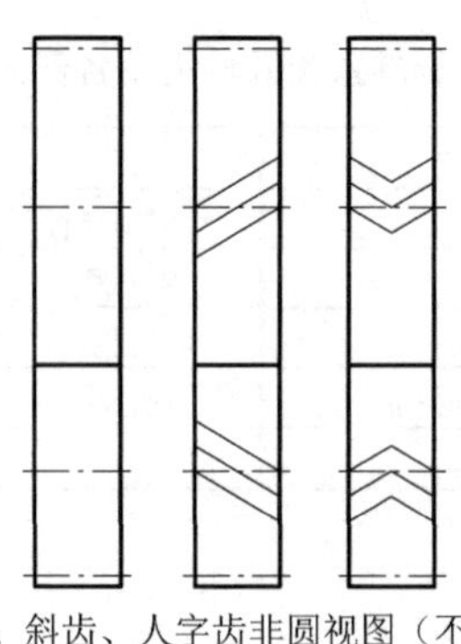

（a）直齿、斜齿、人字齿非圆视图（不剖视处理）

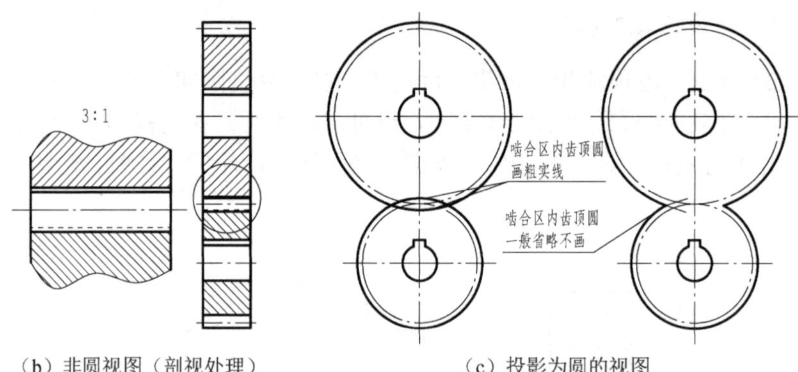

（b）非圆视图（剖视处理） （c）投影为圆的视图

图 7-23 直齿圆柱齿轮的啮合画法

7.3 键 和 销

键和销是机械设备中广泛使用的标准件。

7.3.1 键连接

键连接是一种可拆连接。通过键将轴和轴上零件如齿轮、带轮和联轴器连接在一起，实现轴和轴上零件间的固定，以传递运动和扭矩（图 7-24）。

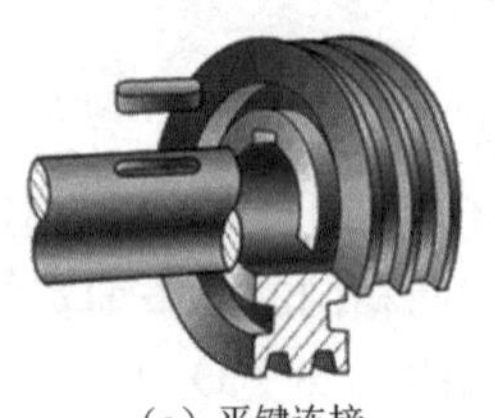

（a）平键连接

（b）半圆键连接

（c）钩头楔键连接

图 7-24 键连接

7.3.1.1 常用键的类型

常用键有普通平键、半圆键和钩头楔键，其形式如图 7-25 所示。

（a）普通 A 型平键　（b）普通 B 型平键　（c）普通 C 型平键　（d）半圆键　（e）钩头楔键

图 7-25　常用键

7.3.1.2　常用键及标注

键和键槽的尺寸可根据轴的直径确定，其具体结构形式、尺寸和标注都已标准化，如表 7-5 所示。

表 7-5　常用键的结构与标记

名称	普通平键（GB/T 1096—2003）		
	A 型	B 型	C 型
结构及规格尺寸			
标注示例	GB/T 1096　键 10×8×20	GB/T 1096　键 B10×8×20	GB/T 1096　键 C10×8×20
说明	b=10mm，h=8mm，L=20mm A 型普通平键，A 型平键可不标出 A	b=10mm，h=8mm，L=20mm B 型普通平键，在规格尺寸前必须标出 B	b=10mm，h=8mm，L=20mm C 型普通平键，在规格尺寸前必须标出 C

名称	半圆键（GB/T 1099.1—2003）	钩头楔键（GB/T 1565—2003）
结构及规格尺寸		
标注示例	GB/T 1099.1　键 6×10×25	GB/T 1565　键 16×40
说明	b=6mm，h=10mm，D=25mm 普通型半圆键	b=16，h=10mm，L=40mm 钩头楔键

7.3.1.3　键连接的规定画法

1．普通平键连接和半圆键连接的画法

键是标准件，键的长度 L、宽度 b 和键槽的尺寸可根据轴的直径 d 从有关标准中选取。

如图 7-26、图 7-27 所示，在绘制普通平键和半圆键连接时，键的两侧面与轴和键槽的侧面接触，应画一条线，键的底面与轴槽底面接触，画一条线。

键的顶面与轮毂槽顶面之间有间隙，画两条线。

如前所述，“轴不剖、键不剖”，当剖切平面通过轴和键的轴线时，轴和键均按不剖画出。

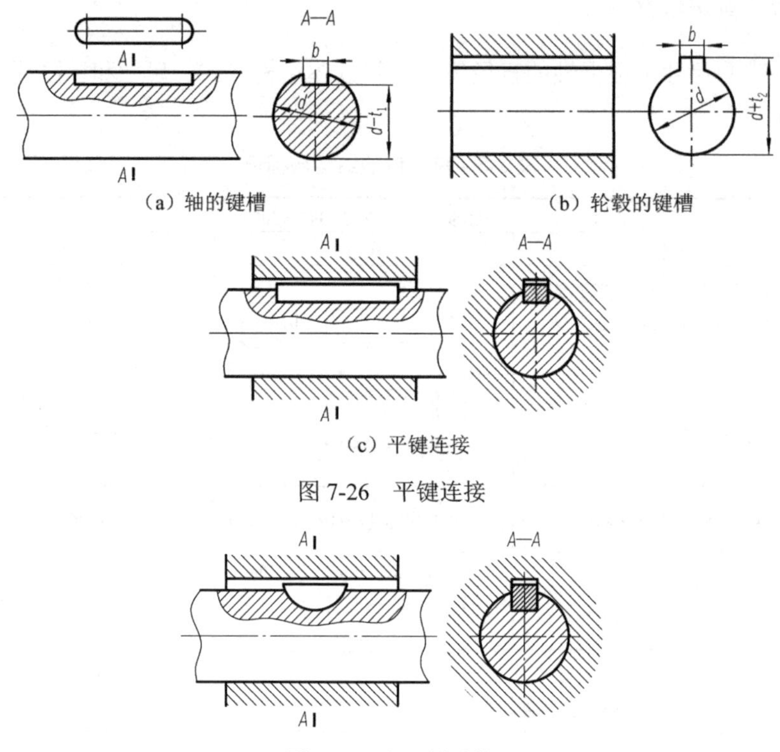

（a）轴的键槽　　（b）轮毂的键槽

（c）平键连接

图 7-26　平键连接

图 7-27　半圆键连接

2. 钩头楔键连接画法

钩头楔键的顶面有 1∶100 的斜度，其工作面为键的顶面和底面，与键槽间没有间隙画一条线，而键的侧面与轴槽和轮毂槽有间隙，画两条线。钩头楔键的画法如图 7-28 所示。

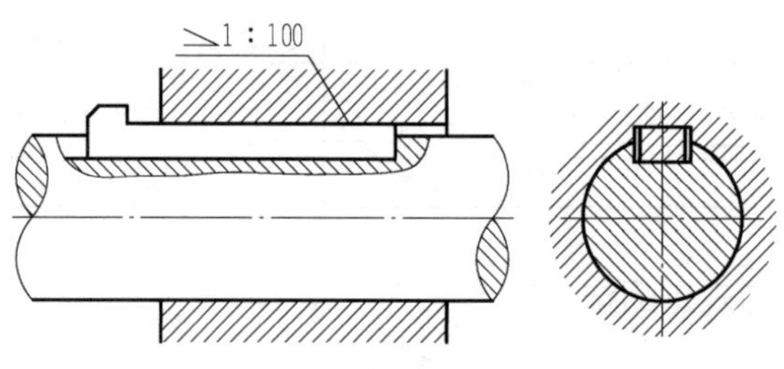

图 7-28　钩头楔键连接

7.3.2　销连接

销通常用于零件间的连接和定位，并可传递不大的载荷。开口销与槽型螺母配合使用，还可起防松作用。

1. 常用销的类型

常用销的类型有圆柱销、圆锥销和开口销等，如图 7-29 所示。

（a）圆柱销　　（b）圆锥销　　（c）开口销

图 7-29　常用销

2. 销的标记

公称直径 d=8mm、长度 l=30mm、公差为 m6、材料为钢、不经淬火、不经表面处理的圆柱销标记为：销　GB/T 119.1 8m6×30。

公称直径 d=10mm（圆锥销的公称直径是指小端直径）、长度 l=30mm、材料为钢、普通淬火（A 型）、表面氧化处理的圆锥销标记为：销　GB/T 119.2 10×30。

公称直径 d=5mm、长度 l=50mm、材料为 Q215、不经表面处理的开口销标记为：销　GB/T 91 5×50。

3. 销连接的画法

为了保证销连接的可靠性，销和需被定位或连接的两个零件上的销孔，一般需一起加工，并在图样上注写“配作”。

销连接的画法如图 7-30 所示。

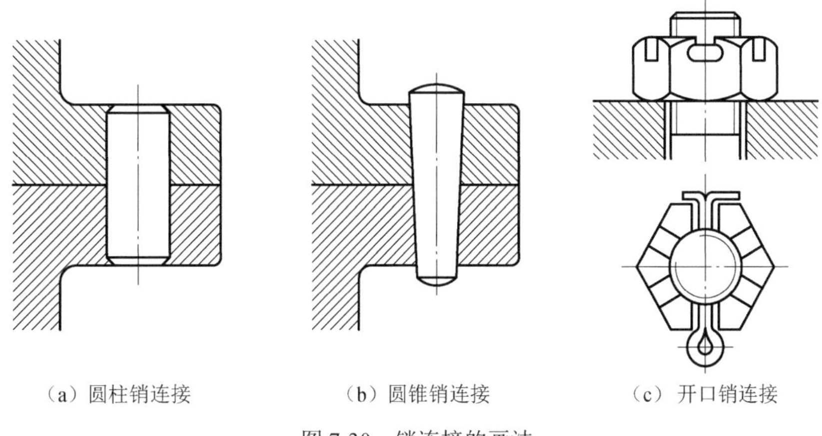

（a）圆柱销连接　　（b）圆锥销连接　　（c）开口销连接

图 7-30　销连接的画法

7.4　弹　　簧

弹簧是储存和释放能量的一种机械零件，可以用来减震、复位、夹紧、测力和储能等。弹簧的特点是在去除外力后，能立即恢复原状。弹簧根据工作时的受力情况可分为压缩弹簧、拉伸弹簧、扭转弹簧、涡卷弹簧、板弹簧等，如图 7-31 所示。

一般使用较多的是圆柱螺旋弹簧。

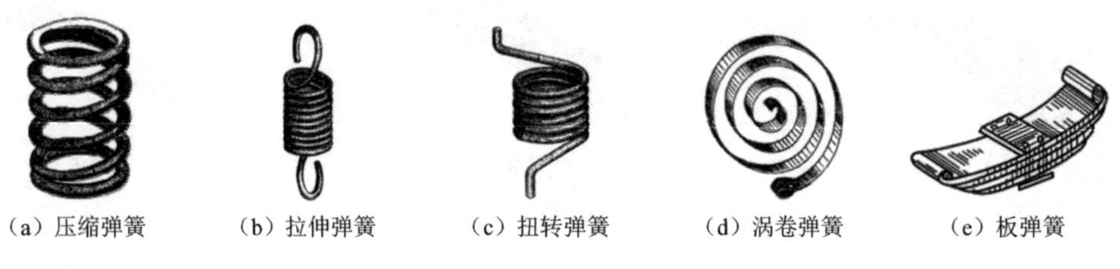

图 7-31　弹簧

7.4.1　圆柱螺旋压缩弹簧的参数

圆柱螺旋压缩弹簧是用金属丝（条）按圆柱螺旋线卷绕而成，为了使圆柱螺旋压缩弹簧在工作时受力均匀，要求它的两端面应与轴线垂直，因而在制造时常将其两端并紧和磨平。两端并紧磨平的部分在工作状态下无明显变形，仅起支撑作用，故称为支撑圈；中间节距相等的各圈是工作状态下参与弹性变形的部分，故称有效圈（或工作面）。

圆柱螺旋压缩弹簧的形状和尺寸关系如图 7-32 所示。

（1）弹簧丝直径（d）：制造弹簧所用的钢丝直径。

（2）弹簧中径（D）：弹簧的平均直径，按标准选择。

（3）弹簧内径（D_1）：弹簧的最小直径。

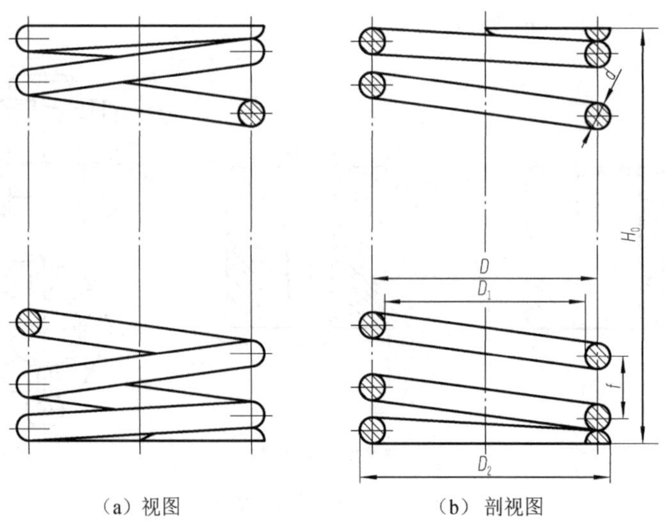

图 7-32　圆柱螺旋压缩弹簧

（4）弹簧外径（D_2）：弹簧的最大直径。

（5）有效圈数（n）：弹簧参加工作，并保持相同节距的圈数。

（6）支撑圈数（n_2）：为了使弹簧在工作时受力均匀，保证轴线垂直端面，以增加弹簧的平稳性，制造时，常将弹簧两端并紧，且将端面磨平，并紧的圈数仅起支撑作用，称为支撑圈。支撑圈一般有 1.5 圈、2 圈、2.5 圈，常用的是 2.5 圈。

（7）总圈数（n_1）：有效圈数与支撑圈数之和，即 $n_1=n+n_2$。

（8）节距（t）：除支撑圈外，有效圈数中相邻两圈对应点在中径上的轴向距离。

（9）自由高度（H_0）：弹簧在未受负荷时的高度，$H_0=nt+(n_2-0.5)d$。

（10）展开长度（L）：制造弹簧时所需的钢丝长度。

按螺旋线展开 L 可按下式计算：

$$L \approx n_1\sqrt{(\pi D)^2+t^2}$$

（11）螺旋方向：有左右旋之分，常用右旋。

7.4.2　圆柱螺旋压缩弹簧的规定画法

根据《机械制图　弹簧表示法》（GB/T 4459.4—2003），圆柱螺旋压缩弹簧的画法如图 7-32 所示，绘图时应遵守如下规定。

（1）平行于螺旋弹簧轴线的投影面的视图中，其各圈的轮廓应画成直线。图形可画成视图，也可画成剖视图。

（2）有效圈数在四圈以上的螺旋弹簧，中间部分可以省略，每端只画出 1～2 圈（支撑圈除外）。圆柱螺旋弹簧中间部分省略后，允许适当缩短图形的长度。

（3）弹簧均可画成右旋，对必须保证的旋向要求应在“技术要求”中注明。右旋弹簧一般可不标注，但左旋弹簧不论画成左旋或右旋，一般要注写出旋向“左”字。

（4）螺旋压缩弹簧如要求两端并紧且磨平时，不论支撑圈多少均可按支撑圈为 2.5 圈绘制，必要时也可按支撑圈的实际结构绘制。

（5）在装配图中，被弹簧挡住的结构一般不画出，可见部分应从弹簧的外轮廓线或从弹簧钢丝剖面的中心线画起，如图 7-33（a）所示。

（6）在装配图中，型材尺寸较小（直径或厚度在图形上等于或小于 2mm）的螺旋弹簧被剖切时，其剖面可用涂黑表示，如图 7-33（b）所示，也允许用示意图表示，如图 7-33（c）所示。

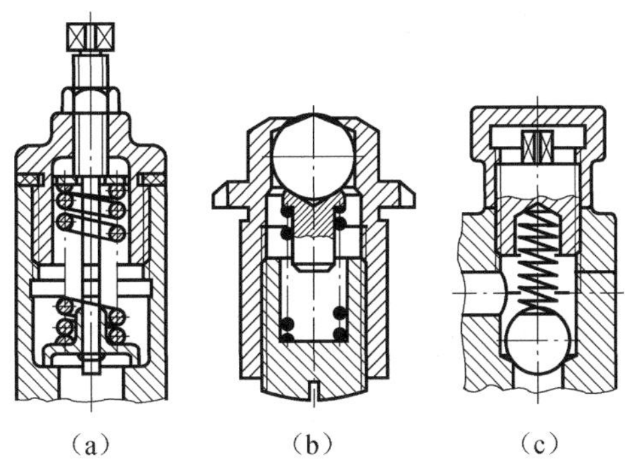

（a）　　（b）　　（c）

图 7-33　装配图中的弹簧画法

7.4.3　圆柱螺旋压缩弹簧的作图步骤

若已知圆柱螺旋压缩弹簧的外径 D_2、簧丝直径 d、节距 t 和圈数，即可计算出弹簧中径 D 和自由高度 H_0，从而绘制出圆柱螺旋压缩弹簧。

作图步骤：

（1）布置图面。如图 7-34（a）所示，根据 D 作出中径（两条平行中心线），并定出自由高度 H_0。

（2）画两端支撑圈。如图 7-34（b）所示，绘制以 d 为直径的圆和半圆。

（3）画有效圈。如图 7-34（c）所示，画出间距为节距 t 的小圆（一般两边各画 1～2 圈）。

（4）如图 7-34（d）所示，按右旋画相应小圆的外公切线，完成剖视图（画剖面线）。

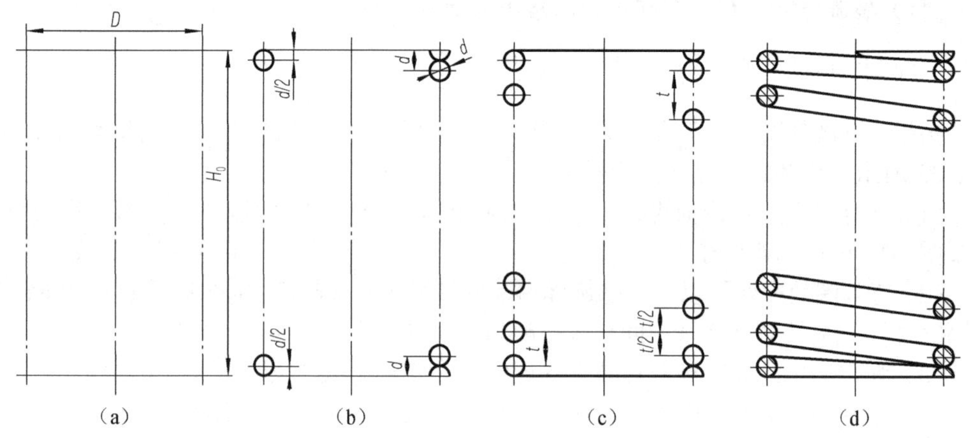

图 7-34　圆柱螺旋压缩弹簧作图步骤

7.5　滚 动 轴 承

机器设备中，轴承是用来支撑旋转轴的标准件，一般分为滑动轴承和滚动轴承两大类。滚动轴承因结构紧凑、摩擦阻力小、使用寿命长、具有较高的机械传动效率而被广泛应用。

7.5.1　滚动轴承的结构与类型

1. 滚动轴承结构

滚动轴承一般由内圈、外圈、滚动体和保持架四部分构成[图 7-35（a）、图 7-35（b）]。

内圈：装在轴上，与轴一起转动。

外圈：装在机体或轴承座内，一般固定不动。

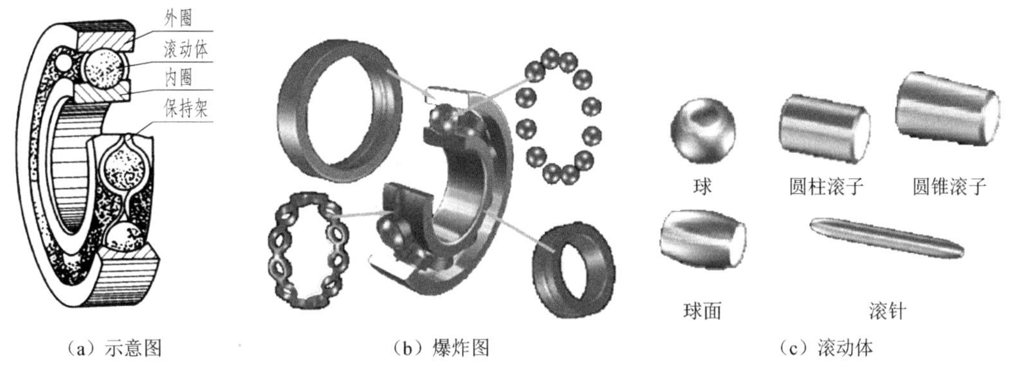

（a）示意图　（b）爆炸图　（c）滚动体

图 7-35　滚动轴承结构

滚动体：装在内、外圈之间的滚道中，有球、圆柱滚子、圆锥滚子等类型。

保持架：用以均匀分隔滚动体。

2. 滚动轴承分类

滚动轴承种类繁多，根据承受载荷方向和大小不同，滚动轴承一般分为以下几类：

（1）向心轴承。主要承受径向载荷。

（2）角接触轴承。可承受径向和轴向载荷，但以径向为主。

（3）推力轴承。只能承受轴向载荷。

（4）推力角接触轴承。主要承受轴向载荷，也可承受较小的径向载荷。

滚动轴承还可按照滚动体的形状进行分类，如分为球轴承和滚子轴承，常见滚动体的形状，如图 7-35（c）所示。

7.5.2　滚动轴承的画法

《机械制图 滚动轴承表示法》（GB/T 4459.7—1998）规定，滚动轴承用通用画法、特征画法及规定画法三种画法表示。在剖视图中，当不需要确切地表示滚动轴承的外形轮廓、载荷特性、结构特征时，可用矩形线框及位于线框中央正立的十字符号表示，十字符号不应与矩形线框接触，如图 7-36（a）所示。当轴承与轴装配在一起时，通用画法应绘制在轴的两侧，如图 7-36（b）所示。

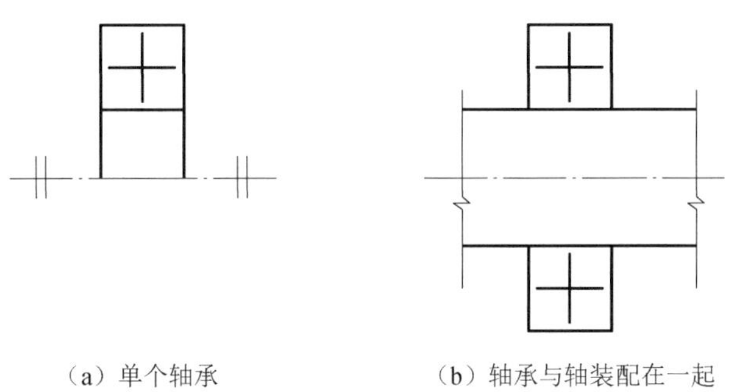

（a）单个轴承　（b）轴承与轴装配在一起

图 7-36　滚动轴承通用画法示例

深沟球轴承规定画法及特征画法可见表 7-6 示例。

表 7-6　深沟球轴承规定画法及特征画法示例

轴承类型及标准编号	结构示意图	规定画法	特征画法
深沟球轴承 60000 型 GB/T 276—2013		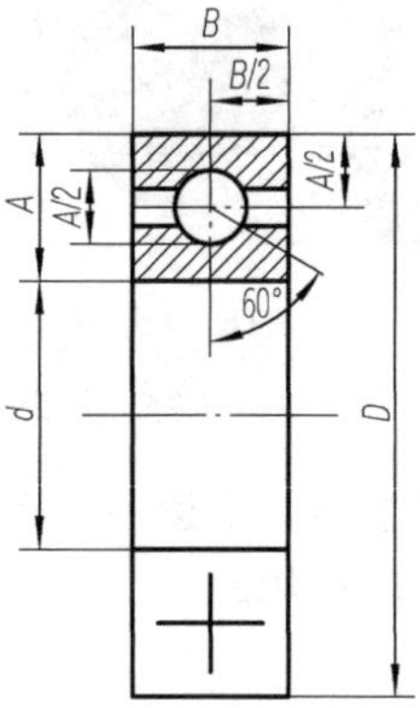 B, B/2, A, A/2, A/2, 60°, d, D	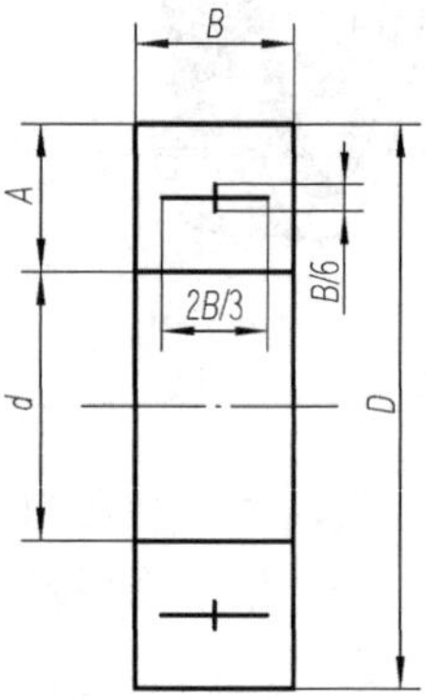 B, A, B/6, 2B/3, d, D

思　考　题

1．试述螺纹的基本要素。内、外螺纹连接时，应满足哪些条件？

2．简述内外螺纹的规定画法。

3．说明普通螺纹、管螺纹和梯形螺纹的标记格式，解释下列螺纹的含义：M12—5g6g—s、M14×1.5、G1/2A、Tr40×14（p7）LH—7e—L。

4．常用的螺纹连接件有哪些？螺栓、螺柱、螺钉连接画法有哪些基本要求？

5．简述键、销和滚动轴承如何标注。

6．解释模数与齿形角的含义。如何根据基本参数计算齿轮各部分的尺寸？

7．单个圆柱齿轮和圆柱齿轮的啮合画法有何规定？

8．简述圆柱螺旋压缩弹簧的规定画法和作图步骤。

第8章 零 件 图

8.1 零件图的内容

零件图是生产中指导制造和检验该零件的主要图样，它不仅仅是把零件的内、外结构及形状和大小表达清楚，还需要对零件的材料、加工、检验、测量提出必要的技术要求。零件图必须包含制造和检验零件的全部技术资料。因此，一张完整的零件图一般应包括以下几项内容，如图 8-1 所示。

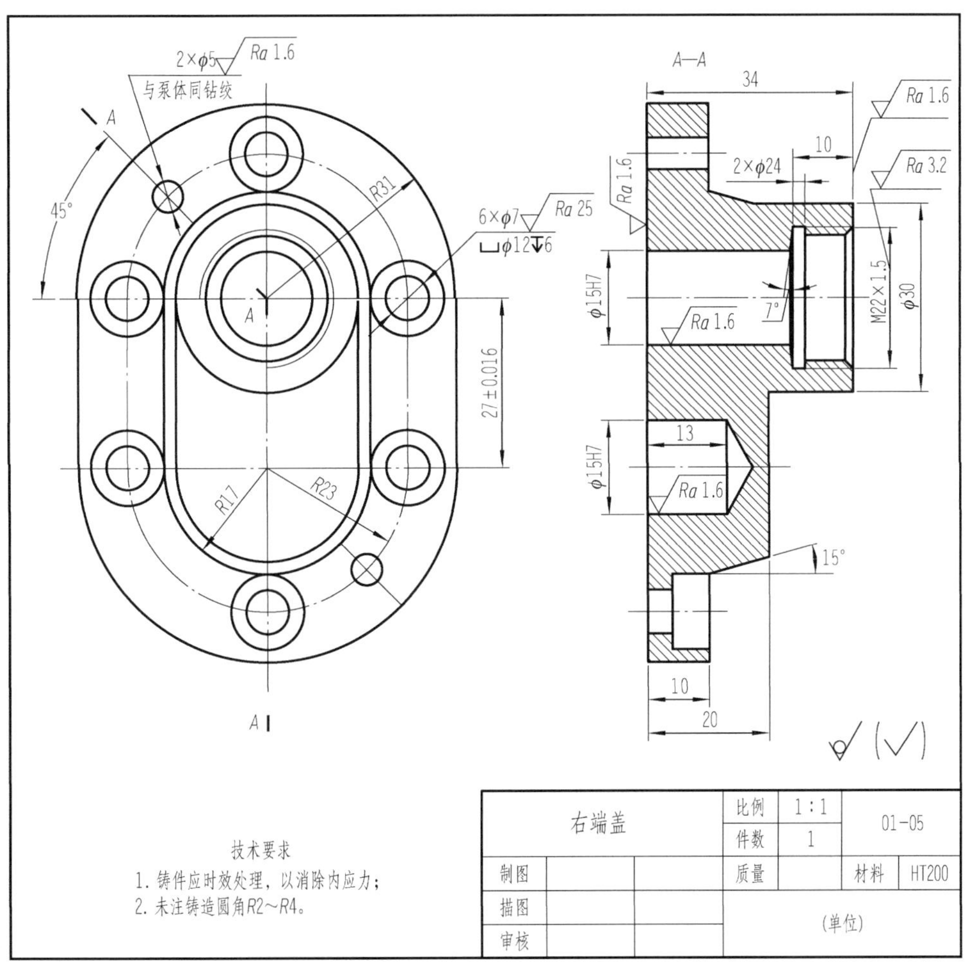

图 8-1 泵体右端盖零件图

（1）一组图形。用于正确、完整、清晰和简便地表达出零件内外形状的图形，其中包括机件的各种表达方法，如视图、剖视图、断面图、局部放大图和简化画法等。

（2）尺寸。零件图中应正确、完整、清晰、合理地标注零件在制造和检验时所需要的全部尺寸。

（3）技术要求。零件图中必须用规定的代号、数字、字母和文字注解说明制造和检验零件时在技术指标上应达到的要求。如表面结构要求、尺寸精度要求、几何公差要求、材料和热处理、检验方法以及其他特殊要求等。

（4）标题栏。标题栏应配置在图框的右下角。填写的内容主要有零件的名称、材料、数量、比例、图样代号以及设计、审核、批准者的姓名、日期等。标题栏的尺寸和格式已经标准化，可参见有关标准。

8.2 零件表达方案的选择与尺寸标注

绘制零件图时，必须选择一组适当的视图，以便完整、清晰地表达零件的结构形状。在前面已经学习过组合体视图的选择方法，本节将进一步根据零件的工作和加工情况，确定零件图视图的选择方案及尺寸标注。

零件图的视图选择就是选用一组合适的视图表达出零件的内、外结构和形状及其各部分的相对位置关系。由于零件的结构形状是多种多样的，所以在画图前应对零件进行结构形状分析，并针对不同零件的特点选择主视图及其他视图，确定最佳表达方案。选择视图的原则是：在完整、清晰的表达零件内、外形状的前提下，尽量减少图形数量，以方便画图和看图。

8.2.1 零件表达方案的选择

8.2.1.1 零件分析

零件分析是认识零件的过程，是确定零件表达方案的前提，一个好的视图表达方案离不开对零件的全面、透彻、正确分析。同时，零件分析也是确定零件的尺寸标注以及确定零件的技术要求的前提，因此，零件分析是绘制零件图的依据。

通常零件分析主要包括以下四个方面内容。

1. 零件的结构形状分析

通过对零件的结构形状分析，了解它的内、外结构和形状特征，从而可根据其结构形状特征选用适当的表达方法和方案，在完整、清晰地表达零件各部分结构形状的前提下，力求制图简便。这是选择主视图的投影方向和确定视图表达方案的前提。

2. 零件的功能分析

通过对零件的功能分析，了解零件的作用及工作原理，分清其结构的主要部分、次要部分，明确零件在机器或部件中的工作位置和安装形式。这是选择主视图时，需要遵循工作位置原则的依据。

3. 零件的加工方法分析

在画零件图之前，应对该零件的加工方法和加工过程有一个比较完整、清楚的了解，这样就可明确零件在各加工工序中的加工位置。这是选择主视图时，需要遵循加工位置原则的依据。

4. 零件的工艺结构分析

零件的工艺结构分析就是要求设计者从零件的材料、铸造工艺、机械加工工艺乃至装配工艺等各个方面对零件进行分析，以便在零件的视图选择过程中，考虑这些工艺结构的标准化等特殊要求和规定，使零件视图表达更趋完整、合理。

8.2.1.2　主视图的选择

完整、正确、清晰地表达零件内、外部结构形状，并且要考虑读图方便、画图简单，这是选择零件表达方案的基本要求。要达到这些要求，就要分析零件的结构特点，选择恰当的表达方法。首先选择主视图，再选择其他视图及表达方法。

主视图是表达零件形状最重要的视图，其选择是否合理，将直接影响其他视图的选择。主视图的选择应满足以下原则。

1. 形状特征原则

主视图的投射方向应较好地反映零件的形状特征。较好地反映零件的形状特征，是指在零件的主视图上能较多地、较清楚地反映出零件各部分的形状和相对位置，以满足表达零件清晰的要求。图 8-2 是确定机床尾架主视图投影方向的方案比较，由图可知，图 8-2（a）的表达效果显然比图 8-2（b）的表达效果要好得多。

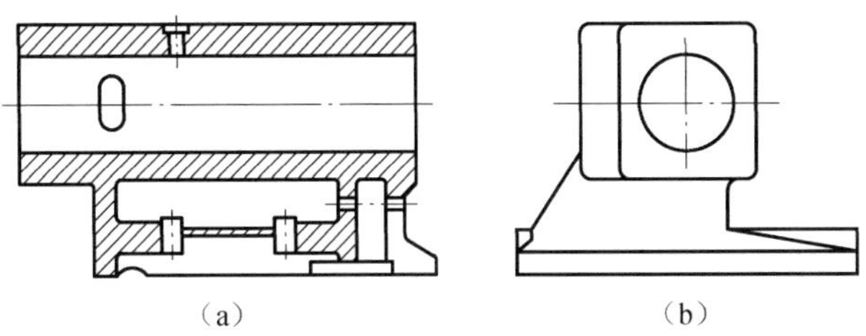

图 8-2　确定主视图的投射方向

2. 合理位置原则

零件在主视图上所表现的“合理位置”一般有两种，即零件的加工位置和工作位置。

（1）零件的加工位置。零件机械加工时，要把它固定在一定的位置上。零件主视图应尽量与零件的加工位置一致。这样画主视图，在加工时既便于看图和测量尺寸，又可减少差错。如轴套类零件的加工，大部分工序是在车床上进行，因此通常要按加工位置（即轴线水平放置）画其主视图，如图 8-3 所示。

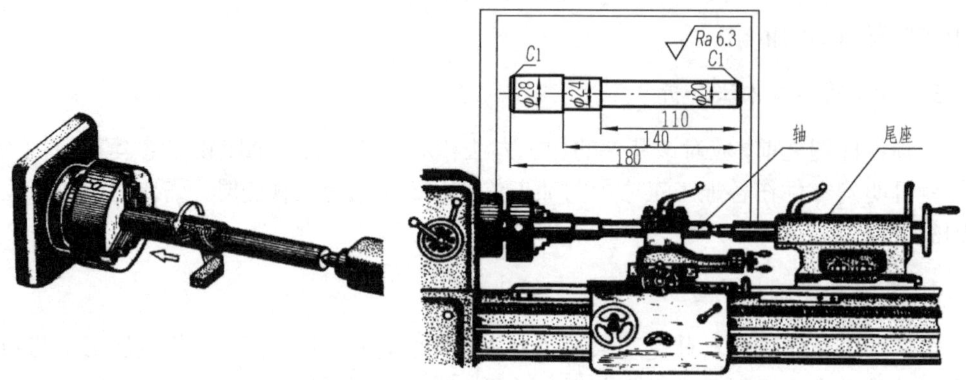

图 8-3　轴在车床上的加工位置

（2）零件的工作位置。零件在装配体中都有一定的工作位置，即其自然位置。零件主视图的放置，应尽量与零件在机器或部件中的工作位置一致。这样便于根据装配来看图和画图。支座和箱体类零件一般按工作位置放置，因为这类零件结构形状复杂，各表面的加工位置也不同。对于工作位置倾斜放置或工作位置不断变化的零件，应将零件放正，使较多的平面平行于基本投影面。

总之，选择主视图时，应按形体特征原则和合理摆放位置原则综合考虑。

8.2.1.3　其他视图的选择

一般来讲，仅用一个主视图是不能完全反映零件的结构形状的，必须选择其他视图，包括剖视、断面、局部放大图和简化画法等各种表达方法。主视图确定后，对其表达未尽的部分，再选择其他视图予以完善表达。具体选用时，应注意以下几点。

（1）根据零件的复杂程度及内、外结构和形状，全面地考虑还需要的其他视图，使每个所选视图应具有独立存在的意义及明确的表达重点，注意避免不必要的细节重复，在明确表达零件的前提下，使视图数量为最少。

（2）优先考虑采用基本视图，当有内部结构时应尽量在基本视图上作剖视；对尚未表达清楚的局部结构和倾斜部分结构，可增加必要的局部（剖）视图和局部放大图；有关的视图应尽量保持直接投影关系，配置在相关视图附近。

（3）按照视图表达零件形状要正确、完整、清晰、简便的要求，进一步综合、比较、调整、完善，选出最佳的表达方案。

（4）确定表达方案后，应从以下两个方面进行检查：一是各部分的形状和相对位置是否确定；二是表达是否清晰、便于看图。

总之，视图数量要合适，各视图的表达重点要明确。对于初学者，首先应考虑的是表达的完整性，进而掌握表达技巧，提高表达能力。

8.2.2　零件图的尺寸标注

零件图中的图形，只是用来表达零件的形状，而零件各部分的真实大小及相对位置，则靠标注尺寸来确定。零件图上所标注的尺寸不但要满足设计要求，还应满足生产要求。零件图上的尺寸标注要求：正确、完整、清晰、合理。

8.2.2.1 尺寸基准及其选择

尺寸基准就是确定尺寸位置的几何要素。零件有长、宽和高三个方向，每个方向必须有一个主要尺寸基准，另外有一个或几个辅助尺寸基准。选择尺寸基准，一是为了确定零件在机器中的位置或零件上几何元素的位置，以符合设计要求；二是为了在制作零件时，确定测量尺寸的起点位置，以符合工艺要求。要合理标注尺寸，一定要正确选择尺寸基准。

根据尺寸基准的作用，一般可将其分为设计基准和工艺基准两种。

1. 设计基准

设计基准是根据零件在机器中的位置、作用，为了保证其使用性能即设计要求而选定的基准。一般是机器或部件用以确定零件位置的线和面。如图 8-4 所示，零件的长、宽、高三个方向，每个方向都要有一个设计基准，该基准又称为主要基准。当零件同一方向有多个尺寸基准时，主要基准只有一个，其余均为辅助基准。

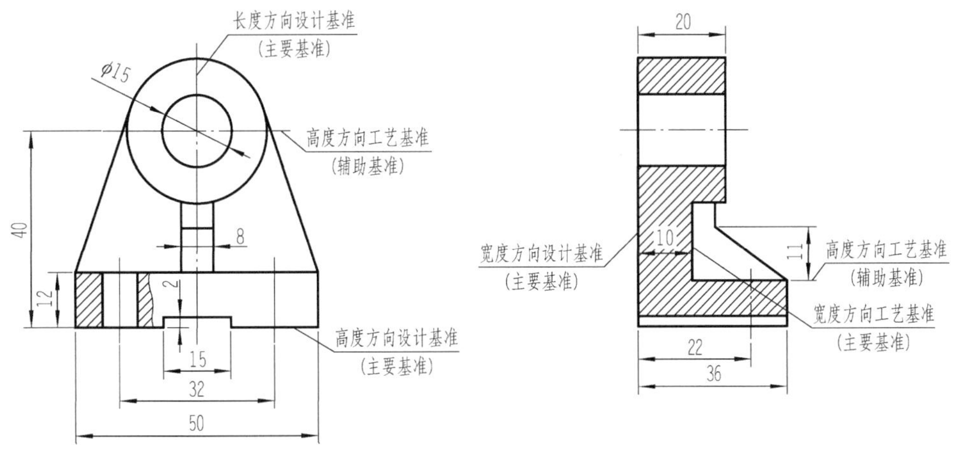

图 8-4 轴承座的尺寸基准

2. 工艺基准

工艺基准是为了确定零件装夹位置和刀具位置，以及便于测量所选定的基准。一般是在加工过程中用以确定零件加工或测量位置的一些线和面，如图 8-4 所示。

从设计基准标注尺寸，能保证设计要求；从工艺基准标注尺寸，便于加工和测量。因此，最好使设计基准与工艺基准重合。当两者不能做到统一时，应选择设计基准为主要基准，工艺基准作为辅助基准，达到保证设计要求的前提下，满足工艺要求。但要注意的是，主要基准和辅助基准必有一个尺寸与两者相联系，该尺寸称为联系尺寸。

8.2.2.2 尺寸标注的形式

根据尺寸在图样上的布置特点，标注尺寸的形式有下列三种。

1. 链状标注法

链状标注就是把尺寸依次注写成链状，如图 8-5 所示。在机械图样中，链状标注常用于标注若干相同结构之间的距离，以及阶梯状零件各段尺寸要求精确的情况等。

2. 坐标标注法

坐标标注就是把各个尺寸从一个选定的基准开始标注，如图 8-6 所示。坐标标注法用于需要从一个基准定出一组精确尺寸的情况。

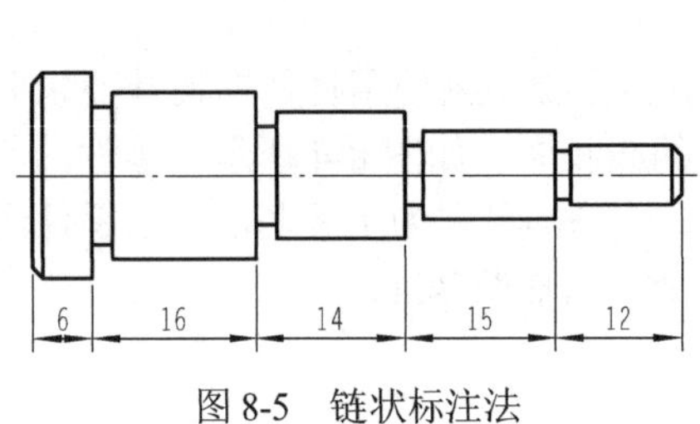

图 8-5　链状标注法

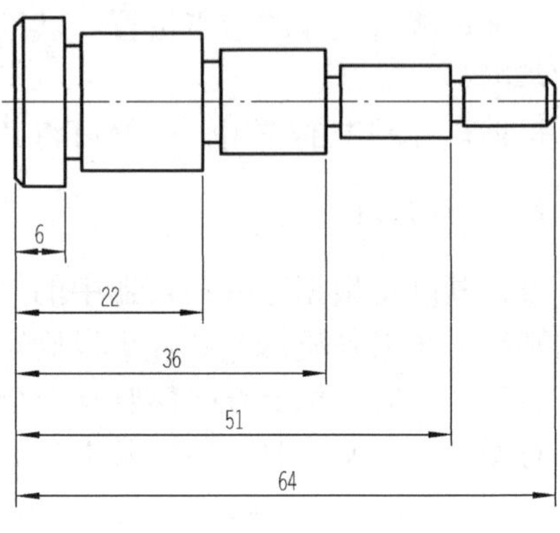

图 8-6　坐标标注法

3. 综合法

通常图样上的尺寸既要保证设计要求，又要满足工艺要求，所以标注尺寸时，以上两种标注方法都要使用，称为综合标注法，如图 8-7 所示。

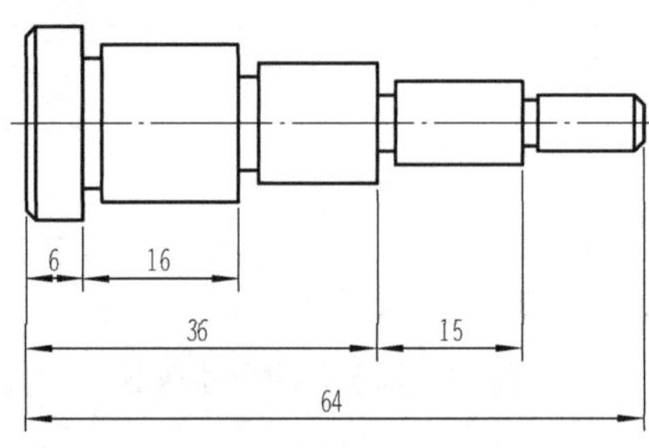

图 8-7　综合标注法

8.2.2.3　合理标注尺寸应注意的问题

1. 重要尺寸必须从设计基准出发直接标注

零件的重要尺寸是指影响零件在整个机器中的工作性能和位置关系的尺寸，如功能尺寸、配合表面的尺寸、主要的定位尺寸（如孔的中心矩）等。它们的精度将直接影响零件的使用性能，因此必须直接注出，如图 8-8（a）所示，尺寸 32 和 40 必须直接注出。而如图 8-8（b）中，重要尺寸由 8+24 和 52-12 计算得出，加大了误差，是不可取的。

2. 非重要尺寸的标注应满足工艺要求

非重要尺寸是指那些既不影响产品的工作性能，也不影响零件的配合性质和精度的尺寸。标注非重要尺寸时，应考虑加工顺序和测量的方便。

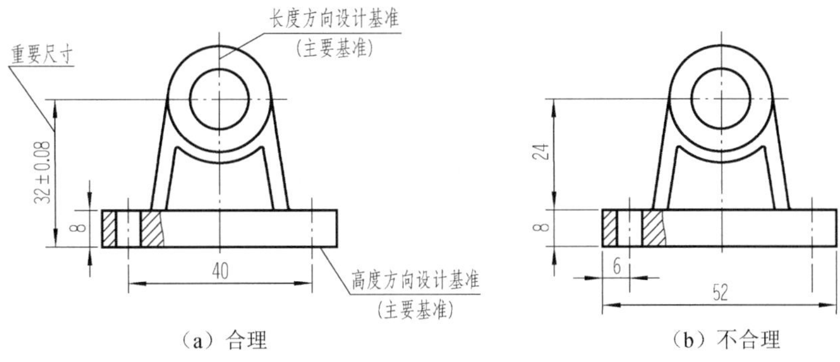

（a）合理　　　　　　（b）不合理

图 8-8　重要尺寸从设计基准直接注出

（1）尽量符合加工顺序。按加工顺序标注尺寸，符合加工过程，便于加工和测量。如图 8-9 所示轴的加工顺序，为了下料方便，注出了轴的总长 130；先加工ϕ34，轴向尺寸 23；调头后加工ϕ40，轴向尺寸 74；然后再加工ϕ34，轴向尺寸 23。

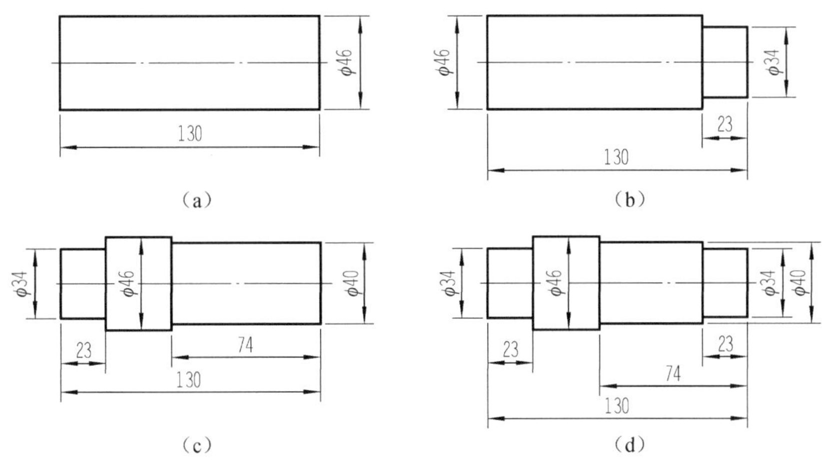

（a）　　　　（b）

（c）　　　　（d）

图 8-9　轴的加工顺序与标注尺寸的关系

（2）按不同的加工方法尽量分别集中标注。不同加工方法所用尺寸分开标注，便于看图加工，如图 8-10 所示，是把车削与铣削所需要的尺寸分开标注。

（3）考虑测量方便。尺寸标注有多种方案，但要注意所注尺寸是否便于测量，如图 8-11 所示结构，两种不同标注方案中，不便于测量的标注方案是不合理的。

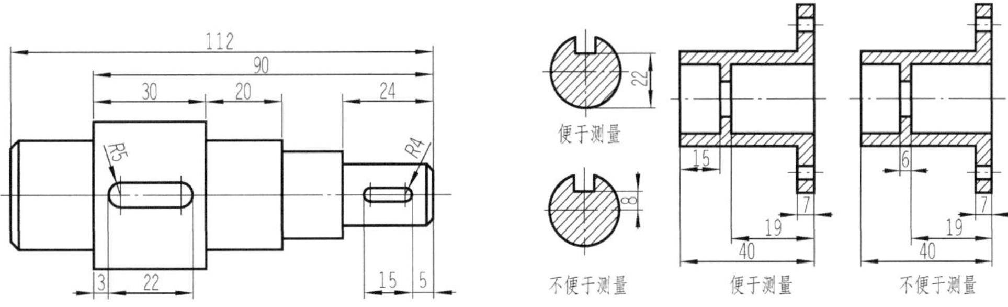

图 8-10　按加工方法标注尺寸　　　　图 8-11　考虑尺寸测量方便

3. 毛面的尺寸标注

若同一方向上有多个毛面时，只能有一个毛面尺寸与加工尺寸联系起来，其他毛面尺寸只能和毛面尺寸联系。如图 8-12（a）所示，毛面中只有尺寸 *A* 与加工面发生联系，其他毛面尺寸不与加工面联系，这样其他尺寸仍保持毛面时的精度和相互关系。同时 *A* 尺寸的精度容易满足，制造和加工都方便。而图 8-12（b）中，同时有几个毛面与加工面发生联系，加工时难以保证两个以上毛面的尺寸要求。

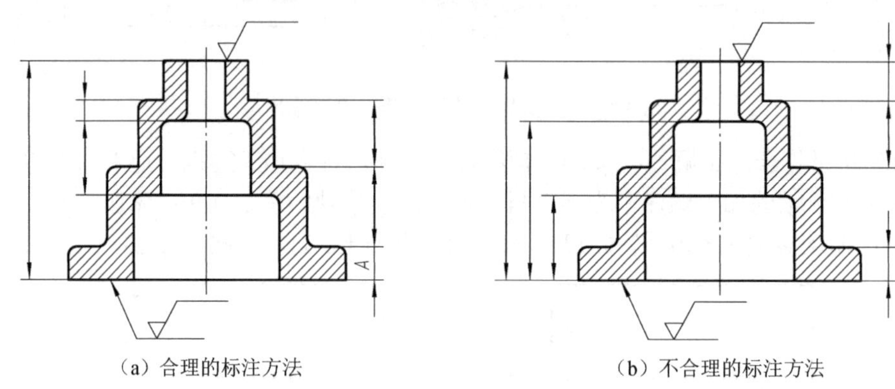

（a）合理的标注方法　　（b）不合理的标注方法

图 8-12　毛面尺寸的标注方法

4. 避免出现封闭尺寸链

如图 8-13（a）所示，标注出了轴的总长 *L* 后，又分别标注了各段的长度 *A*、*B*、*C*，这样就构成了首尾相连的封闭的尺寸链。在机器生产中这是不允许的，因为各段尺寸加工不可能绝对准确，总有一定尺寸误差，而各段尺寸误差之和不可能正好等于总体尺寸的误差。为此，在标注尺寸时，应将最不重要的轴段尺寸空出不注（称为开口环），如图 8-13（b）所示。这样，其他各段加工的误差都积累至这个不要求检验的尺寸上，而全长及主要轴段的尺寸则因此得到保证。

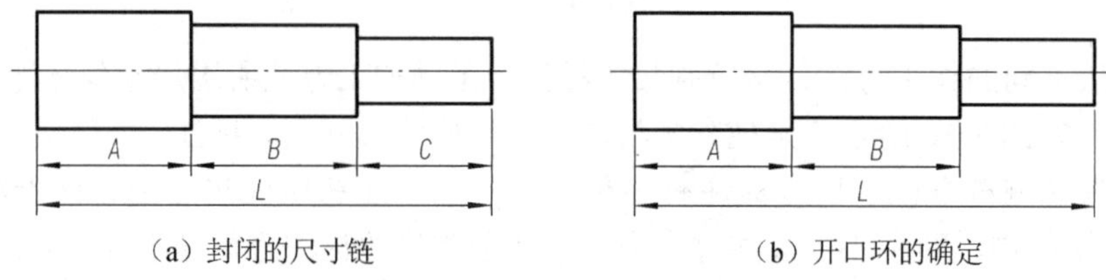

（a）封闭的尺寸链　　（b）开口环的确定

图 8-13　避免出现封闭尺寸链

8.2.3　典型零件表达方案的选择与尺寸标注举例

生产实际中的零件种类繁多，形状和作用各不相同，为了便于分析和掌握，根据它们的结构形状及作用，大致分为四大类零件：轴套类、轮盘类、叉架类和箱体类。

8.2.3.1　轴套类零件

1. 用途

轴套类零件包括各种轴和套，在机器和部件中大多起传递运动和扭矩以及定位作用。

2. 结构和视图选择

为使生产工人看图方便，可按零件在机械加工时所处的位置，将其轴线水平放置，并将小直径一端朝右、平键槽朝前、半圆键槽朝上，按加工位置确定主视图。轴套类零件一般只画一个主视图，对于零件上的键槽、孔等，可画移出断面图，砂轮越程槽、退刀槽、中心孔等可用局部放大图表达，实心轴上个别部分的内部结构形状，可用局部剖视来表达，如图 8-14 所示。

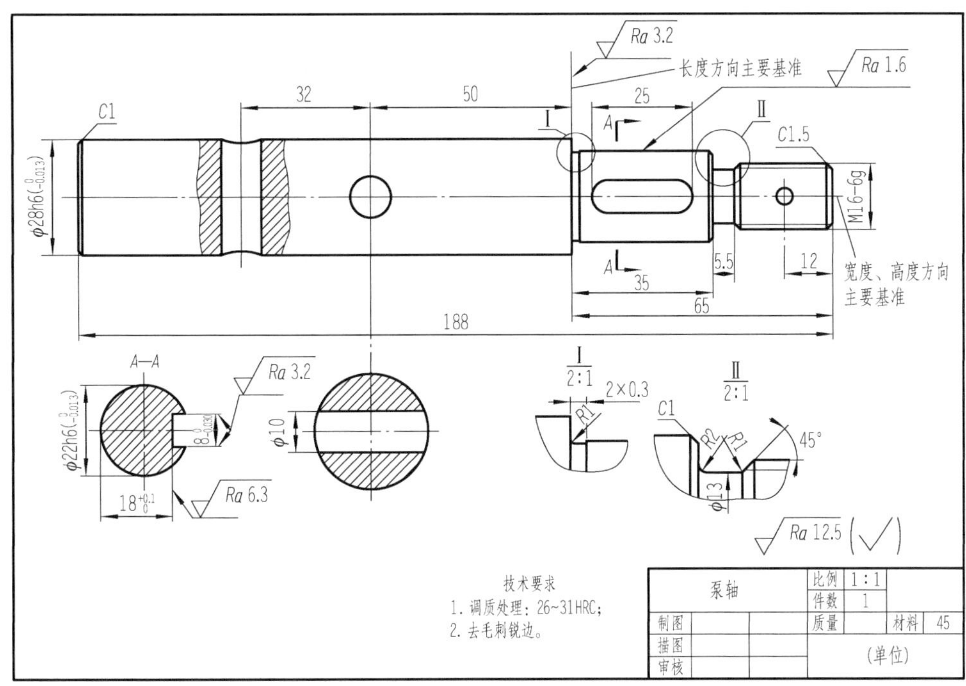

图 8-14　泵轴零件图

3. 尺寸标注

标注尺寸时，可选择轴线为高度和宽度方向主要尺寸基准，长度方向主要基准通常选择比较重要的端面或安装结合面。注意按加工顺序安排尺寸，把不同工序的尺寸分别集中标注，方便加工和测量，零件上的标准结构，应按该结构标准尺寸注出，如图 8-14 中的退刀槽和砂轮越程槽。

8.2.3.2　轮盘类零件

1. 用途

轮盘类零件包括手轮、带轮、轴承盖、法兰盘等，在机器或部件中主要起传递动力、支撑或密封作用。

2. 结构和视图选择

轮盘类零件主体结构一般为同轴回转体，但其径向尺寸远远大于轴向尺寸，呈盘状。

还有均布的孔、槽、肋、轮辐等辅助结构。主要是在车床或镗床上加工而成，加工位置一般是轴线水平放置。因此主视图一般按加工位置画出。为了表达均布的孔、槽、肋、轮辐等结构，还需选用一个端面视图。轮盘类零件一般需要两个以上基本视图，主视图一般采用全剖视图，以表达其内部结构。如图 8-15 所示，主视图绘制全剖视图，主要表达轴承盖上孔的结构及相对位置，左视图表达轴承盖的外形及其上孔的分布情况。

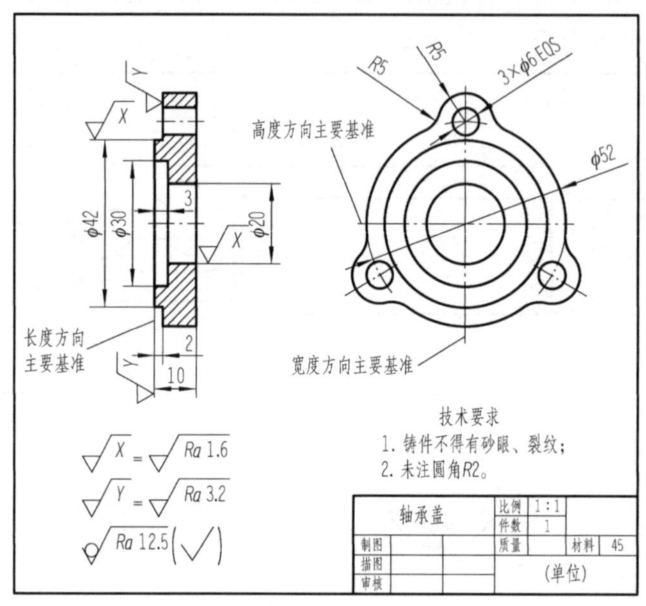

图 8-15　轴承盖零件图

3. 尺寸标注

轮盘类零件同轴类零件一样需标注轴向（长度方向）尺寸和径向尺寸，径向尺寸的主要基准是回转轴线，径向基准也是标注凸缘的高、宽方向的尺寸基准，轴向（长度方向）尺寸的主要基准是重要的端面，如图 8-15 所示。

8.2.3.3　叉架类零件

1. 用途

叉架类零件一般包括拨叉、连杆、支座等。拨叉主要用在机床、内燃机等各种机器的操纵机构上，用于操纵机器、调节速度等，支架主要起支撑和连接的作用。

2. 结构和视图选择

叉架类零件常用倾斜或弯曲的结构连接零件的工作部分与安装部分。这类零件结构形状比较复杂，加工位置多变，有的零件工作位置也不固定，所以这类零件的主视图一般应将零件放正，使较多的平面平行于基本投影面。对其他视图的选择，常常需要两个或两个以上的基本视图，并且还要用适当的局部视图、断面图等表达方法来表达零件的局部结构。叉架类零件多为铸件或锻件，因而具有铸造圆角、凸台、凹坑等常见结构，如图 8-16 所示。

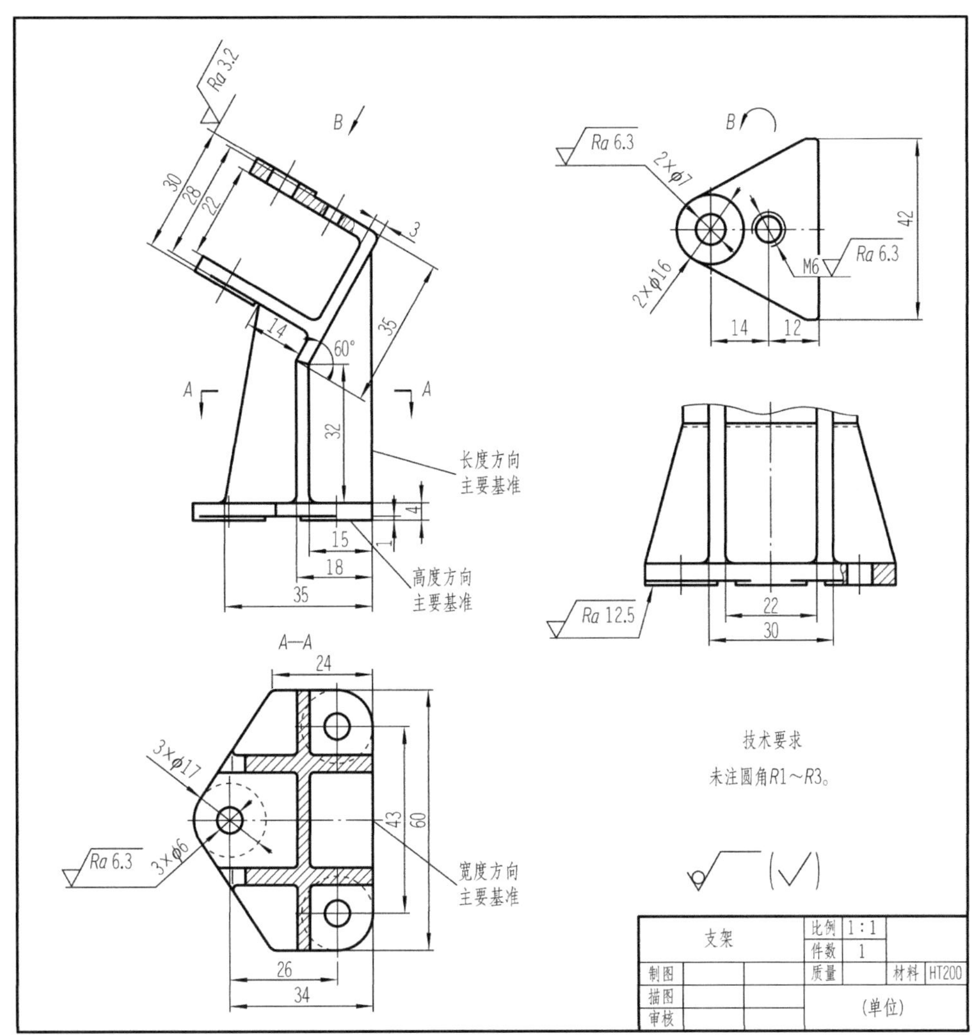

图 8-16　支架零件图

3. 尺寸标注

支架类零件长、宽、高三个方向的主要尺寸基准一般为对称面、轴线、中心线或较大的加工面。定位尺寸较多，为了保证定位的精度，一般要标注出孔与孔的轴线（中心线）间的距离、孔轴线（中心线）到平面的距离或平面到平面间的距离，然后按照形体分析法标注各部分定形尺寸。

8.2.3.4　箱体类零件

1. 用途

箱体类零件主要有阀体、泵体、箱体等，一般起支撑、容纳、定位和密封等作用。

2. 结构和视图选择

箱体类零件有复杂的内腔和外形结构，常带有轴承孔、凸台、肋板、安装孔、螺孔等结构。由于箱体类零件加工工序较多，加工位置多变，所以在选择主视图时，常按工作位置安放，再按形状特征原则来选择投影方向，并采用剖视表达方法，反映其内部结构。一般要用三个或三个以上的基本视图表达，根据具体结构，适当采用剖视图、局部视图、断面图等多种表达方法，以清晰地表达零件的内外形状，如图 8-17 所示。

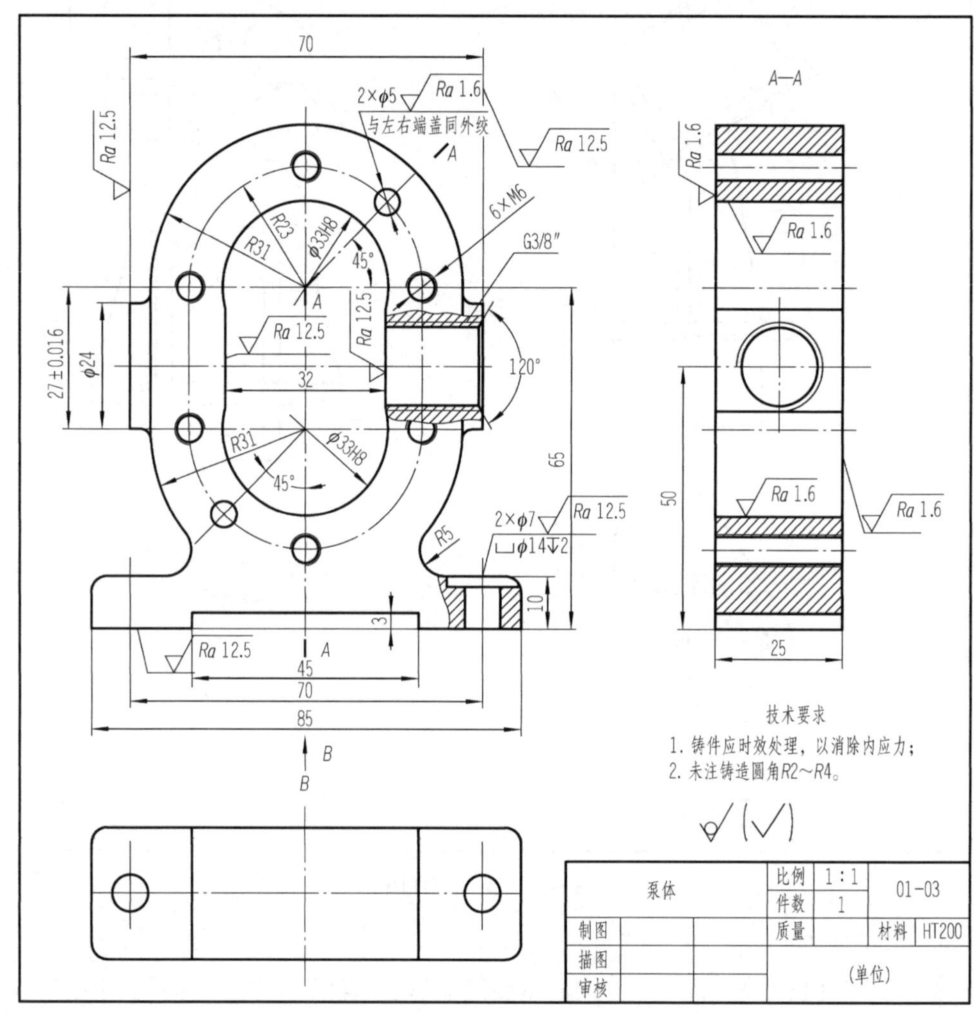

图 8-17　泵体零件图

3. 尺寸标注

箱体类零件长、宽、高三个方向的主要尺寸基准，通常选用重要的孔的轴线、重要的安装面、接触面（或加工面）、主要结构的对称面。较复杂的零件定位尺寸较多，各孔轴线或中心线间的距离要直接注出，对于箱体上需要切削加工的部分，应尽可能按便于加工和检验的要求来标注尺寸，按照形体分析法标注各部分定形尺寸。

8.3　零件图的技术要求

零件图中除了图形和尺寸外，还必须有制造该零件时应该达到的一些加工要求，通常称为“技术要求”，如表面结构要求、极限与配合、几何公差、材料的表面处理、零件材料以及零件加工和检验要求等。技术要求应采用国标中规定的代（符）号标注在视图中，有些技术要求也可在图形下方用文字简要说明。

8.3.1　零件的表面结构

8.3.1.1　表面结构的基本概念

零件在加工过程中，受刀具的形状和刀具与工件之间的摩擦、机床的震动及零件金属表面的塑性变形等因素影响，表面不可能绝对光滑，如图 8-18 所示。粗糙度轮廓、波纹度轮廓和原始轮廓这三类轮廓同时叠加在同一表面轮廓上，构成了零件的表面特征，称为表面结构。

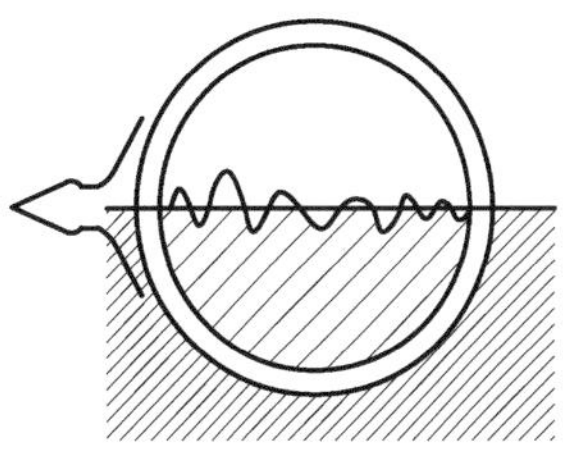

图 8-18　零件的表面结构

1. 粗糙度轮廓

零件表面上具有较小间距的峰谷所组成的微观几何形状特征称为表面粗糙度。波距小于 1mm，属于微观几何形状误差。一般来说，不同的表面粗糙度是由不同的加工方法形成的。

2. 波纹度轮廓

表面轮廓中间距较大的、随机的或接近周期形式的成分构成的表面不平度，称为表面波纹度。波距在 1～10mm，是介于微观和宏观之间的几何误差。它是在机械加工过程中，由于机床、工件和刀具系统的振动而在零件表面形成的间距比粗糙度大得多的表面不平度。零件表面的波纹度是影响零件使用寿命和引起振动的主要因素。一般是在工件表面加工时，意外因素造成的。

3. 原始轮廓

表面轮廓所具有的宏观几何特征称为原始轮廓。忽略了粗糙度轮廓和波纹度轮廓之后的总的轮廓。波距大于 10mm，属于宏观几何误差。一般是由机床、夹具等本身所具有的形状误差引起的。

值得注意的是，表面粗糙度、表面波纹度以及表面原始轮廓总是同时生成并存在于同一表面上。

8.3.1.2　评定表面结构常用的轮廓参数

国家标准规定了评定表面结构的各种参数，把粗糙度轮廓、波纹度轮廓、原始轮廓

分别称为 *R* 轮廓、*W* 轮廓和 *P* 轮廓。从这三种轮廓上计算得到的参数分别称为 *R* 参数、*W* 参数和 *P* 参数。这里仅介绍工程图样上常用的评定粗糙度轮廓中的两个参数，*Ra* 和 *Rz*。

1. 算术平均偏差 *Ra*

在取样长度内，沿测量方向的轮廓线上的点与基准线 *OX* 之间的距离绝对值的算术平均值，用 *Ra* 表示，如图 8-19 所示。用公式可表示为

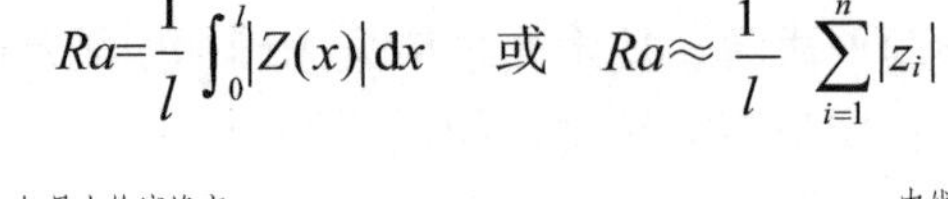

$$Ra=\frac{1}{l}\int_0^l\left|Z(x)\right|\mathrm{d}x \quad 或 \quad Ra\approx\frac{1}{l}\sum_{i=1}^{n}\left|z_i\right|$$

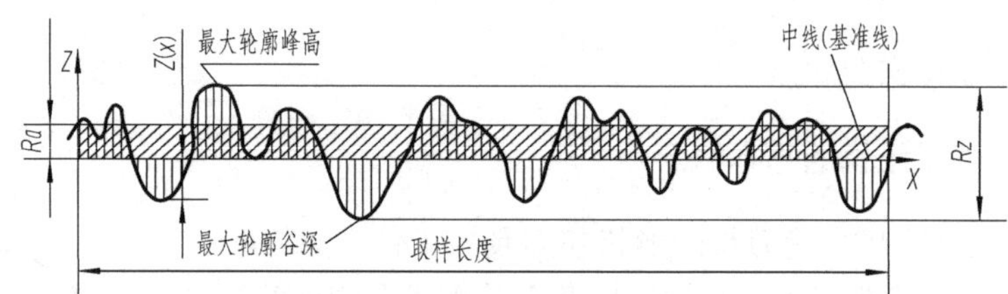

图 8-19　粗糙度轮廓的算数平均偏差 *Ra* 和轮廓的最大高度

2. 轮廓的最大高度 *Rz*

在一个取样长度内，最大轮廓峰高和最大轮廓谷深之间的高度，用 *Rz* 来表示，如图 8-19 所示。

表面粗糙度是评定零件表面质量的重要指标之一，降低零件表面粗糙度可以提高其表面耐腐蚀、耐磨和抗疲劳等能力，但其加工成本也相应提高。因此，零件表面粗糙度的选择原则是：在满足零件表面功能的前提下，表面粗糙度允许值尽可能大一些。在设计零件时，表面粗糙度数值的选择，是根据零件在机器中的作用决定的。

表 8-1 列出常用 *Ra* 值及 *Ra* 值对应的主要加工方法和应用举例。

表 8-1　各种 *Ra* 值下的加工方法和应用举例

Ra/μm	加工方法	应用举例
50	粗车、粗铣、粗刨、钻孔、粗挫等	较少使用
25～12.5		一般的钻孔表面、倒角、退刀槽，要求较低的非接触表面
6.3	细锉、精车、精铣、粗磨、粗铰等	支架、箱体和盖等的非接触表面，螺栓支撑面
3.2		箱、盖、套筒要求紧贴的表面，键和键槽的表面等
1.6		要求有不精确定心及配合特性的表面，如支架孔、衬套、胶带轮工作面等
0.8	精铰、精磨、精拉等	要求保证定心及配合特性的表面，如轴承配合表面及锥孔等
0.4		要求能保证规定的配合特性的零件配合表面、工作时受交变载荷的零件表面、高精度导轨表面等
0.2		精密机床主轴的定位锥孔、要求气密的表面和支撑面
0.10～0.012	研磨、抛光、超级加工等	精密量具的工作面等

8.3.1.3 表面结构的符号、代号和标注方法（GB/T 131—2006）

1. 表面结构图形符号的画法

零件图上表面结构图形符号的画法如图 8-20 所示。

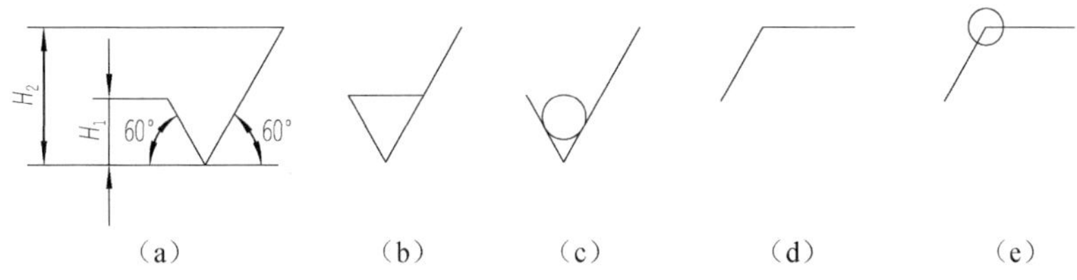

图 8-20 表面结构图形符号的画法

如图 8-20（a）所示，基本符号，没有补充说明时不能单独使用，如与补充的或辅助的说明一起使用，表示指定的表面可采用任何方法获得（即可用去除材料或不去除材料的方法获得）。符号的线宽为 $h/10$，H_1 为 $1.4h$，H_2 的最小值为 $3h$，h 为字高。

如图 8-20（b）所示，基本符号上加一短划，表示表面是用去除材料的方法获得。例如：车、铣、钻、磨、剪切、抛光、腐蚀、电火花加工、气割等。

如图 8-20（c）所示，基本符号上加一小圆，表示表面是用不除材料的方法获得。例如：铸、锻、冲压变形、热轧、冷轧、粉末冶金等。或用于保持原供应状况的表面。

如图 8-20（d）所示，在上述三个符号的长边上均可加一横线，用于标注表面结构特征的补充信息。

如图 8-20（e）所示，在上述符号上均可加一小圆，表示图样中某个视图上构成封闭轮廓的各表面具有相同的表面结构要求。

2. 表面结构代号及其含义

表面结构代号及其含义见表 8-2。

表 8-2 表面结构代号及其含义

代 号	含 义
Ra 3.2	表示用去除材料方法获得的表面，其轮廓算术平均偏差 *Ra* 的上限值为 3.2μm，评定长度为 5 个取样长度（默认），16%规则（默认）
Rz max 3.2	表示用不去除材料方法获得的表面，其轮廓最大高度 *Rz* 的最大值为 3.2μm，评定长度为 5 个取样长度（默认），最大原则
Ra 3.2	表示用任何方法获得的表面，其轮廓算术平均偏差 *Ra* 的上限值为 3.2μm，评定长度为 5 个取样长度（默认），16%规则（默认）
Ra 3.2 Ra 0.8	表示去除材料方法获得的表面，其轮廓算术平均偏差 *Ra* 的上限值为 3.2μm，下限值为 0.8μm

3. 表面结构要求在图样上的标注方法

（1）表面结构要求对每一表面一般只标注一次，并尽可能标注在相应的尺寸及其公差的同一视图上。除非另有说明，所标注的表面结构要求是对完工零件表面的要求。

（2）表面结构的注写和读取方向与尺寸的注写和读取方向一致。表面结构要求可以标注在轮廓线上或者轮廓线的延长线上，其符号应从材料外指向并接触表面，必要时表面结构符号也可以用带箭头和黑点的指引线引出标注，如图 8-21、图 8-22 所示。

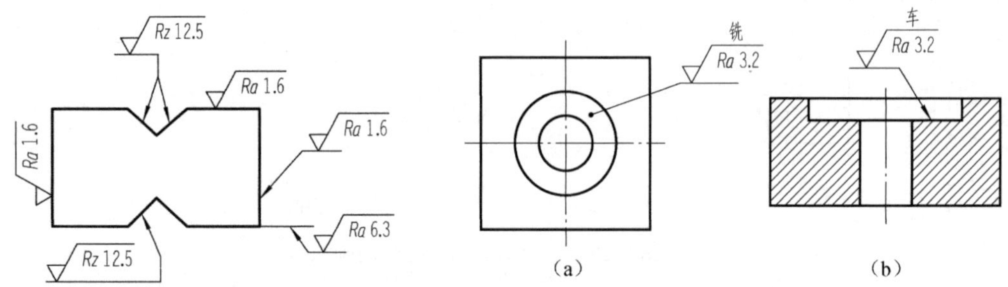

图 8-21　表面结构要求在轮廓线上的标注　　图 8-22　用指引线引出标注表面结构要求

（3）表面结构图形符号标注在几何公差框格的上方，如图 8-23 所示。

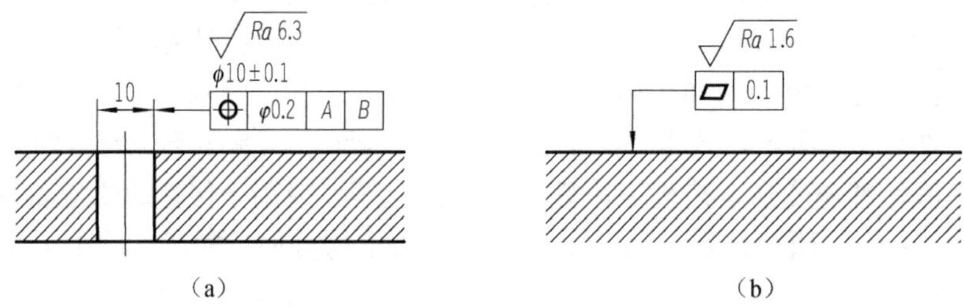

图 8-23　表面结构图形符号要求标注在几何公差框格的上方

（4）圆柱的表面结构要求可直接标注在其圆柱特征上或其延长线上，也可用带箭头的指引线引出标注，如图 8-24 所示。

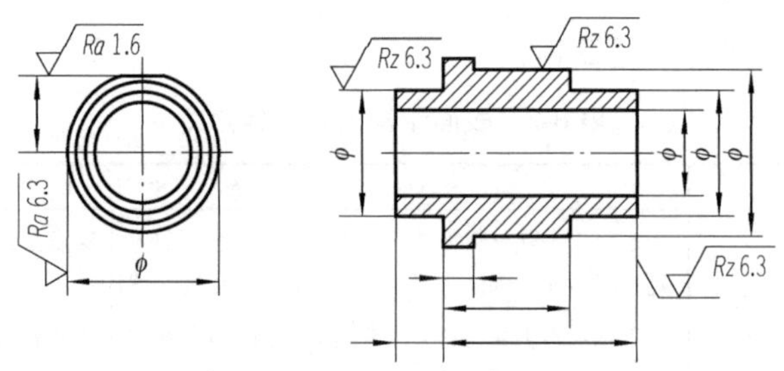

图 8-24　圆柱表面结构要求标注在圆柱特征或其延长线上

（5）圆柱和棱柱的表面结构图形符号只标注一次，若每个棱柱有不同的表面结构，则应分别标注，如图 8-25 所示。

（6）在不致引起误解时，表面结构要求可以标注在给定的尺寸线上，如图 8-26 所示。

4. 表面结构图形符号的简化标注

（1）有相同表面结构要求的简化注法如图 8-27 和图 8-28 所示。

若工件的全部表面或多数表面有相同的表面结构要求时，可将表面结构图形符号统一标注在图样标题栏附近。此时（除有相同的表面结构图形符号要求外）表面结构的代号后面应有：①在圆括号内给出无任何其他标注的基本符号，如图 8-27 所示；②在圆括号内给出不同的表面结构要求，如图 8-28 所示。

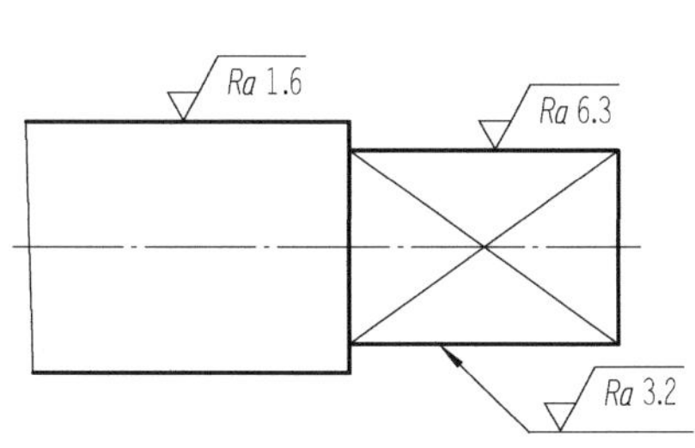

图 8-25　棱柱表面结构的标注

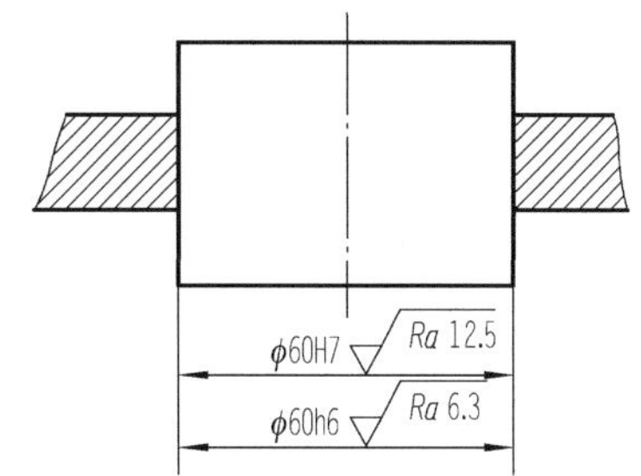

图 8-26　表面结构要素标注在尺寸线上

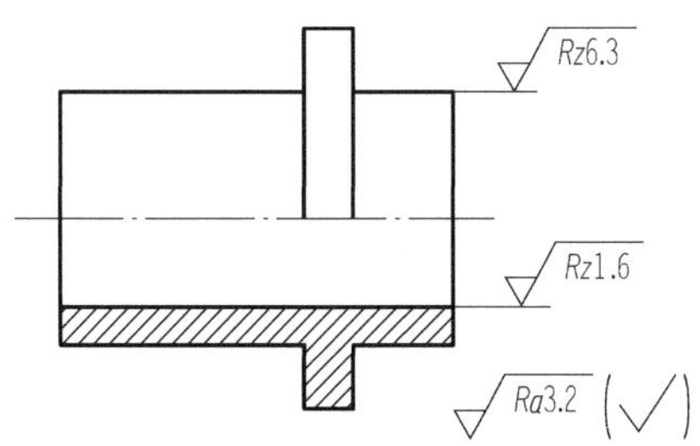

图 8-27　大多数表面有相同表面结构要求的简化注法（一）

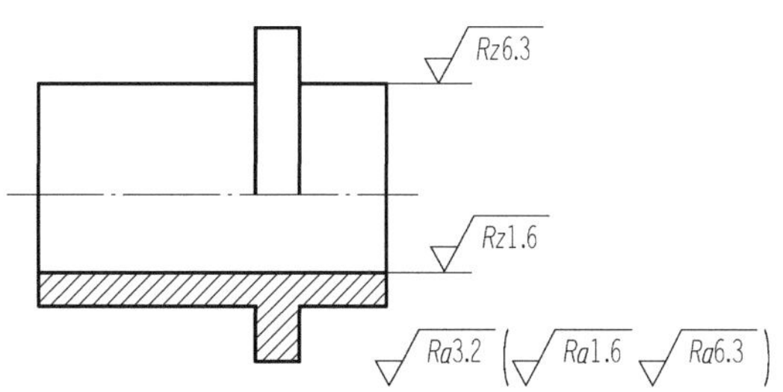

图 8-28　大多数表面有相同表面结构要求的简化注法（二）

（2）多个表面有共同表面结构的简化注法。当多个表面具有相同的表面结构要求或图纸空间有限时，可以采取下面的简化标注：①可用带字母的完整符号以等式的形式，在图形或标题栏附近进行标注，如图 8-29 所示；②只用表面结构符号的简化标注。根据被标注表面所用工艺方法的不同，使用相应的基本符号，如图 8-30 所示，图中分别给出了未指明工艺方法、要求去除材料和不允许去除材料的方法的简化标注，再在图形或标题栏附近以等式的形式给出多个表面共同的表面结构要求。

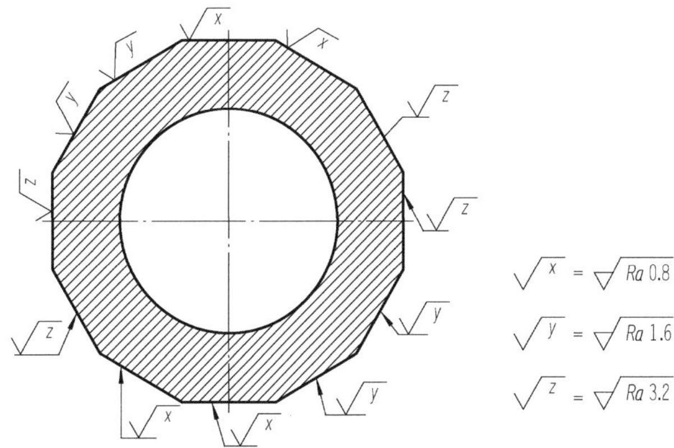

图 8-29　用带字母的完整符号对有相同表面结构要求的表面的简化标注

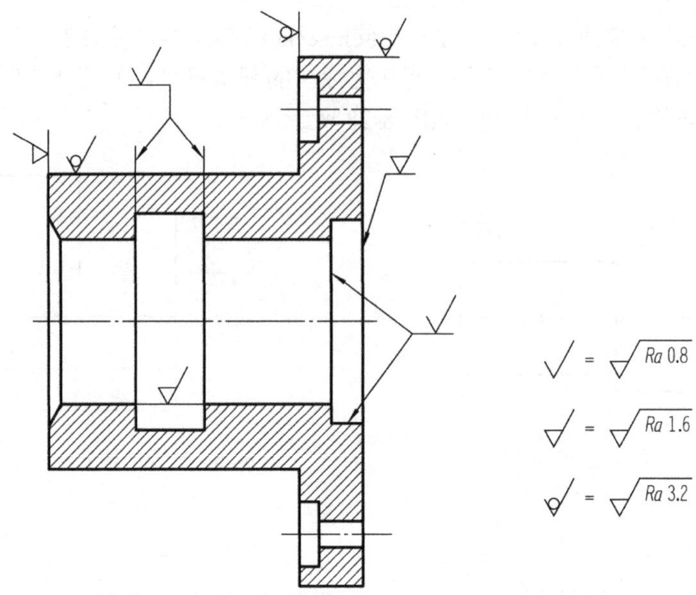

图 8-30　只用基本图形符号和扩展图形符号的简化标

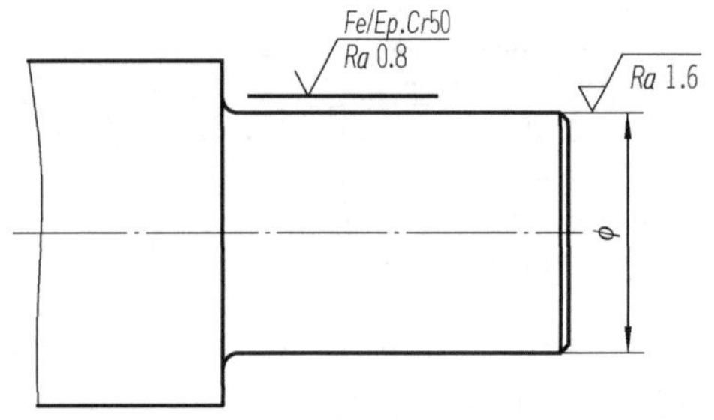

图 8-31　多种工艺获得同一表面的标注

5. 两种或多种工艺获得的同一表面的注法

由几种不同的工艺方法获得的同一表面，当需要明确每种工艺方法的表面结构要求时，其标注方法如图 8-31 所示，同时给出镀、覆前后的表面结构要求的标注。

6. 镀（涂）和热处理

需要表示镀（涂）或其他表面处理后的表面结构值时，标注方法见图 8-32（a）。若需要表示镀（涂）前的表面结构值，应另加说明，见图 8-32（b）。若同时要求表示镀（涂）前及镀（涂）后的表面结构值，标注方法见图 8-32（c）。

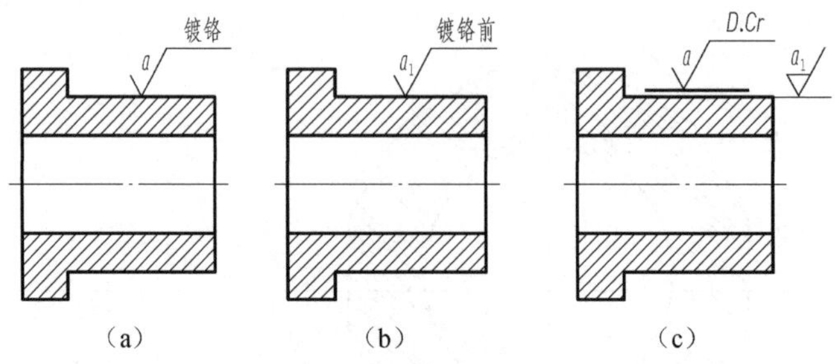

图 8-32　镀（涂）及热处理的代号

需要将零件局部热处理或局部镀（涂）时，应该用粗点画线画出其范围并标注相应尺寸，也可将其要求注写在表面结构图形符号内，见图 8-33。

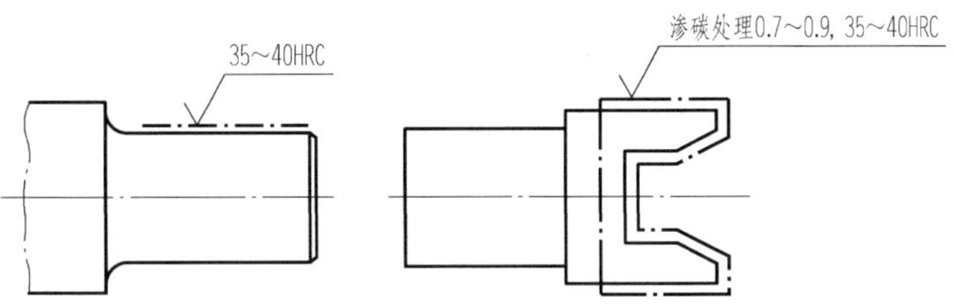

图 8-33 镀（涂）及热处理在图样上的标注方法

8.3.2 极限与配合以及几何公差简介

8.3.2.1 极限与配合

1. 互换性和公差

所谓零（部）件的互换性，就是从一批相同的零件中任取一件，不经修配就能装配使用，并能保证使用性能要求，零（部）件的这种性质称为互换性。零（部）件具有互换性，不但给装配、修理机器带来方便，还可用专用设备生产，提高产品数量和质量，同时降低产品的成本。要满足零件的互换性，就要求有配合关系的尺寸在一个允许的范围内变动，并且在制造上又是经济合理的。

公差配合制度是实现互换性的重要基础。

2. 公差与配合的有关术语

在加工过程中，不可能把零件的尺寸做得绝对准确。为了保证互换性，必须将零件尺寸的加工误差限制在一定的范围内，规定出加工尺寸的可变动量，这种规定的实际尺寸允许的变动量称为公差。

有关公差的一些常用术语见图 8-34。

（1）公称尺寸。根据零件强度、结构和工艺性要求，设计确定的尺寸。

（2）实际尺寸。通过测量所得到的尺寸。

（3）极限尺寸。允许尺寸变化的两个界限值，它以公称尺寸为基数来确定。两个界限值中较大的一个称为上极限尺寸；较小的一个称为下极限尺寸。零件的实际尺寸只要在这两个尺寸之间即为合格。

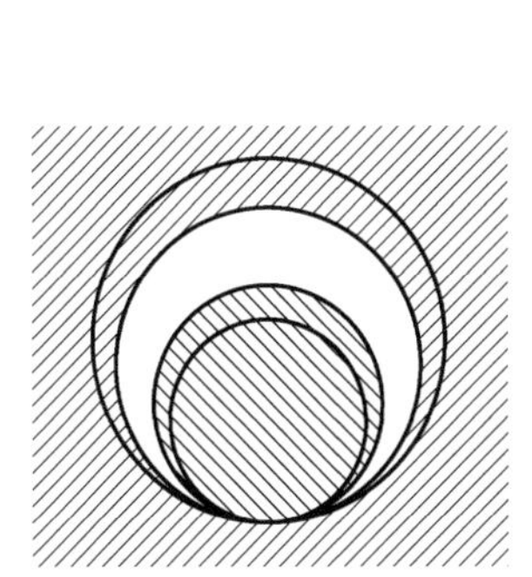

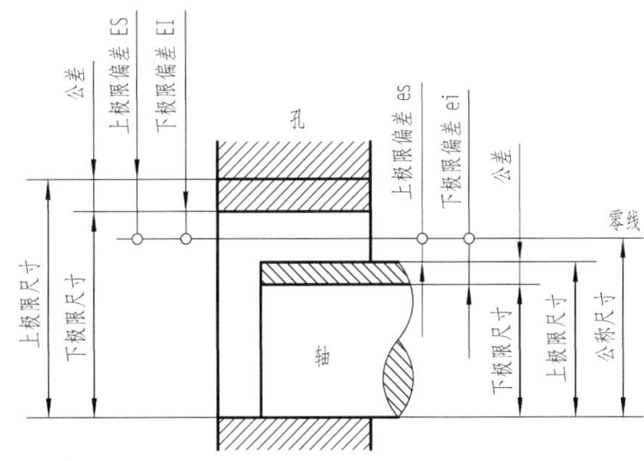

图 8-34 尺寸公差术语图解

（4）极限偏差。极限尺寸减去公称尺寸所得的代数差。极限偏差包括上极限偏差和下极限偏差（上极限偏差=上极限尺寸-公称尺寸；下极限偏差=下极限尺寸-公称尺寸）。上下极限偏差可以是正值、负值或零。

孔的上极限偏差代号为ES，孔的下极限偏差代号为EI；轴的上极限偏差代号为es，轴的下极限偏差代号为ei。

（5）尺寸公差（简称公差）。允许实际尺寸的变动量。

尺寸公差=上极限尺寸-下极限尺寸
=上极限偏差-下极限偏差

注意：尺寸公差是一个没有符号的绝对值。

（6）公差带、公差带图和零线。用零线表示公称尺寸，公差带是表示公差大小和相对零线位置的一个区域。为了便于分析，一般将尺寸公差与公称尺寸的关系，按放大比例画成简图，称为公差带图。在公差带图中，方框的上边代表上极限偏差，方框的下边代表下极限偏差，方框的左右长度可根据需要任意确定，如图8-35所示。

图8-35　公差带图

（7）标准公差。标准公差是《极限与配合》（GB/T 1800.1—2009）中所规定的任一公差。标准公差的数值由公称尺寸和公差等级来确定，其中公差等级确定尺寸的精确程度。标准公差等级分为20级，即IT01、IT0、IT1～IT18，精度等级依次降低。“IT”表示标准公差，公差等级的代号用阿拉伯数字表示。标准公差等级数值可查有关技术标准。

（8）基本偏差。用以确定公差带相对于零线位置的上偏差或下偏差，一般是指靠近零线的那个偏差。基本偏差数值可查有关技术标准。

根据实际需要，GB/T 1800.1—2009对孔和轴各规定了28个不同的基本偏差，基本偏差系列如图8-36所示。

基本偏差用拉丁字母表示，大写字母代表孔，小写字母代表轴。

公差带位于零线之上，基本偏差为下偏差；公差带位于零线之下，基本偏差为上偏差。

（9）孔、轴的公差带代号。由基本偏差与公差等级代号组成，并且要用同一号字母和数字书写。例如，ϕ50H8的含义如下：

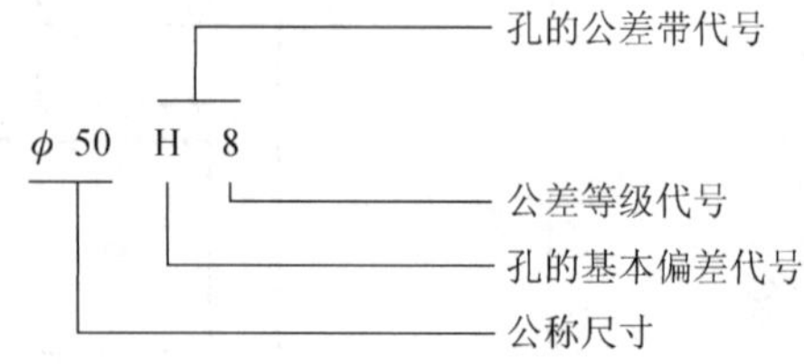

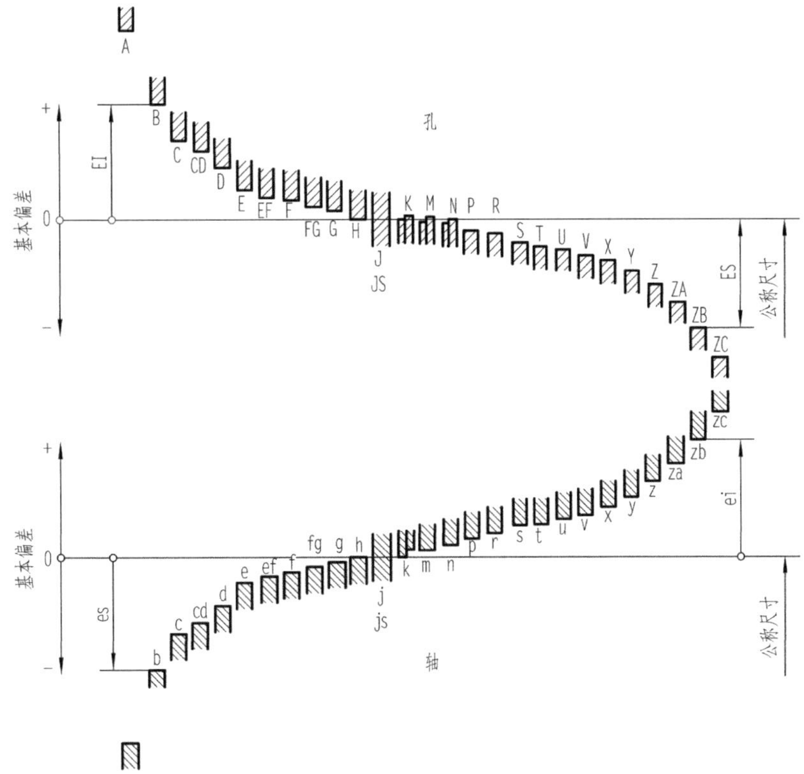

图 8-36　基本偏差系列图

又如ϕ50f7 的含义如下：

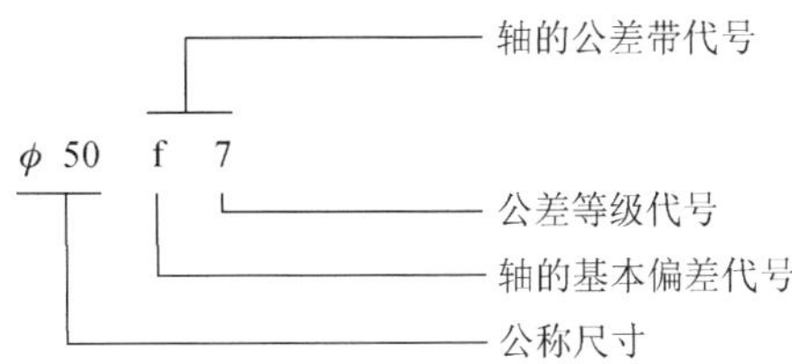

3. 配合

公称尺寸相同，相互结合的孔和轴公差带之间的关系称为配合。

（1）配合的种类。根据机器的设计要求和生产实际的需要，配合分为三类：间隙配合、过盈配合、过渡配合。

间隙配合：孔的公差带完全在轴的公差带之上，任取其中一对轴和孔相配都成为具有间隙的配合（包括最小间隙为零），如图 8-37（a）所示。

过盈配合：孔的公差带完全在轴的公差带之下，任取其中一对轴和孔相配都成为具有过盈的配合（包括最小过盈为零），如图 8-37（b）所示。

过渡配合：孔和轴的公差带相互交叠，任取其中一对孔和轴相配合，可能具有间隙，也可能具有过盈的配合，如图 8-37（c）所示。

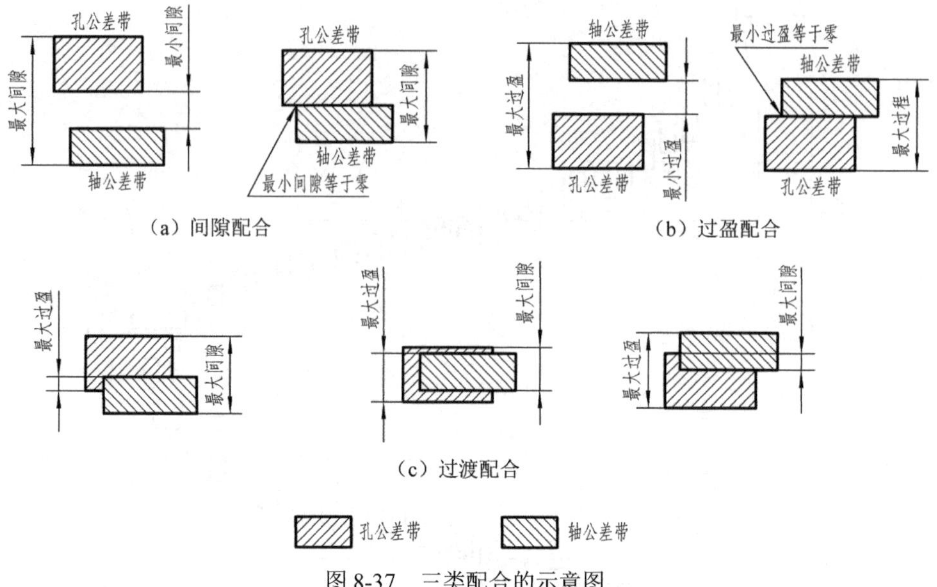

（a）间隙配合　（b）过盈配合

（c）过渡配合

图 8-37　三类配合的示意图

（2）配合的基准制。同一极限制的孔和轴组成的一种配合制度，称为配合制。根据生产实际需要，GB/T 1800.1—2009 规定了两种基准制度：基孔制配合和基轴制配合。由于同样精度的孔和轴，孔更不易加工，所以，一般情况下，优先采用基孔制。

基孔制：基本偏差为一定的孔的公差带，与不同基本偏差的轴的公差带构成各种配合的一种制度称为基孔制。这种制度在同一公称尺寸的配合中，是将孔的公差带位置固定，通过变动轴的公差带位置，得到各种不同的配合，如图 8-38（a）所示。

基孔制的孔称为基准孔。基准孔的下偏差为零，“H”为基准孔的基本偏差。

基轴制：基本偏差为一定的轴的公差带与不同基本偏差的孔的公差带构成各种配合的一种制度称为基轴制。这种制度在同一公称尺寸的配合中，是将轴的公差带位置固定，通过变动孔的公差带位置，得到各种不同的配合，如图 8-38（b）所示。

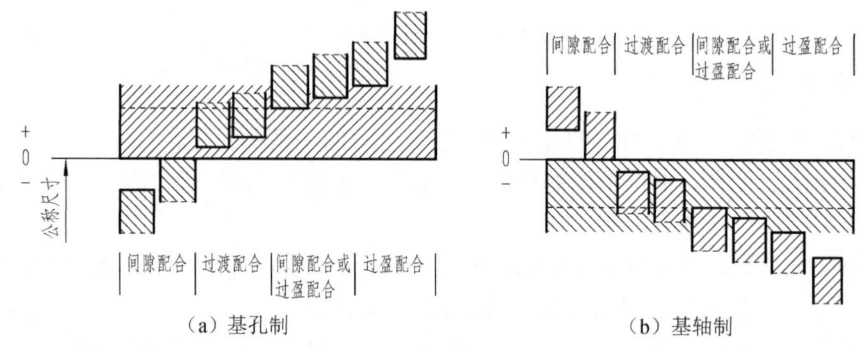

（a）基孔制　（b）基轴制

图 8-38　两种基准制

基轴制的轴称为基准轴。基准轴的上偏差为零，“h”为基轴制的基本偏差。

（3）公差与配合的标注。主要为在装配图中的标注方法和在零件图中的标注方法。

在装配图中的标注方法：配合的代号由两个相互结合的孔和轴的公差带的代号组

成，用分数形式表示，分子为孔的公差带代号，分母为轴的公差带代号，标注的通用形式如图 8-39 所示。

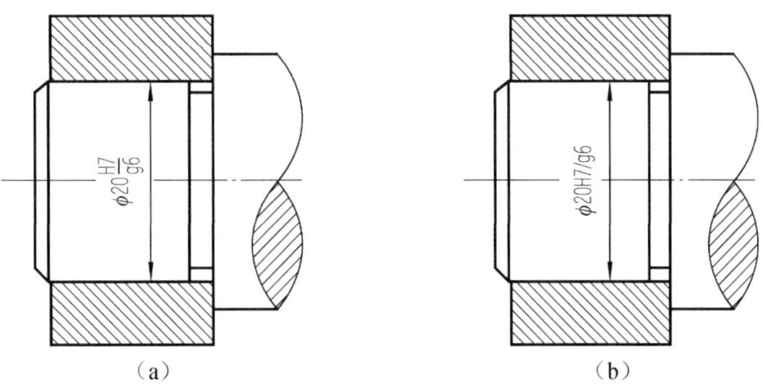

图 8-39　装配图中配合代号注法

在零件图中的标注方法：①标注公称尺寸和公差带代号，如图 8-40（a）所示，这种注法可和采用专用量具检验零件统一起来，以适应大批量生产的要求。②标注偏差数值如图 8-40（b）所示，上（下）极限偏差注在公称尺寸的右上（下）方，极限偏差数字应比基本尺寸数字小 1 号。当上极限偏差或下极限偏差数值为零时，用数字“0”标出，并与另一极限偏差的小数点前的个位数对齐，如果上下极限偏差的数值相同，则在基本尺寸数字后标注“±”符号，再写极限偏差数值，这时数值的字体与基本尺寸字体同高。这种注法主要用于小量或单件生产，以便加工和检验时减少辅助时间。③公差带代号和偏差数值一起标注，如图 8-40（c）所示。这种注法用于生产批量不明、检测方法未定的情况。

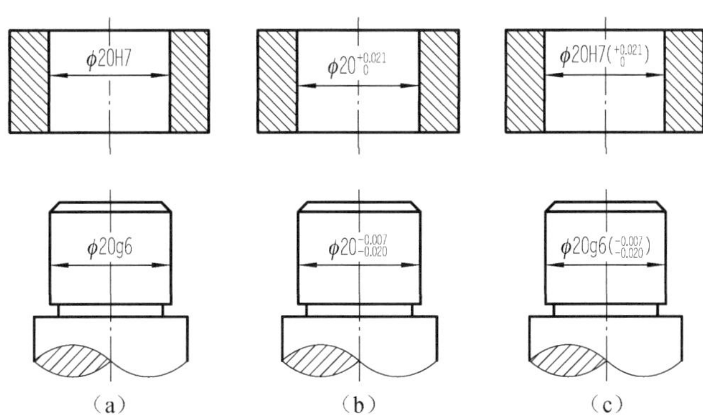

图 8-40　零件图中尺寸公差的标注方法

8.3.2.2　几何公差

前面讲过，要加工出一个尺寸绝对准确的零件是不可能的，同样，要加工出一个形状和零件要素间的相对位置绝对准确的零件也是不可能的。为了满足使用要求，零件的尺寸由尺寸公差加以限制，而零件的形状和零件要素间的相对位置则由几何公差加以限制。《产品几何技术规范（GPS）几何公差形状、方向、位置和跳动公差标注》（GB/T 1182—2008）规定了工件几何公差标注的基本要求和方法。

1. 基本概念

（1）形状误差是指实际形状对理想形状的变动量。如图 8-41（a）所示，由于机床的振动，主轴回转精度受到影响，易产生圆度和圆柱度误差。

（2）方向误差是指实际相对方向对理想相对方向的变动量。如图 8-41（b）所示，由于钻床钻头轴线与工作台存在垂直度误差，加工后工件孔轴线与端面产生垂直度误差。

（3）位置误差是指实际位置对理想位置的变动量。理想位置是指相对于基准的理想形状的位置而言。如图 8-41（c）所示，阶梯轴零件掉头加工另一端轴径时，由于定位基准变化，会产生同轴度误差。

（4）跳动误差是指工件的表面对于理想轴线在径向间或轴向间的距离变化。如图 8-41（d）所示，大圆柱表面上的点对于理想轴线的径向距离在变化，因而产生了径向跳动误差。

工件存在严重的几何误差会造成装配困难，影响机器的品质。

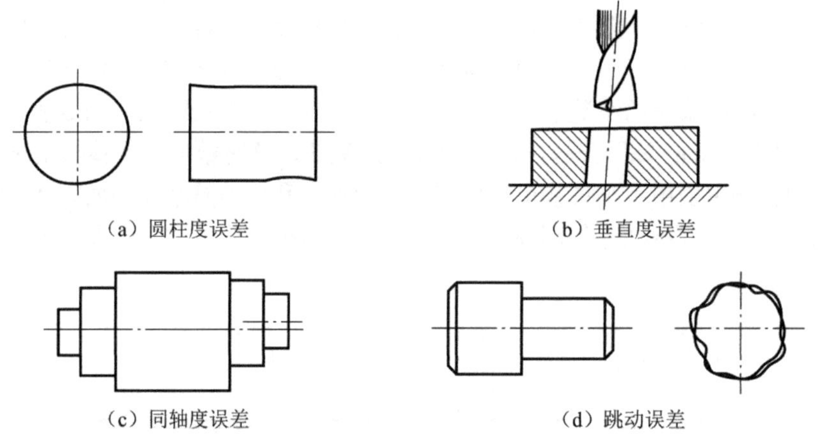

（a）圆柱度误差　（b）垂直度误差

（c）同轴度误差　（d）跳动误差

图 8-41　形状、方向、位置及跳动误差

2. 几何公差的分类、几何特征和符号

几何公差的分类、几何特征、符号和有无基准要求如表 8-3 所示。

表 8-3　几何公差的分类、几何特征、符号和有无基准要求

公差类型	几何特征	符号	有无基准要求
形状公差	直线度	—	无
	平面度	⏥	无
	圆度	○	无
	圆柱度	⌭	无
	线轮廓度	⌒	无
	面轮廓度	⌓	无

续表

公差类型	几何特征	符号	有无基准
方向公差	平行度	//	有
	垂直度	⊥	有
	倾斜度	∠	有
	线轮廓度	⌒	有
	面轮廓度	⌓	有
位置公差	位置度	⌖	有或无
	同心度（用于中心点）	◎	有
	同轴度（用于轴线）	◎	有
	对称度	⌯	有
	线轮廓度	⌒	有
	面轮廓度	⌓	有
跳动公差	圆跳动	↗	有
	全跳动	⌰	有

3. 几何公差的标注

几何公差用框格标注。

（1）公差框格。公差框格用细实线画出，可画成水平的或垂直的，框格高度是图样中尺寸数字高度的两倍，它的长度视需要而定。框格中的数字、字母、符号与图样中的数字等高。图 8-42 给出了形状公差和位置公差的框格形式。用带箭头的指引线将被测要素与公差框格一端相连。

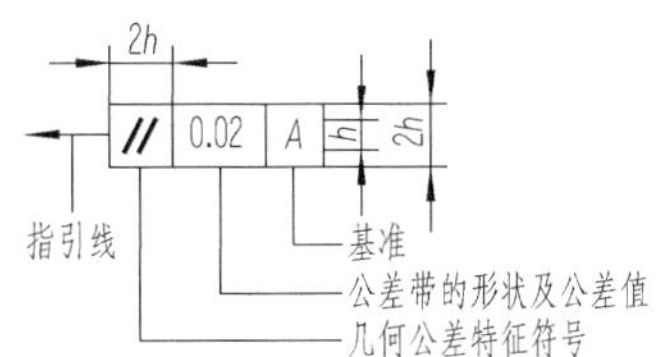

图 8-42　几何公差框格

（2）指引线。用带箭头的指引线将被测要素与公差框格一端相连，指引线箭头指向公差带的宽度方向或直径方面。指引线箭头所指部位如下：①当被测要素为轴线、中心平面或对称面时，指引线箭头可直接指在轴线或中心线上，如图 8-43（a）所示；②当被测要素为线或表面时，指引线箭头应指在该要素的轮廓线或其引出线上，并应明显地与尺寸线错开，如图 8-43（b）、图 8-43（c）所示。

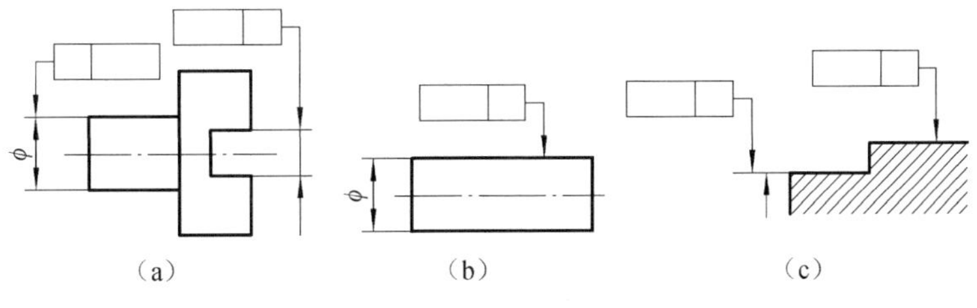

图 8-43　指引线标注法

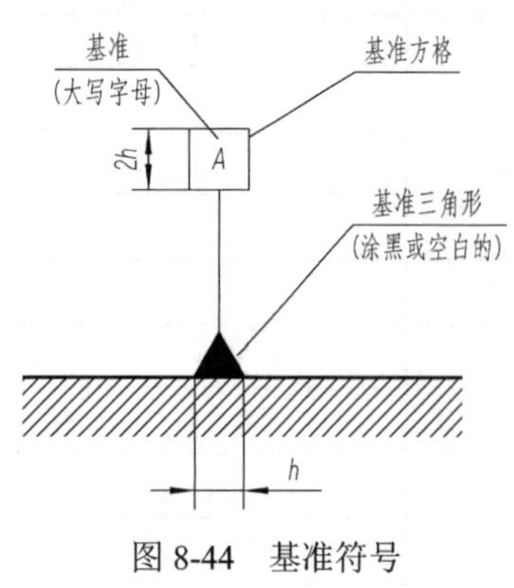

图 8-44　基准符号

（3）基准。基准要素要用基准符号标注，图 8-44 为基准符号，符号中正方形线框与三角形间的连线用细实线绘制，且与基准要素垂直。基准符号所接触的部位，有以下几种情形：①当基准要素为轮廓线或轮廓面时，基准符号应接触该要素的轮廓线或引出线标注，并应明显地与尺寸线箭头错开，如图 8-45（a）所示；②当基准要素为尺寸要素确定的轴线、中心面时，基准符号应与该要素的尺寸线箭头对齐，如图 8-45（b）所示；③当基准要素为整体轴线或公共中心面时，基准符号可直接靠近公共轴线（或公共中心线）标注，如图 8-45（c）所示。

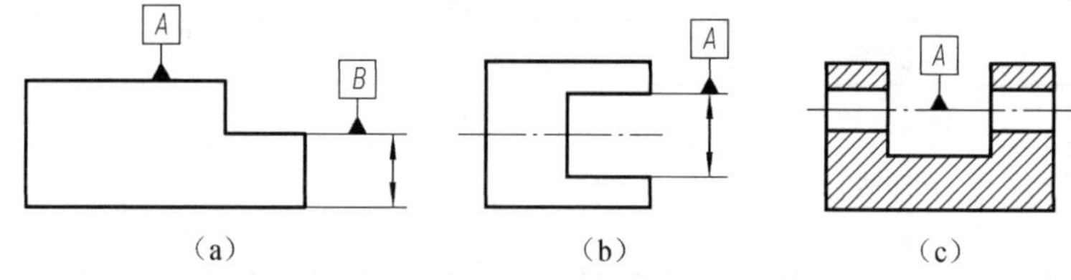

图 8-45　基准要素标注示例

（4）几何公差标注示例如图 8-46 所示。

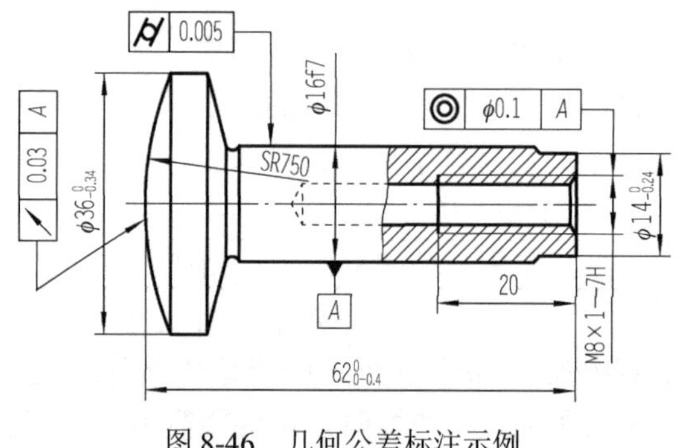

图 8-46　几何公差标注示例

8.4　零件的常见工艺结构简介

8.4.1　零件上常见结构的尺寸标注

光孔、螺孔、沉孔、倒角、退刀槽和越程槽等零件图上常见的结构，它们的尺寸标注见表 8-4。

表 8-4 零件上常见结构的尺寸标注

类型	普通注法	旁注法	
光孔	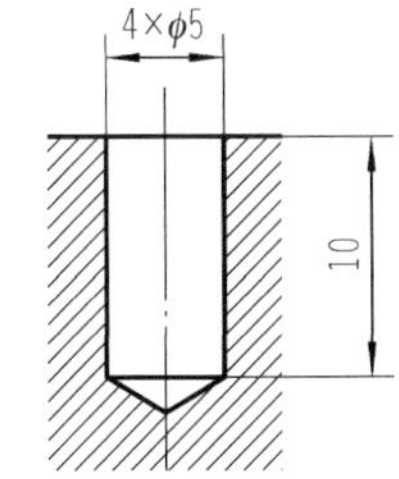 4×ϕ5 10	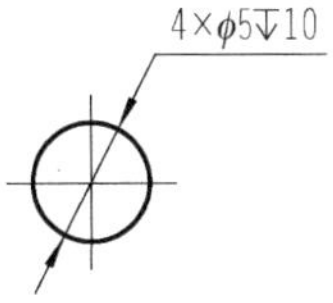 4×ϕ5↧10	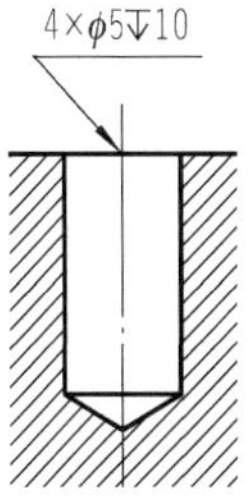 4×ϕ5↧10
螺孔	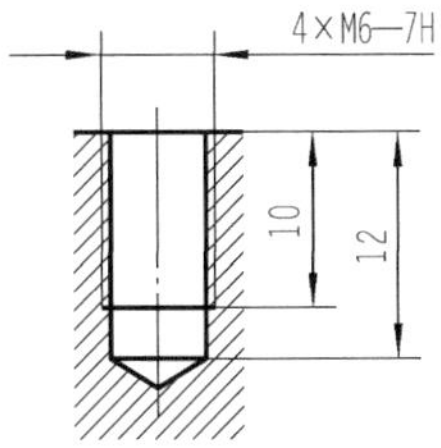 4×M6—7H 10 12	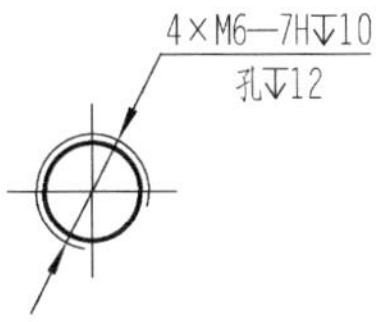 4×M6—7H↧10 孔↧12	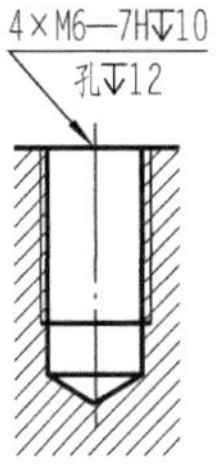 4×M6—7H↧10 孔↧12
沉孔	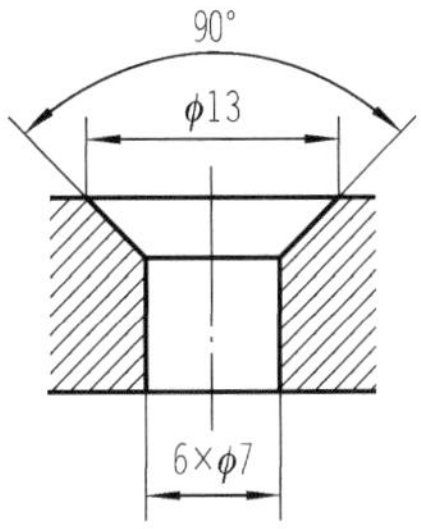 90° ϕ13 6×ϕ7	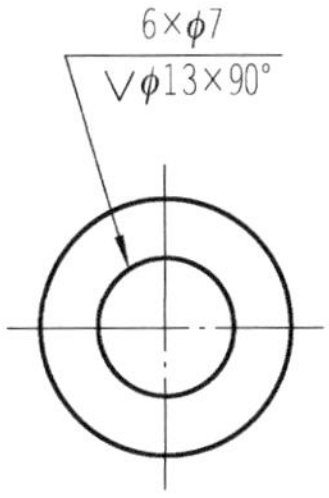 6×ϕ7 ∨ϕ13×90°	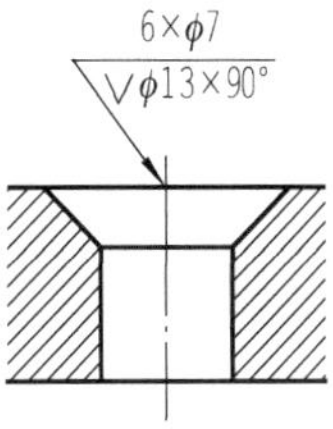 6×ϕ7 ∨ϕ13×90°
	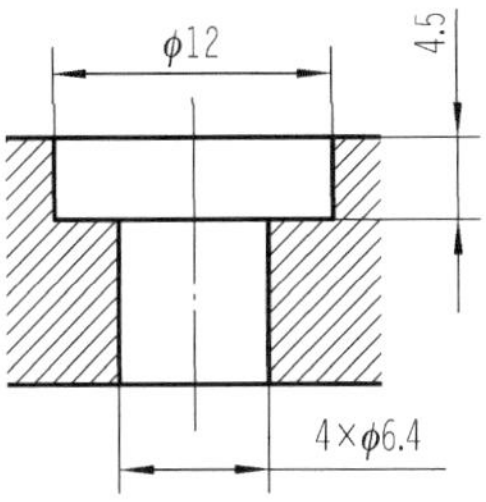 ϕ12 4.5 4×ϕ6.4	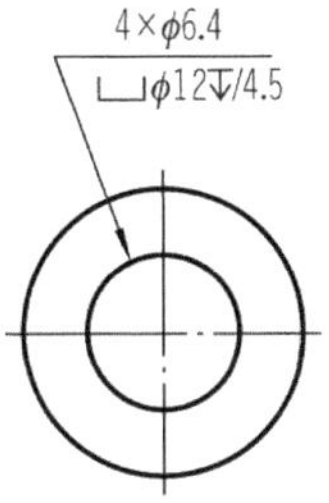 4×ϕ6.4 ⌴ϕ12↧4.5	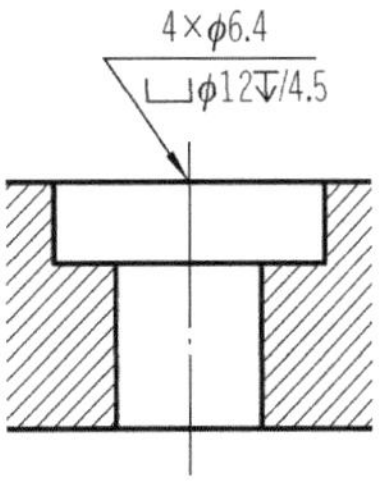 4×ϕ6.4 ⌴ϕ12↧4.5
	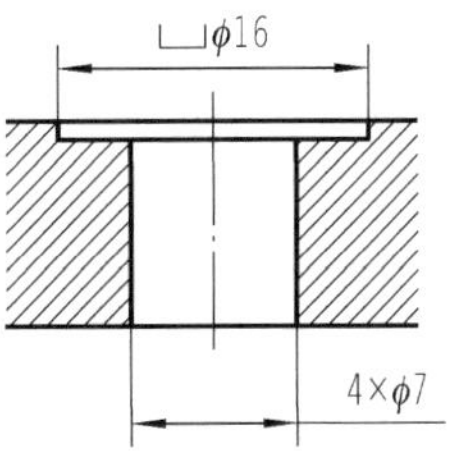 ⌴ϕ16 4×ϕ7	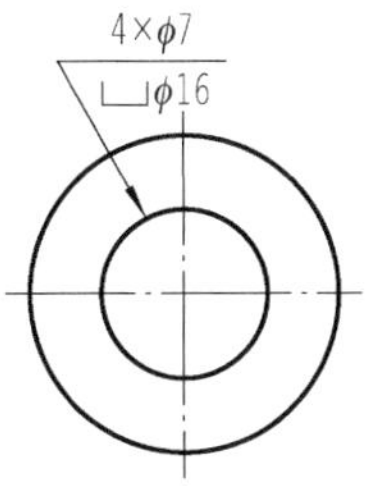 4×ϕ7 ⌴ϕ16	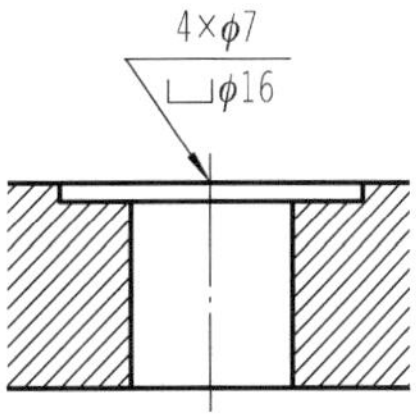 4×ϕ7 ⌴ϕ16

续表

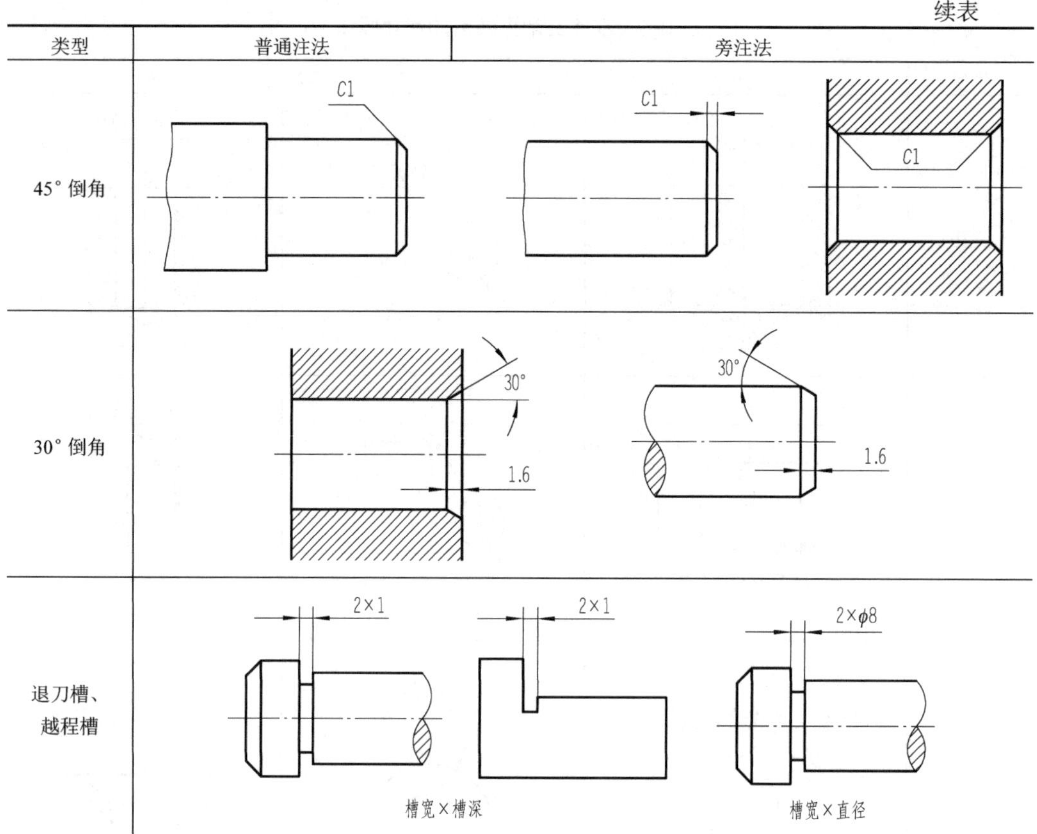

类型	普通注法	旁注法
45° 倒角	C1	C1　C1
30° 倒角	30°　1.6	30°　1.6
退刀槽、越程槽	2×1	2×1　槽宽×槽深　2×ϕ8　槽宽×直径

8.4.2 铸造零件的工艺结构

1. 拔模斜度

用铸造方法制造零件的毛坯时，为了便于将木模从砂型中取出，一般沿木模拔模的方向作成约 1∶20 的斜度，叫做拔模斜度。因而铸件上也有相应的斜度，如图 8-47（a）所示。这种斜度在图上可以不标注，也可不画出，如图 8-47（b）所示，必要时，可在技术要求中注明。

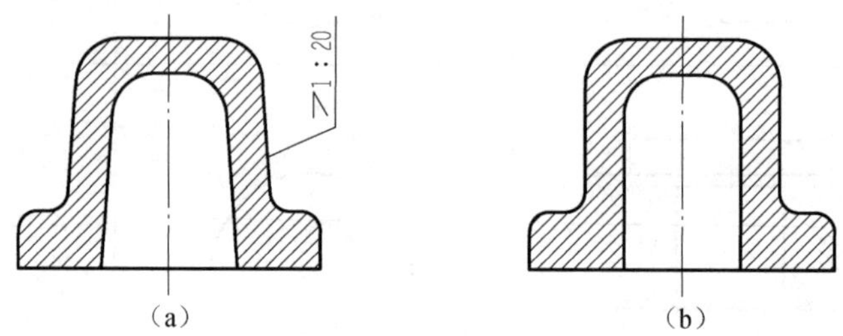

图 8-47　拔模斜度

2. 铸造圆角

在铸件毛坯各表面的相交处，都有铸造圆角，如图 8-48 所示。这样既便于起模，又能防止在浇铸时铁水将砂型转角处冲坏，还可避免铸件在冷却时产生裂纹或缩孔。铸造圆角半径在图上一般不注出，而写在技术要求中。铸件毛坯底面（作安装面）常需切削加工，这时铸造圆角被削平，如图 8-48 所示。

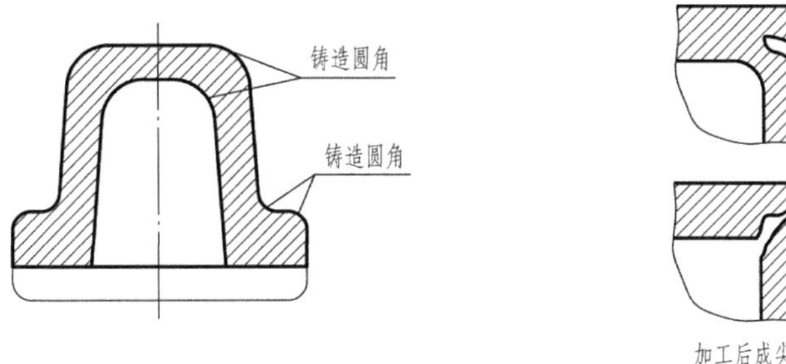

图 8-48　铸造圆角

由于圆角的存在，铸件表面的交线变得不很明显，如图 8-49 所示，这种不明显的交线称为过渡线。

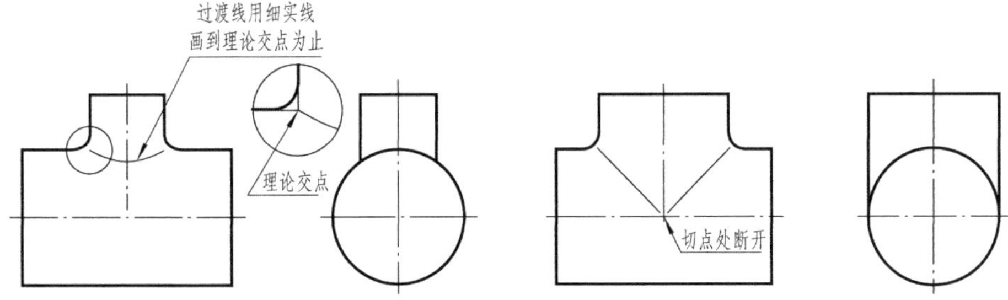

图 8-49　两圆柱相交过渡线的画法

过渡线的画法与交线画法基本相同，只是过渡线的两端与圆角轮廓线之间应留有空隙。图 8-50 是常见的几种过渡线的画法。

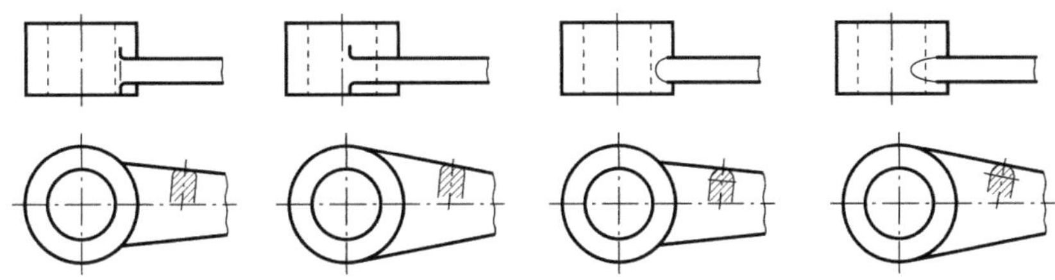

图 8-50　连接板与圆柱相切的过渡线画法

3. 铸件壁厚

在浇铸零件时，为了避免各部分因冷却速度不同而产生缩孔或裂纹，铸件的壁厚应尽量保持大致均匀，或采用渐变的方法逐渐过渡，如图 8-51 所示。

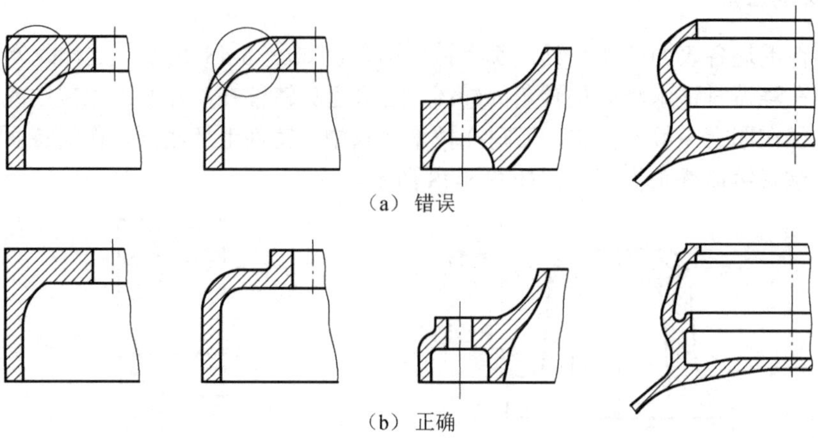

（a） 错误

（b） 正确

图 8-51　铸件壁厚的变化

4. 机械加工工艺结构

机械加工工艺结构主要有：凸台和凹坑、中心孔等。常见机械加工工艺结构的画法、尺寸标注，见图 8-52、图 8-53。

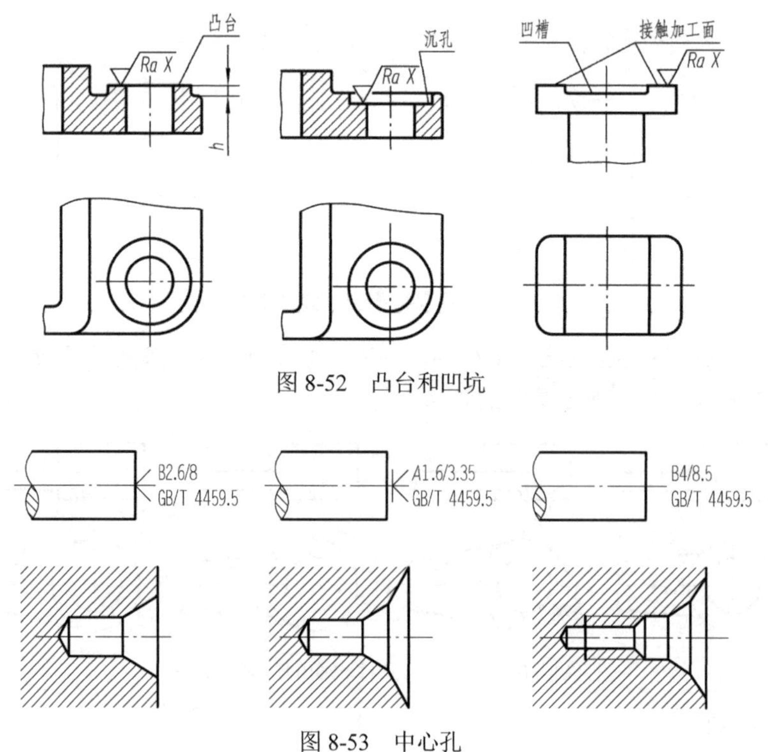

图 8-52　凸台和凹坑

图 8-53　中心孔

8.5　零件图的读图

在进行零件设计、制造和检验时，不仅要有绘制零件图的能力，还应具备阅读零件图的能力。

8.5.1　读零件图的基本要求

（1）了解零件的名称、用途、材料和数量等。

（2）了解组成零件各部分结构形状的特点、功用，以及它们之间的相对位置。

（3）了解零件的尺寸标注、制造方法和技术要求。

8.5.2　读零件图的方法和步骤

1. 看标题栏

首先看标题栏，了解零件的名称、材料、比例等，并浏览全图，对零件有个概括了解，如零件属于什么类型，其大致轮廓和结构等。

2. 表达方案分析

根据视图布局，首先确定主视图，围绕主视图分析其他视图的配置。对于剖视图、断面图要找到剖切位置及方向，对于局部视图和局部放大图要找到投影方向和部位，弄清楚各个图形彼此间的投影关系。

3. 形体分析

首先利用形体分析法，将零件按功能分解为主体、安装、连接等几个部分；然后明确每一部分在各个视图中的投影范围与各部分之间的相对位置；最后仔细分析每一部分的形状和作用。

4. 分析尺寸和技术要求

根据零件的形体结构，分析确定长、宽、高各方向的主要基准。分析尺寸标注和技术要求，找出各部分的定形尺寸和定位尺寸，明确哪些是主要尺寸和主要加工面，进而分析制造方法等，以便保证质量要求。

5. 综合考虑

综上所述，将零件的结构形状、尺寸标注及技术要求综合起来，就能比较全面地阅读这张零件图。在实际读图过程中，上述步骤常常是穿插进行的。

8.5.3　读图举例

现以图8-54柱塞泵泵体零件图为例，说明读零件图的方法与步骤。

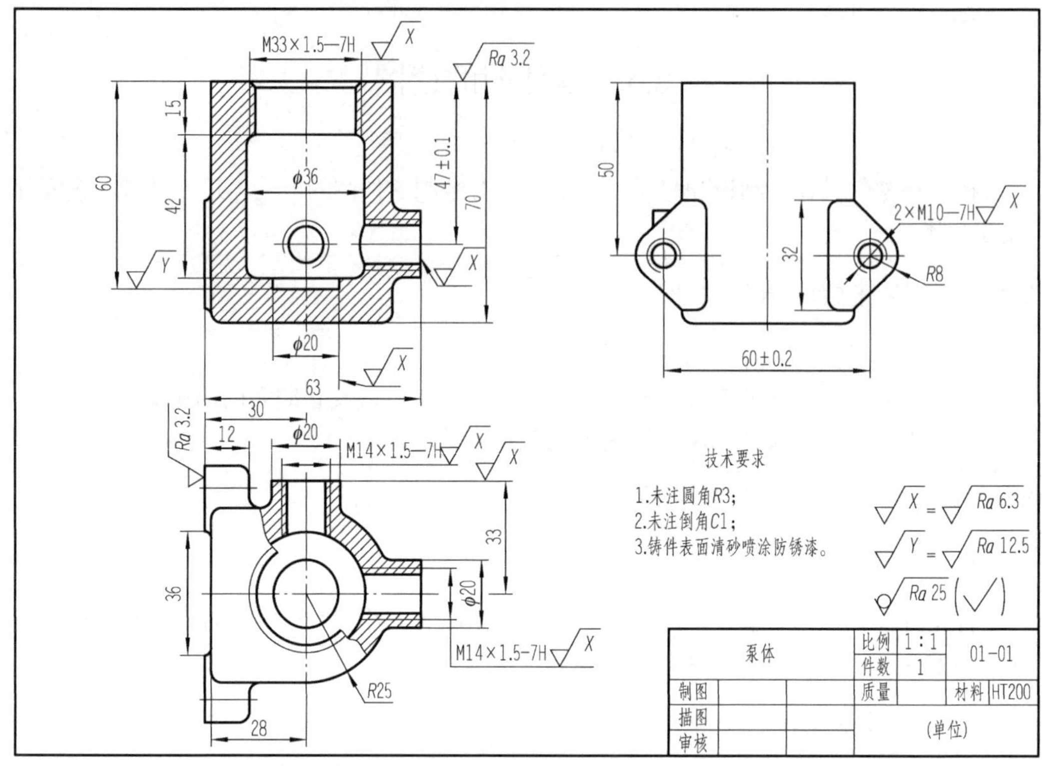

图 8-54　柱塞泵泵体零件图

1. 看标题栏

从标题栏中可知零件的名称为泵体，属于箱体类零件。它必有容纳其他零件的空腔结构。材料是铸铁（HT200），零件毛坯铸造而成，结构较复杂，加工工序较多。

2. 表达方案分析

图 8-54 中为三个基本视图，主视图采用全剖视图，俯视图为局部剖视图，左视图为外形视图。

3. 形体分析

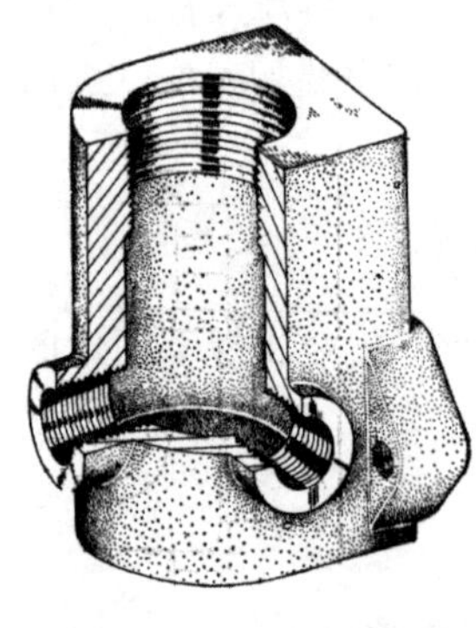

图 8-55　泵体立体图

分析图 8-54 中的各投影关系可知，泵体由柱体和两块安装板组成。

（1）柱体部分。柱体部分外形为左方右圆，内腔为圆柱形，用来容纳柱塞泵的泵塞等零件。后面和右边各有一个凸起，分别有进、出油孔与泵体内腔相通，从所标注尺寸可知凸起均为圆柱体。

（2）安装板部分。从左视图和俯视图中可知，在泵体左边有两块三角形安装板，上面有安装用的螺钉孔。通过以上分析，可以想象出泵体的整体形状如图 8-55 所示。

4. 尺寸分析和技术要求

分析零件的尺寸时，除了找到长、宽、高三个方向的尺寸基准外，还应按形体分析法，找到定形、定位尺寸，进一步了解零件的形状特征，特别要注意精度高的尺寸，并了解其要求及作用。在图 8-54 中，从俯视图的尺寸 12、30 可知长度方向的基准是安装板的左端面；从主视图的尺寸 70、47±0.1 可知高度方向的基准是泵体上顶面；从俯视图尺寸 33 和左视图的尺寸 60±0.2 可知宽度方向的基准是泵体前后对称面。进出油孔的中心高 47±0.1 和安装板两螺孔的中心距 60±0.2 要求较高，加工时必须保证。

分析表面结构要求时，要注意它与尺寸精度的关系，了解零件制造、加工时的某些特殊要求。两螺孔端面及顶面等处表面为零件结合面，为了防止漏油，表面结构要求较高。

5. 综合考虑

把零件的结构形状、尺寸标注、工艺和技术要求等内容综合起来，就能了解零件的全貌，也就看懂了零件图。

8.6　零件测绘简介

零件测绘就是依据实际零件选定表达方案，以目测的方法画出零件草图，然后进行测量并标注尺寸，制定必要的技术要求，对草图进行必要的审核，最后根据草图画出正规零件工作图。零件测绘对推广先进技术、改造现有设备、技术革新等都有重要作用。

8.6.1　测绘的方法和步骤

1. 了解、分析零件

首先要了解、分析零件在机器或部件中的位置，与其他零件的关系、作用，然后分析其结构形状和特点，以及零件的名称、用途、材料等，对于破旧、磨损和带有某些缺陷的零件要在分析的基础上修正缺陷，并初步确定技术要求。

2. 确定表达方案

根据 8.2.1 节中零件表达方案的选择原则，确定表达方案。如图 8-56 所示的压盖立体图，选择其加工位置方向为主视图，并作全剖视图，表达压盖轴向板厚、圆筒长度、三个通孔等内、外结构和形状。选择左视图，表达压盖的外形结构和三个孔的相对位置。

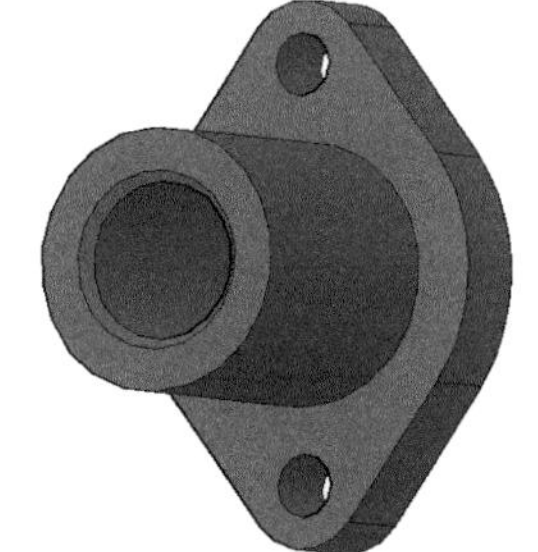

图 8-56　压盖立体图

8.6.2　画零件草图的步骤

（1）确定各视图位置，画出基准线、中心线。留出标注尺寸、右下角标题栏的位置，如图 8-57（a）所示。

（2）画出零件的外部及内部的结构形状。如图 8-57（b）所示。

（3）标注零件表面结构要求，画剖面线、尺寸界限、尺寸线，检查、描深，如图 8-57（c）所示。

（4）测量尺寸，定出技术要求，并记入图中，填写标题栏，如图 8-57（d）所示。

应把零件上全部尺寸集中一起测量，使有联系的尺寸能联系起来，可提高工作效率，避免错误和遗漏尺寸。

（5）检查、完成全图。

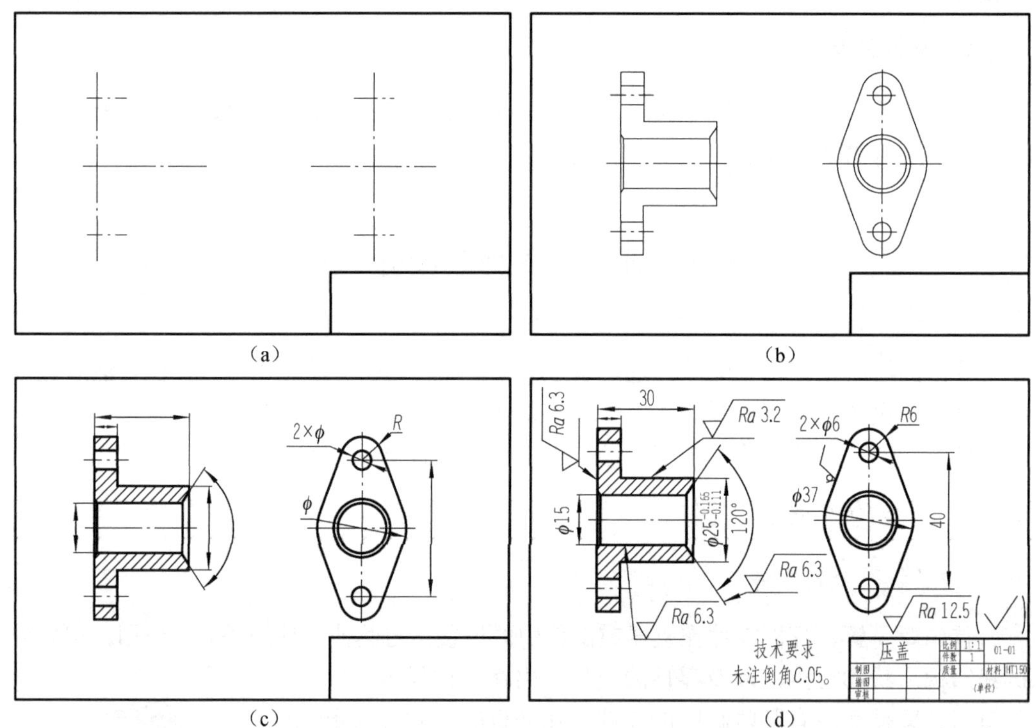

图 8-57　绘制零件草图的步骤

8.6.3　根据测绘的零件草图画零件图

零件草图是现场（车间）测绘的，测绘时间不允许太长，有些问题只要表达清楚即可，不一定最完善。因此，在绘制零件图时，需要对零件草图再进行校核。有些问题需要设计、计算和选用，如表面结构要求、尺寸公差、几何公差、材料及表面处理等，也有些问题需要重新加以考虑，经过复查、补充、修改后，开始画零件图。

8.6.4　常用测量工具及测量方法

8.6.4.1　测量工具

测量尺寸是零件绘制过程中的重要步骤，常用的基本测量工具有直尺、内外卡钳、游标卡尺和螺纹规等，如图 8-58 所示。用内、外卡钳测量尺寸时，必须借助直尺才能读出零件的尺寸。

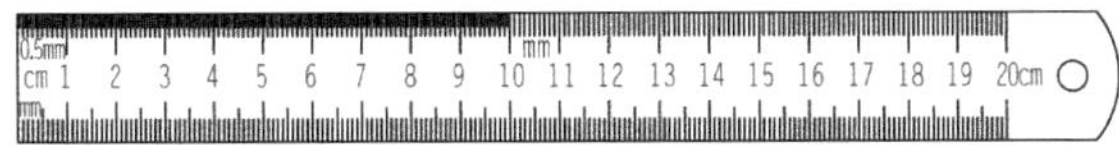

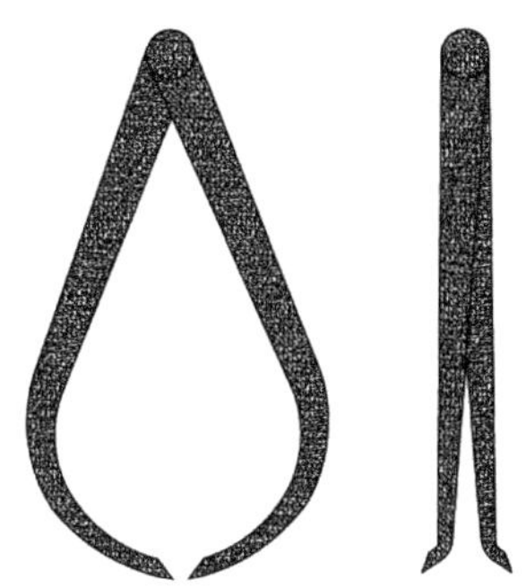

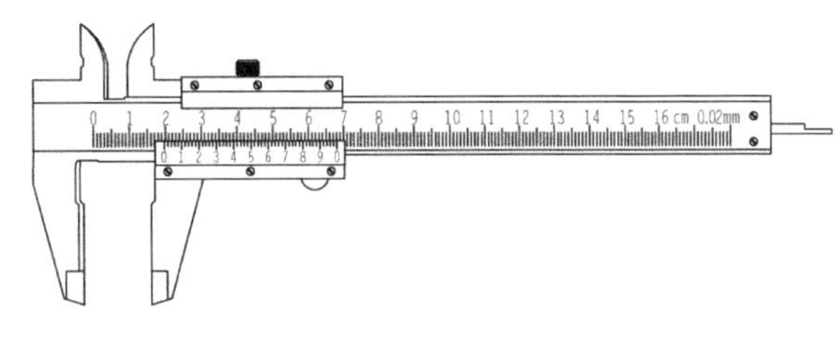

图 8-58　常用的测量工具

8.6.4.2　常用的几种测量方法

1. 测量直线尺寸

测量直线尺寸一般可用直尺或游标卡尺直接量得尺寸的数值，如图 8-59 所示。

2. 测量回转面的直径

测量回转面的直径，一般可用卡钳、游标卡尺或千分尺，如图 8-60 所示。

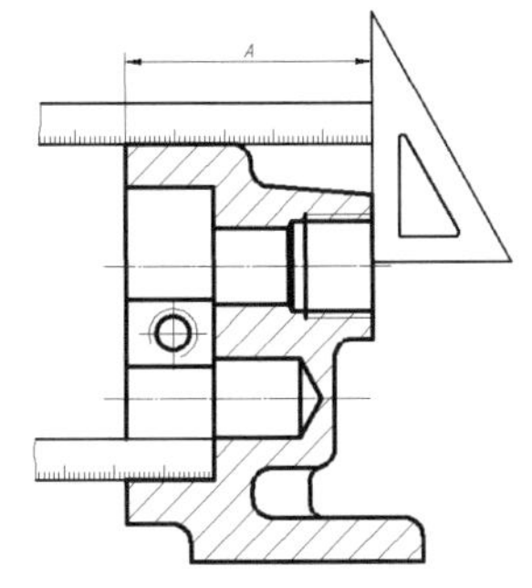

图 8-59　测量直线尺寸

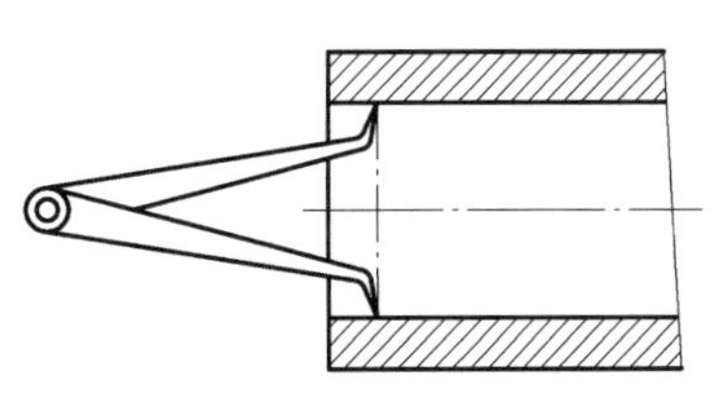

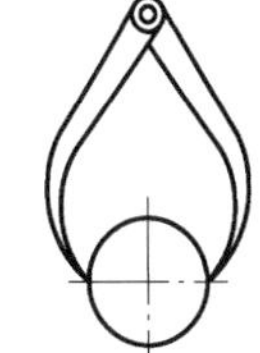

图 8-60　测量回转面的直径

3. 测量壁厚

壁厚一般可用直尺测量，若直尺或游标卡尺都无法测量时，则需用卡钳来测量，如图 8-61 所示。

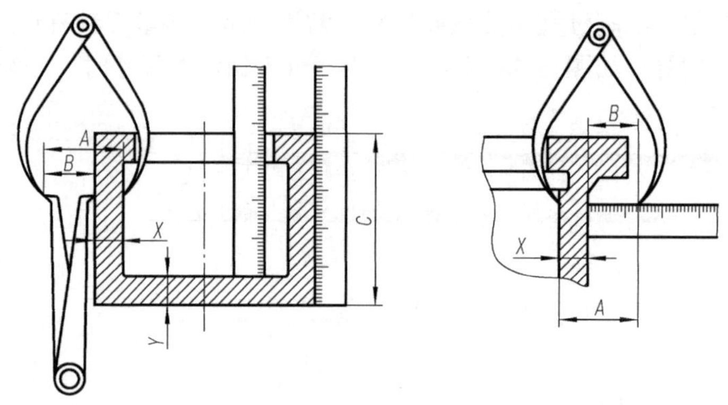

图 8-61　测量壁厚

4. 测量孔间距

孔间距可用游标卡尺、或直尺测量，如图 8-62 所示。

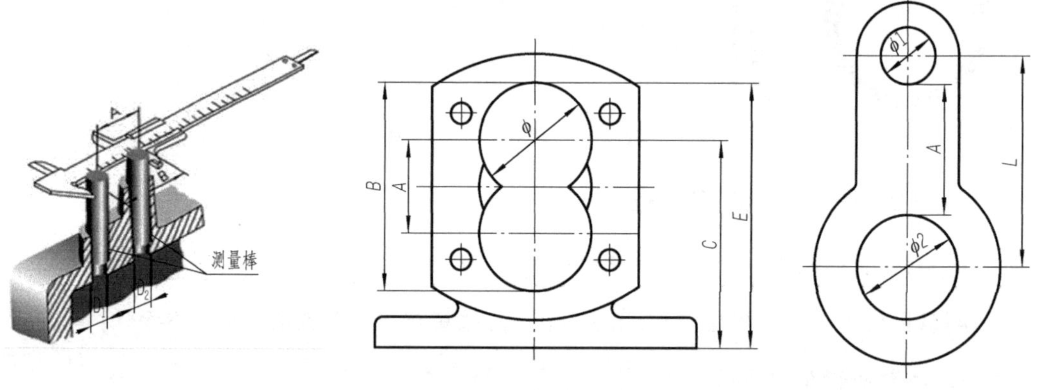

图 8-62　测量孔间距

5. 测量圆角、螺纹

圆角、螺纹一般用圆角规或螺纹规来测量。每套圆角规或螺纹规都有很多片，每片刻有圆角半径的大小或螺距的数值。测量时，只要找到与其相吻合的一片，其上的数值即为所测，如图 8-63 所示。

6. 测量曲线或曲面

测量曲线或曲面常用的方法有：

（1）拓印法。用纸在零件表面进行拓印，得到真实形状后再确定尺寸，如图 8-64（a）所示。

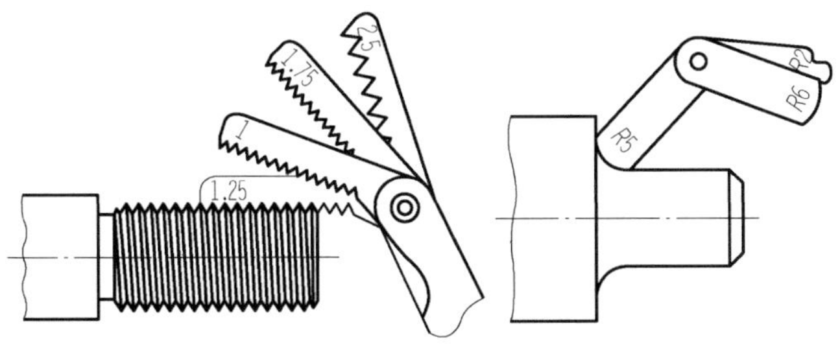

图 8-63 测量螺纹、圆角

（2）铅丝法。用软铅丝密合回转面轮廓线得到平面曲线，再测量半径及连接情况，如图 8-64（b）所示。

（3）坐标法。用直尺和三角板定出曲面上各点的坐标画出曲线，求出曲率半径，如图 8-64（c）所示。

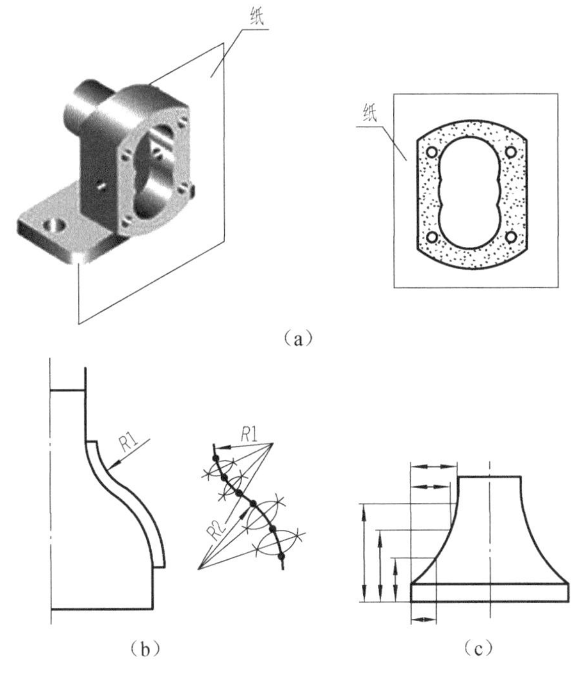

图 8-64 测量曲线或曲面

思 考 题

1．简述零件图的作用及内容。零件图上表达的所有信息各起什么作用？

2．简述常见四类典型零件表达方案的确定方法。

3．零件图的尺寸标注与组合体相比有何不同？

4．过渡线是零件的常见工艺结构，简述过渡线的形成及画法。

第9章　装　配　图

表达机器或部件的图样称为装配图。装配图主要表达机器或部件的工作原理、装配关系、结构形状及技术要求等。在设计过程中，首先要画出装配图，然后按照装配图设计并拆画出零件图；在加工制造过程中，则先按零件图制造零件，然后，再根据装配图装配成部件或机器；在使用产品过程中，装配图又是了解产品结构和进行调试、维修的主要依据。此外，装配图也是进行科学研究和技术交流的工具。因此，装配图是生产中的重要技术文件。本章主要介绍装配图的内容、表达方法以及由零件图画装配图、读装配图和由装配图拆画零件图的方法和步骤。

9.1　装配图的内容

图 9-1 所示为齿轮油泵的装配图,从图中可见装配图的内容一般包括以下四个方面。

1. 一组图形

用一组图形表达机器或部件的工作原理、零件间的装配关系和连接方式、零件的主要结构形状等。

2. 必要的尺寸

装配图中要求注出反映机器或部件规格（性能）尺寸、零件间的配合尺寸、外形尺寸、机器或部件的安装尺寸以及设计时确定的其他重要尺寸。

3. 技术要求

用文字或符号准确、简单地说明机器或部件在装配、安装、调试、检验、使用与维护等方面应达到的技术要求。

4. 零件的序号、明细栏和标题栏

为了便于看图和生产管理，对部件中的每种零件都要编写序号，并在明细栏中填写零件序号、代号、名称、数量、材料、标准件的规格尺寸等内容。标题栏中要填写部件的名称、设计者姓名以及设计单位等。

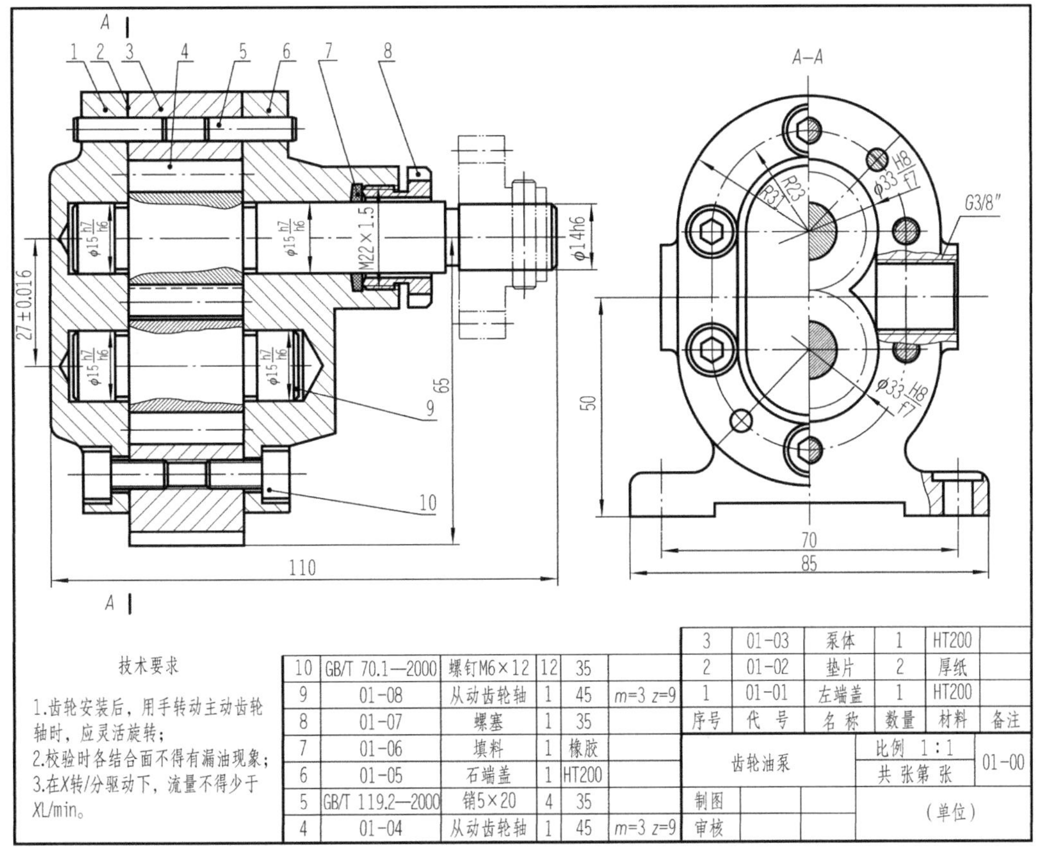

图 9-1　齿轮油泵装配图

9.2　机器或部件的表达方法

在零件图上所采用的各种表达方法，如视图、剖视、断面、局部放大图等也同样适用于画装配图。但是零件图所表达的是一个零件，而装配图所表达的则是由许多零件组成的部件，因为两种图样的用途不同，所表达的侧重面也不同。装配图应该表达出装配体的工作原理、装配关系和零件的主要结构形状。因此，与零件图相比，装配图还有一些规定画法和特殊画法。

9.2.1　规定画法

1. 接触面和配合面的画法

相邻两零件的接触表面和基本尺寸相同的两配合表面只画一条线（如图 9-1 中，件 4 主动齿轮轴与件 6 右端盖轴孔之间）；而基本尺寸不同的非配合表面，即使间隙很小，也必须画成两条线（如图 9-1 中，件 10 螺钉杆与左右端盖孔壁之间）。

2. 剖面线的画法

在装配图中，同一个零件在所有的剖视、断面图中，其剖面线倾斜方向和间隔应保持一致；相邻两零件的剖面线则必须不同，要么使其方向相反，要么使其间隔不同。

当装配图中零件的厚度小于 2mm 时，允许将剖面涂黑以代替剖面线（如图 9-1 中，件 2 垫片）。

3. 实心件和某些标准件的画法

在装配图的剖视图中，若剖切平面通过实心零件（如轴、杆等）和标准件（如螺栓、螺母、销等）的基本轴线时，这些零件按不剖绘制（如图 9-1 主视图中的件 4 主动齿轮轴、5 销、9 从动齿轮轴、10 螺钉），但其上的孔、槽等结构需要表达时，可采用局部剖视（如图 9-1 主视图中的件 4 主动齿轮轴和件 9 从动齿轮轴）。当剖切平面垂直于其轴线剖切时，则需画出剖面线（如图 9-1 左视图中的件 4 主动齿轮轴、9 从动齿轮轴、5 销和 10 螺钉）。

9.2.2 特殊画法

1. 拆卸画法

在装配图中，当某些零件遮住了需要表达的内容时，则可假想将其拆卸后只画剩下部分的视图，这种画法称为拆卸画法。为了避免看图时产生误解，常在图上加注“拆去零件××等”。

2. 沿结合面剖切

在装配图中，为了表示内部结构，可假想沿着某些零件的结合面剖切。如图 9-1 中，齿轮油泵左视图即为沿着左端盖与泵体的结合面剖切的，结合面不画剖面线，但被剖切的螺钉和圆柱销则按规定画剖面线。

3. 单独表示某个零件

在装配图中，当某个零件的形状未表达清楚，而该零件结构对理解装配关系又有影响时，可另外单独画出该零件的某一视图。

4. 夸大画法

在装配图中，对于一些薄片零件、细丝弹簧、微小的间隙等，可不按其实际尺寸作图，而适当地夸大画出，如图 9-1 中垫片的表示。

5. 假想画法

（1）对于运动零件，当需要表明其运动极限位置时，可以在一个极限位置上画出该零件，而在另一个极限位置用双点画线来表示。

（2）为了表明本部件与其他相邻部件或零件的装配关系，可用双点画线画出该件的轮廓线，如图 9-1 主视图中的齿轮等。

6. 简化画法

（1）在装配图中，对若干相同的零件组，如螺栓、螺钉连接等，可以仅详细地画出一组或几组，其余只需用点画线表示其装配位置。

（2）在装配图中，对于零件上的一些工艺结构，如小圆角、倒角、退刀槽和砂轮越程槽等可以不画。

9.3 装配图的尺寸标注

装配图的作用与零件图不同，因此，在图上标注尺寸的要求也不同。在装配图上应该按照对装配体的设计或生产的要求来标注某些必要的尺寸。一般常注的有下列几类尺寸。

1. 性能（规格）尺寸

表示装配体性能（规格）的尺寸是设计时确定的，也是了解和选用该装配体的依据，如图 9-1 吸、压油孔尺寸 *G*3/8″。

2. 装配尺寸

装配尺寸是表示机器或部件中各零件之间相互配合关系和相对位置的尺寸。这种尺寸是保证机器或部件装配性能和质量的尺寸。

（1）配合尺寸。表示零件间配合性质的尺寸，如图 9-1 中的尺寸ϕ15h7/h6。

（2）相对位置尺寸。表示装配时需要保证的零件间相互位置的尺寸，如图 9-1 中两齿轮中心距离 27±0.016。

3. 安装尺寸

安装尺寸是指将机器或部件安装到其他装配体上或地基上所需的尺寸，如图 9-1 左视图中，底座上两孔之间的距离 70。

4. 外形尺寸

表示机器或部件外形的总体尺寸，即总的长、宽、高。它反映了机器或部件的大小，提供了机器或部件在包装、运输和安装过程中所占的空间尺寸，如图 9-1 中的尺寸 110（长）、85（宽）、65+31（高）。

5. 其他重要尺寸

其他重要尺寸是在设计中确定的，而又未包括在上述几类尺寸之中的主要尺寸。如运动件的极限尺寸，主要零件的重要尺寸等。

必须指出：并不是每一张装配图都具有上述五类尺寸，而有的尺寸往往同时具有多种作用。因此，在标注尺寸时，要根据具体情况和要求来确定。

9.4　装配图中零（部）件的序号和明细栏

9.4.1　零（部）件序号

为了便于读图，便于作好生产准备和图样管理工作，必须对装配图中所有零（部）件进行编号，并将其填写在标题栏上方的明细栏中。

编写序号的方法如下。

（1）在所指的零（部）件的可见轮廓内画一圆点，然后从圆点开始画指引线（细实线），在指引线的另一端画一水平线或圆（均为细实线），在水平线上或圆内注写序号，序号字高应比该图中尺寸数字大一号或二号，如图 9-2（a）所示。若所指的部分不宜画圆点，如很薄的零件或涂黑的剖面等，可在指引线的末端画一箭头，并指向该部分的轮廓，如图 9-2（b）所示。

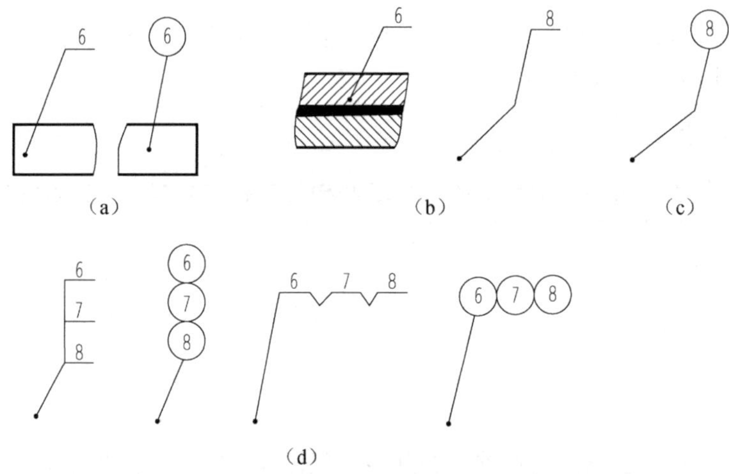

图 9-2　零（部）件序号的编写形式

（2）指引线应尽可能分布均匀且不要彼此相交。指引线通过有剖面线的区域时，要尽量不与剖面线平行，必要时可画成折线，但只允许折一次，如图 9-2（c）所示。

（3）一组紧固件，以及装配关系清楚的零件组，可以采用公共指引线，如图 9-2（d）所示。

（4）装配图中的标准化组件（如油杯、滚动轴承、电动机等）作为一个整体，只编写一个序号。

（5）部件中的标准件可以与非标准零件同样地编写序号，如图 9-1 所示，也可以不编写序号，而将标准件的数量与规格直接用指引线标明在图中。

（6）零（部）件序号应沿水平或垂直方向排列整齐，并按顺时针或逆时针方向顺次排列，如图 9-1 所示。若在整个图上无法连续时，可分别在几个水平或垂直方向上排列。

9.4.2 明细栏

明细栏是装配体全部零（部）件的目录。明细栏位于标题栏的上方，其序号填写的顺序要由下而上。如标题栏上方位置不够时，可移至标题栏的左边继续编写，明细栏的左边外框线为粗实线，内格线和顶线为细实线，见图 9-1。当明细栏不能配置在标题栏的上方时，可作为装配图的续页，按 A4 幅面单独绘制，其填写顺序应自上而下。

9.5 常见的装配结构简介

为了便于部件的装配和维修，保证部件的工作性能，在设计和绘制装配图时，还要考虑加工和装配的合理性。下面介绍几种常见的装配工艺结构。

1. 接触面与配合面结构

（1）为了保证接触良好，两零件在同一方向上的接触面数量，一般只宜有一个，否则就会给制造和配合带来困难，如图 9-3 所示，$\phi_2>\phi_1$，$a_2>a_1$。

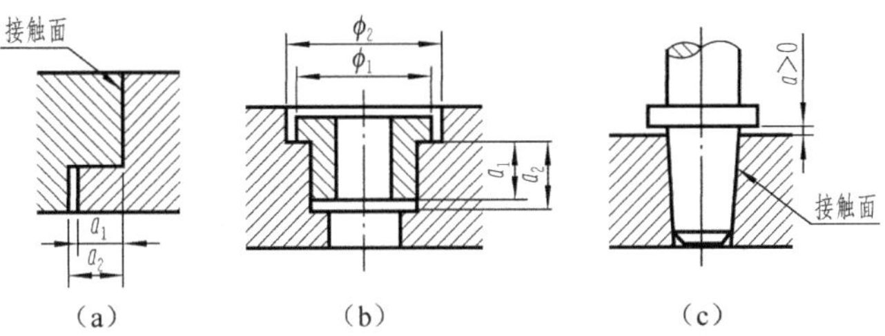

图 9-3 接触面与配合面的画法

（2）两配合零件在转角处不应设计成相同的尖角或圆角，否则既影响接触面之间的良好接触，又不易加工，见图 9-4。

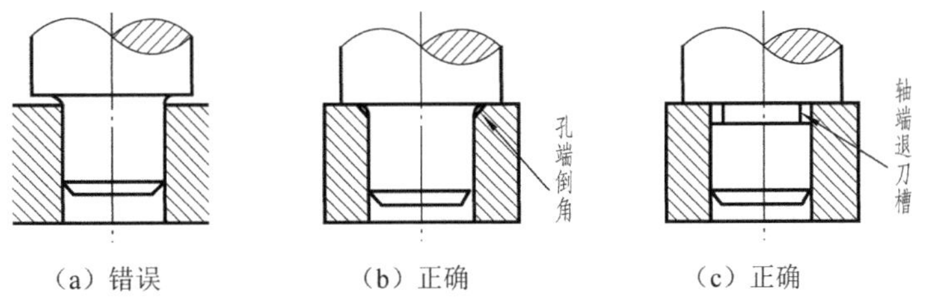

图 9-4 接触面转角处的结构

2. 密封结构

在一些部件或机器中，常需要有密封装置，以防止液体外流或灰尘进入。图 9-5 所示的密封装置是用在泵和阀上的常见结构。通常用浸油的石棉绳或橡胶作填料，拧紧压盖螺母，通过填料压盖即可将填料压紧，起到密封的作用。注意：此时压盖要画在开始压填料的位置，表示填料已加满。

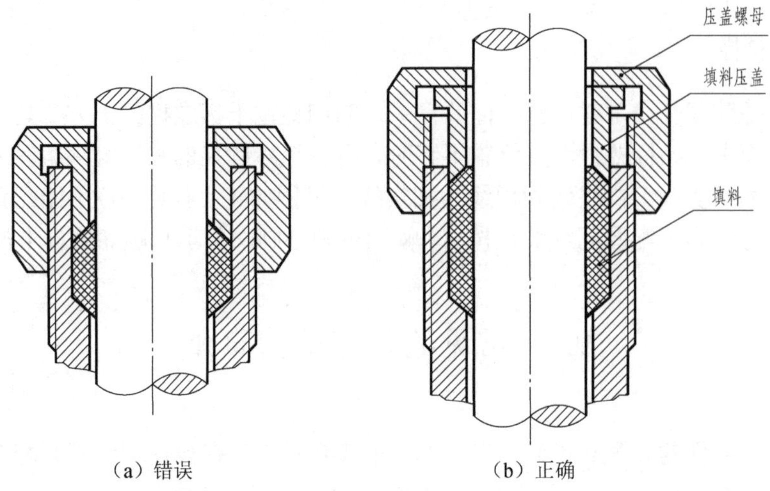

图 9-5　密封装置

3. 安装、拆卸结构

为了便于拆装，在设计螺栓位置时，应考虑扳手的空间活动范围以及装拆螺栓的空间，如图 9-6 所示。

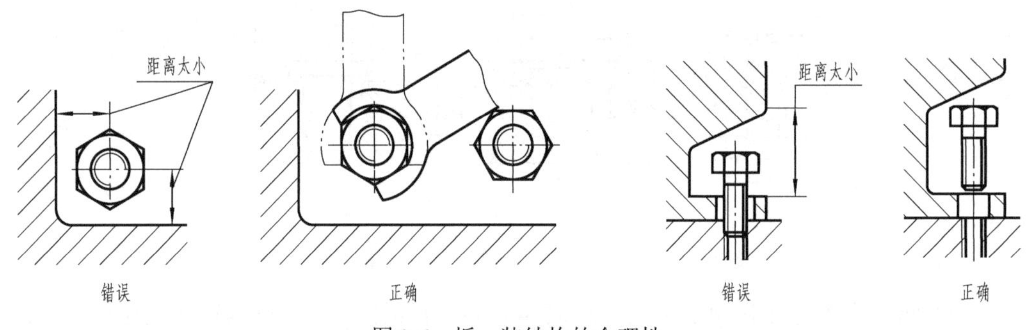

图 9-6　拆、装结构的合理性

9.6　部件测绘与装配图画法

9.6.1　部件测绘

部件测绘就是根据现有部件画出全部非标准零件的零件草图，然后再绘制装配图和零件图的过程。它对现有设备的改进、维修、仿造和先进技术的引进有着重要意义。因此，部件测绘是工程技术人员必须掌握的基本技能。现以图 9-7 齿轮油泵为例，说明部件测绘的方法和步骤。

1. 了解和分析测绘对象

首先，阅读部件说明书及有关的技术资料，然后，结合被测对象的实物了解部件的构成、用途、工作原理、连接和装配关系以及装拆顺序等情况。

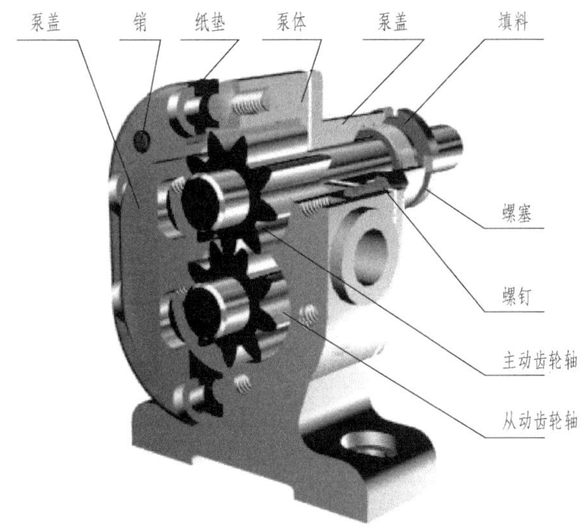

图 9-7 齿轮油泵

齿轮油泵是用于机器润滑系统中的部件，其工作原理如图 9-8 所示，当泵体中的一对齿轮啮合传动时，吸油腔一侧的轮齿逐渐分离，退出啮合，齿间的容积逐渐增大，油压降低，因而油箱中的油在大气压力的作用下，沿吸油口进入泵腔中。齿槽中的油随着齿轮的继续旋转被带到左侧压油腔。由于左侧的轮齿逐渐进入啮合，齿间容积逐渐减小，使齿槽中不断挤出的油成为高压油，并由压油口压出，然后经管道被输送到需要供油的部位。

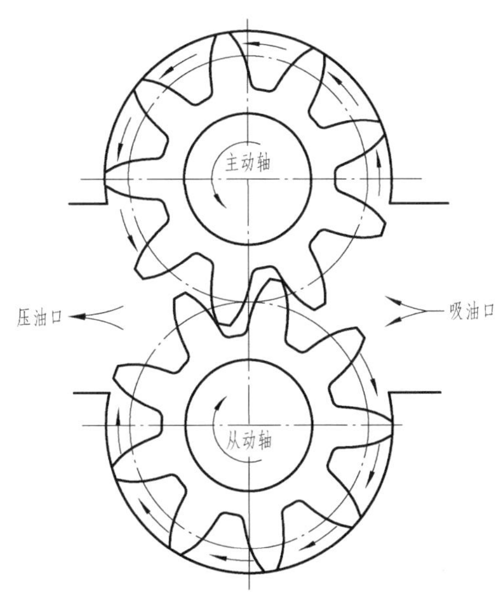

图 9-8 齿轮油泵工作原理

2. 拆卸零件并画装配示意图

根据装配的特点，按照一定的拆卸顺序，正确地依次拆卸零件。拆卸过程中，对每一个零件应扎上标签，记好编号。对拆下的零件要分区分组放在适当地方，以免混乱和丢失。对不可拆卸连接的零件和过盈配合的零件应不拆卸，以免损坏零件。齿轮油泵的拆卸顺序是：先拧下左、右泵盖上各六个螺钉，两泵盖、泵体和垫片即可分开；再从泵体中抽出两齿轮轴。对于销和填料可不必从泵盖上取下。如果需要重新装配上，可按拆卸的相反次序进行。

在全面了解部件后，画出装配示意图，并在拆卸过程中不断补充更正。示意图是用机构运动简图符号和简单的线条表达出装配体的结构组成、零件及其相对位置、装配关系等。画图时只需要表达出各零件的大致轮廓，并编号，注明零件名称、件数等，见图 9-9 齿轮油泵装配示意图。

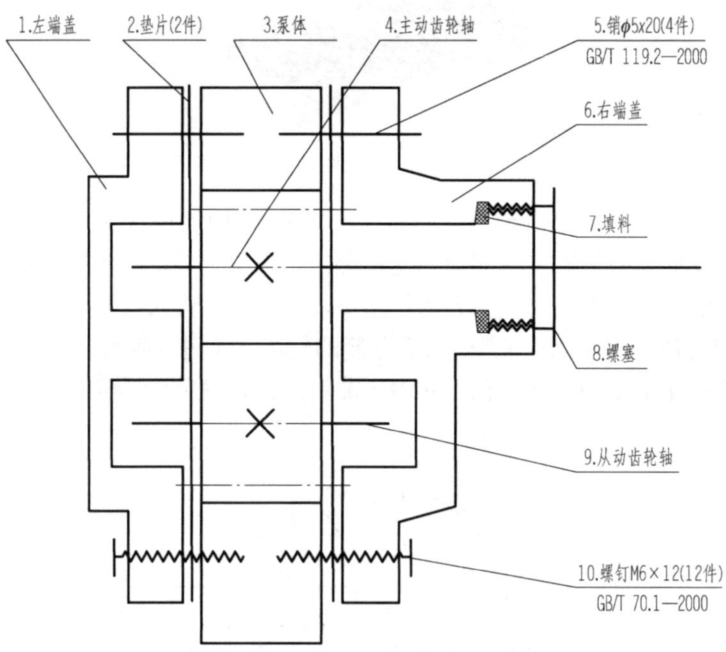

图 9-9　齿轮油泵装配示意图

3. 画零件草图

部件中的零件可分为两类：一类是标准件，不必画草图；另一类为非标准件，应画出全部的零件草图。对于零件草图的绘制，除了图线是徒手完成的外，其他方面的要求均和画正式的零件工作图一样。零件草图是绘制零件工作图的依据。

9.6.2　画装配图的方法和步骤

现以齿轮油泵为例，介绍由零件图画装配图的方法和步骤。齿轮油泵的主要零件——右端盖、泵体的零件图见第 8 章图 8-1、图 8-17，现补充齿轮油泵其他零件图：左端盖零件图、主动齿轮轴零件图、螺塞零件图、从动齿轮轴零件图，如图 9-10 所示。

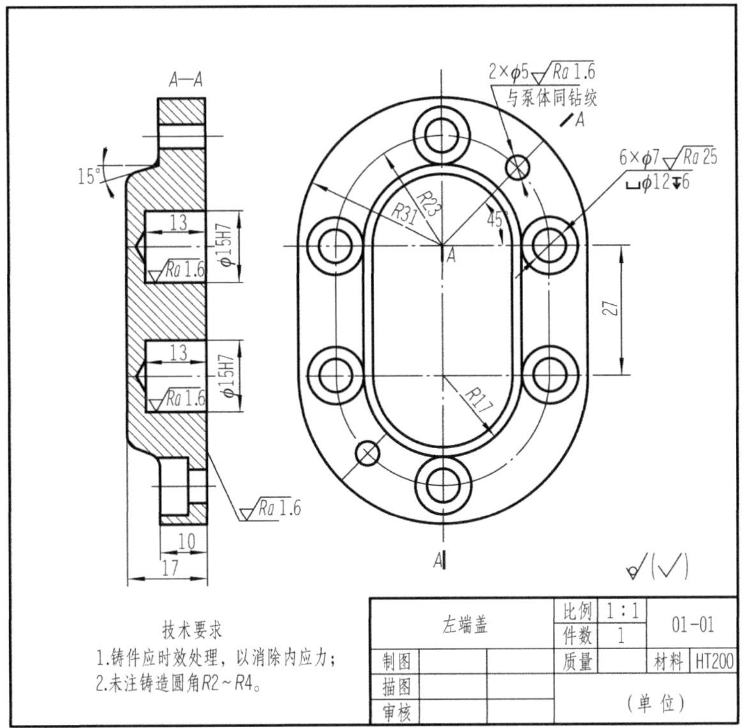

(a) 左端盖零件图

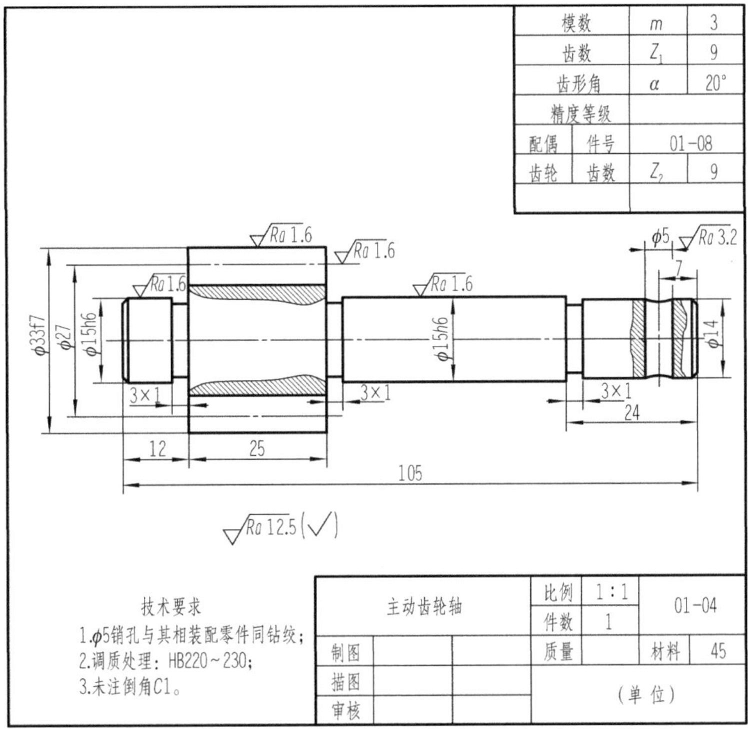

(b) 主动齿轮轴零件图

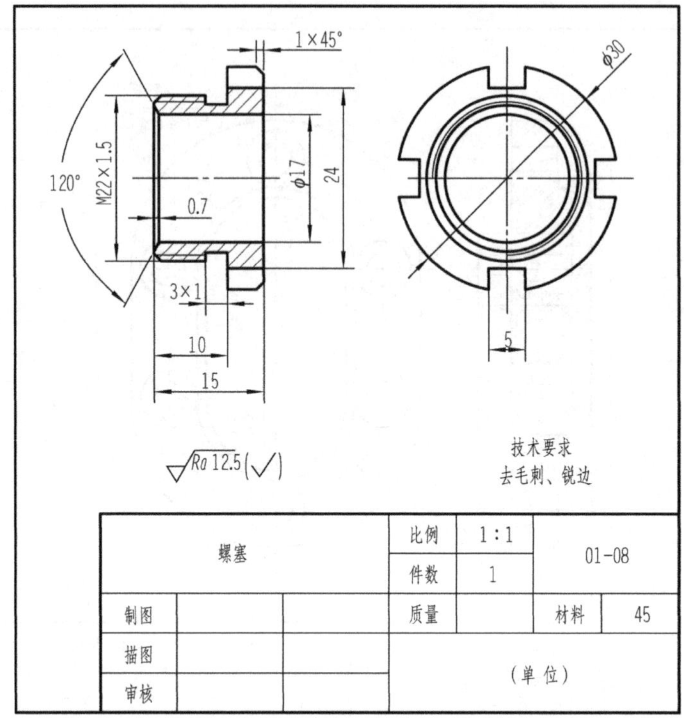

(c) 螺塞零件图

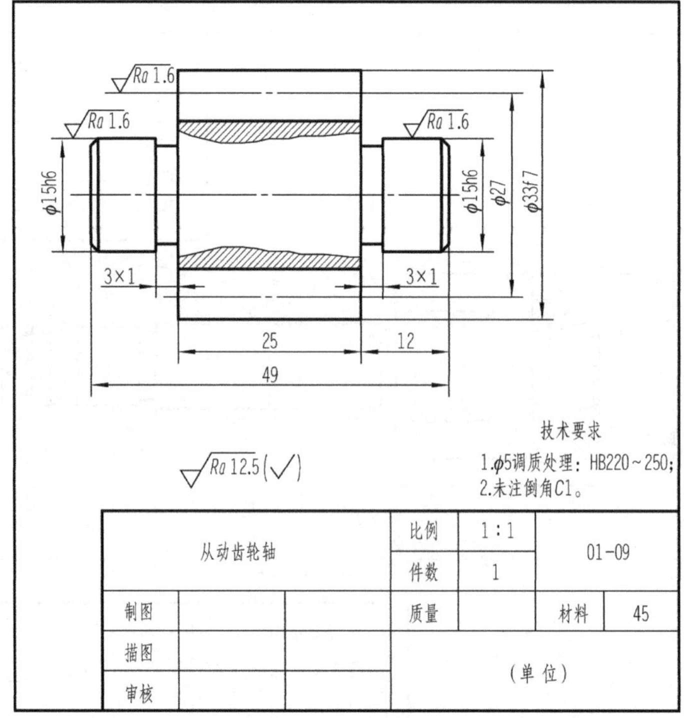

(d) 从动齿轮轴零件图

图 9-10　齿轮油泵的部分零件图

1. 概括了解

画图前需要了解部件的性能、工作原理、结构大小以及有关使用、检验等技术资料，以便选择最佳的表达方案画出其装配图。

2. 拟定表达方案

主要考虑如何更好地表达部件的装配关系、工作原理和主要零件的结构形状。一般来说在拟定表达方案时，要考虑下列问题。

（1）主视图的选择。主视图一般选择机器或部件的工作位置，并能较多地表达其工作原理、装配关系及主要零件的结构形状特征。在机器或部件中，一般将装配在同一轴线上的一系列零件称为装配干线。主视图常通过主要装配干线的轴线剖切。如图 9-1 所示齿轮油泵装配图，主视图沿两根齿轮轴的轴线剖切，采用全剖视图，清晰地表达了各零件间的相对位置和装配关系，齿轮的啮合部分采用了局部剖视。

（2）其他视图的选择。其他视图的选择应能补充主视图尚未表达或表达不够充分的部分。如图 9-1 所示，左视图采用半剖视图，清楚地表达了油泵的外部轮廓及工作原理和齿轮的啮合情况。

3. 画装配图

（1）确定比例，选择标准图幅，画图框线和标题栏、明细栏。

（2）合理进行布局，画出各视图的基准线，如图 9-11（a）所示。

（3）画视图底稿。一般从主视图入手，几个视图配合起来画。可先画出主要零件的形状，再依次从外向里画；也可以从装配干线出发依次由里向外画出各零件的投影，如图 9-11（b）～图 9-11（d）所示。

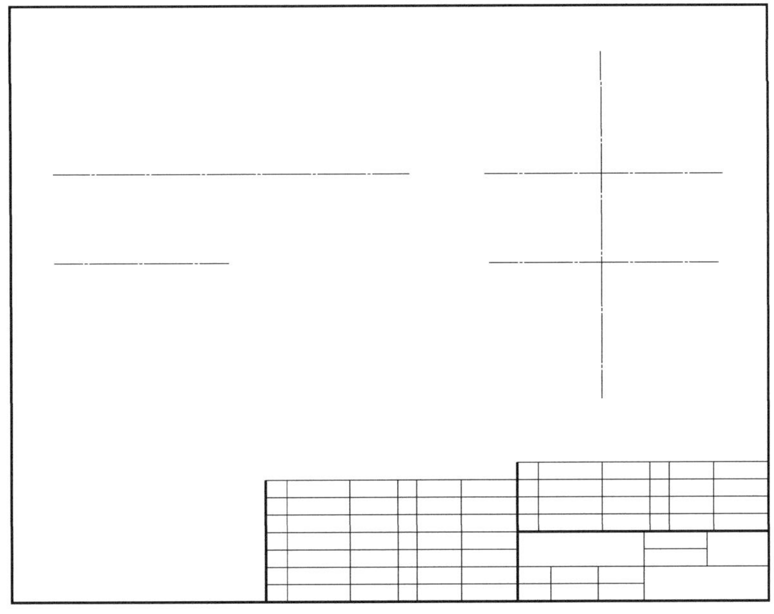

（a）画视图的基准线

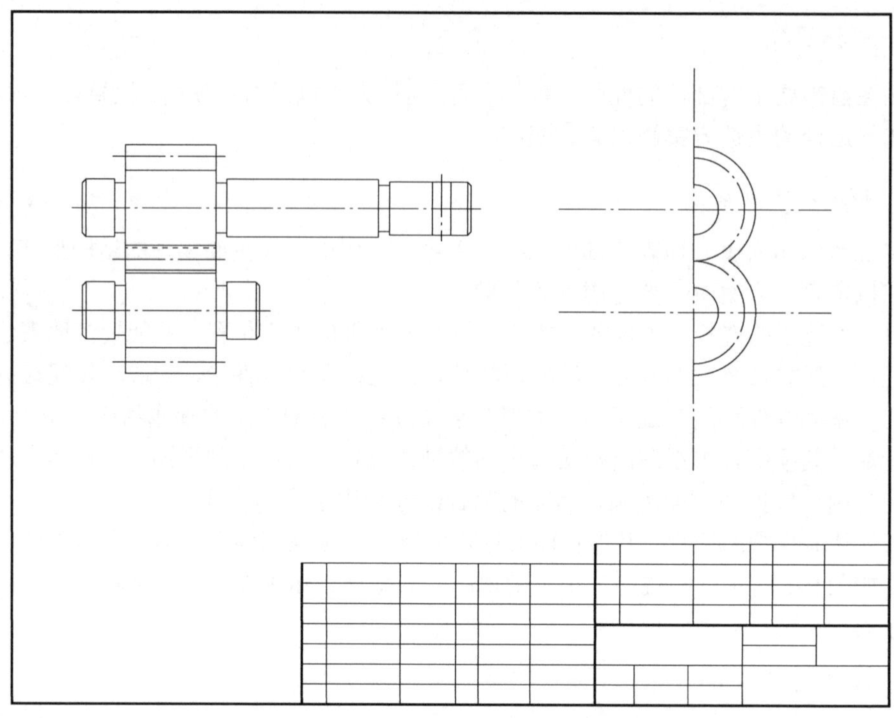

（b）画主、从动齿轮轴

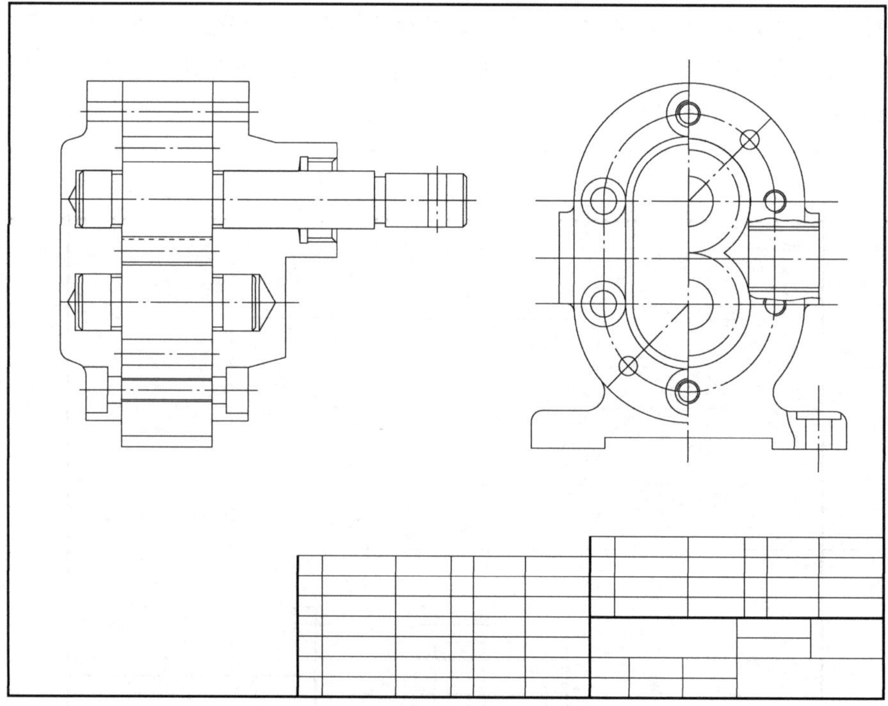

（c）画泵体、左右端泵盖等零件

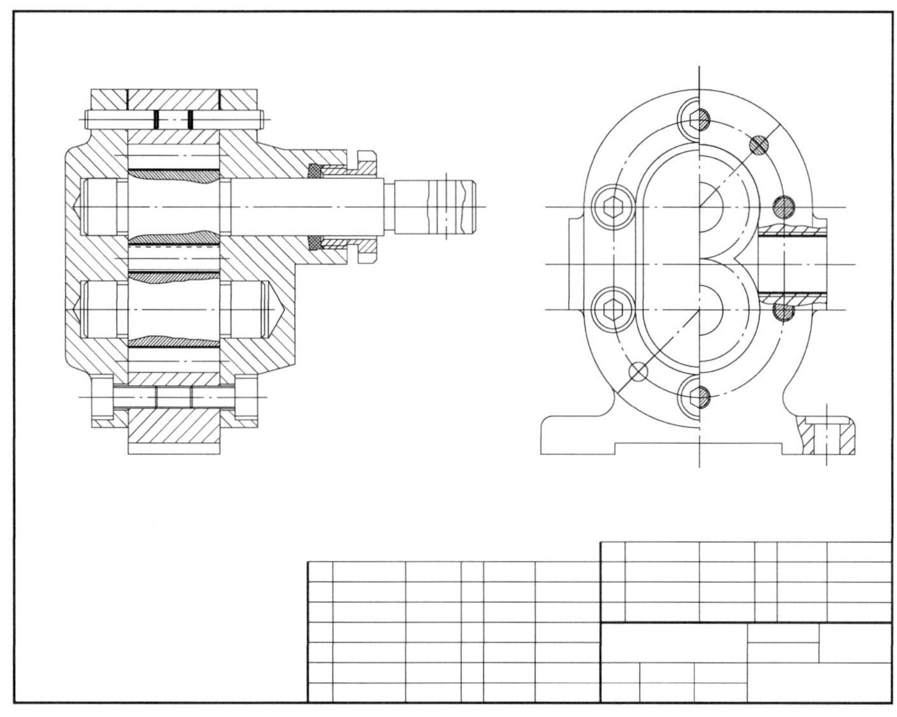

（d）画其他零件及细节

图 9-11 画齿轮油泵装配图底稿的步骤

（4）检查核对底稿并加深全图。

（5）标注尺寸，编写零件序号，填写标题栏、明细表和技术要求。

完成后的齿轮油泵装配图如图 9-1 所示。

9.7 读装配图及由装配图拆画零件图

在机器的设计、制造、装配、使用、维修以及技术交流等过程中，经常需要阅读装配图。因此，工程技术人员必须具备阅读装配图的能力。

9.7.1 读装配图的一般方法

下面以图 9-12 所示截止阀的装配图为例，具体说明读装配图的方法和步骤。

1. 概括了解

首先从标题栏入手，可了解部件的名称和绘图比例。从部件的名称联系生产实践知识，往往可以知道部件的大致用途；通过比例，即可大致确定部件的大小；从明细栏了解零件的名称和数量，并在视图中找出相应零件所在的位置。另外，浏览一下所有视图、尺寸和技术要求，初步了解该部件的表达方法及各视图间的大致对应关系，以便为进一步看图打下基础。

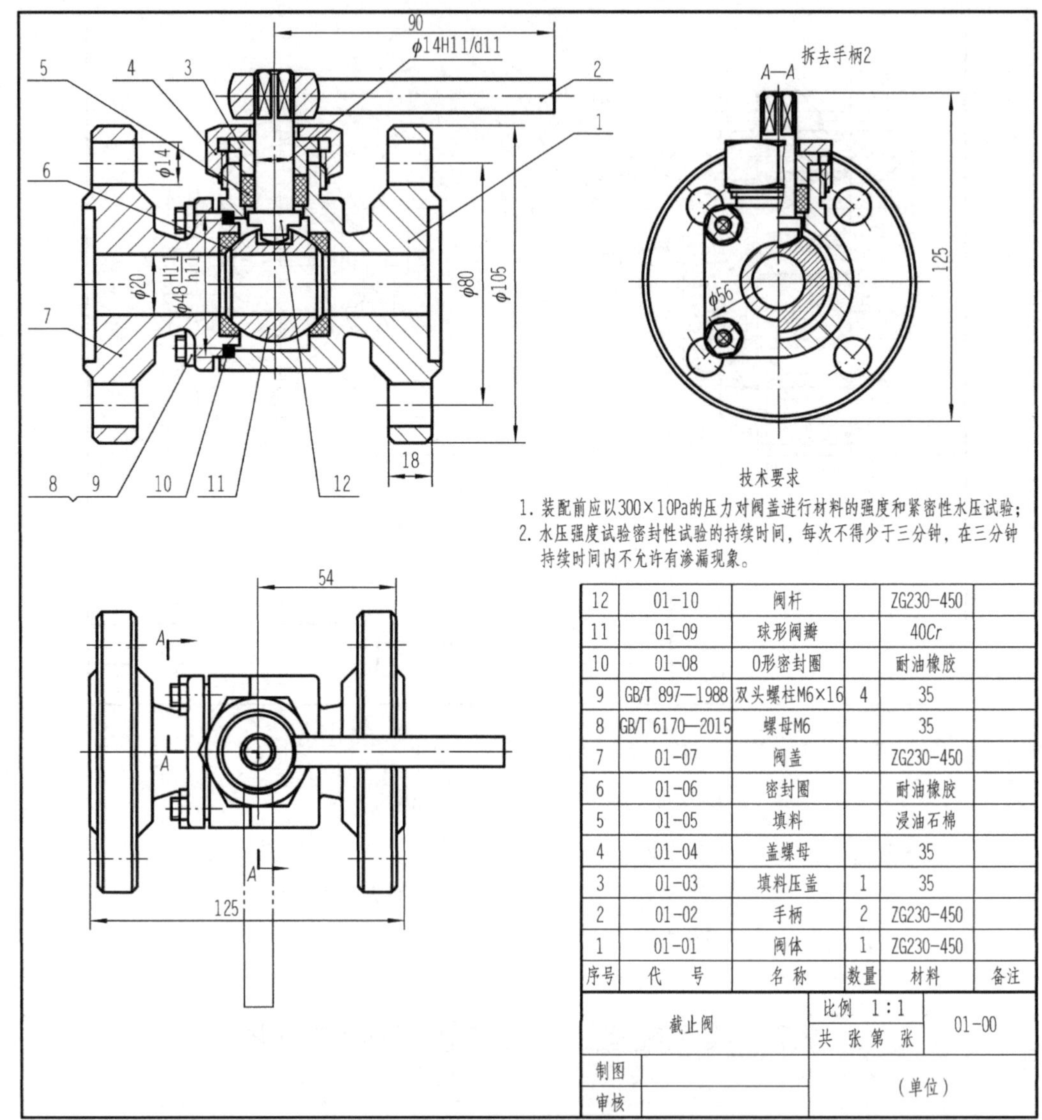

12	01-10	阀杆		ZG230-450	
11	01-09	球形阀瓣		40Cr	
10	01-08	O形密封圈		耐油橡胶	
9	GB/T 897—1988	双头螺柱M6×16	4	35	
8	GB/T 6170—2015	螺母M6		35	
7	01-07	阀盖		ZG230-450	
6	01-06	密封圈		耐油橡胶	
5	01-05	填料		浸油石棉	
4	01-04	盖螺母		35	
3	01-03	填料压盖	1	35	
2	01-02	手柄	2	ZG230-450	
1	01-01	阀体	1	ZG230-450	
序号	代　号	名 称	数量	材料	备注

截止阀	比例　1∶1	01-00
	共　张 第　张	
制图		（单位）
审核		

图 9-12　截止阀装配图

图 9-12 所示的截止阀是用于化工管道系统中控制液体流量的大小，起开、关控制作用的部件，共有 12 种零件，其中标准件为两种。装配图的比例为 1∶1，主视图采用了全剖视图，清晰地表达了截止阀的两条装配干线上各零件的位置及装配关系；左视图采用平行的两个剖切平面剖切的 *A*—*A* 全剖视图；俯视图主要表达外形及手柄的两个极限位置（其中扳手画粗实线的为开启状态，画双点画线的为关闭状态）。

2. 分析装配关系和工作原理

在概括了解的基础上，从传动关系入手，沿各装配干线，分析各部分零件的装配关系和功能作用，看懂部件的工作原理。

（1）分析工作原理及传动关系。从主、左视图分析可以看出，在图示情况下，球形阀瓣内孔的轴线与阀体、阀盖内孔的轴线重合，此时液体的阻力最小，流过阀的流量为最大；若转动手柄 2，带动阀杆、球形阀瓣旋转，球形阀瓣内孔与阀体内孔接通程度处在变化中，通过阀的流量逐渐减小；当扳手旋转至 90° 时，球形阀瓣内孔的轴线与阀体及阀盖内孔的轴线呈垂直相交状态，此时液体通路被球形阀瓣阻塞，呈关闭断流状态。

（2）分析零件间的装配关系及部件的结构。这是读装配图进一步深入的阶段，需要把零件间的装配关系和部件结构搞清楚。截止阀主要有两条装配干线：以阀体 1、球形阀瓣 11、和阀盖 7 构成该部件的主体，其中，$\phi 20$ 孔轴线方向为主要装配干线；阀杆轴线方向为另一重要装配干线，阀杆 12 安装在阀体 1 上部竖直孔内，阀杆下端嵌在球形阀瓣 11 的凹槽内，阀杆 12 上装有 O 形密封圈 10、填料压盖 3、盖螺母 4、手柄 2 等零件。

3. 分析主要零件结构及其作用

利用剖视图中剖面线的方向或间隔的不同将主要零件的范围和外形从复杂的装配关系中分离出来，然后对照投影关系，找出该零件在其他视图中的位置和外形，并进行综合分析，想象出该零件的结构形状，通过对主要零件结构和作用的分析，一方面可加深对装配图的理解，另一方面为拆画零件图做准备。

分析零件一般从主要零件开始，由图 9-12 可知，该部件的主要零件为阀盖 7、阀体 1、球形阀瓣 11。

（1）阀盖 7。结合主、左视图分析可知：左端外部为$\phi 105$ 的圆柱，其上加工四个$\phi 14$ 的通孔，用作与其他零件连接时的安装孔；右端为方板结构，其上有四个孔，最右端有一小圆柱凸台，与阀体 1 左端的孔配合，起径向定位作用，右端的大孔起密封圈 6 的径向定位作用；零件中心为$\phi 20$ 的通孔，是流体的通路。

（2）阀体 1。其结构如图 9-13 所示，其左端有 4 个螺纹孔，用来使用双头螺柱与阀盖连接。阀体还具有容纳球形阀瓣、密封圈、阀杆等零件的重要作用，阀体右端的结构与作用与阀盖 7 左端相同。

（3）球形阀瓣 11。从其名称和主、左视图可知：该零件为直径 40mm 的球体，阀瓣中间加工有一直径为 20mm 的通孔，作为流体的通路，阀瓣上方有一弧状方槽，与阀杆 12 的下端相结合。工作时球形阀瓣 11 的位置受阀杆位置控制，从而控制流体的流量。

其他零件请读者自行分析。

4. 归纳总结

在看懂工作原理、装配关系之后，再结合图上所注的尺寸、技术要求等对全图作总结归纳，查找尚未弄懂的地方，包括零件的拆装顺序和方法，装配、检验要达到技术指标等。这样经过反复思考，就能达到完全看懂装配图的目的。

由图 9-12 可知，截止阀的装配图长度方向的主要基准为阀杆的轴线；径向主要基准为中间$\phi 20$ 孔的轴线。作为流体通路的孔$\phi 20$ 为规格尺寸；90、54、$\phi 48H11/h11$、$\phi 14H11/d11$ 为装配尺寸；$\phi 80$、$\phi 56$、$\phi 14$ 为安装尺寸；125（总长）、$\phi 105$（总宽）、125（总高）为外形尺寸。技术要求方面，对阀盖进行强度和紧密性水压试验，以防止渗漏。

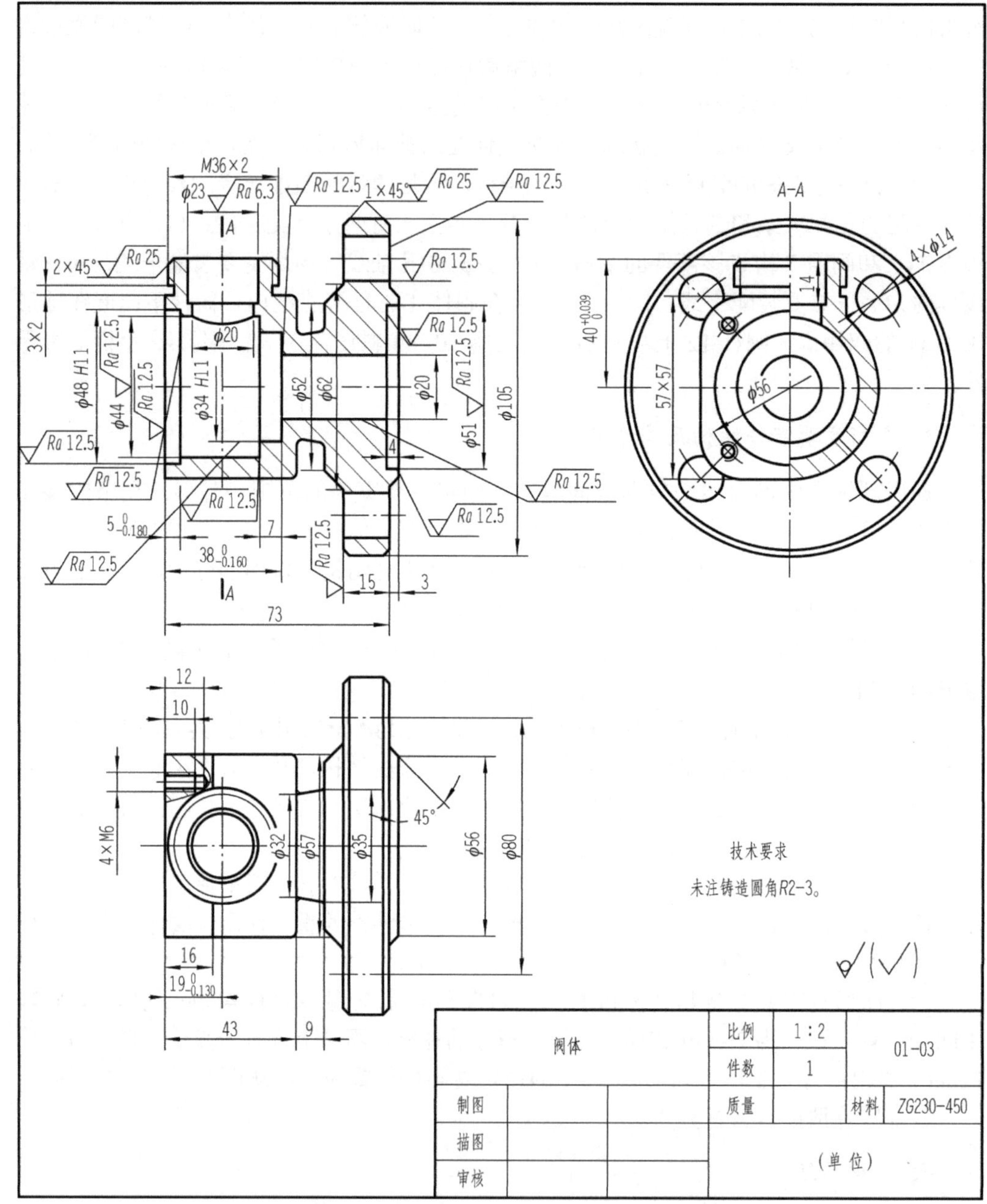

图 9-13　阀体零件图

此外，综合分析得出以下结论：

（1）截止阀的安装。通过截止阀左右两端法兰上的孔，用螺栓即可将截止阀安装固定在管路上。

（2）截止阀的装配结构。截止阀的零件间的连接方式均为可拆连接。因该部件工作时不需要高速运转，故不需要润滑。由于液体容易泄漏，因此需要密封，球心处和阀杆处都进行了密封。

（3）截止阀的拆装顺序。拆卸时，可先拆下手柄 2、盖螺母 4、填料压盖 3、阀杆 12，然后拆下四个螺母 8 及双头螺柱 9，卸掉阀盖 7 和密封圈 6，即可取出球形阀瓣 11，截止阀被完全解体。装配时与上述顺序相反。

通过上面的读图分析，不难得出截止阀的整体、全面印象。其立体图如图 9-14 所示。

上述读装配图的方法和步骤仅是一个概括的说明，实际读图时几个步骤往往是平行或交叉进行的。因此，读图时应根据具体情况灵活运用这些方法，通过反复地读图实践，便能逐渐掌握其中的规律，提高读装配图的速度和能力。

图 9-14　截止阀立体图

9.7.2　由装配图拆画零件图

由装配图拆画零件图，是将装配图中的非标准零件从装配图中分离出来画成零件图的过程，这是设计工作中的一个重要环节。下面以图 9-12 所示截止阀为例，说明拆画零件图时，应注意的一些问题。

1. 对零件表达方案的处理

拆画零件图时，应根据所拆画零件的内外形状及复杂程度来选择表达方案，而不能简单地照抄装配图中该零件的表达方案。例如，图 9-12 所示截止阀中的阀杆 12，在装配图中三个视图都有所表示，且其轴线为铅垂位置。拆画零件图时，只画一个主要视图及局部视图即可，并应将其轴线水平放置来绘制零件图，以方便工人加工时看图。对于装配图中没有表达完全的零件结构，在拆画零件图时，应根据零件的功用及零件结构知识加以补充和完善，并在零件图上完整清晰地表达出来。

对于装配图中省略的工艺结构，如倒角、退刀槽等，也应根据工艺需要在零件图上表示清楚。如阀体 1 上方外螺纹上端的工艺倒角 $C2$，在装配图上未画出，在零件图上就应补充画出或标注，如图 9-13 中所示。

2. 对尺寸的处理

零件图上的尺寸，应根据装配图来决定，其处理方法一般有以下几种：

（1）抄注。在装配图中已标注出的尺寸，往往是较重要的尺寸，在拆画其零件图时，这些尺寸不能随意改动，要完全照抄。对于配合尺寸，应根据其配合代号，查出偏差数值，标注在零件图上。

（2）查找。螺栓、螺母、螺钉、键、销等，其规格尺寸和标准代号，一般在明细栏中已列出，其详细尺寸可从相关标准中查得。

螺孔直径、螺孔深度、键槽、销孔等，应根据与其相结合的标准件尺寸来确定。

倒角、圆角、退刀槽等结构的尺寸，应查阅相应的标准来确定。

（3）计算。某些尺寸数值，应根据装配图所给定的尺寸，通过计算确定。如齿轮轮齿部分的分度圆尺寸、齿顶圆尺寸等，应根据所给的模数、齿数及有关公式来计算。

（4）量取。在装配图上没有标注出的其他尺寸，可从装配图中用比例尺量得。量取时，一般取整数。

另外，在标注尺寸时应注意，有装配关系的尺寸应相互协调。如配合部分的轴、孔，其基本尺寸应相同；其他尺寸也应相互适应，使之不致在零件装配时或运动时产生矛盾或产生干涉。

3. 对技术要求的处理

对零件的尺寸公差、表面结构及其他技术要求，可根据部件的实际情况及零件在部件中的使用要求，用类比法参照同类产品的有关资料以及已有的生产经验进行综合确定。

按照上述介绍的由装配图拆画零件图的方法和应遵循的原则，得到由图 9-12 截止阀的装配图拆画的阀体的零件图，如图 9-13 所示。

思 考 题

1. 简述装配图和零件图的关系。
2. 在装配图上，一般应标注哪几类尺寸？
3. 装配图有哪些规定画法和特殊画法？
4. 编注装配图中的零（部）件序号，应遵守哪些规定？
5. 简述常见的装配结构。
6. 简述阅读装配图的方法和步骤。
7. 如何将零件从装配图中分离出来？

第 10 章　AutoCAD 基础知识

AutoCAD 是美国 Autodesk 公司于 20 世纪 80 年代初为微机上应用 CAD 技术而开发的绘图程序软件包。1982 年 1 月，该公司首次推出了 AutoCAD1.0 版本，经多次升级，现已发展到 AutoCAD 2018 版；从简单的二维绘图发展到现在集三维设计真实感显示及通用数据库管理，以及互联网通信为一体的通用计算机辅助设计绘图软件包，功能不断强大。同时，AutoCAD 的 AutoLisp 和基于 C++语言的 ADS 及 ARX 为用户提供了强大的二次开发工具。目前在全球范围内得到广泛的应用，现已经成为国际上广为流行的绘图工具，其用户占有率超过 60%。

本书将以 2014 版为主，介绍该软件的二维绘图常用命令的使用方法和绘制工程图的方法和步骤。AutoCAD 的版本虽众多，但从 2000 版以后，传统的命令更改并不多，操作原理和基本操作更是相同，所以，即使使用 AutoCAD 的其他版本，也一样可以参考本书。

10.1　AutoCAD 2014 的操作界面

掌握 AutoCAD 2014 的绘图操作界面的使用方法，才能熟练地运用各种命令绘制所需要的图形。AutoCAD 2014 的界面主要包括标题栏、绘图窗口（绘图区）、命令行窗口（命令区）、窗口控制按钮、菜单、工具栏、状态栏、工具选项板、坐标系图标、工作空间等，如图 10-1 所示。

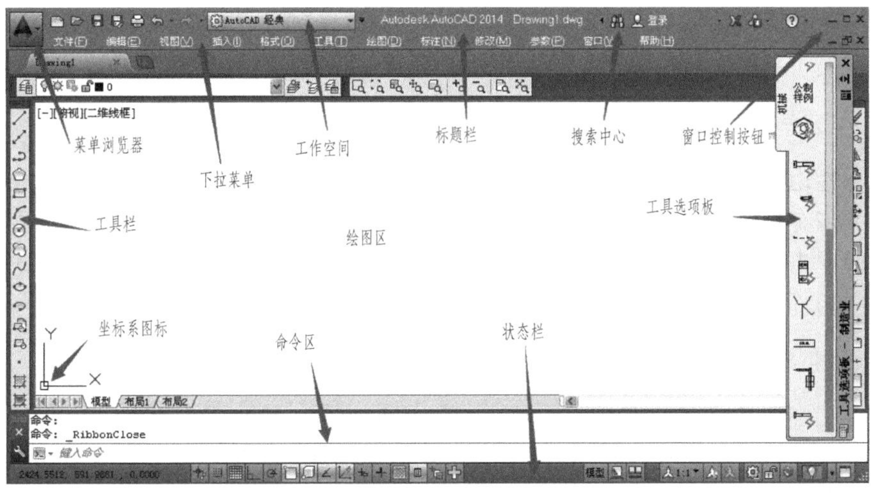

图 10-1　AutoCAD 2014 的绘图操作界面

1. 标题栏

在标题栏中列出了软件的名称和版本号、当前正在编辑的图形文件名，AutoCAD 2014 的默认文件名是“Drawing1.dwg”。

2. 绘图窗口

绘图窗口即屏幕绘图区域，是显示和绘制图形的窗口。用户可根据实际需要关闭不用的工具栏或者改变命令行窗口的高度，以调整绘图区域的大小。

3. 命令行窗口

命令行窗口显示用户输入的命令、AutoCAD 发出的信息与提示。默认状态下，在窗口中保留最后三行。将光标指向绘图窗口与命令行窗口的分界线，当光标变为上下箭头时，拖动光标可改变命令行窗口的大小。若想查看前面执行的绘图命令，可点击功能键 F2，就可调出操作过程的文本窗口。

4. 窗口控制按钮

窗口控制按钮有两组，上面一组用于控制软件系统窗口，下面一组用于控制图形文件窗口，其操作方法与 Windows 系统一样。当窗口处于最大化状态时，程序的执行速度最快。

5. 菜单

AutoCAD 2014 提供三种形式的菜单：下拉菜单、上下文跟踪菜单和屏幕菜单。

6. 工具栏

AutoCAD 用图标形象直观地表示命令，将表示相关命令的图标组织成工具栏便于管理和使用。工具栏包含启动命令按钮。将鼠标移到工具栏按钮上时，工具栏提示将显示按钮的名称。右下角带有小黑三角形的按钮是包含相关命令的弹出工具栏。将光标放在图标上，然后按鼠标左键直到弹出工具栏。工具栏可以是浮动的或固定的。浮动工具栏的标题是可见的，单击并拖动标题栏可将其定位在绘图区域的任意位置。

7. 状态栏

状态栏由应用程序状态栏和图形状态栏两部分组成。应用程序状态栏显示光标的坐标值，并带有打开和关闭图形工具的若干按钮。可以通过状态栏右侧的“状态栏菜单”或者右键单击应用程序状态栏的空白处，从弹出的快捷菜单选择“状态切换”选项，指定要在应用程序状态栏中显示的工具按钮。

8. 工具选项板

工具选项板是由一组选项卡组成的窗口，它们提供了一种用来组织、共享和放置块、填充图案及其他工具的有效方法。从工具选项板中拖动块和填充图案可以将这些对象快速放置到图形中。

9. 坐标系图标

坐标系图标用于指明当前使用的坐标系类别和方向。

10. 工作空间

工作空间是由分类组织的菜单、工具栏、选项板和功能区控制面板组成的集合。通过它可以很快地在需要的绘图环境中工作。每个选项卡都用于显示与基于任务的工作空间关联的面板。面板提供了与当前工作空间相关的操作的单个界面元素，使用户无须显示多个工具栏，从而使得应用程序窗口更加整洁。

10.2　AutoCAD 2014 的系统环境设置

通过系统文件的配置，生成符合创作者的绘图环境，可以使绘图过程中的各种操作、图形的显示等更加方便。常用的配置包括文件保存、软件和图形的显示、用户自定义、三维建模、系统配置等。

1. 设置“显示”选项

单击菜单浏览器中“选项”按钮，在弹出的“选项”对话框的“显示”选项卡中提供了“窗口元素”“布局元素”“显示精度”“显示性能”“十字光标大小”和“淡入度控制”六项显示设置项目。

例如，改变绘图区的背景颜色，具体操作步骤如图 10-2 所示。

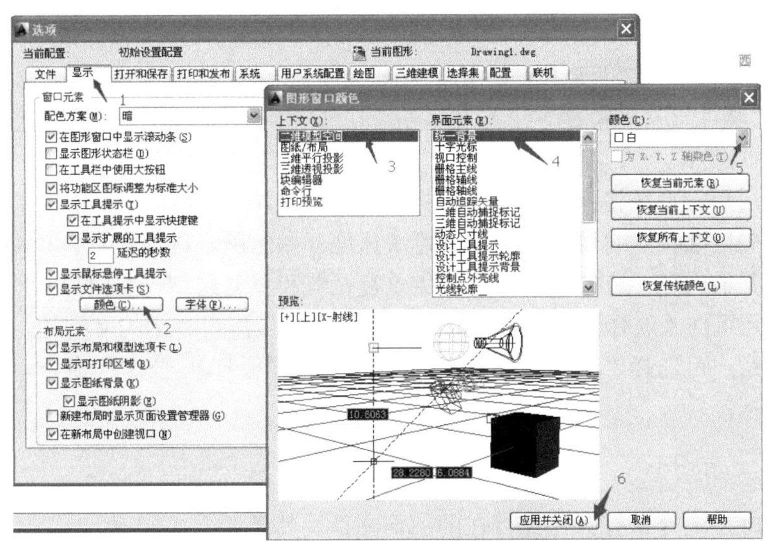

图 10-2　调整绘图区的背景颜色

2. 设置“草图”选项

在“选项”对话框中切换至“绘图”选择卡，即可出现对应的设置界面。在这里可以设置多个编辑功能，其中包括“自动捕捉设置”“自动捕捉标记”“对象捕捉选项”“AutoTrack 设置”“对齐点获取”和“靶框大小”等设置项目。

3. 设置“选择集”选项

在“选择集”选项卡中，用户可以根据工作方式来调整应用程序界面和绘图区域。这里可以进行“拾取框大小”“选择集预览”“选择集模式”“功能区选项”“夹点大小”与“夹点”的相关设置等。

4. 设置“用户系统配置”选项

进入“用户系统配置”选项卡，可设置优化软件系统工作方式的各个选项，其中包括“Windows 标准操作”“插入比例”“字段”等设置。

10.3　AutoCAD 加载文件的方式

图形信息存放在图形数据库中，并以文件的形式存放。若将用 AutoCAD 绘制的图形对象保存，则会生成 AutoCAD 的图形文件，其后缀名为“.dwg”。DWG 文件是以矢量格式存储的图形数据。和位图格式相比，矢量格式的图形数据具有描述精确、文件容量小、便于计算和操作等特点。

1. 新建文件

如果用户需要从头开始编辑一个新的图形文件，就要创建一个新的图形文件。其激活方式如下。

“标准工具栏”：新建按钮

菜单：“文件” → “新建”

命令行：NEW

命令激活后，系统将弹出“选择样板”对话框，AutoCAD 列出所提供的模版，模版包含了预先已准备好的设置，使用户可快速地开始绘图。这些设置包括绘图的尺寸、单位类型及其他内容。选择模版可以避免重复设置和重复绘制一些对象。

此外，还可在“选择样板”对话框中单击“打开”按钮右侧的 ▾ 按钮，在弹出的下拉菜单中，用户可选择“无样板打开-英制”或“无样板打开-公制”命令，以默认设置新建图形文档。

2. 打开已有图形

使用 OPEN 命令可打开已经存在的图形文件。其激活方式如下。

“标准工具栏”：打开按钮

菜单：“文件” → “打开”

命令行：OPEN

10.4　AutoCAD 存盘和输出文件格式

在 AutoCAD 中，可以采用多种方式将图形文件存储起来。

10.4.1　赋名存储

使用 SAVEAS 命令可赋名存储当前图形文件。其激活方式如下。

“标准工具栏”：存盘按钮

菜单：“文件” → “另存为”

命令行：SAVEAS

输入命令后，系统将弹出“图形另存为”对话框，先在“文件类型”下拉列表框中选定保存文件的类型，并在“保存于”的下拉列表框中选取保存路径，然后在“文件名”文本框中输入需要保存的图形的名称，单击“保存”按钮即可将当前图形文件赋名存储。

需要指出的是，如果当前图形文件是第一次存储，那么使用“标准”工具栏的图标存盘按钮可实现赋名存储；如果当前图形文件不是第一次存储，使用“标准”工具栏的图标存盘按钮，将用原文件名进行存储。

10.4.2　以默认文件名存储

使用 QSAVE 或 SAVE 命令可以默认文件名存储当前的图形文件。在绘图过程中要养成经常使用 QSAVE 的习惯，以免产生突发状况，导致未存盘的工作丢失。

10.4.3　其他文件输出格式

DWG 文件格式是 AutoCAD 默认的图形数据存储格式，为了便于与其他相关软件进行数据交换，AutoCAD 2014 可对当前图形文件进行多种文件格式的输出。

1. 使用“另存为”方式输出

使用 AutoCAD 2014 的赋名存储方式，不仅可以将图形文件以 DWG 文件格式存储，还可以将当前文件以 DWS、DXF 文件格式存储，或以 AutoCAD 低版本文件格式存储。

2. 使用“输出”选项

其激活方式如下。

菜单：“文件” → “输出”菜单项

或者运行 EXPORT 命令，可将当前图形文件以 WMF、SAT、STL、ESP、DXX、BMP 等文件格式输出。

3. 使用“渲染”输出

通过运行 AutoCAD 的渲染（RENDER）命令可将当前图形文件以 BMP、TGA、PCX、

TIFF 等不同的文件格式输出。

4. 输出为“Web”页面

通过运行电子传输（ETRANSMIT）命令或网上发布（PUBLISHTOWEB）命令都可将当前图形文件以 Web 页面的方式进行输出，并可在网上进行浏览。

思　考　题

1．AutoCAD 2014 主要有哪些功能？

2．启动 AutoCAD 2014 软件，用户界面由哪几部分组成？

3．如何新建、保存、关闭和打开 AutoCAD 图形文件？

4．AutoCAD 图形文件名后缀是什么？在 AutoCAD 2014 中可以使用哪些方法将当前图形保存或输出为哪些格式的文件类型？

第 11 章　AutoCAD 的基本绘图功能

任何一幅工程图纸都是由点、直线、圆及圆弧等基本图形元素组合而成的，它们是构成工程绘图的基础元素。只有熟练掌握这些基本图形的绘制方法，才可以方便快捷地绘制出机械零件工程图、装配图和电子线路图等各种更加复杂多变的图形。除此之外，如果要对所绘制的图形进行修改或删除，或者绘制较为复杂的图形时，我们还要借助图形编辑工具，编辑操作通常比绘制操作的工作量还多。熟练掌握基本图形元素的绘制及编辑操作，是提高绘制各种工程图效率的前提条件。

本章主要介绍绘图软件 AutoCAD 2014 二维绘图的常用命令的使用方法以及绘制工程图所需的前期准备工作的一些基本操作。

11.1　基本图形元素的绘制命令

11.1.1　点

11.1.1.1　点的样式的设置（DDPTYPE）

图纸绘制过程中，点是最基本的图形单元。可以根据需要先设置点的样式来使点以不同的形式显示出来，如图 11-1 所示。

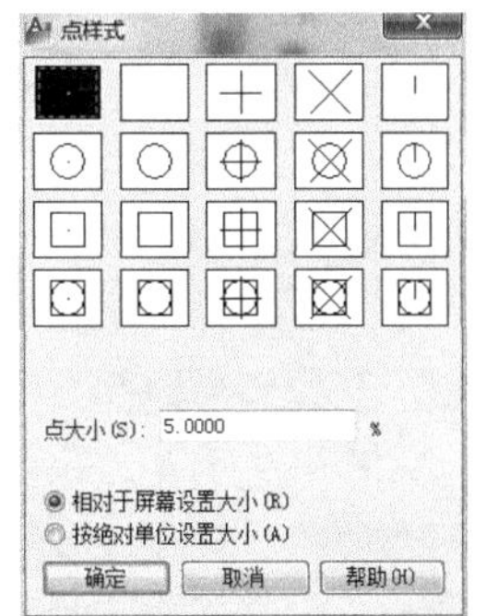

图 11-1 “点样式”选项框

激活方式如下。

菜单：“格式（O）”→“点样式（P）...”

命令行：DDPTYPE

“点样式”对话框中显示了 20 种点样式，即绘制的点在绘图区显示的外观。默认的点的样式是第一个，即显示为“.”。“点大小”文本框用于设置点的显示大小，通过其下面的两个单选按钮可设置该大小是“相对于屏幕设置大小”还是“按绝对单位设置大小”。前者是按照屏幕尺寸的百分比设置点的显示大小，当进行缩放时，点的显示大小并不改变；后者表示按“点大小”文本框中指定的实际单位设置点显示的大小。进行缩放时，显示大小随之改变。

11.1.1.2　点的输入方式（POINT）

1. 绝对坐标

如果用户知道点的绝对坐标或从原点出发的角度与距离，则可以用直角坐标、球坐标、柱坐标等方法来输入点的坐标值。

绝对坐标是以坐标原点为输入基准点，输入点的坐标值都是相对于坐标原点的位移值和角度值来确定。例如，绝对直角坐标是以坐标原点（0,0）为基点来定位所有点的位置。用户可以通过输入（*X*,*Y*）坐标值来定位一个点在坐标系中的位置，各坐标值之间用逗号隔开。

2. 相对坐标

相对坐标是以前一个输入点为基准，输入点的坐标值是相对前一点坐标的位移值而确定的。为了区别相对坐标与绝对坐标，在所有相对坐标的前面都添加“@”。例如，要输入距离上一点在 *X* 轴正方向为 8 个单位、在 *Y* 轴正方向为 6 个单位的新点，则可在命令行提示输入点时，输入“@8，6”，回车即可。

3. 极坐标

极坐标可以分为相对极坐标和绝对极坐标两种。

相对极坐标是以前一点为基准，用基准点到输入点间距离值及该连线与 *X* 轴正向间的角度来表示。角度以 *X* 轴正向为度量基准，逆时针为正，顺时针为负。例如，表示相对上一操作点距离 15 个单位，并和上一个操作点的连线与 *X* 轴正向夹角为 45° 的点的位置，可表示为“@15<45”。

绝对极坐标是以原点为极点，输入一个长度距离，后跟一个“<”符号，再加上一个角度值，且规定 *X* 轴的正向为 0°，*Y* 轴的正向为 90°，逆时针为正，顺时针为负。例如，表示该点距离极点距离为 15 个单位，该点和极点的连线与 *X* 轴正向夹角为 45° 的点的位置，可表示为“15<45”。

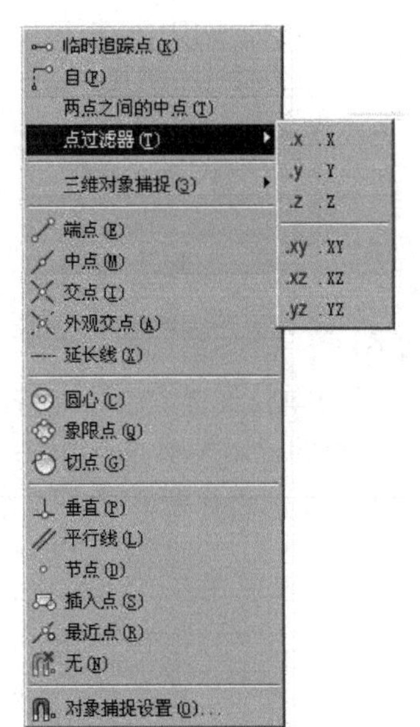

图 11-2　快捷菜单的“点过滤器”

4. 在屏幕上直接指向坐标点

用鼠标在屏幕上直接拾取点。具体过程为：移动鼠标，使光标移动到对应的位置（一般在状态栏上会动态显示出光标的当前坐标），然后单击鼠标左键。

5. *X*/*Y*/*Z* 点的过滤器

点过滤器允许用户使用一个已有的对象捕捉的 *X* 坐标和另一个对象捕捉的 *Y* 坐标指定一个新点坐标。即用户可根据已有对象的坐标构造一个点 *X*、*Y* 坐标。按 ctrl+鼠标右键，调出快捷菜单，如图 11-2 所示。使用过滤器的步骤如下。

（1）启动绘图命令。

（2）为了指定一个坐标，在命令行输入“.*X*”或“.*Y*”，用户还可以在对象捕捉快捷菜单上找到点过滤器。

（3）AutoCAD 提示输入一个点，通常可用对象捕捉来指定。

（4）AutoCAD 又提示输入其他的坐标值，通常也使用对象捕捉指定（如果是二维图，则忽略 Z 坐标）。

（5）继续执行命令。

用户不必同时使用坐标的 X 和 Y 两部分。例如，可以用已有直线的 Y 坐标和在屏幕上任意拾取的 X 坐标构造点的 X、Y 坐标。

11.1.2　线

使用直线（LINE）命令，用户可以绘制一系列连续的直线段，而且每条直线段都是一个独立的对象，可以单独进行编辑而不影响其他的线段。

1. 激活方式

"绘图"工具栏：

菜单："绘图（D）"→"直线（L）"

命令行：LINE（L）

2. 说明

在系统提示输入点时，①可以按照上节讲的点的输入方式输入；②输入"C"（CLOSE）后，以第一条线段的起始点作为最后一条线段的终点，形成一个闭合的线段环，在绘制了一系列线段（两条或两条以上）之后，可以使用"闭合"选项；③输入"U"（UNDO）后，删除直线序列中最近绘制的线段。

11.1.3　多段线

绘制由直线段和圆弧组成的多段线，整条线可作为一个对象进行整体编辑。另外，多段线还有制定线宽的选项，可以绘制各种线宽的直线。

1. 激活方式

"绘图"工具栏：

菜单："绘图（D）"→"多段线（P）"

命令行：PLINE（pl）

2. 选项说明

按上述方法激活 PLINE 命令后，命令行提示"指定下一个点或[圆弧（A）/半宽（H）/长度（L）/放弃（U）/宽度（W）]："。

（1）指定下一点 ：继续输入点绘制多段线，直到按回车键为止。

（2）圆弧（A）：切换到绘制圆弧。

（3）半宽（H）：设置多段线的半宽。

（4）长度（L）：切换到绘制直线。以前一线段相同的角度并按指定长度绘制直线段。如果前一线段为圆弧，将绘制一条直线段与弧线段相切。

（5）放弃（U）：撤销上一段多段线。

（6）宽度（W）：设置多段线的宽度。

（7）闭合（C）：在当前位置到多段线起点之间绘制一条直线段以闭合多段线。

3. 命令举例

命令：PLINE

指定起点：45,25

当前线宽为 0.0000

指定下一点或 [圆弧（A）/半宽（H）/长度（L）/放弃（U）/宽度（W）]：W

指定起点宽度 <0.0000>：2.5

指定端点宽度 <2.5000>：

指定下一点或 [圆弧（A）/半宽（H）/长度（L）/放弃（U）/宽度（W）]：45,70

指定下一点或 [圆弧（A）/闭合（C）/半宽（H）/长度（L）/放弃（U）/宽度（W）]：W

指定起点宽度 <2.5000>：0

指定端点宽度 <0.0000>：3.5

指定下一点或 [圆弧（A）/闭合（C）/半宽（H）/长度（L）/放弃（U）/宽度（W）]：115,70

指定下一点或 [圆弧（A）/闭合（C）/半宽（H）/长度（L）/放弃（U）/宽度（W）]：A

指定圆弧的端点或[角度（A）/圆心（CE）/闭合（CL）/方向（D）/半宽（H）/直线（L）/半径（R）/第二个点（S）/放弃（U）/宽度（W）]：W

指定起点宽度 <3.5000>：5.5

指定端点宽度 <5.5000>：1.5

指定圆弧的端点或[角度（A）/圆心（CE）/闭合（CL）/方向（D）/半宽（H）/直线（L）/半径（R）/第二个点（S）/放弃（U）/宽度（W）]：150,30

指定圆弧的端点或[角度（A）/圆心（CE）/闭合（CL）/方向（D）/半宽（H）/直线（L）/半径（R）/第二个点（S）/放弃（U）/宽度（W）]：W

指定起点宽度 <1.5000>：4

指定端点宽度 <4.0000>：

指定圆弧的端点或[角度（A）/圆心（CE）/闭合（CL）/方向（D）/半宽（H）/直线（L）/半径（R）/第二个点（S）/放弃（U）/宽度（W）]：S

指定圆弧上的第二个点：125,15

指定圆弧的端点：115,35

指定圆弧的端点或[角度（A）/圆心（CE）/闭合（CL）/方向（D）/半宽（H）/直线（L）/半径（R）/第二个点（S）/放弃（U）/宽度（W）]：L

指定下一点或 [圆弧（A）/闭合（C）/半宽（H）/长度（L）/放弃（U）/宽度（W）]：W

指定起点宽度 <4.0000>：2.5

指定端点宽度 <2.5000>：

指定下一点或 [圆弧（A）/闭合（C）/半宽（H）/长度（L）/放弃（U）/宽度（W）]：L

指定直线的长度：15

指定下一点或 [圆弧（A）/闭合（C）/半宽（H）/长度（L）/放弃（U）/宽度（W）]：C
二维多段线绘图实例如图 11-3 所示。

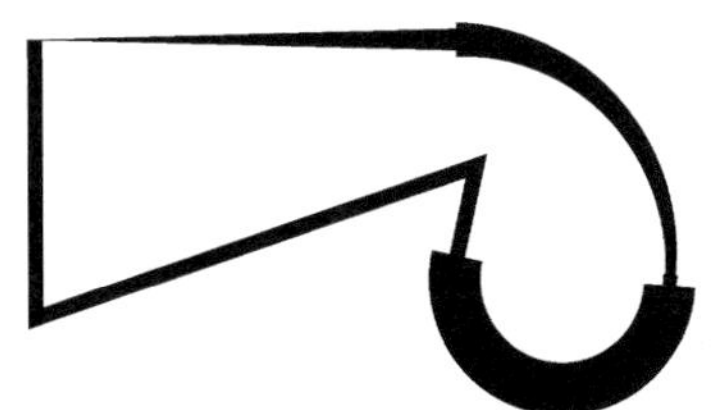

图 11-3　二维多段线绘图实例

11.1.4　样条曲线

样条曲线（SPLINE）命令用于绘制二次或者三次样条曲线，它可以由起点、终点、控制点及偏差来控制曲线。样条曲线可用于表达机械图形中断裂线及地形图标高线等。

1. 激活方式

"绘图"工具栏：
菜单："绘图（D）"→"样条曲线（S）"
命令行：SPLINE（SPL）

2. 选项说明

创建样条曲线有两种方式：拟合点和控制点。使用拟合点创建样条曲线，命令行会提示"指定第一个点或[方式（M）/节点（K）/对象（O）]："；使用控制点创建样条曲线，命令行会提示"指定第一个点或[方式（M）/阶数（D）/对象（O）]："。

（1）指定第一个点：指定样条曲线的第一个点、第一个拟合点或者第一个控制点，具体取决于当前使用的方法。

（2）方式：选择是使用拟合点还是使用控制点来创建样条曲线。拟合点方式是通过指定样条曲线必须经过的拟合点来创建 3 阶 B 样条曲线，在公差值大于 0 时，样条曲线必须在各个点的指定公差距离内；控制点方式是通过指定控制点来创建样条曲线，使用此方法创建 1 阶（线性）、2 阶（二次）、3 阶（三次）直到最高为 10 阶的样条曲线，通过移动控制点调整样条曲线的形状，通常可以提供比移动拟合点更好的效果。

（3）节点：指定节点参数化。它是一种计算方法，用来确定样条曲线中连续拟合点之间的零（部）件曲线如何过渡。

（4）阶数：设置生成样条曲线的多项式阶数。使用此选项可以创建 1 阶（线性）、2 阶（二次）、3 阶（三次）直到最高为 10 阶的样条曲线。

（5）对象：将二维或三维的二次或三次样条曲线拟合多段线转换成等效的样条曲线。

11.1.5　圆

可以通过指定圆心、半径、直径、圆周上的点和其他对象上的点的不同组合来绘制图。

1. 激活方式

“绘图”工具栏：

菜单：“绘图（D）”→“圆（C）”

命令行：CIRCLE

2. 选项说明

（1）圆心、半径：默认选项，通过指定圆的圆心和半径绘制圆。

（2）圆心、直径：通过指定圆的圆心和直径绘制圆。

（3）两点：绘制以两点连线为直径的圆。

（4）三点：通过指定圆上三个点绘制圆。

（5）相切、相切、半径：绘制与已知两对象（直线、圆或者圆弧）相切的一个指定半径的圆。

（6）相切、相切、相切：绘制与已知三个对象相切的圆。

11.1.6　弧

弧是构成图形的主要部分，该命令主要用于绘制任意半径的圆弧对象。

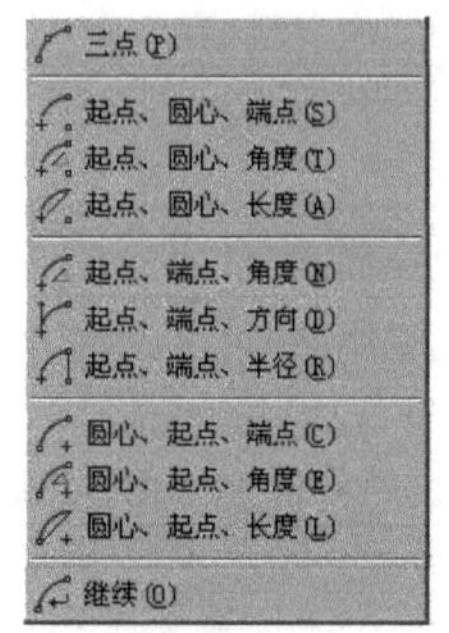

图 11-4　绘制圆弧的 11 种方法

1. 激活方式

“绘图”工具栏：

菜单：“绘图（D）”→“圆弧（A）”

命令行：ARC

2. 选项说明

如图 11-4 所示，有 11 种绘制圆弧的方法，可以根据实际情况，选择不同的方法，输入指定参数进行绘制。例如，“起点、圆心、端点”就是指通过依次指定圆弧的起点、圆心、端点绘制圆弧。

需要注意的是：

（1）圆弧的半径有正负之分。当半径为正值时是绘制小圆弧，若为负值时则绘制大圆弧。

（2）圆弧的角度也有正负之分。当角度为正值时系统沿着逆时针方向绘制圆弧，若为负值时则沿着顺时针方向绘制圆弧。以弧长方式绘制圆弧时，输入正值时绘制小圆弧；输入负值时绘制大圆弧。

11.1.7　椭圆

1. 激活方式

“绘图”工具栏：

菜单：“绘图（D）”→“椭圆（E）”

命令行：ELLIPSE（EL）

2. 选项说明

按照上诉方法激活 ELLIPSE 命令之后，命令行会提示“指定椭圆的轴端点或[圆弧（A）/中心点（C）]：”。

（1）指定椭圆的轴端：根据两个端点定义椭圆的第一条轴，第一条轴的角度确定了整个椭圆的角度。第一条轴即可定义椭圆的长轴，也可以定义椭圆的短轴。

（2）圆弧：绘制椭圆弧。

（3）中心点：用指定的中心点和两个端点创建椭圆弧。

11.1.8　多边形

由三条以上的线段所组成的封闭界限图形称为多边形，若每条边的长度都相等则称为正多边形。同样，绘制的多边形是一个整体，不能单独对每一条边进行编辑。

1. 激活方式

“绘图”工具栏：

菜单：“绘图（D）”→“正多边形（Y）”

命令行：POLYGON

2. 选项说明

当用户指定了多边形边数后，命令行将继续提示“指示正多边形的中心点或[边（E）]：”。

（1）指定中心点：默认选项。用户可以输入坐标或用鼠标拾取一点来绘制正多边形的中心点。

（2）边：选择“边”功能，则可通过指定多边形的一条边来绘制正多边形。

3. 命令举例

命令：_polygon 输入侧面数<4>：6

指定正多边形的中心点或[边（E）]：100,100

输入选项 [内接于圆（I）/外切于圆（C）]<I>：c

指定圆的半径：8

图 11-5 为内切圆与外接圆两种方式绘制正六边形。

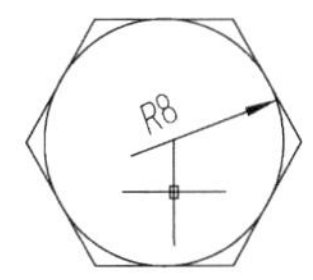

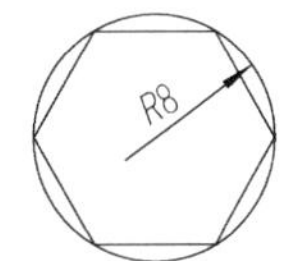

（a）内切圆方式　　（b）外接圆方式

图 11-5　正六边形的绘制

11.1.9　任意等分几何操作

定数等分（DIVIDE）和等距等分（MEASURE）可以对几何图形进行等分操作。

11.1.9.1　定数等分

定数等分（DIVIDE）即在所选的对象的长度或者周长方向上，按用户指定的数目等分对象，并在等分点处放置点对象或块。可等分的对象包括圆弧、圆、椭圆、椭圆弧、多段线和样条曲线。

1. 激活方式

菜单："绘图（D）"→"点（O）"→"定数等分（D）"
命令行：DIVIDE

2. 命令举例

例如，将图 11-6 中的直线作四等分，操作如下。
命令：DIVIDE 回车
指定要等数等分的对象：拾取直线
输入线段数目或[块（B）]：4 回车
命令执行完成后，在该直线上显示三个等分点，如图 11-6（a）所示，将该直线分为四等分。

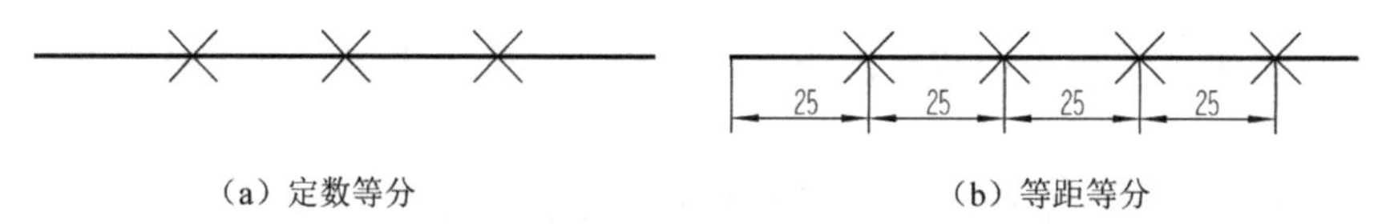

（a）定数等分　　（b）等距等分

图 11-6　等分线段

11.1.9.2　等距等分

等距等分（MEASURE）即将点对象或块按指定的间距放置在对象长度或周长方向上。

1. 激活方式

菜单："绘图（D）"→"点（O）"→"定距等分（M）"
命令行：MEASURE

2. 命令举例

例如，将图 11-6 中的直线作等距等分，操作如下。
命令：MEASURE，回车
指定要定距等分的对象：拾取直线（注意拾取点，本例选择靠近左端点拾取直线，该直线长度为 115）
指定线段长度或[块（B）]：25 回车

命令执行完成后，如图 11-6（b）所示，等距分点是从最靠近用于选择对象的点的端点处开始放置，如果靠近右端点拾取对象，等距分点就会从右边开始插入。

3. 说明

（1）在等分操作之前，要设置点的样式及大小。

（2）作定距等分，拾取点若靠近直线的左端点，等距分点从左端开始；拾取点若靠近直线的右端点，等距分点从右端开始。

11.2　基本编辑修改命令

AutoCAD 提供了许多基本的编辑修改命令，通过了解这些编辑修改命令，可以实现对许多复杂图形的编辑，同时简化绘图操作的难度，提高绘图的质量和效率。本节主要讲述基于绘图命令绘制的图形对象的修改和编辑方法，通过这部分内容的学习，使读者掌握二维对象编辑的各种方法，如删除、复制、移动、旋转、剪切、圆角等的具体操作，从而绘制出复杂的二维图形。

11.2.1　构造选择集

在 AutoCAD 中，无论执行任何编辑命令都必须选择对象。所有选中对象的集合称为选择集。构造选择集主要方法如下。

1. 点击图形对象构造选择集

将光标移至某对象上，对象将变亮，点击鼠标左键进行拾取，这时对象的边界轮廓线变成虚线，说明对象选择成功。

2. 用矩形框构造选择集

此方法有两种不同的选择方式：

（1）从左向右绘制选择窗口将选择完全处于窗口边界内的对象。

（2）从右向左绘制选择窗口将选择处于窗口边界内和与边界相交的对象。

3. 取消选择集

当发现已构造选择集不合适时，可以按 Esc 键取消。若想从选择集中去除某个图形对象，可按住 Shift 键后再单击要去除的图形对象。

11.2.2　复制型命令

11.2.2.1　复制

复制命令用来复制一个已有的对象。用户可对所选的对象进行复制，将其放到指定的位置，并保留原来的对象。

1. 激活方式

“修改”工具栏：

菜单：“修改（M）”→“复制（Y）”

命令行：COPY

2. 命令提示中各选项功能

（1）基点：指定对象的基准点。基点可以指定在被复制的对象上，也可以不指定在被复制的对象上。

（2）位移：当用户指定基点，系统继续提示“指定位移的第二点或<使用第一点作位移>”，用户要指定第二点，第一点和第二点之间的距离为位移。

（3）重复（M）：代替“单个”模式设置。在命令执行期间，将 COPY 命令设置为自动重复。

11.2.2.2 平移复制（偏移）

平移复制命令用于根据指定距离或通过一指定点创建同心圆、平行线和平行曲线。

1. 激活方式

“修改”工具栏：

菜单：“修改（M）”→“偏移（S）”

命令行：OFFSET

2. 命令提示中各选项功能

（1）偏移距离：在距现有对象指定的距离处创建新对象。

（2）退出（E）：退出 OFFSET 命令。

（3）放弃（U）：放弃前一个偏移操作。

（4）通过（T）：创建通过指定点的新对象。

（5）图层（L）：确定将偏移对象创建在当前图层上还是源对象所在的图层上。

（6）删除（E）：指定在偏移后是否删除源对象。

11.2.2.3 镜像

镜像命令用于生成所选对象的对称图形，操作时需指出对称轴线。对称轴线可以是任意方向的，源对象可以删去或保留。

1. 激活方式

“修改”工具栏：

菜单：“修改（M）”→“镜像（I）”

命令行：MIRROR

2. 命令提示中各选项功能

（1）选择对象：选取镜像目标。

（2）指定镜像线的第一点：输入对称轴第一点。

（3）指定镜像线的第二点：输入对称轴第二点。

（4）是否删除源对象？[是（Y）/否（N）]<N>：提示选择从图形中删除或保留源对象，默认值是保留源对象。

11.2.2.4　阵列

如果多个图形之间形状相同，且分布有一定的规律，则可先绘制一个对象，然后用阵列命令复制其他对象。

1. 激活方式

“修改”工具栏：

菜单：“修改（M）” → “阵列”

命令行：ARRAY

2. 环形阵列和矩形阵列

要阵列的对象选择完毕后选项有：环形阵列和矩形阵列。

环形阵列：创建由指定中心点或基点定义的阵列，将在这些指定中心点或基点周围创建选定对象副本。如果输入项目数，必须指定填充角度或项目间角度。如果按↙键（且不提供项目数），两者均必须指定。

创建环形阵列具体操作如下。

（1）菜单：“修改（M）”→阵列→环形阵列或命令行：ARRAYPOLAR。

（2）选择要排列的对象，点击图 11-7（a）中的小圆。

（3）指定中心点，捕捉大圆的圆心，将显示预览阵列（缺省阵列是 6 个小圆）。

（4）输入 i（项目），要排列的对象的数量 4。

（5）输入 a（角度），要填充的角度 360°。

结果如图 11-7（b）所示，还可以拖动箭头夹点来调整填充角度。

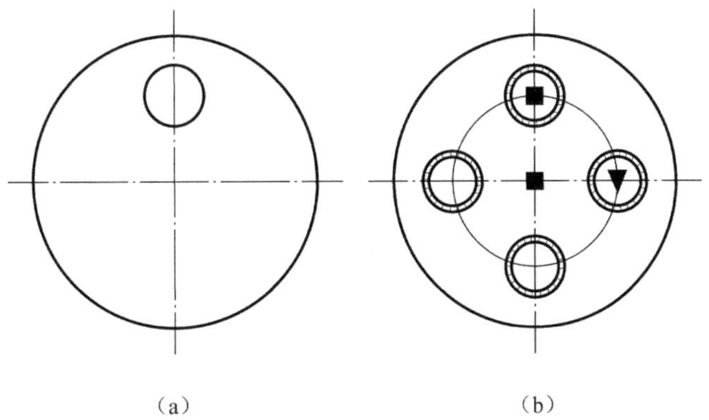

（a）　　（b）

图 11-7　环形阵列

矩形阵列：指定行数和列数，创建由选定对象副本组成的阵列。如果只指定了一行，则在指定列数时，列数一定要大于二，反之亦然。假设选定对象在绘图区域的左下角，并向上或向右生成阵列。指定的行列间距，包含要排列对象的相应长度。

创建矩形阵列具体操作如下。

（1）菜单：“修改（M）”→阵列→矩形阵列或命令行：ARRAYRECT。

（2）选择要排列的对象，点击图 11-8（a）中的小圆，并按回车键。将显示默认的矩形阵列，如图 11-8（b）所示。

（3）在阵列预览中，拖动夹点以调整间距以及行数和列数。还可以在阵列命令提示行中输入具体的行数、列数以及行间距和列间距。

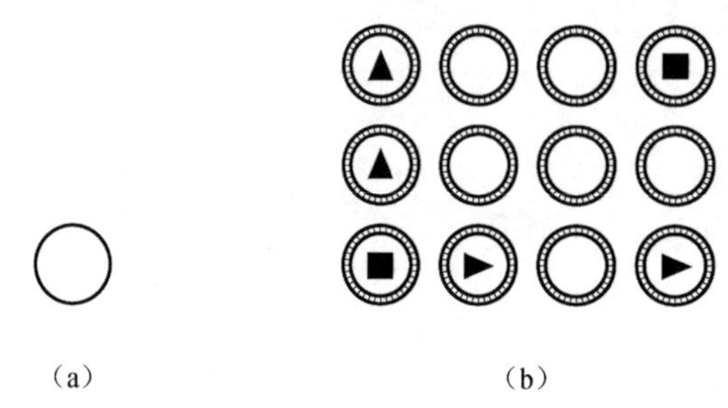

（a）　　（b）

图 11-8　矩形阵列

11.2.3　变更图形位置命令

11.2.3.1　移动

用户把单个对象或多个对象从它们当前的位置移至新位置，这种移动并不改变对象的尺寸。

1. 激活方式

“修改”工具栏：

菜单：“修改（M）”→“移动（V）”

命令行：MOVE

2. 命令提示中各选项功能

执行移动命令后，系统提示“指定基点或位移”，即有两种平移方法：基点法和相对位移法。其各项功能如下。

（1）基点：确定对象的基准点，基点可以指定在被复制的对象上，也可以不指定在被复制的对象上。

（2）位移：指定的两个点（基点和第二点）定义了一个位移矢量，它指明了被选定对象的移动距离和移动方向。

11.2.3.2　旋转

旋转命令用于旋转单个或一组对象并改变其位置。该命令需要确定一个基点，所选实体绕基点旋转。

1. 激活方式

“修改”工具栏：

菜单：“修改（M）”→“旋转（R）”

命令行：ROTATE

2. 命令提示中各选项功能

（1）基点：输入一点作为旋转的基点。

（2）旋转角度：决定对象绕基点旋转的角度。旋转轴通过指定的基点，并且平行于当前用户坐标系（user coordinate system，UCS）的 Z 轴。

（3）参照（R）：将对象从指定的角度旋转到新的绝对角度。旋转视口对象时，视口的边框仍然保持与绘图区域的边界平行。

（4）复制（C）：创建要旋转的选定对象的副本。

11.2.3.3　对齐

可以通过移动、旋转或倾斜对象来使该对象与另一个对象对齐。

1. 激活方式

“修改”工具栏：

菜单：“修改（M）”→“对齐（L）”

命令行：ALIGN

2. 命令提示中各选项功能

（1）选择对象：选择要对齐的对象。

（2）源点、目标点：指定一对、两对或三对源点和目标点，选定对象将在二维空间从源点移动到目标点对齐选定对象。

（3）用对齐（ALIGN）命令将图 11-9（a）右移变成图 11-9（b），操作如下。

命令：ALIGN

选择对象：[选择图 11-9（a）中的矩形]

选择对象：回车

指定第一个源点：（选择 A 点）

指定第一个目标点：（选择 C 点）

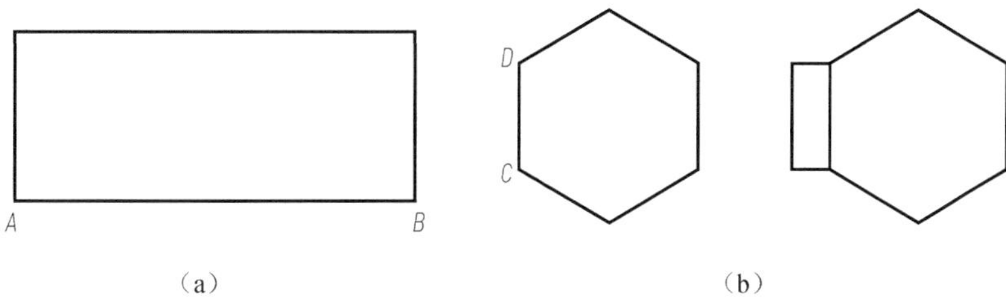

图 11-9　对齐

指定第二个源点：（选择 *B* 点）
指定第二个目标点：（选择 *D* 点）
指定第三个源点或 <继续>：回车
是否基于对齐点缩放对象？[是（Y）/否（N）] <否>：Y 回车

11.2.4　改变图形尺寸命令

11.2.4.1　拉伸

拉伸命令用于按规定的方向和角度拉长或缩短对象。它可以拉长、缩短或者改变对象的形状。对象的选择只能用交叉窗口方式，与窗口相交的对象将被拉伸，窗口内的对象将随之移动。

1. 激活方式

“修改”工具栏：
菜单：“修改（M）”→“拉伸（H）”
命令行：STRETCH

2. 命令行选项含义及功能

（1）选择对象：以交叉窗口或交叉多边形方式选择对象。
（2）指定基点或位移：指定拉伸基点或位移。
（3）指定位移的第二点：指定一点以确定位移大小。

3. 命令举例

命令：STRETCH
以交叉窗口或交叉多边形选择要拉伸的对象...
选择对象：指定对角点：找到 6 个
选择对象：回车
指定基点或[位移（D）] <位移>：点选矩形左边线与点画线交点，回车
指定第二个点或 <使用第一个点作为位移>：@15,0
结果如图 11-10 所示。

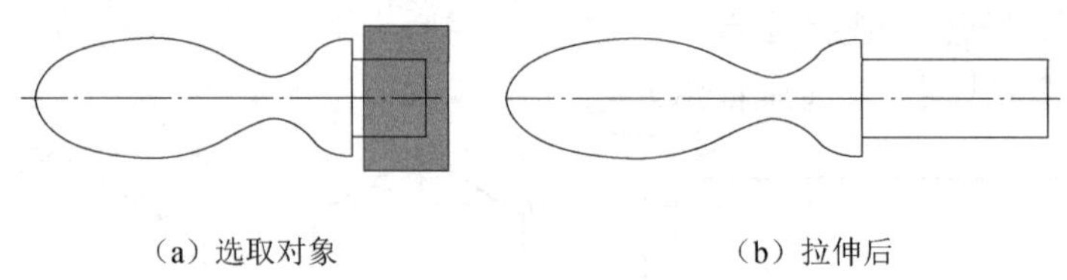

（a）选取对象　　　　（b）拉伸后

图 11-10　拉伸对象前后对比

11.2.4.2　比例缩放

比例缩放（SCALE）命令可以改变对象的尺寸大小。该命令可以把整个对象或者对

象的一部分沿 X、Y、Z 方向以相同的比例放大或缩小。由于三个方向的缩放率相同，保证了缩放对象的形状不变。

1. 激活方式

"修改"工具栏：

菜单："修改（M）"→"缩放（L）"

命令行：SCALE

2. 命令提示中选择项说明

（1）基点：是指在比例缩放中的基准点（即缩放中心点）。一旦选定基点，拖动光标时图像将按移动光标的幅度（光标与基点的距离）放大或缩小。另外也可输入具体比例因子进行缩放。

（2）比例因子：按指定的比例缩放选定对象。大于 1 的比例因子将对象放大，介于 0 和 1 之间的比例因子将对象缩小。

（3）参照（R）：按参照长度和指定的新长度缩放所选对象。

11.2.4.3　延伸

延伸（EXTEND）命令可延长图形中的对象，使其端点与图形中选择的边界精确地接合。该命令可用于直线、弧和多段线的延长，而边界可以是直线、圆弧或多段线。执行命令时，首先选择边界，然后选择延伸对象。图 11-11 是对象延伸前后图形对比。

激活方式如下。

"修改"工具栏：

菜单："修改（M）"→"延伸（D）"

命令行：EXTEND

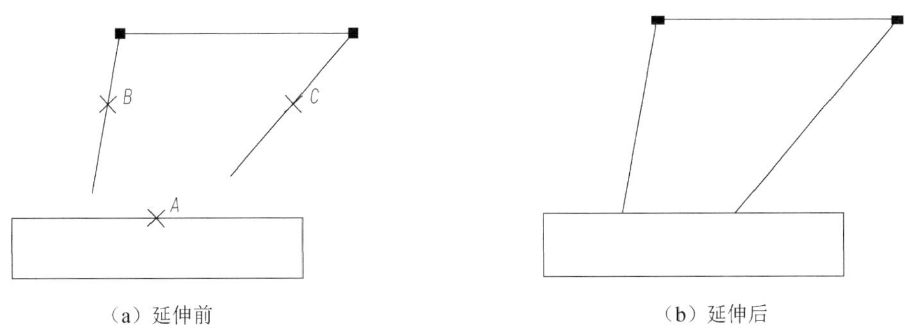

（a）延伸前　　（b）延伸后

图 11-11　对象延伸前后对比

11.2.4.4　修剪

修剪（TRIM）命令用于修剪对象，待修剪的对象沿一个或多个对象所限定的切割边处被剪掉。该命名可以剪裁直线、圆、弧、多段线、样条线、射线，使用时与延伸命令执行的方式相同，首先要选择切割的边界，然后选择要修剪的对象。图 11-12 是对象修剪前后图形对比。

激活方式如下。

“修改”工具栏：-/--

菜单：“修改（M）”→“修剪（T）”

命令行：TRIM

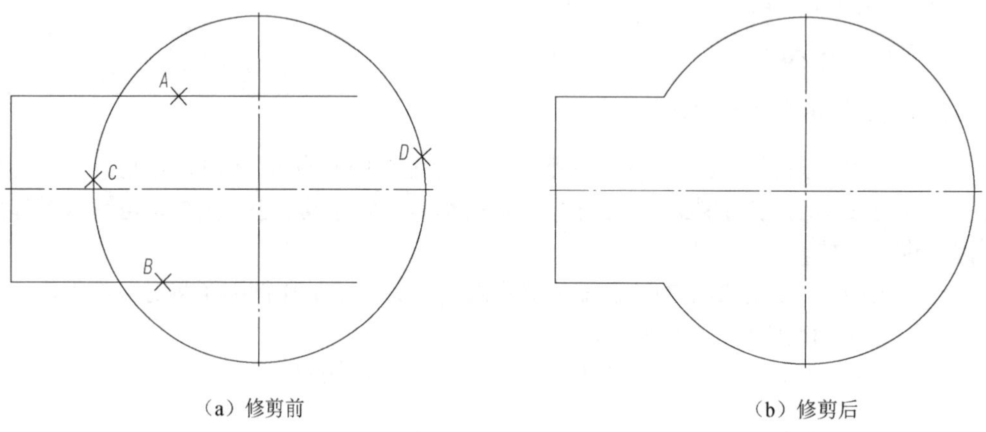

（a）修剪前　　（b）修剪后

图 11-12　对象修剪

11.2.4.5　倒角

倒角命令用于将两条相交直线或多段线作出有斜度的倒角。在 AutoCAD 中倒角是任意角度的角，倒角的大小取决于它与角的距离，在两条可能相交或不可能相交的线之间都可以画倒角。

1. 激活方式

“修改”工具栏：

菜单：“修改（M）”→“倒角（C）”

命令行：CHAMFER

2. 命令提示中各选项功能

（1）第一条直线：指定定义二维倒角所需的两条边中的第一条边，然后选择第二条直线。

（2）多段线：对整个二维多段线作倒角处理。

（3）距离：设置选定边的倒角距离。如果将两个距离都设置为零，将延长或修剪相应的两条线以使二者相交于一点。

（4）角度：通过第一条线的倒角距离和第二条线的倒角角度设定倒角距离。

（5）修剪：控制是否将选定边修剪到倒角线端点。其中“修剪”选项将 TRIMMODE 系统变量设置为 1，而“不修剪”选项将 TRIMMODE 系统变量设置为 0。

（6）方法：控制使用两个距离还是一个距离和一个角度来创建倒角。

11.2.4.6　倒圆角

倒圆角命令用来对两个对象进行圆弧连接，它还能对多段线的多个顶点进行一次性的倒圆。此命令应先指定圆弧半径，再进行倒圆。该命令可以选择性地修剪或延伸所选对象，以便更好地圆滑过渡。

1. 激活方式

“修改”工具栏：

菜单：“修改（M）”→“圆角（F）”

命令行：FILLET

2. 各选项功能

（1）多段线（P）：为多段线中的每个顶点处倒圆角。输入“P”，执行该选项后，可在“选择二维多段线”的提示下用角点选的方法选中一条多段线，系统在多段线的各个顶点处倒圆角，其倒角的半径可以使用默认值，也可用提示中的“半径（R）”选项进行设置。

（2）半径（R）：指定倒圆角的半径。输入“R”，执行该选项后，系统提示指定“圆角半径<0.0000>：”，这时可直接输入半径值。

（3）修剪（T）：控制系统是否修剪选定的边，使其延伸到圆角端点。执行该选项后的选项和操作与倒角命令相同。

11.2.4.7　打断

打断（BREAK）命令可把被选择的对象（可以是直线、弧、圆、多段线、样条线、射线）分成两个对象。

1. 激活方式

“修改”工具栏：

菜单：“修改（M）”→“打断（K）”

命令行：BREAK

2. 说明

（1）断开圆或圆弧时要注意两点的顺序，AutoCAD 总是依逆时针断开。

（2）第二点不一定要位于图元上。如果第二点位于图元内侧，AutoCAD 会自动找到图元上离该点最近的点，如果第二点位于图元外侧，则将第一点与离第二点最近的端点间的部分抹掉。

11.2.5　综合命令

11.2.5.1　删除

在绘制图形对象时，可以通过执行删除命令，对一些出现失误以及不需要的图形对象或辅助对象进行删除操作，让绘图区显现用户要求的图形对象。

1. 激活方式

“修改”工具栏：

菜单：“修改（M）”→“删除（E）”

命令行：ERASE

2. 说明

删除对象可以先执行删除命令，再选择要删除的对象，也可以先选择要删除的对象，再执行删除命令。用删除命令删除对象后，这些对象只是临时性地删除，只要不退出当前图形和没有存盘，用户还可以用“OOPS”和“UNDO”命令将删除的实体恢复。

11.2.5.2　分解

分解命令用于分解多段线、图块和尺寸等复合对象为它们的构成对象。分解后形状不会发生变化，各部分可以独立进行编辑和修改。尺寸标注具有块的特性，EXPLODE 可以把尺寸标注分解为各个组成部分（直线、弧线、箭头和文字）。

1. 激活方式

“修改”工具栏：

菜单：“修改（M）”→“分解（X）”

命令行：EXPLODE

2. 说明

（1）EXPLODE 每次只分解同组中的一级嵌套，需要时可再次使用该命令分解到下一级。

（2）用 MINSERT 插入的块不能分解。

（3）分解带有属性的块时，属性被删除，但根据属性定义可重现建立属性。

（4）分解具有宽度的多段线时，将丢失宽度信息。

11.2.5.3　取消

取消命令用于取消上一条命令的作用，恢复被删除的对象，可重复使用，依次向前取消已完成的命令操作，不断恢复被删除的对象。

激活方式如下。

菜单：“编辑（E）”→放弃“（V）”

命令行：UNDO

11.2.5.4　恢复

激活方式如下。

命令行：OOPS

一般用户恢复被删除的对象，调用该命令后，恢复最后一次删除的对象。

11.2.6　编辑多段线

PEDIT 命令用于编辑二维、三维多段线。该命令中有多层子命令，比较复杂。本节主要介绍二维多段线编辑。

1. 激活方式

“修改”工具栏：
菜单：“修改（M）”→“对象（O）”→“多段线（P）”
命令行：PEDIT

2. 选项说明

（1）闭合（C）：将开口的多段线首尾相连形成一条封闭的多段线，如果多段线的最后一段是圆弧，则用过首段点且与最后一段圆弧相切的圆弧闭合多段线，否则用直线段闭合多段线。

（2）打开（O）：删除用“闭合（C）”选项画的最后一段，使其成为开口的多段线。如果多段线首尾相连，但不是用“闭合（C）”选项画的，则不会显示“打开（O）”选项。

（3）合并（J）：将首尾相连的独立的直线、弧和多段线合并成一条多段线。

（4）宽度（W）：修改多段线的整体宽度。可键入宽度值，或者指定两点，AutoCAD 会计算两点间的距离作为宽度。一旦制定了宽度，就重新绘出相应宽度的多段线。

（5）编辑顶点（E）：进入顶点编辑方式。

（6）拟合（F）：创建圆弧拟合多段线。利用指定的切线方向，对多段线的所有顶点作光滑的圆弧拟合。

（7）样条曲线（S）：根据顶点和切线方向信息用 B 样条曲线拟合。

（8）非曲线化（D）：删除多段线中的曲线段，包括原来的圆弧段和经“拟合（F）”或“样条曲线（S）”拟合后产生的曲线段，以相应的直线段代替。保留多段线顶点的切向信息，供以后的曲线拟合使用。

（9）线性生成（L）：控制在各顶点间，是否生成连续显性图案。

（10）反转（R）：反转多段线顶点的顺序。

另外，还有“放弃（U）”命令用来取消上一次操作，可以重复使用“放弃（U）”选项，一直回退到本次命令开始时状态。

11.2.7　快速编辑方法

夹点是对象的特征位置。如果用户打开了夹点显示，则在命令激活之前用定点设备选择对象，在对象上显示该对象的特征控制点。对于不同的对象，它们的夹点各不相同。

1. 夹点拉伸对象

利用夹点拉伸编辑方式将图 11-13 所示矩形平面的 B 点拉伸到 F 点，其操作步骤为，当用户在没有命令输入时选择矩形对象建立夹点，并激活 B 处夹点，命令行给出如下操作提示：

拉伸（夹点拉伸方式）

指定拉伸点或[基点（B）/复制（C）/放弃（U）/退出（X）/]：确定拉伸后的新位置 *E* 点

2．夹点移动

利用夹点移动功能移动图 11-14 所示的四边形，其操作如下。

激活六边形上的夹点，命令行给出如下操作提示：

拉伸

指定拉伸点或[基点（B）/复制（C）/放弃（U）/退出（X）/]：直接回车，切换到移动模式

移动

指定拉伸点或[基点（B）/复制（C）/放弃（U）/退出（X）/]：（确定移动后的新位置点。

3．夹点旋转

选择对象后，任意选择一个夹点作为基准点，切换到旋转模式，指定旋转角，将对象旋转到指定的位置。如图 11-15 所示，利用夹点旋转方式将图形旋转 60°。

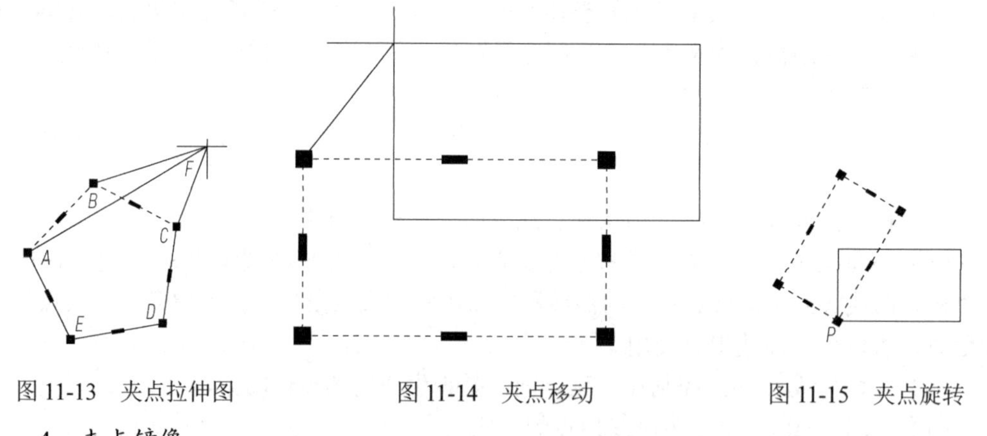

图 11-13　夹点拉伸图　　图 11-14　夹点移动　　图 11-15　夹点旋转

4．夹点镜像

选择对象后，任意选择一个夹点作为基准点，切换到镜像模式，指定另外一点，以该夹点与另外一点的连线为对称线，将对象进行镜像。

需注意的是：使用夹点进行镜像操作后不保留源对象，而利用“修改”工具栏中的镜像按钮执行的镜像操作，用户可以选择保留或删除源对象。

5．夹点缩放

选择对象后，任意选择一个夹点作为基准点，切换到比例缩放模式，按照提示输入比例因数，将以该基准点为缩放基点进行对象缩放。若不想以选择的基准点为基点进行缩放，可以在命令行输入“SC”或按 Enter 键切换到比例缩放模式后，选择“基点 B”选项，重新选择基点进行比例缩放。

11.3　图形显示控制操作

AutoCAD 提供了多种显示图形视图的方式。

11.3.1　平移

平移命令用于平移视图，以便观察当前图形上的其他区域。但该命令并不改变图形在绘图区域中的实际位置。使用平移命令平移视图时，视图的显示比例不变。除了可以上、下、左、右平移视图外，还可以使用实时和定点命令平移视图。

激活方式如下。

菜单：“视图（V）”→“平移（P）”

命令行：PAN

命令激活后，光标变成手形光标。按住定点设备上的拾取键可以锁定光标于相对视口坐标系的当前位置。图形显示随光标向同一方向移动，当图形移动到适当的位置后释放拾取键，平移将停止。

11.3.2　缩放

视图缩放（ZOOM）命令如同摄像机的变焦镜头，它可以增大或缩小视图的显示尺寸，但对象的真实尺寸保持不变。当增大对象的显示尺寸时只能看到视图的一个较小区域，但能够观察到这个区域更详细的内容；当缩小对象的显示尺寸时可以看到更大的视图区域，但图形中的一些细部构造无法了解。在实际作图时，必须反复使用视图缩放命令，才能更好地、更快地完成图形绘制。

激活方式如下。

菜单：“视图（V）”→“缩放（Z）”

命令行：ZOOM

用户激活 ZOOM 命令后，主要可以进行全部、中心、动态、范围、上一个、比例、窗口、对象和实时等操作。

11.3.3　重画

重画是指快速刷新或清除当前视口中的点标记，而不更新图形数据库。

激活方式如下。

菜单：“视图（V）”→“重画（R）”

命令行：REDRAWALL

执行重画命令后，AutoCAD 2014 会刷新显示所有视口，当 BLIPMODE 系统变量设置为打开时，将从所有视口中删除编辑命令留下的点标记。另外，还有一个 REERAW 命令，执行后刷新当前视口的显示，不像 REDRAWALL 命令刷新全部视口的显示。

11.3.4　重生成

重生成是通过从数据库中重新计算屏幕坐标来更新图形的屏幕显示，这与重画命令是不同的。重生成不只是刷新显示，还需要重新计算所有对象的屏幕坐标，重新创建图形数据库索引，从而优化显示和对象选择的性能。因此，重生成比重画命令执行速度要慢，刷新屏幕的时间更长。

激活方式如下。

菜单："视图（V）"→"重生成（G）"

命令行：REGEN

11.3.5　鸟瞰视图

鸟瞰视图（VIEW）命令实现视图的命名、保存和恢复显示。为了节省平移和缩放一个复杂图样所需要的时间，AutoCAD 提供视图功能，用户可以将当前屏幕内容或者它的一部分定义为视图，并指定名字保存，AutoCAD 保存该视图的名字、位置和大小。在需要时可方便地将其恢复显示在屏幕上。如果定义的视图是当前屏幕显示图形的一部分，在回复显示时系统将视图尽可能大地显示在屏幕上。

激活方式如下。

菜单："视图（V）"→"视口（V）"→"命名视口（N）"

命令行：VIEW

激活此命令后，可使用树状列表、置为当前、新建、更新图层、编辑边界和删除命令。

11.4　辅助绘图工具

为了帮助用户更快、更精确的绘图，AutoCAD 提供了一些绘图辅助工具，常用的有捕捉对象几何特征点、自动追踪、正交模式等。

11.4.1　捕捉对象几何特征点

AutoCAD 提供了 13 种几何特征点捕捉。动用物体捕捉模式来锁点的方法有两种。

1. 固定目标捕捉方式

可以设置常用的几何特征点捕捉模式。设置方法如下。

（1）菜单："工具（T）"→"草图设置（F）"。在草图设置对话框中，选择对象捕捉，就会弹出图 11-16 所示的对象捕捉设置窗口，在该窗口中选择需要的捕捉方式。

（2）命令行：OSNAP，回车。同样会弹出图 11-16 所示的对象捕捉设置窗口。

设置好后，打开目标捕捉模式，系统就会自动捕捉。

2. 临时目标捕捉方式

按住 Ctrl 键，并同时单击鼠标右键，会弹出几何特征点快捷菜单，即可选择需要的捕捉方式。这种方式仅本次有效，下次使用时还需再次选择。

注意：在一张图的操作中，可以根据需要搭配运用“固定目标捕捉”和“临时目标捕捉”。可同时设置多个固定目标捕捉模式（如图 11-16 中勾选了端点、圆心和交点三种），但是不要设置太多。如果设置太多，系统在光标每次移动时，就要去找图面上是否有要捕捉的点，在复杂的图面下，速度将变得很慢，而且还可能捕捉到你不需要的点，一般的原则是尽量选择常用但捕捉性质相差较大的特征点。

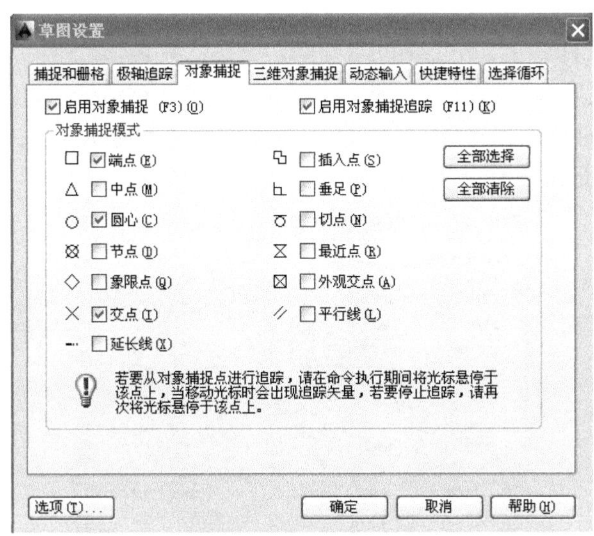

图 11-16　对象捕捉设置窗口

11.4.2　自动追踪

自动追踪功能包括极轴追踪和对象捕捉追踪，它们可以单独使用，也可以配合使用。极轴追踪是按事先设定的角度增量进行追踪，将拾取点锁定在设定角度的直线上；对象捕捉追踪和对象捕捉模式配合，按与选定对象的特定关系进行追踪。

自动追踪设置可通过“选项”对话框的“绘图”选项卡对追踪过程中的工具显示进行设置，其选项卡说明如下。

（1）“AutoTrack”设置组框用于设置辅助线的显示模式。主要包括显示极轴追踪矢量、显示全屏追踪矢量和显示自动追踪工具栏提示复选框。

（2）“对齐点获取”组框用于设置在使用对象捕捉追踪时，获取对齐点的方法。主要包括“自动”单选按钮和“按<Shift>键获取”单选按钮。

11.4.3　正交模式

正交模式使光标只能沿水平和垂直方向移动，便于用户绘制水平线和垂直线。按 F8 键或单击状态栏的正交图标，即可进入或解除正交模式。

11.5　图 案 填 充

11.5.1　图案填充概述

在绘制图形过程中，如果用户要绘制实体剖面图，则剖视区域必须用图案进行填充。AutoCAD 的图案填充功能，可用于封闭区域或定义的边界内绘制剖面符号。

激活方式如下。

菜单：“绘图（D）” → “图案填充（H）...”

命令行：HATCH

图案填充命令执行后将显示 “图案填充和渐变色”对话框，如图 11-17 所示。“图案填充和渐变色”对话框有两个选项卡和一些可从这两个选项卡中找到的常用选项。下面主要介绍图案填充选项卡的常用选项。

图 11-17 “图案填充和渐变色”对话框

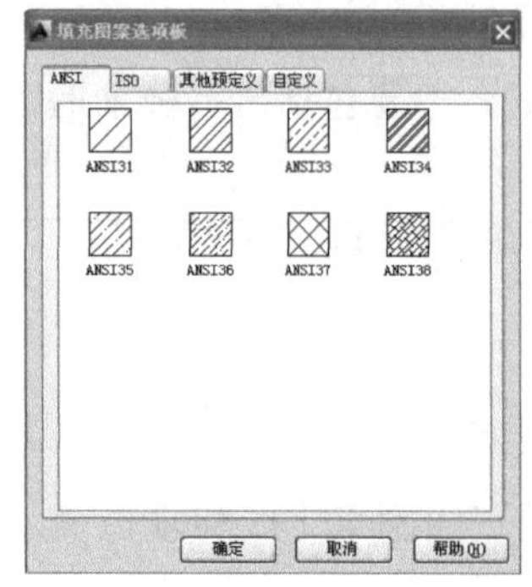

图 11-18 “填充图案选项版”对话框

11.5.2　选择剖面符号图案

在图案填充选项卡中，用户可选择要填充的图案的类型、样式及颜色。其中图案类型下拉列表中提供有预定义、用户定义和自定义三种类型。一般情况下使用预定义图案，点击“图案”右边的按钮[...]，会弹出如图 11-18 所示的“填充图案选项版”对话框，通常选择“ANSI”标签中的“ANSI131”，此图案为机械图样中表示金属材料的剖面符号。

11.5.3　设置图案比例和角度

角度和比例主要用于设置图案线的角度和图案线之间的距离，角度和比例的设置不同，图案填充的外观就不同。默认的旋转角度为零，逆时针方向旋转为正值，顺时针方向旋转为负值。输入的比例值若大于 1，则放大图案；输入的比例值若小于 1，则缩小图案。

11.5.4　确定填充区域的操作方法

1. 添加：拾取点（K）

在“图案填充和渐变色”对话框面板右侧有“边界”选项面板，如果填充的对象是封闭的区域，则可在“边界”选项面板上单击“添加：拾取点（K）”按钮，回到绘图界面，此时可根据命令行提示用鼠标在希望画剖面符号的封闭区域内任意拾取一点，系统自动搜索该区域的封闭边界，被选择的边界将以虚线显示，选择结束后返回“图案填充和渐变色”对话框，可通过该对话框左下角的预览按钮预览图案填充效果，若不满意填充效果，可调整面板上的相应选项，直至满意为止，回车结束操作。图 11-19（a）、图 11-19（b）是用“添加：拾取点（K）”完成图案填充的。

2. 添加：选择对象（B）

如果填充的对象内部还有不需填充的对象，如图 11-19（c）所示，其具体操作是选择对象“矩形”，再根据提示，添加边界操作，选择矩形内的“小圆”，再单击“预览”，若对填充结果不满意，可以调整后再预览，满意后点击“确定”按钮。

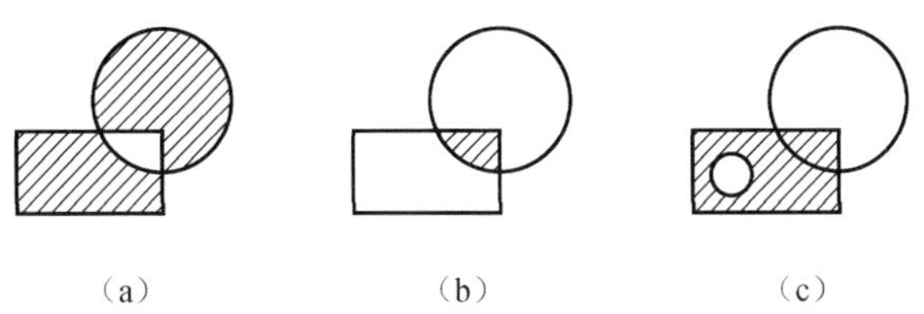

（a）　（b）　（c）

图 11-19　拾取填充边界操作

11.6　文　　本

在 AutoCAD 中可以为图形进行文本标注和说明， AutoCAD 有其自身专用的矢量字体（扩展名为.shx）。

1. 创建文本样式

文字的大多数特征由文字样式控制。在输入文本之前，需要先设置文本样式。下面以定义“机械制图”样式为例说明设置方法。

（1）打开文字样式对话框（打开方法：①菜单：“格式（O）”→“文字样式（S）…；”

②命令行：STYLE），如图 11-20 所示。

（2）在图 11-20 所示对话框中按图中的数字顺序操作。

（3）在随后出现的对话框中，再按图 11-21 中的数字顺序进行操作，就完成了文字样式的设置。

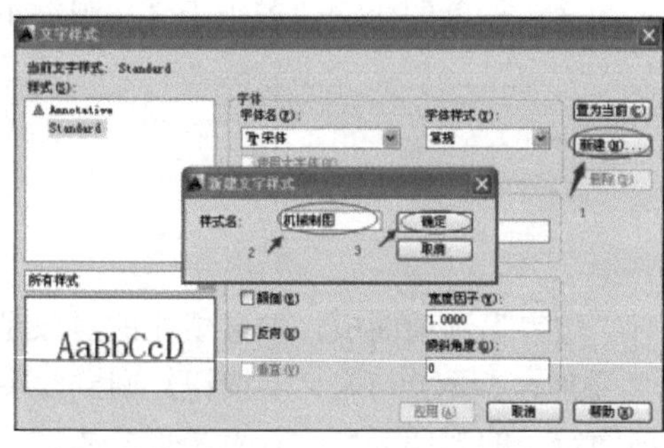

图 11-20　“文字样式”对话框

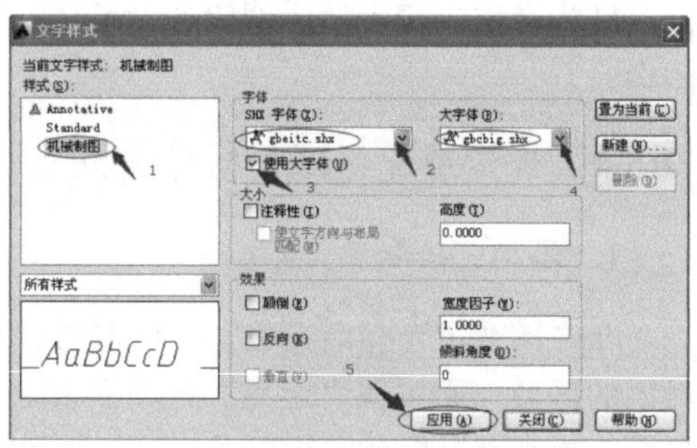

图 11-21　设置字体样式

说明：

（1）在“高度（T）”下面的输入框中，如果输入 0.0，每次用该样式输入文字时，AutoCAD 都提示输入文字高度，如果输入值大于 0.0，则为该样式设置文字高度。

（2）AutoCAD 提供了两种符合国家标准的字体，分别是“gbeitc.shx”和“gbenor.shx”字体。两种字体的区别是：“gbeitc.shx”字体把字母和数字定义为符合国家标准的斜体；“gbenor.shx”字体把字母和数字定义为符合国家标准的直体，这两种字体的汉字均定义为直体长仿宋。当输入的文本中不仅有汉字，同时还有字母和数字时，应将字体样式设置为“gbeitc.shx”，见图 11-21。

2. 文本输入命令

（1）TEXT 命令。对于简短的输入项，例如标签，可使用单行文字（TEXT 命令）。在命令行中输入 TEXT 后，可选项确定书写文本的对正方式（J）、样式（S），然后确定文字的起点，书写文字。

（2）MTEXT 命令。如果要输入的文字内容比较多，或是会用到一些特殊字符时，建议使用多行文字（MTEXT 命令）。在命令行中输入 MTEXT 后，通过矩形的对角点，给出书写区域，即可在多行文本编辑器中录入文本。多行文本编辑器类似于字处理软件，便于改变字体的样式、字体的大小以及特殊字符的输入。

一些特殊字符不能在键盘上直接输入，AutoCAD 用控制码来实现，常用的控制码如下：

%%d—绘制度符号，即“°”。

%%p—绘制误差允许符号，即“±”。

%%c—绘制直径符号，即“ϕ”。

3. 文本编辑与修改

双击已经写到图面上的字或在命令行中输入 DDEDIT，就可进行编辑和修改。

11.7　图　　块

在工程制图中，常常会遇到多处出现的相同结构的图形，如零件表面粗糙度、螺纹连接键等，可以将这些图例定义为图块。图块是由一系列图元组合而成的独立实体，该实体在图形中的功能与单一图元相同，一起缩放、旋转、移动、删除等，指定块的任何部分都可选中块。在一张图中多次重复出现，而且还有尺寸变化的图形，制作成块，就会提高绘图效率。

11.7.1　图块的定义和保存

在 AutoCAD 中，有两种制作块的命令。

（1）BLOCK。用该命令制作的块，存在于某一特定图形文件中，只供该图形调用。

（2）WBLOCK。用该命令制作的块，是以一独立图形文件（DWG 文件）的形式存在，在绘制任何图形中需要该块时都可调用。利用块的这一性质可以制成常用构件库和标准件库。

下面以创建表面粗糙度图快为例说明创建图块的操作步骤。

（1）绘制表面粗糙度符号。

（2）定义属性。定义操作步骤：菜单："绘图（<u>D</u>）"→"块（<u>K</u>）"→"定义属性（<u>D</u>）..." 打开属性定义窗口，如图 11-22 所示，作相应设置。

（3）创建图块。操作步骤：菜单："绘图（<u>D</u>）"→"块（<u>K</u>）"→"创建（<u>M</u>）..." 打开块定义窗口，依照如图 11-23 标记的数字依次操作，完成图块的操作。

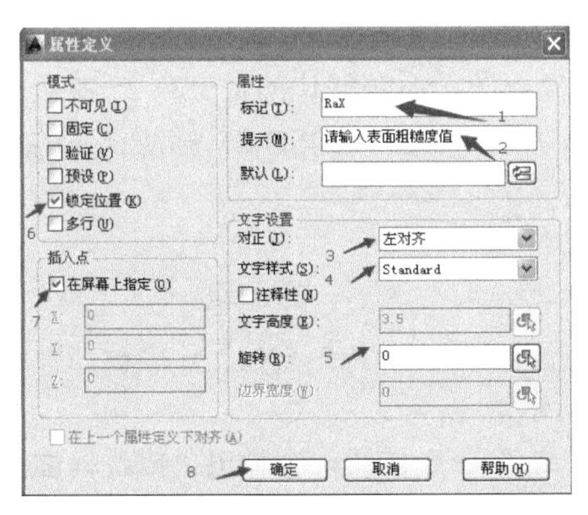

图 11-22　属性定义

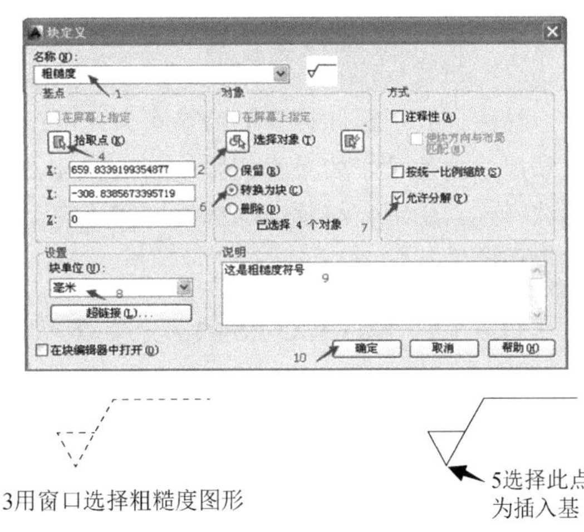

图 11-23　块定义

11.7.2　插入图块

操作步骤：菜单："插入（<u>I</u>）"→"块（<u>B</u>）"，在弹出的对话框中操作。首先在

图 11-24 中“名称”下拉列表中选择要插入的块，在比例和旋转输入框中输入相应的数值，选中在屏幕上指定插入点，点击确定，就会弹出编辑属性窗口，提示请输入粗糙度值，输入后点击确定。

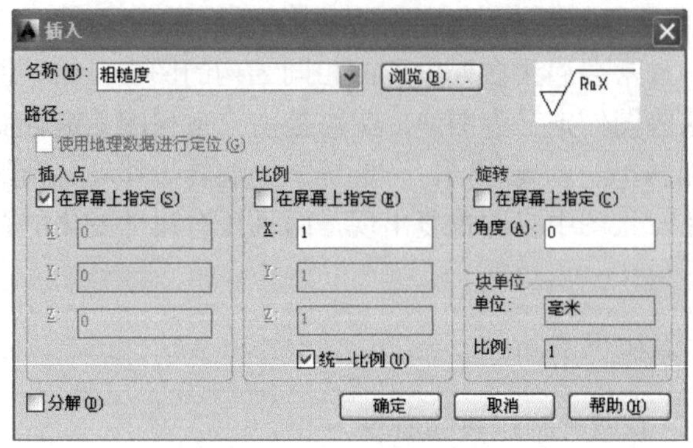

图 11-24　插入图块

11.8　尺 寸 标 注

尺寸标注是工程图样中的重要内容，也是设计师和制图员工作中工作量较大的部分。AutoCAD 提供了完善的尺寸标注和尺寸样式定义功能。只要指出标注对象，即可根据所选尺寸样式自动计算尺寸大小进行标注。采用 AutoCAD 绘图时，一般采用 1∶1 绘图，这样可以直接利用 AutoCAD 的自动尺寸标注功能。在尺寸标注之前，要设置尺寸标注样式。

11.8.1　尺寸标注样式设置

标注样式是标注设置的命名集合，可以用来控制标注的外观，如箭头样式、文字位置和尺寸公差等。如果我们采用 acadiso.dwt 作为样板图，系统默认的是 ISO-25 的尺寸标注样式，由于它与我国的标注样式不完全相同，所以，我们在 ISO-25 标注样式的基础上还要做些修改。

11.8.1.1　修改 ISO-25 的部分参数

（1）打开标注样式管理器对话框（打开方法：①菜单：“标注（N）”→“标注样式（S）…”；②命令行：DIMSTYLE），如图 11-25 所示。

（2）在标注样式管理器中，单击“修改（M）…”命令按钮，会弹出“修改标注样式”对话框，在线选项卡中，可以对与尺寸标注线有关的所有属性进行相应的设置，通常需要变动的设置如下：①将“基线间距（A）”设置为 5；②“起点偏移量（F）”设置为 0，如图 11-26 所示。

（3）设置尺寸标注全局比例。系统默认的 ISO-25 的尺寸标注样式，尺寸数字的高度为 2.5，箭头长度 2.5，与我国标准不符，在“修改标注样式”对话框中，选择调整选项卡，将全局比例设置为 1.4，如图 11-27 所示，这样就可以使尺寸数字的高度和尺寸箭头的长度扩大 1.4 倍，变为 3.5。注意：千万不要去单独调整字高和箭头长度，那样太麻烦。

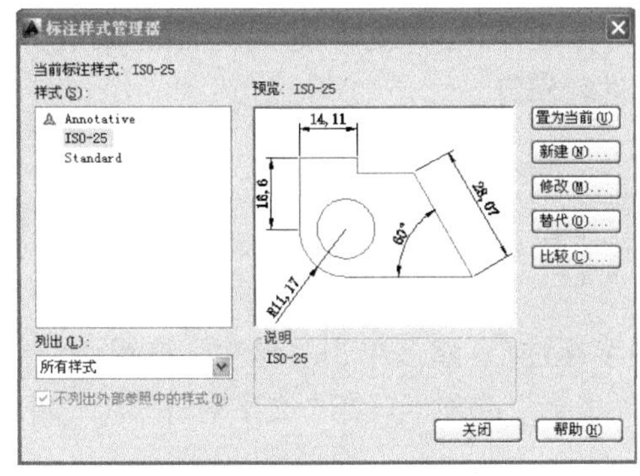

图 11-25　标注样式管理器

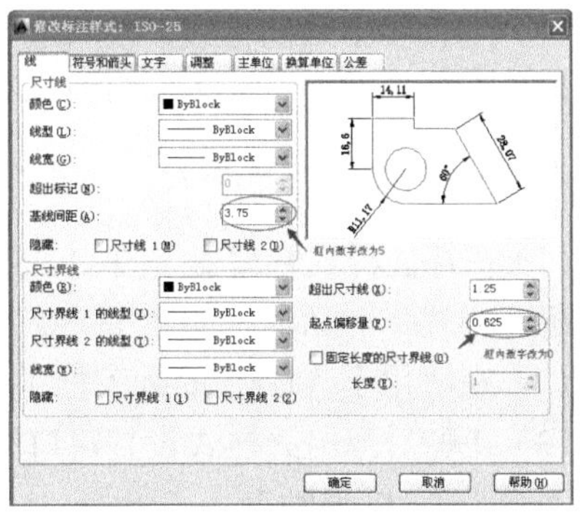

图 11-26　修改标注样式对话框

（4）在“修改标注样式”对话框中，选择主单位选项卡，将“小数分割符（C）”设置为“.”（句点），其他参数可根据需要设置，一般无需变动，如图 11-28 所示，然后，单击“确定”。

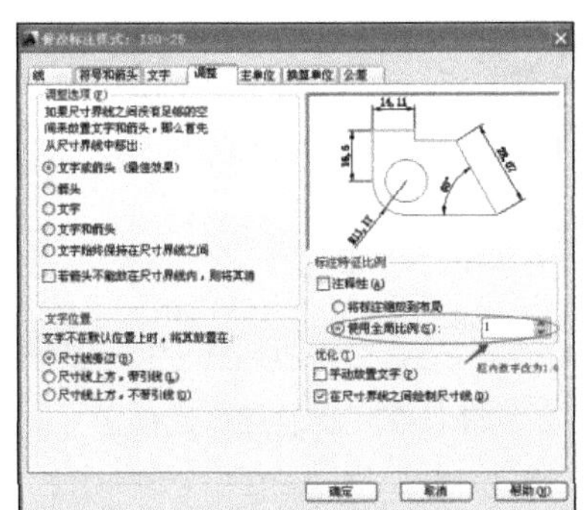

图 11-27　设置尺寸标注全局比例

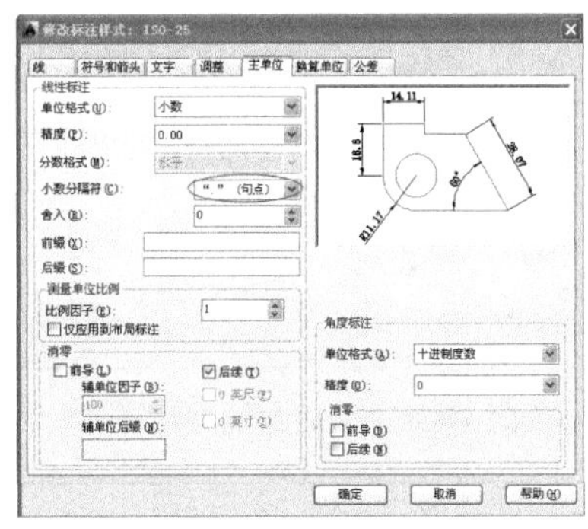

图 11-28　主单位设置

（5）在“修改标注样式”对话框中，选择文字选项卡，对文字样式进行设置，具体操作步骤如图 11-29 所示。

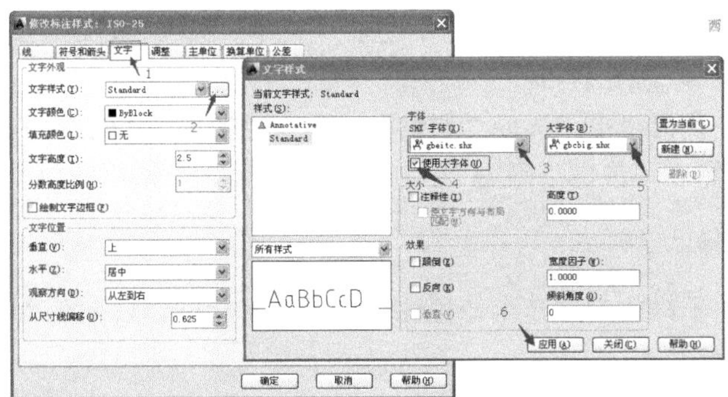

图 11-29　文字样式设置

11.8.1.2　在 ISO-25 基础上建立标注子样式

AutoCAD 每种标注样式针对不同的标注对象可设置不同的样式，如在标准标注形式（ISO-25）下又可针对线性标注、半径标注、直径标注、角度标注、引线标注、坐标标注等分别设置不同的样式，以满足国家标准对标注样式的要求。通过上面的修改已能满足线性标注的要求。故下面只对其他子样式进行修订。

1. 创建角度标注子样式

（1）在标注样式管理器（图 11-25）中，单击“新建（N）...”命令按钮，会弹出“创建新标注样式”对话框，如图 11-30 所示。

（2）在“用于（U）”的列表框中选择“角度标注”，然后单击“继续”按钮。

（3）在随后弹出的样式设置窗口中，选择“文字”选项卡，在“文字对齐（A）”中，选择“水平”，单击确定，如图 11-31 所示。

（4）在样式设置窗口中，选择“调整”选项卡，参见图 11-27，在“调整选项（F）”下选择“文字”，然后，单击“确定”。

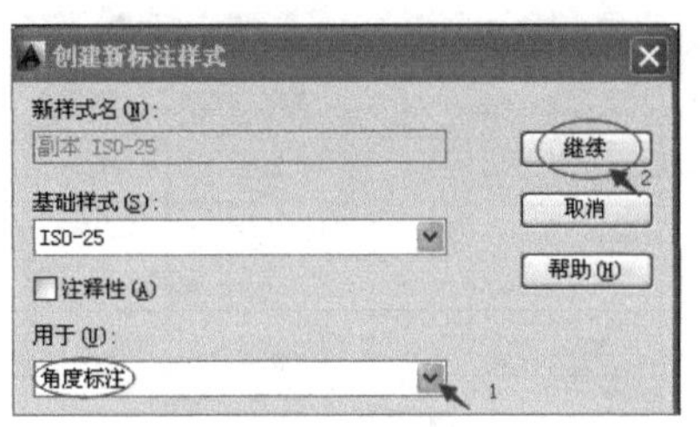

图 11-30　创建角度标注样式

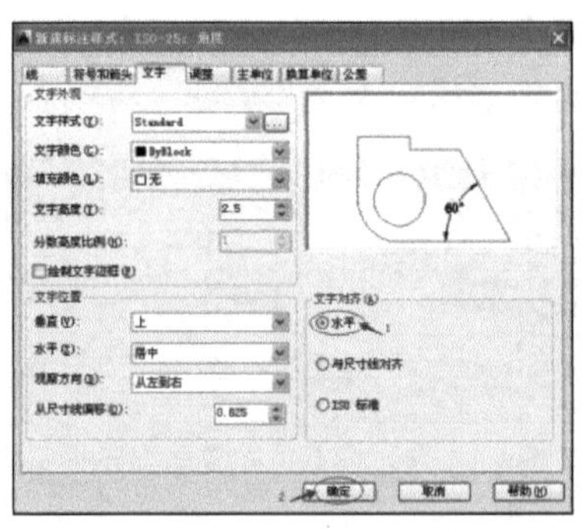

图 11-31　“文字”选项卡

2. 创建半径标注子样式

（1）在标注样式管理器（图 11-25）中，单击“新建（N）...”命令按钮，会弹出“创建新标注样式”对话框，参见图 11-30。

（2）在“用于（U）”的列表框中选择“半径标注”，然后单击“继续”按钮。

（3）在随后弹出的样式设置窗口中，选择“文字”选项卡，在“文字对齐（A）”中，选择“ISO 标准”，参见图 11-31。

（4）在样式设置窗口中，选择“调整”选项卡，参见图 11-27，在“调整选项（F）”下选择“文字”，然后，单击“确定”。

3. 创建直径标注子样式

创建直径标注子样式与创建半径标注子样式基本相同，只是在“用于（U）”的列表框中选择“直径标注”。

其他子样式的设置，可根据需要自行设置。

11.8.2　尺寸标注方法

AutoCAD 提供了全面的尺寸标注命令，在标注尺寸前，先调出尺寸标注工具条，如图 11-32 所示，并设置好对象捕捉方式（一般设置成端点、交点等功能有效）。

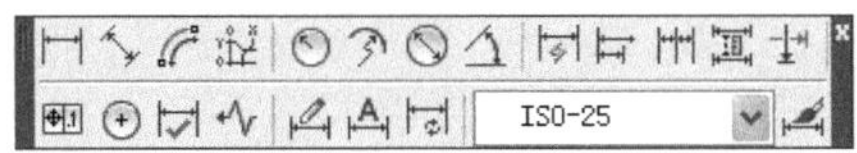

图 11-32　标注面板

1. 线性（水平/垂直型）尺寸注法

操作步骤如下。

（1）点击图 11-32 标注面板中的第一个图标，或在命令行中输入 DIMLINEAR，然后回车。命令行会出现提示：指定第一条尺寸界线的原点或回车（在图形上捕捉要标注线段的第一个端点），然后回车。

（2）命令行会出现提示：指定第二条尺寸界线的原点（在图形上捕捉要标注线段的第一个端点），然后回车。

（3）命令行会出现提示：指定尺寸线位置或[多行文字（M）/文字（T）/角度（A）/水平（H）/垂直（V）/旋转（R）]：在放置尺寸线的位置点击鼠标左键。

命令行出现：标注文字=50（系统自动测量得到的尺寸数值）。

说明：

（1）上述操作的第一步中，在指定标注起点时，若按回车键，则命令行会提示：选择标注对象，在要标注的线段上任一位置点选该线段，系统会自动测量此线段的长度。后面的操作同上述步骤（3）。

（2）在需要指定尺寸线位置时，系统会根据光标移动的路径自动选择垂直型或水平型，若要强制水平，请输入“H”；强制垂直，请输入“V”。

（3）若要改变系统默认的尺寸数值，可通过以下方式：①在上述步骤（3）出现提示后，输入“T”，回车，然后输入标注文字；②在上述步骤（3）出现提示后，输入“M”，回车后弹出多行文字编辑框，移动光标至框内，可直接对框内的数值进行修改，当要输入的标注文字中有特殊符号时，在移动光标至框内后，单击右键，会弹出快捷菜单，选择符号中列出的所需符号，若所需符号没有列出，选择下面的“其他（0）…”，在出现的字符映射表中就可选择所需的字符；③还可以通过双击已标注的尺寸，同样会出现多行文字编辑框，后面的操作同②。

2. 对齐线性尺寸标注

点击图 11-32 标注面板中的第二个图标，或在命令行中输入 DIMRADIUS，然后回车。后面的操作同线性尺寸注法。

根据上面介绍的操作步骤，完成了图 11-33 所示的线性与对齐尺寸标注。

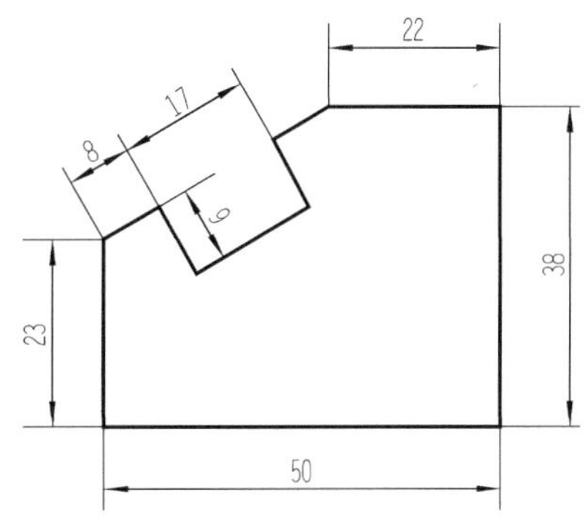

图 11-33　线性与对齐尺寸标注

3. 半径标注

点击图 11-32 标注面板中的第五个图标，或在命令行中输入 DIMALIGNEARD，然后回车。命令行会出现提示：选择圆弧或圆，在圆弧的任意位置点选，然后制定尺寸放置的位置。

4. 直径标注

点击图 11-32 标注面板中的第七个图标，或在命令行中输入 DIMDIAMETER，然后回车。命令行会出现提示：选择圆弧或圆，在圆弧的任意位置点选，然后制定尺寸放置的位置。

5. 角度标注

点击图 11-32 标注面板中的第八个图标，或在命令行中输入 DIMANGULAR，然后回车。命令行会出现提示：选择圆弧、圆、直线或<指定顶点>：按提示给出选择后，再指定尺寸要放置的位置。

说明：

（1）直接回车，需指定角的顶点，再按提示给出角的两条边上的任意两点。

（2）若选择直线，则通过指定的两条直线来标注其角度。

（3）若选择圆弧，则以圆弧的圆心作为角度的顶点，以圆弧的两个端点作为角度的两个端点来标注弧的夹角。

（4）若选择圆，则以圆心作为角度的顶点，以圆周上指定的两点作为角度的两个端点来标注弧的夹角。

11.8.3 尺寸编辑

双击需要编辑的标注，在弹出的特性对话框中对文字进行修改。也可以点击标注，通过移动夹点，改变尺寸线或尺寸数字的放置位置。

思 考 题

1. 拉伸、延伸、拉长的异同点有哪些？
2. 打断与修剪的异同点有哪些？
3. 偏移命令可以对多个对象同时使用吗？
4. 如何创建文本样式，请举例说明。
5. 如何创建带属性的图块，请举例说明。
6. 如何设置符合国标要求的尺寸样式，请举例说明。

第 12 章　绘 图 实 训

本章将介绍利用前面章节学习的知识来解决工程制图图样的绘制方法。

12.1　绘图前的准备工作

12.1.1　图层

用户在绘制复杂的图形时，每个对象都具有很多特性，尤其会有大量相同特性如线型、颜色、状态等，AutoCAD 存储这些对象时，必须存储每个对象的各种特性，从而导致大量信息重复，浪费了存储空间。为此，AutoCAD 提供了一种称为“图层”的容器对象。可以将图层理解为没有厚度、坐标完全对准的“透明纸”，用户可以根据使用和管理的需要，建立一系列图层，将所绘制的对象分类存放在不同的图层上。通过图层统一控制放置在该层上的对象是否可见、能否被选择修改、可否被打印输出以及使用的颜色、线型、线宽等。使用图层既节省了大量的存储空间，又方便作图。在使用图层前，一定要先做好详尽的规划，根据图样中所包含对象的特性，确定设置图层的数量及每一层的各要素的特性。

12.1.1.1　图层的设置操作

1. 创建新图层

激活方式如下。

菜单：“格式（O）”→“图层（L）…”

命令行：LAYER

当此命令输入后就会出现图 12-1 中的“图层特性管理器”对话框。

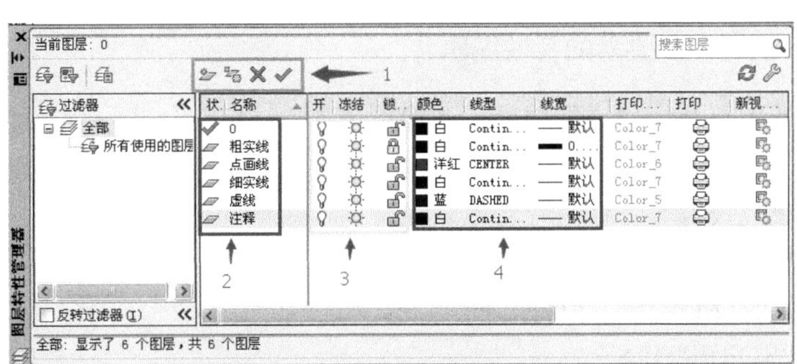

图 12-1 “图层特性管理器”对话框

2. 为图层设置特性

（1）增加新图层。可点击图 12-1 中框格 1 中的第一个图标，缺省图层名是图层 1，点击可对图名进行修改。

（2）删除某一图层。选中图 12-1 线框 2 中要删除的层，再点击框格 1 中的第三个图标即可。注意：只能删除没被参照的图层，被参照的图层包括图层 0、图层 DEFPOINTS、含有图形对象的图层、当前图层及依赖于外部参照的图层。

（3）打开/关闭图层 。图 12-1 线框 3 中的第一列是打开/关闭按钮。当图层打开时，图层中的对象在当前屏幕是可见的，并且可以打印；当图层关闭时，图层中的对象在当前屏幕是不可见的，并且不能打印。

（4）冻结/解冻图层。图 12-1 线框 3 中的第二列是冻结/解冻图层按钮。冻结图层可以加快 ZOOM、PAN 和其他许多操作的运行速度，增强对象选择的性能并减少复杂图形的重生成时间。图层冻结后系统不能显示、打印、隐藏、渲染、复制或重生成冻结图层上的对象，所以冻结暂时不用的图层可以加快显示层上的对象。

关闭或冻结图层都会使图层上的实体从当前屏幕上消失，其区别在于，执行 REGEN（重生成）操作时，冻结图层不会重新计算，关闭图层要参与重新计算，因此如果在可见和不可见状态之间频繁切换，应使用打开/关闭设置。

（5）锁定/解锁图层。图 12-1 线框 3 中的第三列是锁定/解锁图层按钮。图层锁定后，用户不能编辑图层中的对象。如果只想查看图层信息而不需要编辑图层中的对象，则将图层锁定是有益的。

（6）设置当前层。当前图层就是系统当前工作的图层，用户的所有输入都存放在当前图层上，其设置过程为：激活“图层”命令，在“图层特性管理器”对话框中选定图层，再单击图 12-1 中的框格 1 中的第四个图标，或双击图层名。

（7）为图层设置颜色和线宽。将鼠标移至图 12-1 中框格 4 中的颜色或线宽，点击鼠标左键，在随后出现的“颜色管理器”对话框或线宽选择对话框中做出选择即可。

（8）为图层设置线型。将鼠标移至图 12-1 中框格 4 中的线型，点击鼠标左键，在随后出现的线型选择对话框中单击“加载”按钮，在弹出的“加载或重载线型”对话框中，选择要加载的线型，然后单击“确定”按钮，即可将选择的线型加载到当前图形文件中。注意：当绘制虚线、点画线（非连续线型）时，在显示器上若显示为连续线型，则说明线型比例设置不合适，需要做适当的修改，线型比例的设置方法后面会具体讲解。

12.1.1.2 图形中各要素的特性编辑

图层管理器主要介绍建立图层性质和绘图操作。特性命令是一个功能很强的综合编辑命令，不仅可以修改各种实体的颜色、线型、线型比例、图层，还可以对图形对象的坐标、大小、视点设置等特性进行修改。

激活方式如下。

菜单：“修改（M）” → “特性（P）”

命令行：PRORERTIES

另外，直接双击要编辑的对象，或选择对象后，在右键快捷菜单中选择“特性...”，都可打开“特性”选项版，如图 12-2 所示。

该对话框根据选择实体的不同，列出的特性内容也不同。未选定任何对象时，仅显示常规特性的当前设置。右击“特性”窗口蓝色标题栏，弹出快捷菜单，可用来控制窗口的固定与浮动、隐藏等。

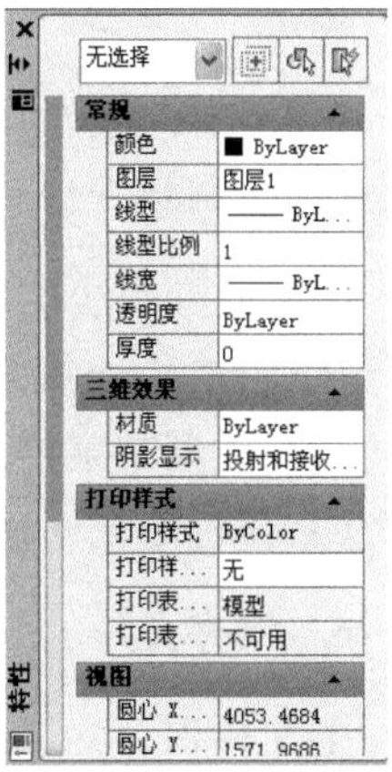

图 12-2 “特性”选项版

12.1.2　绘制图框样板

手工绘图一定要有包含图框的图纸，在计算机绘图之前我们也应设计图纸样式，作为样板文件，便于绘图时调用。下面以绘制 A3 幅面为例介绍绘制幅面样板文件的方法和步骤。

1. 设置绘图单位

（1）打开图形单位设置窗口。

菜单：“格式（O）”→“单位（U）…”

命令行：UNITS

（2）在图形单位窗口中作相应的设置，如图 12-3 所示。

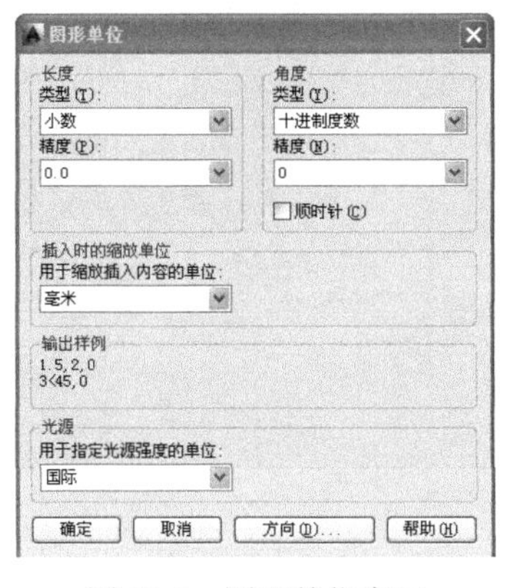

图 12-3　图形单位窗口

2. 设置图幅

菜单：“格式（O）”→“图形界限（I）”

命令行：LIMITS

命令行提示：指定左下角点或 [开（ON）/关（OFF）] <0.0,0.0>：回车

指定右上角点 <420.0000,297.0000>：回车

设置图限后，应全屏显示一下（即在命令行中输入 ZOOM 命令，回车，然后再输入 ALL，回车），打开状态栏中的“栅格”，在图形界限内就有栅格显示。默认的栅格点之间距离为 10mm，当图限很大时，栅格点太密，将无法显示，可在栅格按钮上单击右键→“设置（S）…”，重新设置栅格大小。显示栅格，可起到度量上的参考作用。

3. 设置图层

根据图形的复杂程度设置图层，参照图 12-1 进行设置。

4. 画图框

在粗实线层上执行画线命令，具体操作如下。

命令：L

指定第一个点：25,5

指定下一点或 [放弃（U）]：@390<0

指定下一点或 [放弃（U）]：@287<90

指定下一点或 [闭合（C）/放弃（U）]：@-390,0
指定下一点或 [闭合（C）/放弃（U）]：c

5. 绘制标题栏

（1）在细实线层根据标准标题栏的尺寸和样式绘制标题栏表格（可直接在命令行中执行 TABLE 命令或用 LINE 和 OFFSET 命令完成表格的绘制）。
（2）设置文字样式（参照图 11-20、图 11-21）。
（3）在标题栏中输入文本（用 TEXT 或 MTEXT 命令完成标题栏中各项文本的输入）。

6. 保存文件

把文件保存为 A3 模板.dwg，以后在 A3 幅面画图，就可以调用。

12.2 综合实训

12.2.1 实训一：绘制平面图形

【例 12-1】 在 A4 幅面上，以 1∶1 的绘图比例，绘制图 12-4 所示的吊钩平面图形。

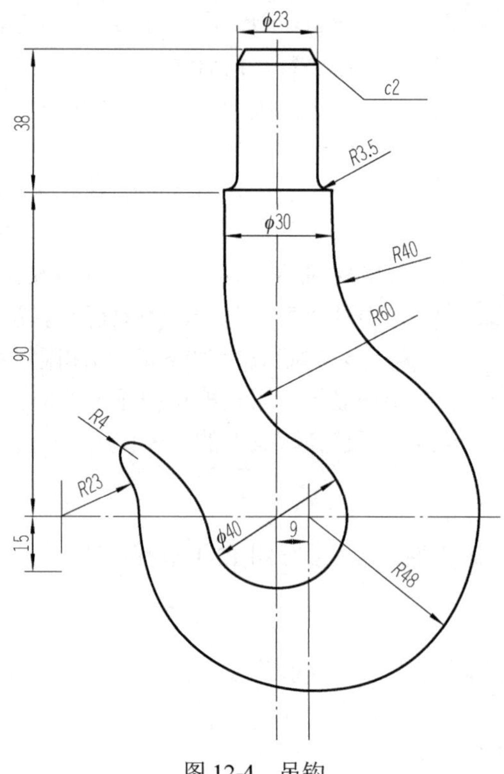

图 12-4　吊钩

【解】 操作步骤如下：

第一步：调出事先绘制好的 A4 模板.dwg 文件。

模板中对图层、文字样式以及尺寸标注样式都已设好。根据具体图形的需要可作适当修改。本例图需设置中心线层、粗实线层、尺寸层、细实线层、文字层。中心线层需加载线型 center2，其他图层都是实线线型，粗实线线宽设为 0.5mm，其他图层线宽设为 0.25mm。

第二步：布局，确定中心位置。

（1）距上部图框线 25mm 处画第 1 条水平中心线（该线可用 OFFSET 命令，偏移拷贝上部的图框线），然后将其改在中心线层，将中心线层设为当前层，继续用 OFFSET 命令绘制其他水平线，偏移的距离如图 12-5（a）所示。

（2）在图纸左右对称面上画竖直中心线，再将其向右 9mm 偏移拷贝。

下面开始绘制图形，在绘制图形草图之前，将粗实线层设为当前层。但要关闭状态栏粗实线显示状态。

第三步：画已知线段。

（1）用圆命令绘制ϕ40 和 R48 的圆。

（2）用画线命令绘制吊钩上部圆柱结构的一半，再用镜像命令绘制对称的另一半，上部的倒角 C2 用 CHAMFER 命令绘制。

结果如图 12-5（b）所示。

第四步：绘制中间线段。

（1）绘制 R23 的圆。将 R48 圆的竖直中心线向左偏移拷贝，偏移距离是 71（48+23），该线与 R48 圆的水平中心线的交点即为 R23 的圆心，用圆命令即可绘制 R23 的圆。

（2）绘制 R40 的圆。因 R40 的圆与ϕ40 的圆相外切，它们的中心距为 60，故以ϕ40 的圆心为圆心、60 为半径画圆，该圆与ϕ40 圆的水平中心线向下偏移 15mm 的水平线交于一点，该点即为 R40 圆的圆心，用圆命令即可绘制 R40 的圆。

结果如图 12-5（c）所示。

第五步：绘制连接线段。

（1）绘制 R4 连接圆弧。该圆弧与 R40 圆弧相内切，与 R23 圆弧相外切，故分别以 R40、R23 的圆心为圆心，分别以 36 和 27 为半径画圆，此两圆的交点即为 R4 的圆心，再通过连接中心线找切点的方法，找出连接点，最后通过圆弧命令（圆心、起点和端点）绘制 R4 圆弧，结果如图 12-5（d）所示。此时吊钩的左侧图形已画完，在继续绘制其他部分图形之前，先将此部分修剪，完善，利用 TRIM 命令，选好切边（R4 圆弧、ϕ40 圆、R48 圆为切边），再选要被剪切掉的部分。

（2）绘制 R40 连接圆弧。该圆弧与直线相切，圆心在距直线为 40mm 的竖直直线上，同时又在距 R48 圆心的距离为 88 的圆周上，利用 OFFSET 和画圆命令即可求出它们的交点，也就是连接圆弧的圆心，过圆心作直线的垂线，以及通过连接圆心找切点的方法，找出连接点，最后通过圆弧命令（圆心、起点和端点）绘制 R40 圆弧，结果如图 12-5（e）所示。利用 TRIM 命令，选好切边（垂线、中心连线、R23 中间圆弧为切边），再选要剪切的部分。用 ERASE（删除）命令删除作图辅助线。

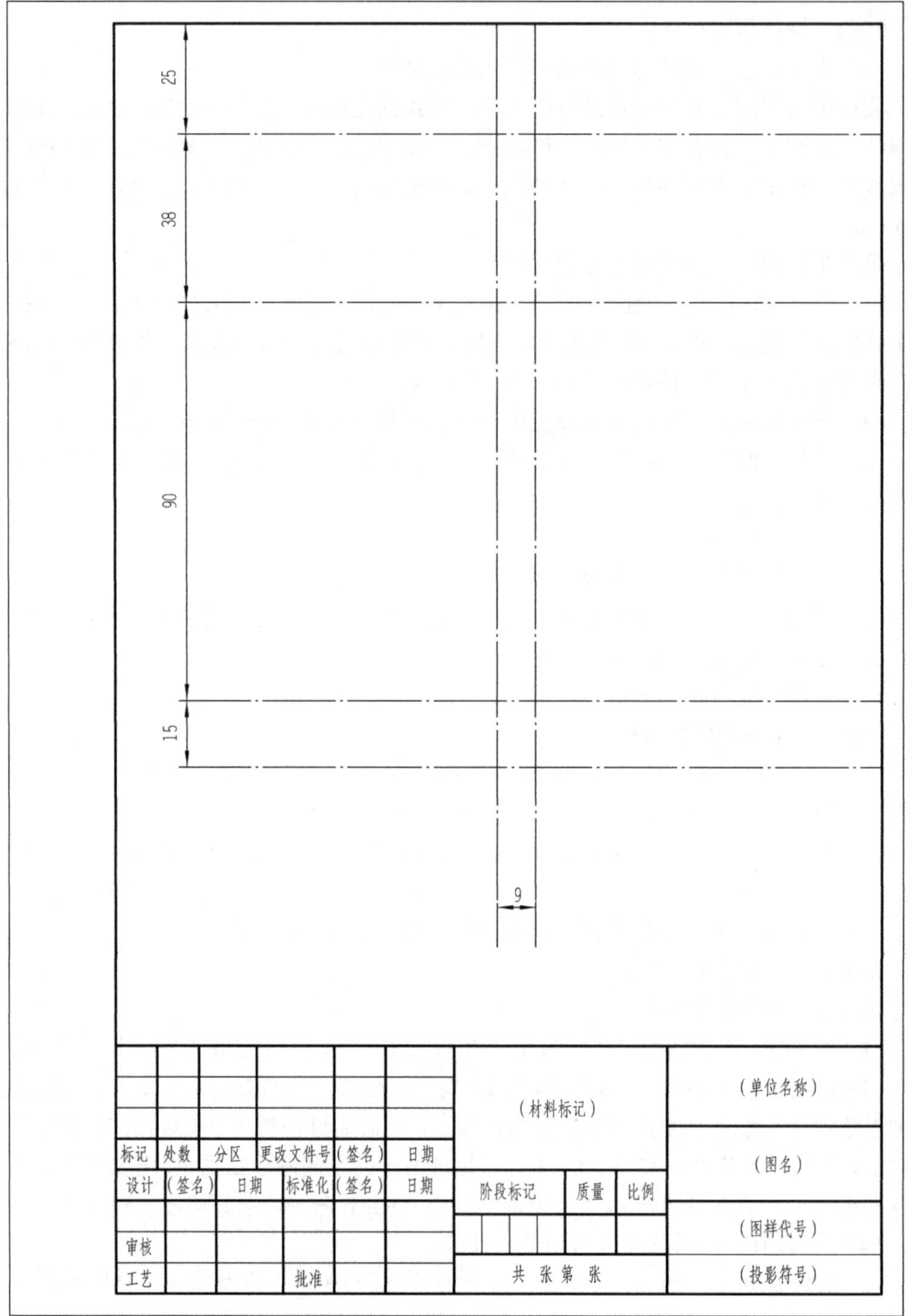

25
38
90
15
9
标记
处数
分区
更改文件号
(签名)
日期
设计
(签名)
日期
标准化
(签名)
日期
审核
工艺
批准
(材料标记)
阶段标记
质量
比例
共 张 第 张
(单位名称)
(图名)
(图样代号)
(投影符号)

(a) 布局、绘制中心线

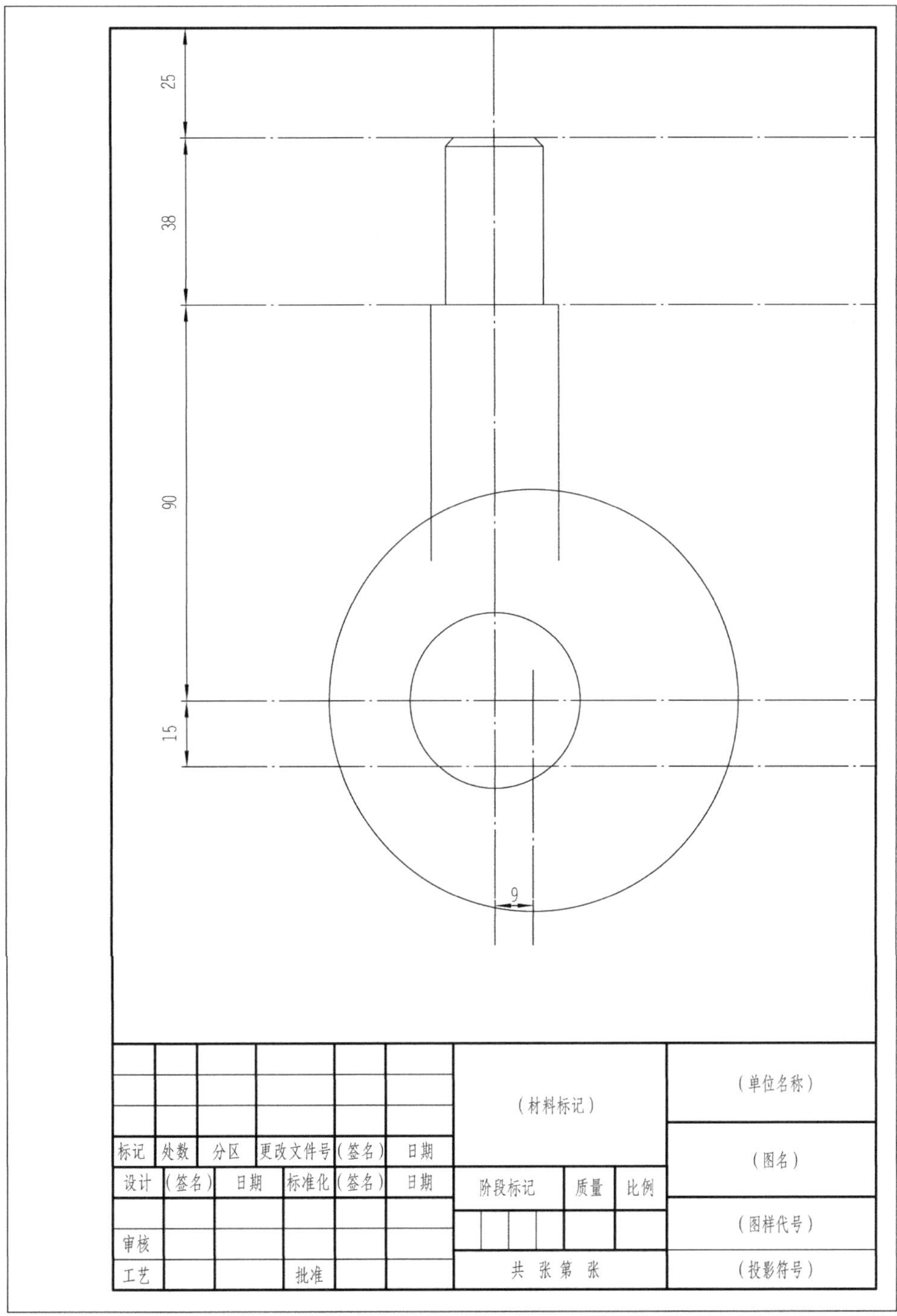
25
38
90
15
9
标记
处数
分区
更改文件号
(签名)
日期
设计
(签名)
日期
标准化
(签名)
日期
审核
工艺
批准
(材料标记)
阶段标记
质量
比例
共 张 第 张
(单位名称)
(图名)
(图样代号)
(投影符号)

(b) 绘制已知线段

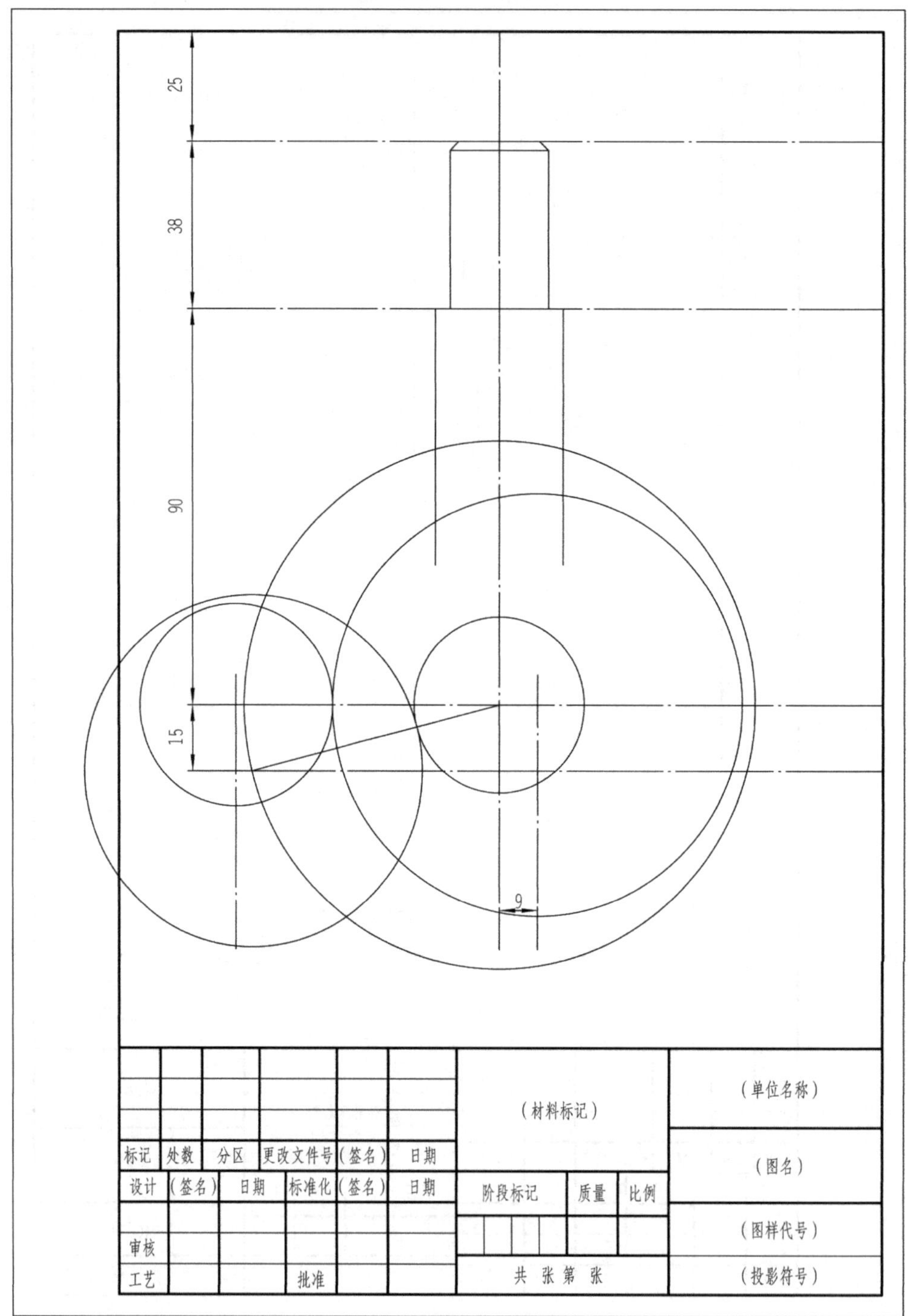
25
38
90
15
9
标记
处数
分区
更改文件号
(签名)
日期
设计
(签名)
日期
标准化
(签名)
日期
审核
工艺
批准
(材料标记)
阶段标记
质量
比例
共 张 第 张
(单位名称)
(图名)
(图样代号)
(投影符号)

（c）绘制中间线段

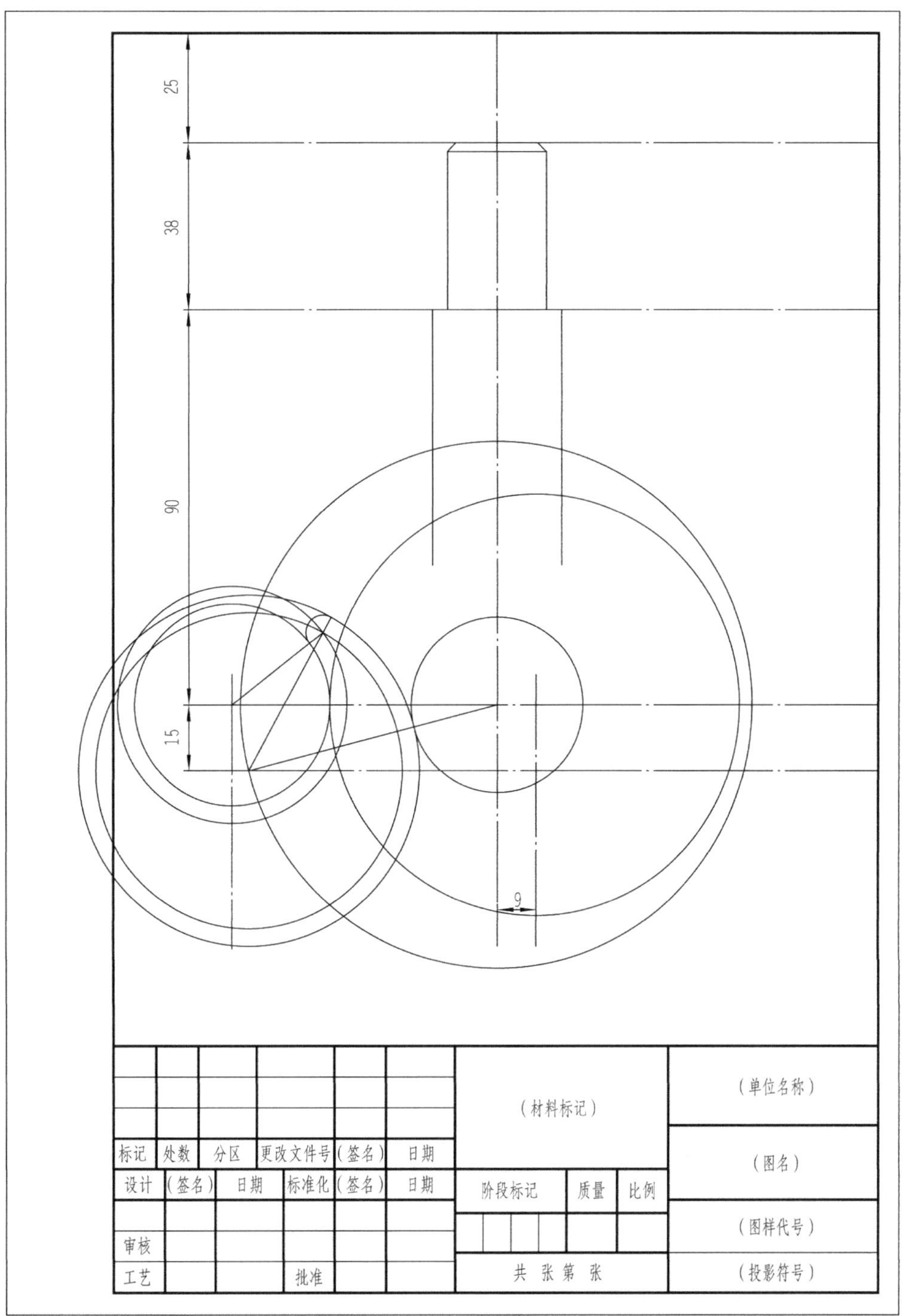
25
38
90
15
9
标记
处数
分区
更改文件号
(签名)
日期
设计
(签名)
日期
标准化
(签名)
日期
审核
工艺
批准
(材料标记)
阶段标记
质量
比例
共 张 第 张
(单位名称)
(图名)
(图样代号)
(投影符号)

(d) 绘制连接线段$R4$

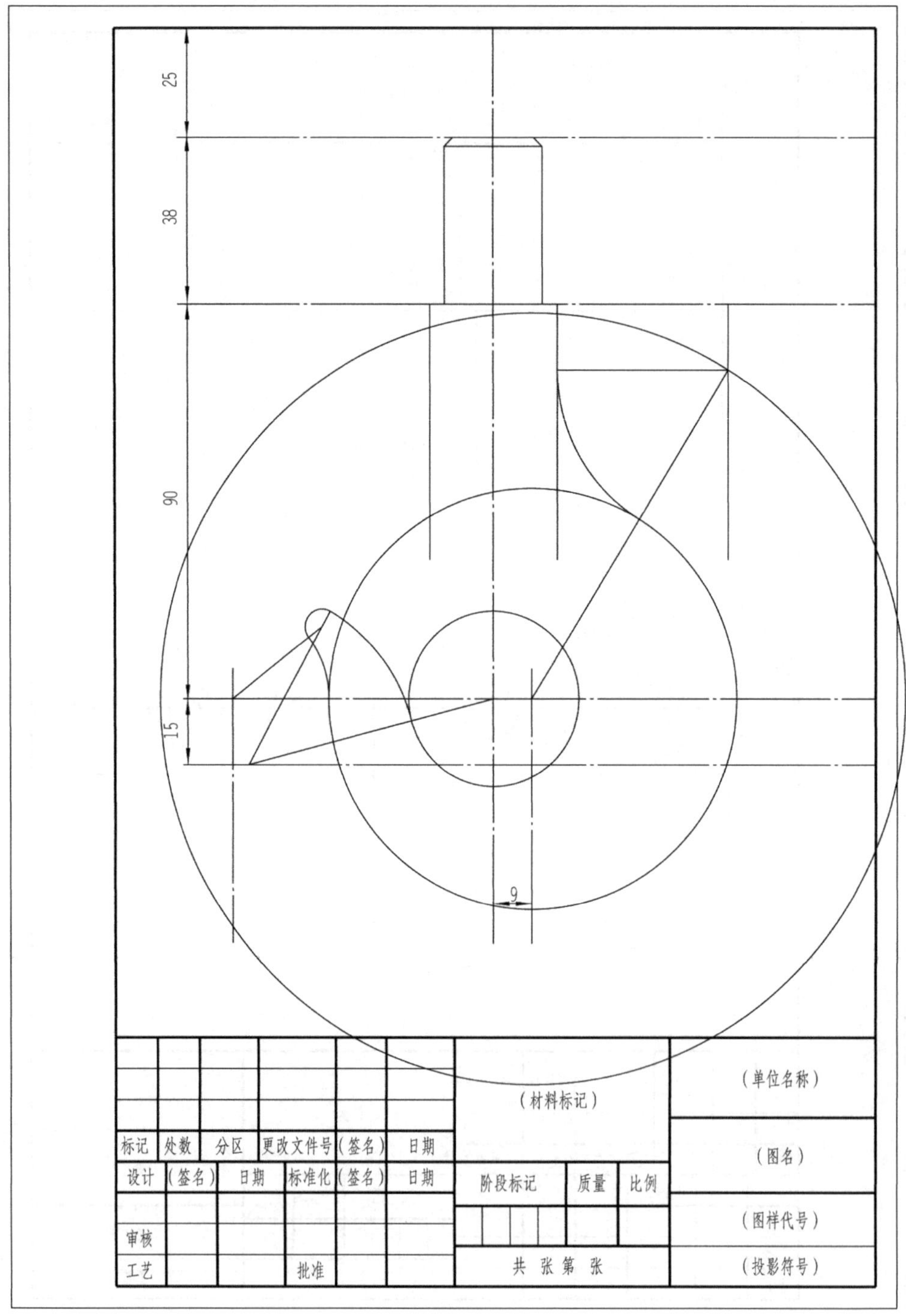
25
38
90
15
9
(单位名称)
(材料标记)
(图名)
标记　处数　分区　更改文件号　(签名)　日期
设计　(签名)　日期　标准化　(签名)　日期
阶段标记　质量　比例
(图样代号)
审核
工艺　批准
共　张　第　张
(投影符号)

(e) 绘制连接线段$R40$

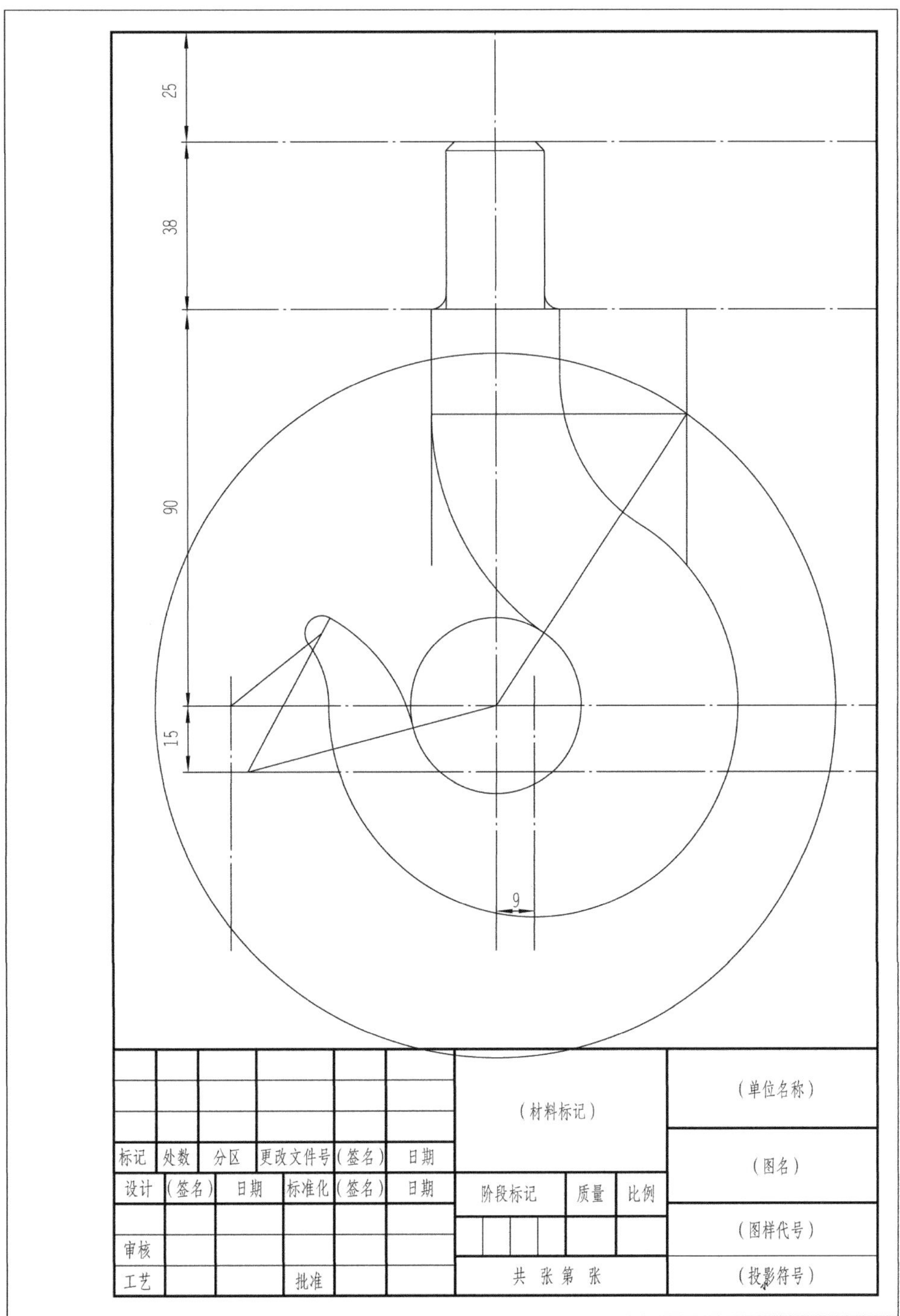

(f) 绘制连接线段$R60$、$R3.5$

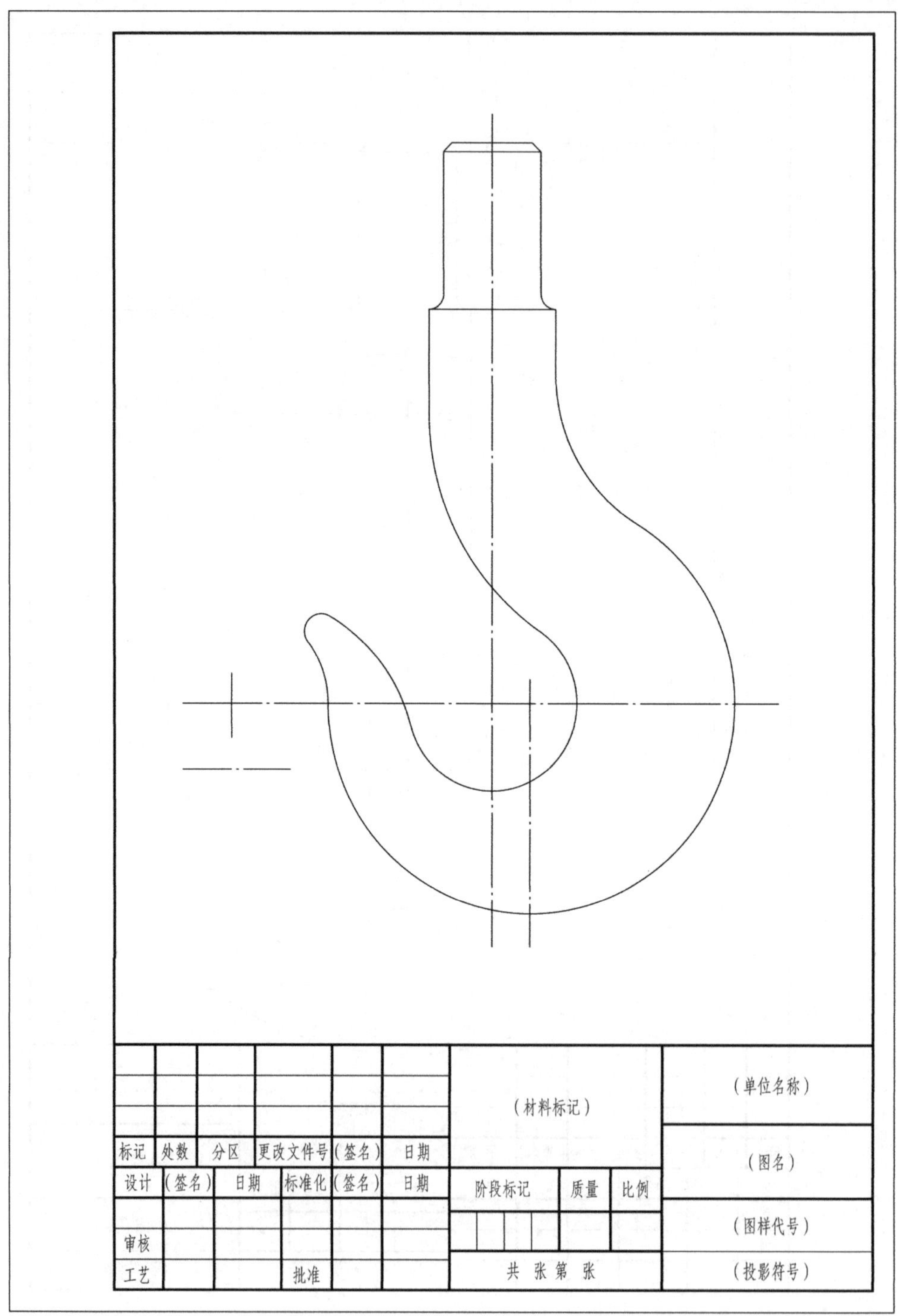
标记
处数
分区
更改文件号
(签名)
日期
设计
(签名)
日期
标准化
(签名)
日期
审核
工艺
批准
(材料标记)
阶段标记
质量
比例
共 张 第 张
(单位名称)
(图名)
(图样代号)
(投影符号)

(g) 修剪、完善图形

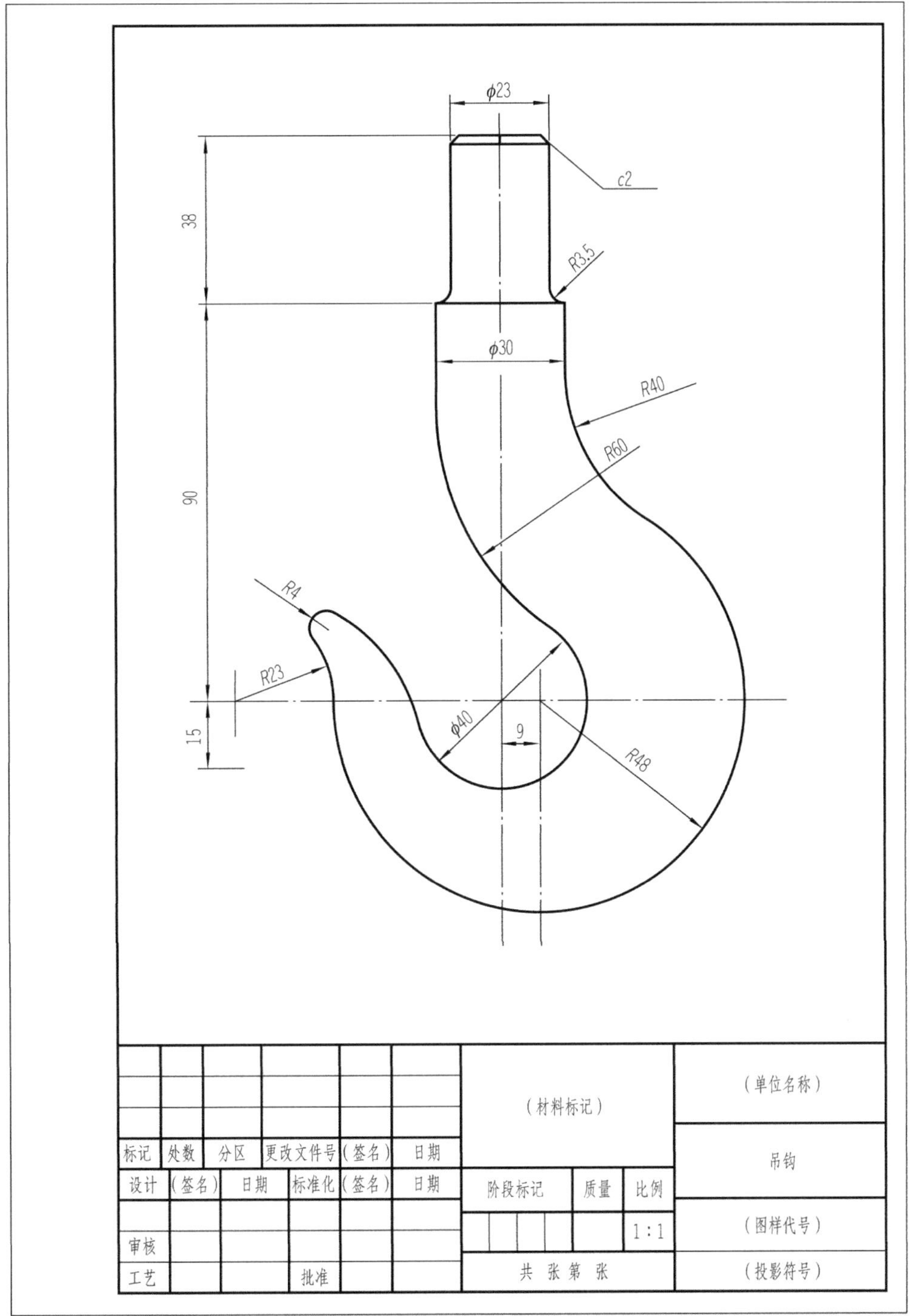

(h) 标注尺寸、完成全图

图 12-5 平面图形吊钩的绘制步骤图解

(3) 绘制 $R60$ 连接圆弧。参照上步分析完成作图。

(4) 绘制 $R3.5$ 连接圆弧。利用 FILLET 倒圆角命令，设置不修剪模式，圆角半径

3.5，即可完成 *R*3.5 连接圆弧的绘制。

结果如图 12-5（f）所示。

第六步：利用 TRIM（修剪）、ERASE（删除）、打断（BREAK）命令，修改多余的图线。结果如图 12-5（g）所示。

第七步：将尺寸作为当前层，标注尺寸，打开线宽显示，完成全图。结果如图 12-5（h）所示。

12.2.2　实训二：投影制图（一）

【例 12-2】 在 A3 幅面上，以 2∶1 的绘图比例，绘制图 12-6 所示组合体的三视图。

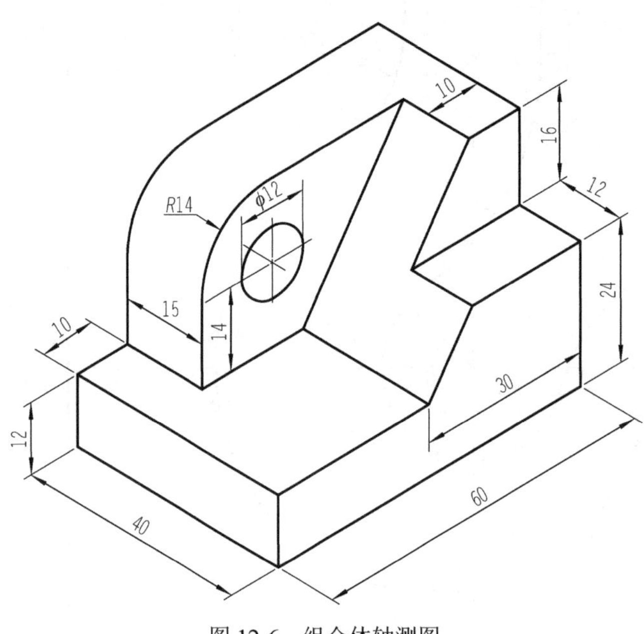

图 12-6　组合体轴测图

【解】 根据在主视图中表达实体的长、高，在俯视图中表达实体的长、宽，在左视图中表达实体的高、宽，即“长对正，高平齐，宽相等”原则绘制三视图。

为了保证三视图的投影规律，在画图时，利用对象捕捉、对象捕捉跟踪、正交模式等，会大大提高绘图效率。

本例具体绘图步骤如下。

第一步：调出事先绘制好的 A3 模板.dwg 文件。

模板中对图层、文字样式以及尺寸标注样式都已设好。根据具体图形的需要可作适当修改。本例图需设置中心线层、粗实线层、尺寸层、细实线层、虚线层和文字层。中心线层加载线型 jis_08_15，虚线层加载线型 jis_02_4.0，其他图层都是实线线型；粗实线线宽设为 0.5mm，其他图层线宽设为 0.25mm。

注意：①在 AutoCAD 中为了丢弃比例尺，就要以 1∶1 的比例来画图。而本例中要求在 A3 幅面上以 2∶1 的比例绘图，因此，为了仍用 1∶1 的比例绘制，就需将 A3 幅面缩小 0.5 倍。在命令行运行 SCALE 命令，以图幅左下角为基点，把图幅缩小 0.5 倍。②按照绘图比例的不同缩放图幅后，系统变量线型比例系数（Ltscale）也要作相应的调整。线型比例系数的默认值是 1，在 AutoCAD 默认的环境下，能清楚地表现出所画的各种线型。图幅被放大或缩小后，如果线型比例系数还是 1，可能就会因为线型比例未调整使一条中心线看起来像一条连续线。本例线型比例系数与图幅一样缩小 0.5。如果感觉不合适，还可以重新进行设置，直到满意为止。另外，对于较小的结构，当虚线显示为细实线时，可局部调节该线的线形型比例系数。

第二步：布局，确定三个视图的位置。

第三步：用直线（L）命令绘制底板的三面投影，均为矩形。画图时打开正交模式，端点捕捉，对象跟踪，结果如图 12-7（a）所示。

第四步：绘制带四分之一圆柱面的立板三视图。

（1）先画主视图。在中心线层画ϕ12 圆孔的中心线，进行如下操作。

命令：L

指定第一个点：_from 基点：<偏移>：@7,14[在绘图区按 ctrl+鼠标左键，在出现的捕捉快捷菜单上选自（F），捕捉底板主视图左上角点]

指定下一点或[放弃（U）]：@25,0

命令：L

指定第一个点：_from 基点：<偏移>：@24,5[在绘图区按 ctrl+鼠标左键，在出现的捕捉快捷菜单上选自（F），捕捉底板主视图左上角点]

指定下一点或 [放弃（U）]：@25<90

在粗实线层用 CIRCLE 命令画ϕ12 和 R14 的圆，用画线命令捕捉圆的象限点画线

用 TRIM 命令剪切多余的 3/4 圆周（剪切边为上边线和左边线）

结果如图 12-7（b）所示。

（2）用直线（L）命令绘制立板的俯视图和左视图。

第五步：用直线（L）命令绘制带斜面和缺口的柱体的三面投影。

第六步：修剪整理后就可完成图形的绘制。结果如图 12-7（c）所示。

第七步：将尺寸作为当前层，标注尺寸，打开线宽显示，完成全图。结果如图 12-7（d）所示。

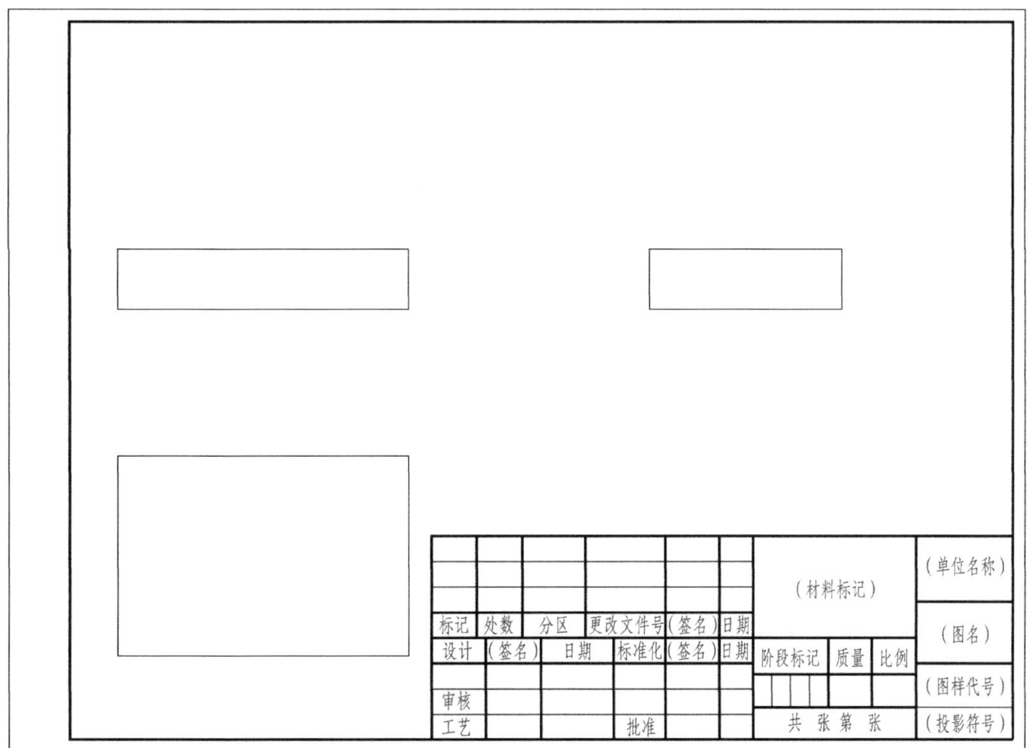

（a）底板三视图

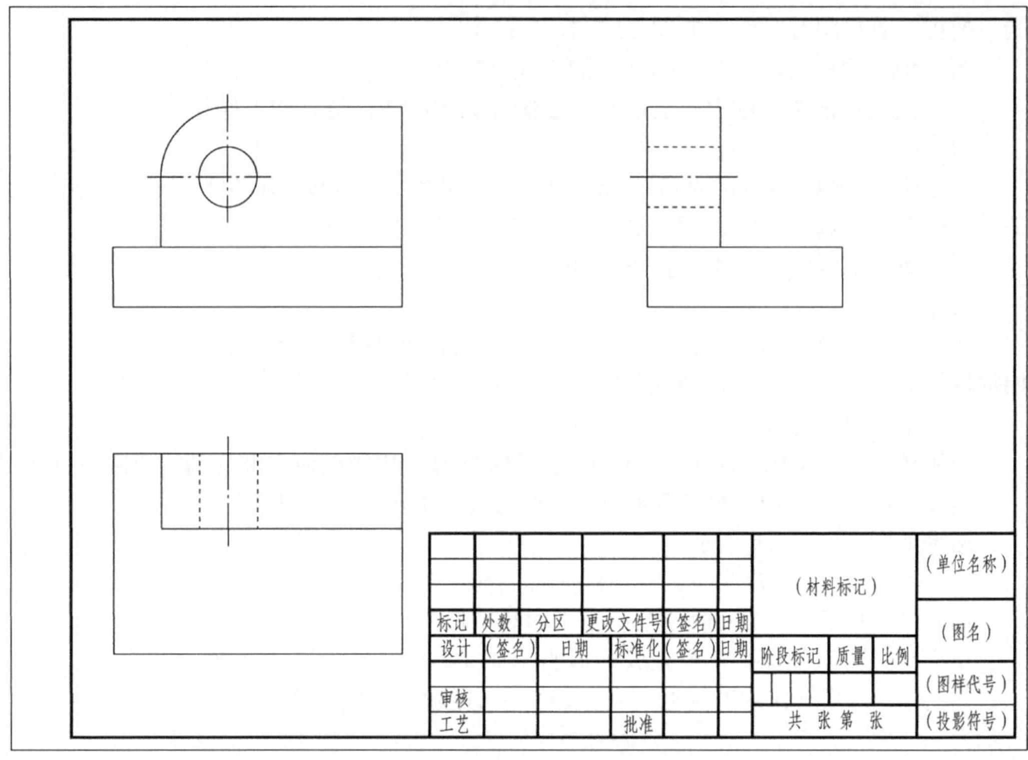

（b）地板和立板三视图

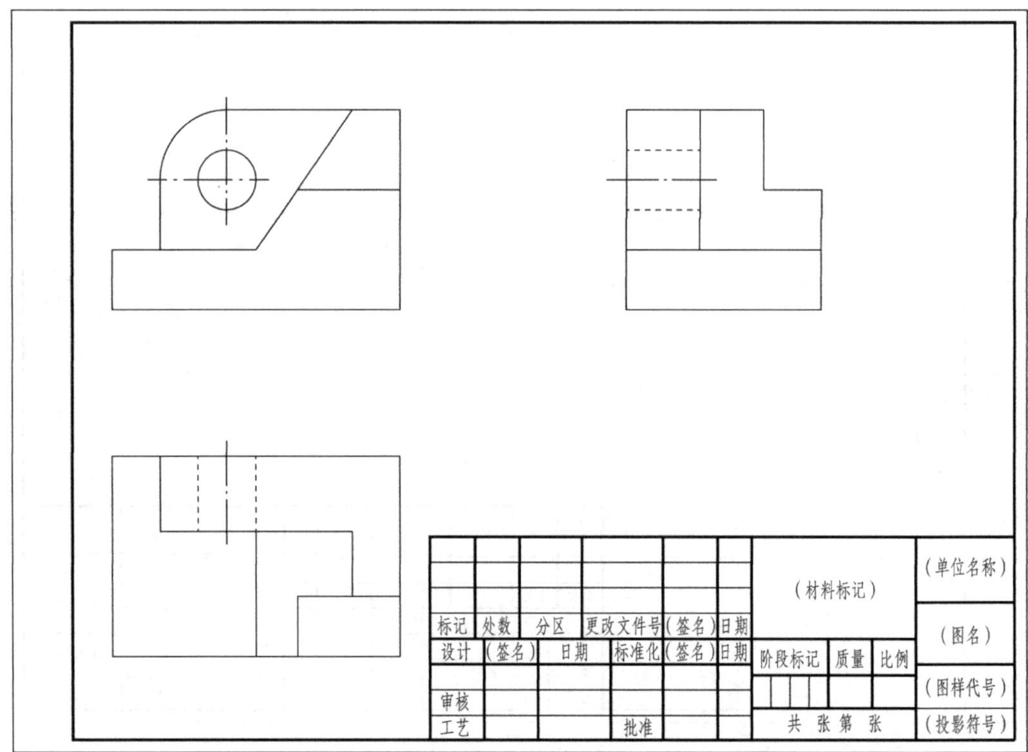

（c）组合体三视图

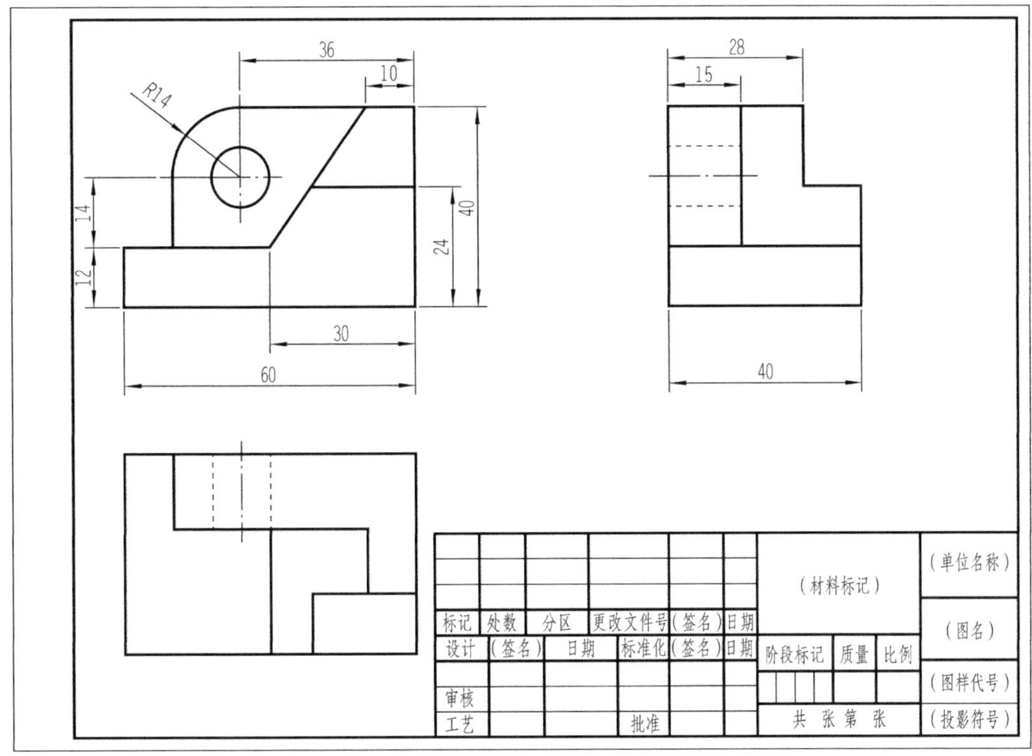

(d) 最后成果图

图 12-7 组合体三视图绘制步骤

12.2.3 实训三：投影制图（二）

【例 12-3】 在 A3 幅面上，以 1∶1 的绘图比例，绘制图 12-8 所示组合体的投影图。

【解】 绘制步骤如下。

第一步：调出事先绘制好的 A3 模板.dwg 文件。

第二步：布局，确定三个视图的位置，画各视图的基准线（对称中心线）。

第三步：画三面投影图。

（1）画俯视图。用 CIRCLE 命令绘制出俯视图中所有的圆及圆弧，再用 LINE 命令绘制底板及肋板结构的一半（即以前后对称面为分界，只画前半部分），再用 MIRROR 命令绘制另一半。最后，用 TRIM 命令修剪多余的圆弧。

（2）画主视图和左视图。根据投影对应关系，用 LINE 和 CIRCLE 命令绘制主视图和左视图的投影线，左视图的相贯线可以用简化画法绘制，用 TRIM 命令修剪多余的圆弧。画图时打开状态栏正交、端点捕捉、对象跟踪按钮。

第四步：绘制剖面线。

用 HATCH 命令（在图案填充选项板，选择图案 ANSI31）在需填充的区域内部拾取点，完成图案填充。

第五步：绘制剖切符号。

剖切符号是指示剖切面的起、迄、转折位置（用粗短画线表示）及投影方向（带箭头的细实线表示）的符号。

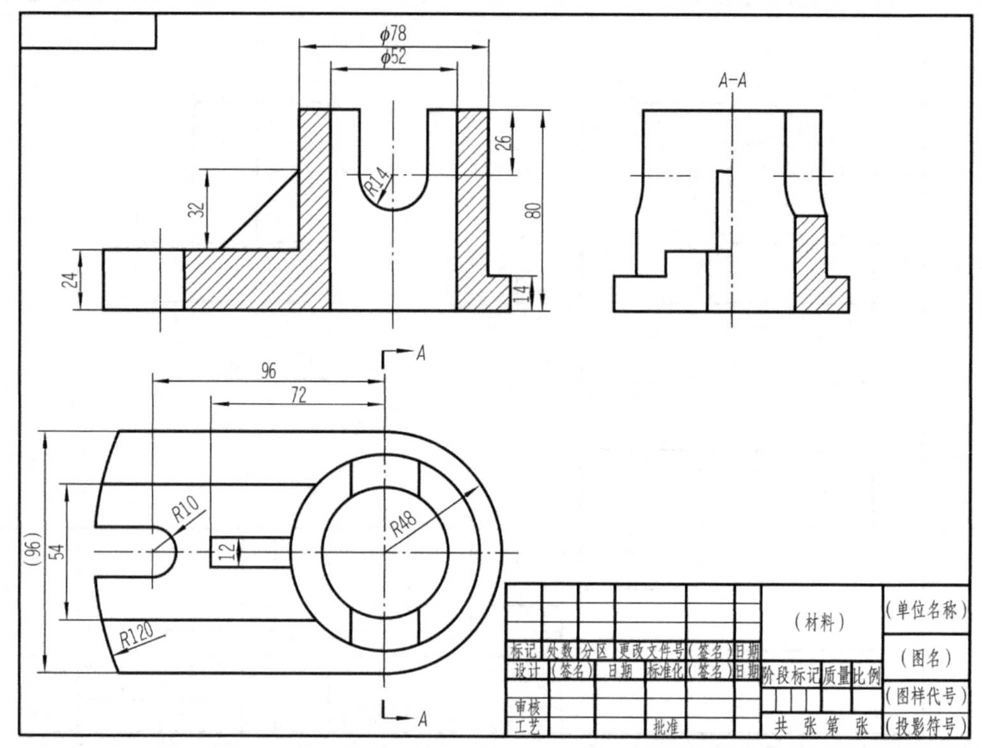

图 12-8　剖视练习

粗短画线用 PLINE 命令绘制，设宽度为 1mm（起点和终点宽度均为 1mm），短画线的长度为 5mm。

投影方向符号也用 PLINE 命令绘制。

具体操作步骤如下。

命令：PLINE

指定起点：

当前线宽为 0.00

指定下一点或 [圆弧（A）/半宽（H）/长度（L）/放弃（U）/宽度（W）]：@5,0

指定下一点或 [圆弧（A）/闭合（C）/半宽（H）/长度（L）/放弃（U）/宽度（W）]：w

指定起点宽度 <0.00>：1

指定端点宽度 <1.00>：0

指定下一点或 [圆弧（A）/闭合（C）/半宽（H）/长度（L）/放弃（U）/宽度（W）]：@4,0

第六步：用 TEXT 命令，打出剖视图名称。

第七步：将尺寸作为当前层，标注尺寸，打开线宽显示，完成全图。

12.2.4　实训四：绘制零件图

【例 12-4】 绘制图 12-9 所示阀盖零件图。

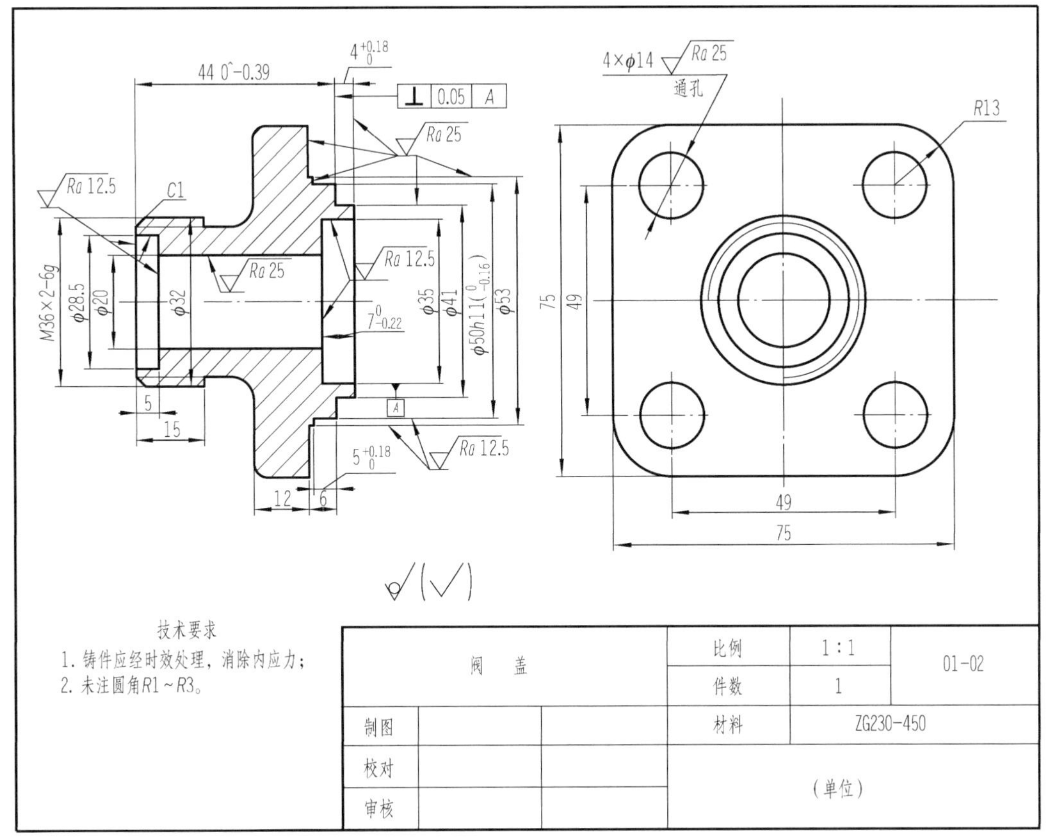

图 12-9　零件图

零件图中图形的绘制可参照实训二、实训三中的实例绘图步骤进行。下面重点讲解零件图中与技术要求有关的内容：

（1）表面粗糙度代号的绘制。

用创建带属性的块的方法，将表面粗糙度制作成图块，然后用插入命令将其插入需要标注的表面，具体的操作步骤参见 11.7 节。

（2）尺寸公差标注。

在标注尺寸之前，可以运用设置尺寸标注样式对公差面板作相应的公差样式和公差数值设置，但是这样设置以后，所有的标注都会出现设置过的那些公差，而图形中的尺寸不会都是带有公差的，且公差标注的样式和公差的数值也不同，所以这个方法不是很实用。通常情况下可以在尺寸样式中设定为无公差，将有公差的尺寸先标注成无公差的尺寸，然后再对其修改，改成有公差的尺寸。修改方法如下。

方法一：双击要标注公差的尺寸，会出现一个“文字格式”窗口，在该窗口中按照图 12-10 所示输入想要标注的上下公差数值（0^-0.39），然后用鼠标选中上下公差数值，再点击窗口上的“b/a”堆叠的按钮，刚才一行输入的上下公差数值，变成了上下两行，然后点击窗口的“确定”按键，这个极限公差就输入完毕了。

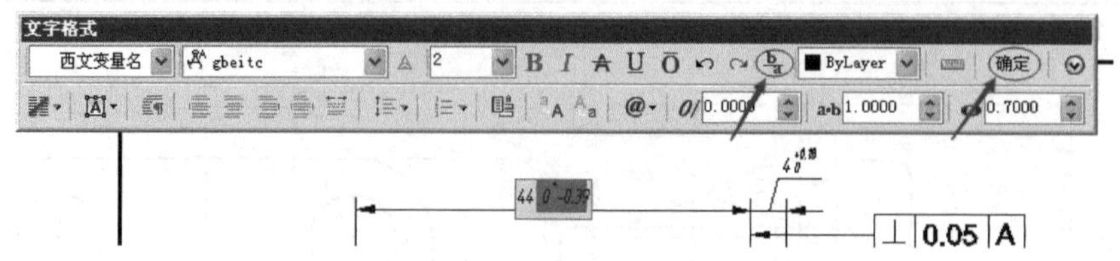

图 12-10　标注带极限偏差的尺寸

方法二：单击要标注公差的尺寸，然后启动特性对话框，在特性编辑面板上找到与公差有关的项，进行相应的设置和修改。

（3）形位公差标注。

在零件图中，形位公差（几何公差）也是一项重要内容。AutoCAD 用户可以方便地为图形标注形位公差。用于标注形位公差的命令是 TOLERANCE，利用“标注”工具栏上的公差按钮或通过菜单“标注（N）”→“公差（T）...”可启动该命令。随后会弹出“形位公差”对话框，如图 12-11 所示，其中，“符号”选项组用于确定形位公差的符号。单击其中的小黑方框，AutoCAD 弹出“特征符号”对话框，如图 12-12 所示。用户可从该对话框确定所需要的符号。单击某一符号，AutoCAD 返回到“形位公差”对话框，并在对应位置显示出该符号。

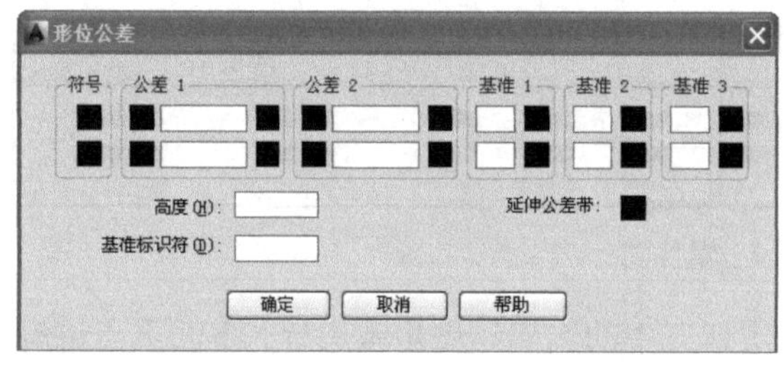

图 12-11　“形位公差”对话框

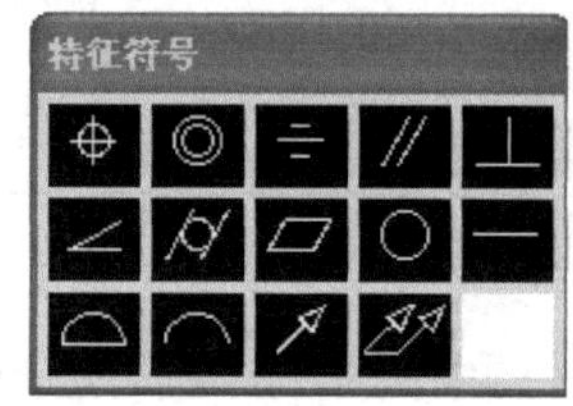

图 12-12　“特征符号”对话框

另外，“公差 1”“公差 2”选项组用于确定公差。用户应在对应的文本框中输入公差值。此外，可通过单击位于文本框前边的小方框确定是否在该公差值前加直径符号；单击位于文本框后边的小方框，可从弹出的“包容条件”对话框中确定包容条件。“基准 1”“基准 2”“基准 3”选项组用于确定基准和对应的包容条件。通过“形位公差”对话框确定要标注的内容后，单击对话框中的“确定”按钮，AutoCAD 切换到绘图屏幕，并提示：输入公差位置：在该提示下确定标注公差的位置即可。引线和基准需要自己另外画，画好后标注在适当位置。

（4）技术要求文本内容的注写。

零件图中的技术要求可用多行文字（MTEXT）命令书写。方便特殊符号的输入且便于修改文字样式和规格。

12.2.5　实训五：绘制装配图

【例 12-5】 绘制图 12-13 所示水龙头装配图。

在现代机械设计中，常见的绘制装配图的方法有两种：一种是在做方案设计，也就是没有零件的情况下，应先画装配图，按手工绘制装配图的方法，在屏幕上直接绘制出装配图，如图 12-13 所示，然后拆画零件图并进行设计（注意：采用该种方法绘制装配图时，应将水龙头中的龙头座、塞子、挡圈、螺母四个零件分别绘制在以该零件命名的图层上，这么做，虽然绘图麻烦，但从装配图中拆画零件图就比较方便了）；另一种是已有零件图，可直接将零件图拼装成装配图，再根据装配关系通过编辑完成装配图，简称拼画法。拼画法可以采用：①零件图块插入法。该方法是将绘制好的零件图，创建成外部块（WBLOCK，缩写为 W），再按零件间的相对位置和装配关系，将零件图块逐个插入，拼绘成装配图。创建零件图块时，一定要选择好插入基点，尽可能选择装配基准点，以便拼画装配图时块插入精确、方便。另外调用组成装配图的各零件图块时，其先后顺序应符合装配体的装配过程。②零件图形文件插入法。下面以水龙头装配图为例，介绍零件图形文件插入法绘图思路及步骤。

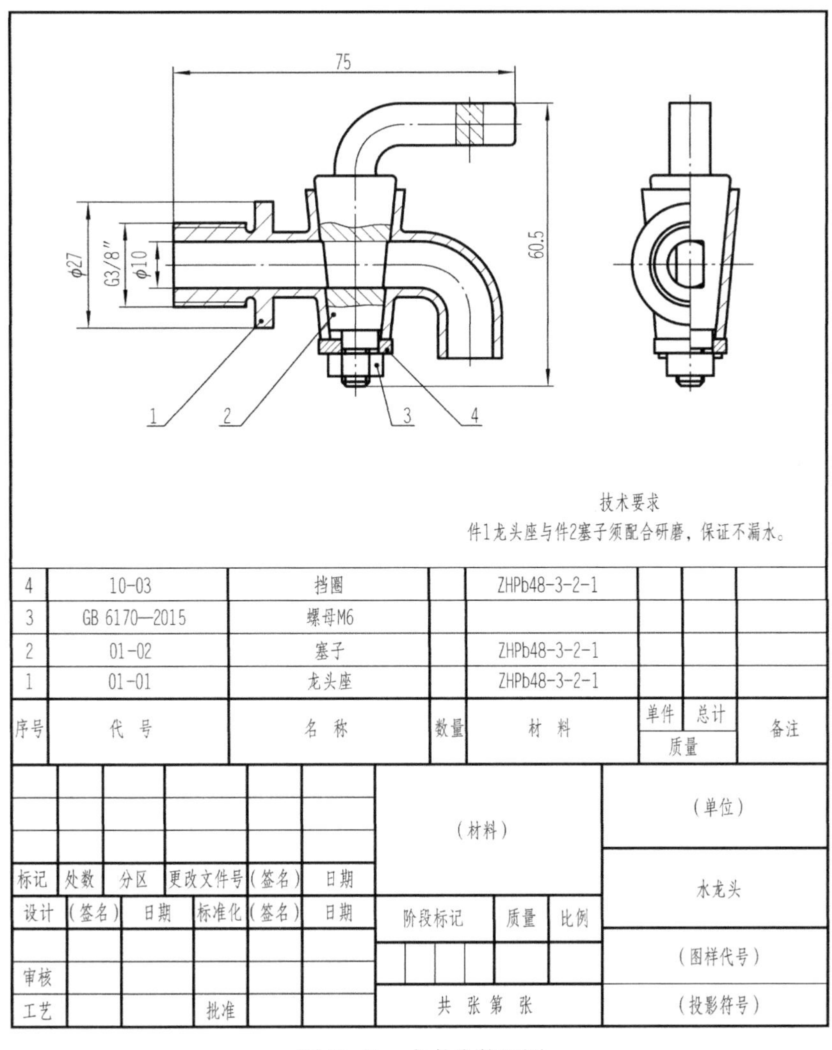

图 12-13　水龙头装配图

（1）调用 A4 样板图，完善绘图环境、文字样式、尺寸样式、图层等内容的设置，并将文件另存为水龙头装配图。

（2）将已绘制好的四个零件——龙头座、塞子、挡圈、螺母的主、左视图（它们的图形都是按 1∶1 绘制的），分别拷贝，粘贴到新建的装配图文件中（在拷贝之前，要先关闭尺寸层及注释层，只拷贝图形），放置在 A4 样板图框外。

（3）确定表达方案，装配图将采用主、左两个视图表达，主视图采用全剖和局部剖，左视图采用半剖。根据装配图表达的需要，补画零件塞子、挡圈半剖左视图，以及螺母主、左视图（对于标准件，也可以从事先做好的标准件图库中调用）。

（4）布局，拼画（参照图 12-14）。先将龙头座主、左视图移入样板图框内的适当位

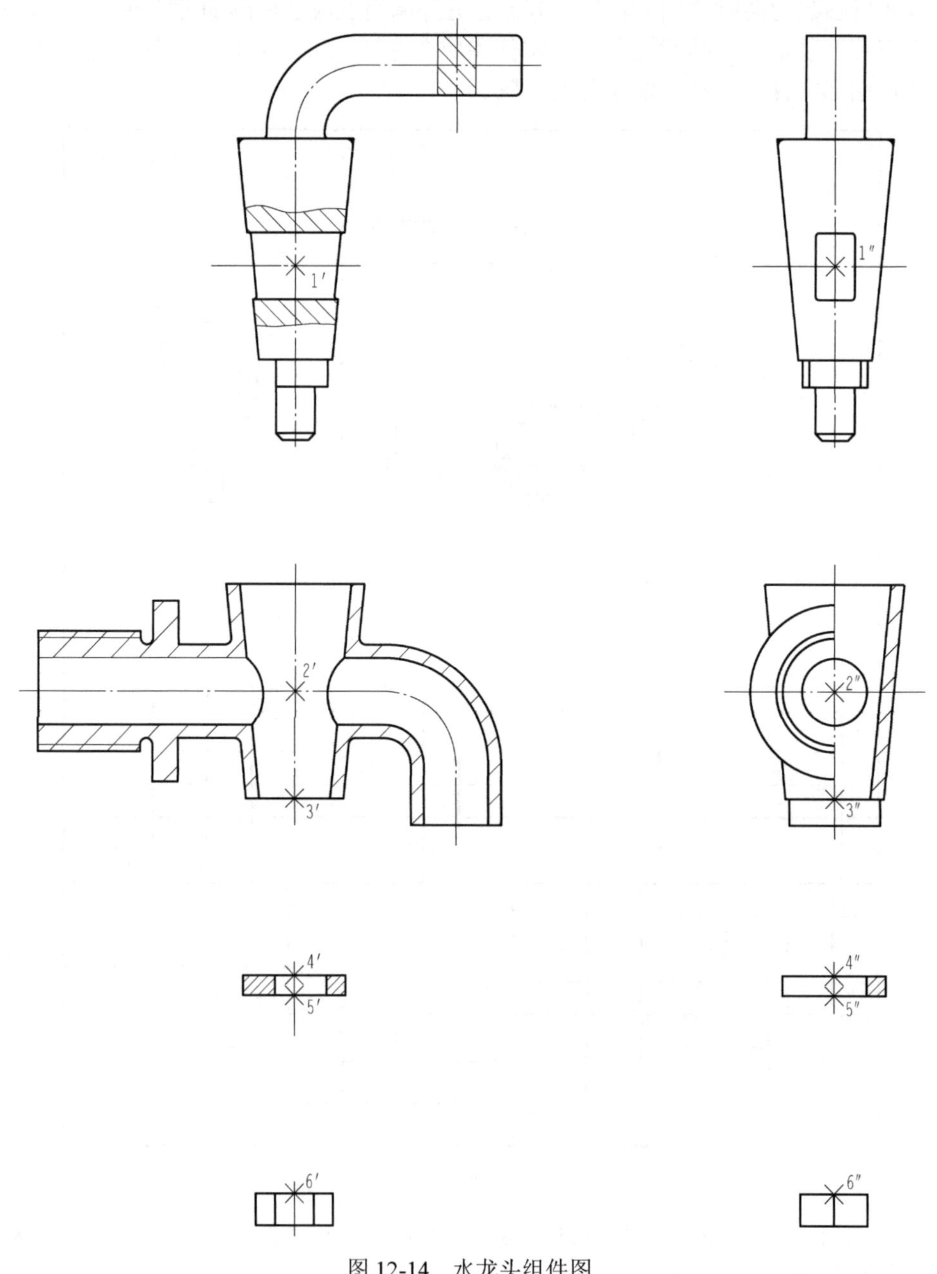

图 12-14　水龙头组件图

置，再分别移动塞子的主、左视图，使塞子主、左视图上的点 1′、1″分别与龙头座主、左视图的 2′、2″重合，然后再用修剪命令修改被遮挡的投影；移动挡圈主、左视图，使其投影图上的点 4′、4″分别与龙头座主、左视图的 3′、3″重合，然后再用修剪命令修改被遮挡的投影；移动螺母主、左视图，使其投影图上的点 6′、6″分别与挡圈主、左视图的 5′、5″重合，然后再用修剪命令修改被遮挡的投影。

（5）检查，完善图形，删除重复多余的线条，补画缺少的线条。

（6）标注尺寸和技术要求。

（7）编写零件序号、填写明细栏和标题栏。

对于装配图的序号、明细栏和标题栏，一般都做成代属性的块来插入。对于序号的标注，一般有如图 12-15 所示的几种形式，因此可以做成如图 12-16 所示带属性块的形式。

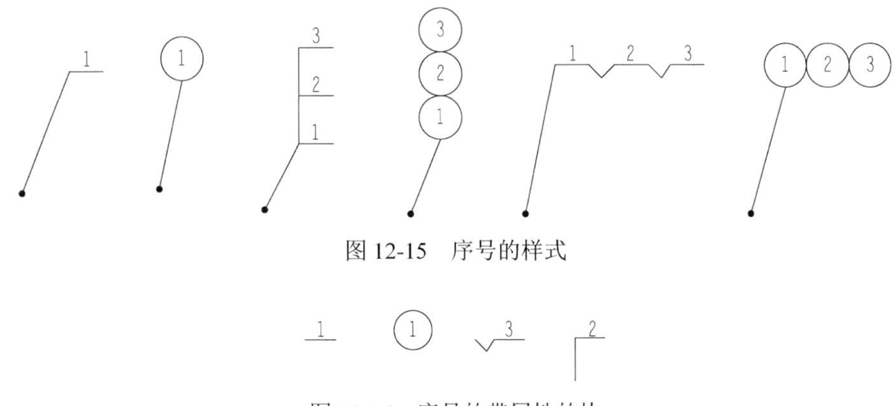

图 12-15　序号的样式

图 12-16　序号的带属性的块

（8）完成图如图 12-13 所示。

思 考 题

1．图层都有哪些特性？

2．如何创建图层，如何设置图层的颜色、线型和线宽？

3．举例说明绘图样板的设计内容及方法。

4．在模型空间绘图是否需要考虑绘图比例？

5．绘制组合体三视图时，如何保证俯视图的宽与左视图的宽相等，你能想到的方法有哪些？

6．请简要介绍绘制装配图的思路和方法。

第 13 章　工程图纸的输出

13.1　AutoCAD 的打印概念

CAD 电子工程图样绘制完成后，一般要把工程图样打印出来，它是整个设计环节的一部分，图纸是设计者与加工者的沟通语言。而目前为止，传统的纸介版图纸因其便于加工人员查看、不受电脑软件的限制等原因，仍然是目前大范围使用的交流媒介。AutoCAD 的打印是指这种将电子版图纸转化为纸介版图纸的方法。

13.2　设置出图样式

使用打印样式可以从多方面控制对象的打印方式，打印样式也属于对象的一种特性，它用于修改打印图形的外观。用户可以设置打印样式来替代其他对象原有的颜色、线型和线宽特性。打印样式表中收集了多组打印样式。

打印样式表是指定给布局选项卡或“模型”选项卡的打印样式的集合。打印样式表有两种类型：颜色相关打印样式表和命名打印样式表。

颜色相关打印样式表是以对象的颜色为基础，用颜色来控制笔号、线型和线宽等参数。通过使用颜色相关打印样式来控制对象的打印方式，确保所有颜色相同的对象以相同的方式打印。该打印样式是由颜色相关打印样式表所定义的，文件扩展名为“.ctb”。另外，该打印样式表中有 256 种打印样式，每种样式对应一种颜色。用户若要使用颜色相关打印样式的模式，可通过下面的操作来进行设置。

（1）执行“工具”→“选项”命令，打开“选项”对话框，在该对话框中进入“打印和发布”选项卡。

（2）在“打印和发布”选项卡中单击“打印样式表设置”按钮，打开“打印样式表设置”对话框。

（3）在“新图形的默认打印样式”选项组中选择“使用颜色相关打印样式”单选项，则 AutoCAD 2014 就处于颜色相关打印样式的模式。而已有的颜色相关打印样式和各种模式就存放在其下方的“当前打印样式表设置”选项组中的“默认打印样式表”中，我们可以在此下拉列表框中选择所需的颜色相关打印样式。

（4）如果在“默认打印样式表”中没有用户所需要的颜色相关打印样式，这就需要我们来创建颜色相关打印样式表以定义新的颜色相关打印样式。

命名打印样式表包括用户定义的打印样式，命名打印样式可以独立于图形对象的颜色使用。使用命名打印样式时，可以像使用其他对象特性那样使用图形对象的颜色特性，而不像使用颜色相关打印样式时，图形对象的颜色受打印样式的限制。因此，在 AutoCAD 2014 中我们一般使用命名打印样式来打印图形对象。命名打印样式是由命名打印样式表定义的，其文件扩展名为“.stb”。用户可在“打印样式表设置”对话框中的“新图形的默认打印样式”选项组中选择“使用命名打印样式”单选项。

此时，AutoCAD 2014 就处于命名打印样式的模式。而已有的命名打印样式的各种模式就存放在其下侧的“当前打印样式表设置”选项组中的“默认打印样式表”中，可以在该下拉列表中选择所需的命名打印样式。如果在“默认打印样式表”中没有用户所需要的命名打印样式，可通过“打印样式管理器”来添加新的打印样式表。

（1）在“打印样式管理器”对话框中双击 Custom.std 文件，打开“打印样式表编辑器”对话框。

（2）在“基本”选项卡中列出了打印样式表的文件名、说明、版本号、位置（路径名）和表类型。在“说明”文本框中可以为打印样式表添加说明。

（3）切换到“表视图”选项卡。该选项卡列出打印样式表中的所有打印样式及其设置。

提示：由于我们所设置的是新创建的打印样式表，该打印样式表中只包含了一个“普通”打印样式，它表示对象的默认特性（未应用打印样式），对于该样式用户既不能删除也不能编辑。

（4）单击“添加样式”按钮，向命名打印样式表添加新的打印样式。然后对各选项进行设置。

（5）切换到“格式视图”选项卡，该选项卡为用户提供了另外一种修改打印样式的方法。

（6）设置完毕后，单击“保存并关闭”按钮，将“打印样式表编辑器”对话框关闭。

13.3　打 印 出 图

正式出图时，单击标准工具栏中打印按钮，或选择菜单“文件（F）”→“打印（P）”，打开打印对话框，如图 13-1 所示，在该窗口中进行相应的设置。

1. 打印机/绘图仪

在此指定一台实体的打印机或绘图仪，或是一个如 pdf 等格式的输出。若要将打印的内容写成一个文件，则选中打印到文件复选框，然后指定存盘的文件名以及路径。

2. 图纸尺寸

在此选择打印所用的图纸尺寸和单位。用多大纸张应该在画图之初就已经定好了，因为我们会根据打印纸张的大小选用对应的图框，设置合理的文字高度、标注样式。

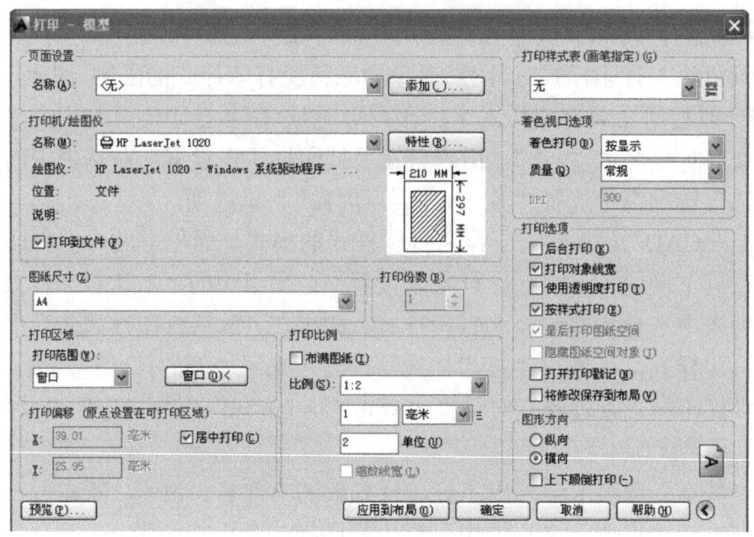

图 13-1　打印设置对话框

3. 打印区域

我们要打印的图面区域，默认选项是显示，也就是当前图形窗口显示的内容，我们还可以设置为窗口、范围（所有图形）、图形界限（LIMITS 设置的范围）。如果切换到布局的话，图形界限选项会变成布局。窗口是比较常用的方式。

4. 打印比例

如果只是打印一张 A4 小样看效果，比例设置比较简单，直接单击勾选“布满图纸”，让软件自动根据图形和纸张尺寸去计算比例即可。如果正式打印，就需要严格按照图纸上标明的、我们预先设定好的打印比例去打印。

5. 打印偏移

设置居中打印或设置图纸原点的偏移距离。

6. 打印样式表

在此指定要使用的打印样式文件。

7. 打印选项

在此区域内设置打印时的其他条件选项。

8. 图形方向

在此选择打印的图形方向。

9. 预览

在正式打印前最好先预览检查一下打印效果，如果检查预览效果完全满足要求，可以关闭预览对话框，返回打印对话框。

在打印前单击“应用到布局”按钮，可以将设置好的打印页面设置保存到当前图中，下次打开图纸时就不用重复设置打印参数了。

思　考　题

1. 简述打印样式表的作用及创建方法。
2. 正式出图时需进行哪些设置？

参 考 文 献

草彤，万静，王新，等，2011．机械设计制图：上册[M]．4 版．北京：高等教育出版社．

大连理工大学工程工程图学教研室，2011．画法几何学[M]．7 版．北京：高等教育出版社．

大连理工大学工程工程图学教研室，2011．机械制图[M]．7 版．北京：高等教育出版社．

二代龙震工作室，2010．AutoCAD 2010 机械设计基础教程[M]．北京：清华大学出版社．

何铭新，钱可强，徐祖茂，2016．机械制图[M]．7 版．北京：高等教育出版社．

焦永和，张彤，张京英，2015．工程制图[M]．2 版．北京：高等教育出版社．

潘苏蓉，梁迪，2012．AutoCAD 2012 基础教程及应用实例[M]．北京：机械工业出版社．

裘文言，张祖继，翟元赏，2003．机械制图[M]．北京：高等教育出版社．

孙海波，谭超，姚新港，等，2013．AutoCAD 2012 应用教程[M]．北京：机械工业出版社．

谭建荣，张树有，陆国栋，等，2006．图学基础教程[M]．2 版．北京：高等教育出版社．

周静卿，孙嘉燕，等，2008．工程制图[M]．北京：中国农业出版社．

汪勇，张全，陈坤，等，2013．AutoCAD 2012 工程绘图教程[M]．北京：高等教育出版社．

王靖，曹克军，李卫卫，等，2015．AutoCAD 2012 中文版应用教程[M]．北京：机械工业出版社．

附　　录

附录 A　常用零件的结构要素

1. 零件圆角与倒角（摘自 GB/T 6403.4—2008）

型式：　　　　　　　　　　装配形式：

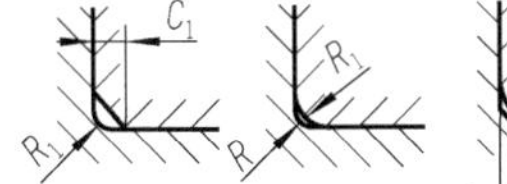
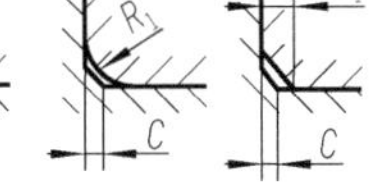

α一般为45°，也可采用30°或60°　　　$C_1>R-R_1>R$　　$C<0.58R_1$　　$C_1<C$

表 A-1　零件圆角与倒角尺寸　　（单位：mm）

d、D	C、R	d、D	C、R
≤3	0.2	(180, 250]	4
(3, 6]	0.4	(250, 320]	5
(6, 10]	0.6	(320, 400]	6
(10, 18]	0.8	(400, 500]	8
(18, 30]	1	(500, 630]	10
(30, 50]	1.6	(630, 800]	12
(50, 80]	2	(800, 1000]	16
(80, 120]	2.5	(1000, 1250]	20
(120, 180]	3	(1250, 1600]	25

2. 砂轮越程槽（摘自 GB/T 6403.5—2008）

磨外圆　　　　　　磨内圆

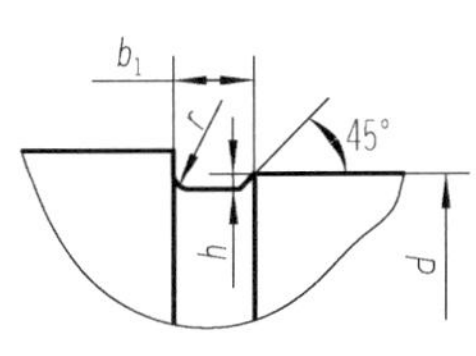
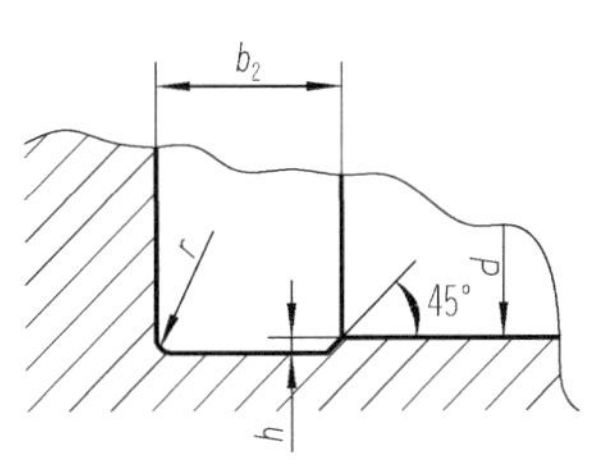

表 A-2　砂轮越程槽尺寸　　（单位：mm）

d	b_1	b_2	h	r
≤10	0.6	2	0.1	0.2
	1	3	0.2	0.5
	1.6			

续表

<table>
<tr><th>d</th><th>b_1</th><th>b_2</th><th>h</th><th>r</th></tr>
<tr><td rowspan="2">(10,50]</td><td>2</td><td rowspan="2">4</td><td>0.3</td><td>0.8</td></tr>
<tr><td>3</td><td rowspan="2">0.4</td><td rowspan="2">1</td></tr>
<tr><td rowspan="2">(50,100]</td><td>4</td><td rowspan="2">5</td></tr>
<tr><td>5</td><td>0.6</td><td>1.6</td></tr>
<tr><td rowspan="2">>100</td><td>8</td><td>8</td><td>0.8</td><td>2</td></tr>
<tr><td>10</td><td>10</td><td>1.2</td><td>3</td></tr>
</table>

3. 普通螺纹（摘自 GB/T 193—2003 和 GB/T 196—2003）

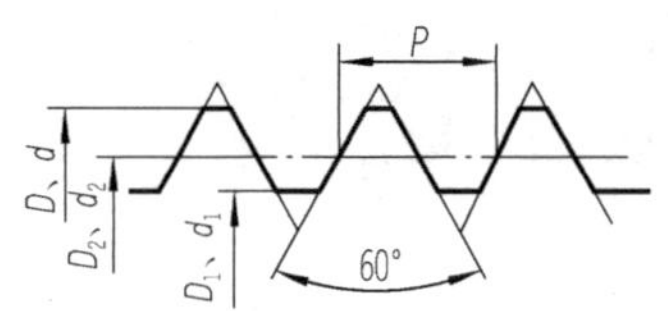

D —内螺纹的基本大径（公称直径）

d —外螺纹的基本大径（公称直径）

D_2 —内螺纹的基本中径

d_2 —外螺纹的基本中径

D_1 —内螺纹的基本小径

d_1 —外螺纹的基本小径

P —螺距

标记示例：

M24（公称直径为 24mm、螺距为 3mm 的粗牙右旋普通螺纹）

M24×1.5—LH（公称直径为 24mm、螺距为 1.5mm 的细牙左旋普通螺纹）

表 A-3　普通螺纹直径与螺距、基本尺寸　（单位：mm）

<table>
<tr><th colspan="2">公称直径
D、d</th><th colspan="2">螺距 P</th><th rowspan="2">粗牙小径
D_1、d_1</th><th colspan="2">公称直径
D、d</th><th colspan="2">螺距 P</th><th rowspan="2">粗牙小径
D_1、d_1</th></tr>
<tr><th>第 1 系列</th><th>第 2 系列</th><th>粗牙</th><th>细牙</th><th>第 1 系列</th><th>第 2 系列</th><th>粗牙</th><th>细牙</th></tr>
<tr><td>3</td><td></td><td>0.5</td><td>0.35</td><td>2.459</td><td>16</td><td></td><td>2</td><td>1.5，1</td><td>13.835</td></tr>
<tr><td>4</td><td></td><td>0.7</td><td rowspan="2">0.5</td><td>3.242</td><td></td><td>18</td><td rowspan="3">2.5</td><td rowspan="4">2，1.5，1</td><td>15.294</td></tr>
<tr><td>5</td><td></td><td>0.8</td><td>4.134</td><td>20</td><td></td><td>17.294</td></tr>
<tr><td>6</td><td></td><td>1</td><td>0.75</td><td>4.917</td><td></td><td>22</td><td>19.294</td></tr>
<tr><td>8</td><td></td><td>1.25</td><td>1，0.75</td><td>6.674</td><td>24</td><td></td><td>3</td><td>20.752</td></tr>
<tr><td>10</td><td></td><td>1.5</td><td>1.25，1，0.75</td><td>8.376</td><td>30</td><td></td><td>3.5</td><td>（3），2，1.5，1</td><td>26.211</td></tr>
<tr><td>12</td><td></td><td>1.75</td><td>1.25，1</td><td>10.106</td><td>36</td><td></td><td rowspan="2">4</td><td rowspan="2">3，2，1.5</td><td>30.670</td></tr>
<tr><td></td><td>14</td><td>2</td><td>1.5，1.25，1</td><td>11.835</td><td></td><td>39</td><td>34.670</td></tr>
</table>

注：优先选用第一系列，括号内尺寸尽可能不用；公称直径 D、d 第 3 系列未列入

4. 普通螺纹倒角和退刀槽（摘自 GB/T 3—1997）、螺纹紧固件的螺纹倒角（摘自 GB/T 2—2001）

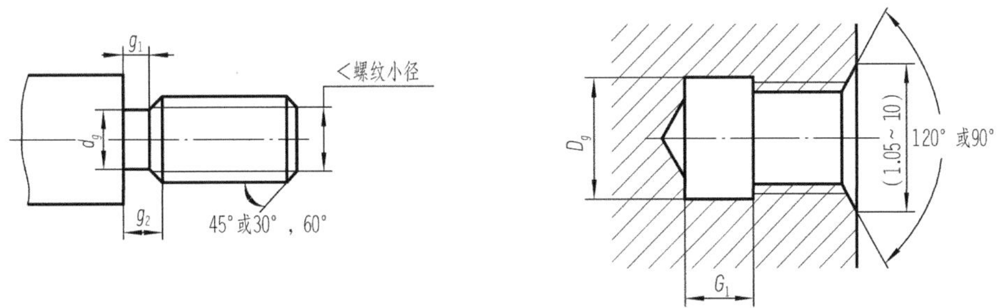

表 A-4　普通螺纹退刀槽尺寸　（单位：mm）

螺距	外螺纹		内螺纹		螺距	外螺纹		内螺纹	
	g_{2max}，g_{1min}	d_g	G_1	D_g		g_{2max}，g_{1min}	d_g	G_1	D_g
0.5	1.5　0.8	d−0.8	2	D+0.3	1.75	5.25　3	d−2.6	7	D+0.5
0.7	2.1　1.1	d−1.1	2.8		2	6　3.4	d−3	8	
0.8	2.4　1.3	d−1.3	3.2		2.5	7.5　4.4	d−3.6	10	
1	3　1.6	d−1.6	4	D+0.5	3	9　5.2	d−4.4	12	
1.25	3.75　2	d−2	5		3.5	10.5　6.2	d−5	14	
1.5	4.5　2.5	d−2.3	6		4	12　7	d−5.7	16	

附录 B　常用紧固件

1. 螺栓

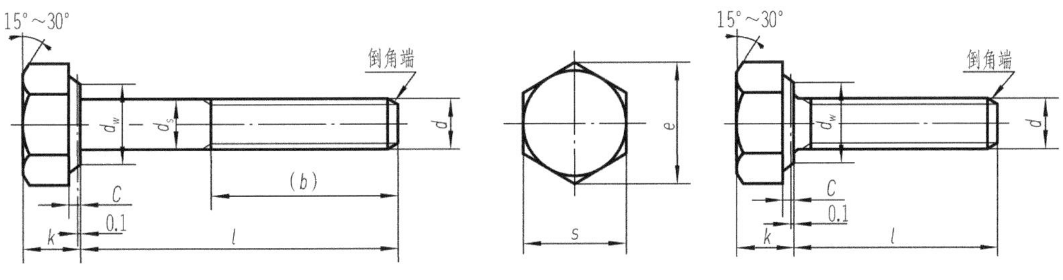

六角头螺栓—A 和 B 级（GB/T 5782—2016）　　六角头螺栓—全螺纹—A 和 B 级（GB/T 5782—2016）

标记示例：

螺纹规格 d=M12、公称长度 l=80mm、性能等级为 8.8 级、表面氧化、A 级六角头螺栓

螺栓　GB/T 5782—2016　M12×80

表 B-1　六角头螺栓各部分尺寸　　（单位：mm）

螺纹规格 d			M4	M5	M6	M8	M10	M12	M16	M20	M24	M30	M36	M42
b 参考	$L\leqslant125$		14	16	18	22	26	30	38	46	54	66	78	—
	$125<l\leqslant200$		—	—	—	28	32	36	44	52	60	72	84	96
	$l>200$		—	—	—	—	—	—	57	65	73	85	97	109
c			0.4	0.5		0.6			0.8					1
k 公称			2.8	3.5	4	5.3	6.4	7.5	10	12.5	15	18.7	22.5	26
d_w	产品等级	A	5.88	6.88	8.88	11.63	14.63	16.63	22.49	28.19	33.61	—	—	—
		B、C	5.74	6.74	8.74	11.47	14.47	16.47	22	27.7	33.25	42.75	51.11	59.95
e	产品等级	A	7.66	8.79	11.05	14.38	17.77	20.03	26.75	33.53	39.98	—	—	—
		B、C	7.50	8.63	10.89	14.20	17.59	19.85	26.17	32.95	39.55	50.85	60.79	72.02
r			0.2		0.25	0.4		0.6		0.8		1		1.2
s 公称			7	8	10	13	16	18	24	30	36	46	55	65
l（商品规格范围）			25～40	25～50	30～60	40～80	45～100	50～120	65～160	80～200	90～240	110～300	140～360	160～440
l 系列			12，16，20～65（5 进位），70～160（10 进位），180～500（20 进位）											

注：P 为螺距，末端按 GB/T 2—1985 规定；螺纹公差，A 级用于 $d\leqslant24$ 和 $l\leqslant10d\leqslant150$mm（按较小值）；B 级用于 $d>24$ 或 $l>10d>150$mm（按较小值）

2. 双头螺柱

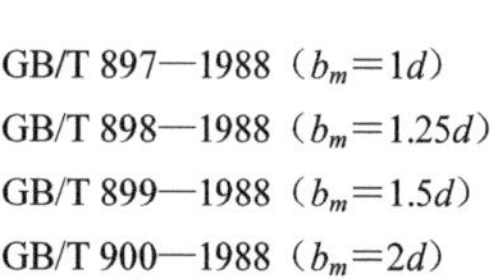

GB/T 897—1988（$b_m=1d$）
GB/T 898—1988（$b_m=1.25d$）
GB/T 899—1988（$b_m=1.5d$）
GB/T 900—1988（$b_m=2d$）

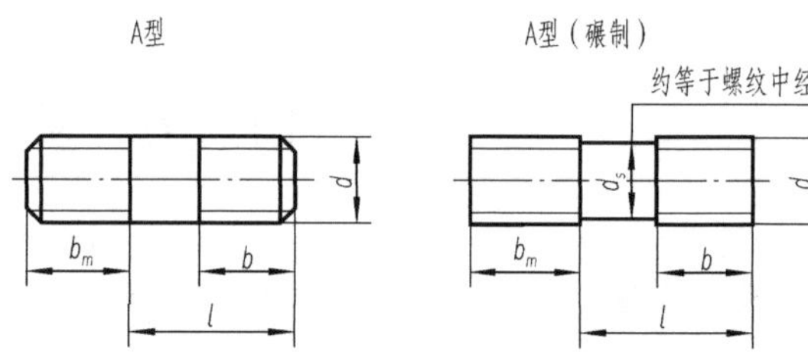

标记示例：

两端均为粗牙普通螺纹，d=10mm、l=50mm、性能等级为 4.8 级、不经表面氧化处理、B 型、$b_m=1d$ 的双头螺柱，其标记为

螺柱　GB/T 897—1988　M10×50

若为 A 型，则标记为

螺柱　GB/T 897—1988　AM10×50

表 B-2　双头螺柱各部分尺寸　　（单位：mm）

螺纹规格 d		M4	M5	M6	M8	M10	M12	M16	M20	M24	M30	M36
b_m 公称	GB/T 897		5	6	8	10	12	16	20	24	30	36
	GB/T 898		6	8	10	12	15	20	25	30	38	45
	GB/T 899	6	8	10	12	15	18	24	30	36	45	54
	GB/T 900	8	10	12	16	20	24	32	40	48	60	72

续表

螺纹规格 d	M4	M5	M6	M8	M10	M12	M16	M20	M24	M30	M36
$\frac{l}{b}$	$\frac{16\sim22}{8}$ $\frac{25\sim40}{14}$	$\frac{16\sim22}{10}$ $\frac{25\sim50}{16}$	$\frac{10\sim22}{10}$ $\frac{25\sim30}{14}$ $\frac{32\sim75}{18}$	$\frac{20\sim22}{12}$ $\frac{25\sim30}{16}$ $\frac{32\sim90}{22}$	$\frac{25\sim28}{14}$ $\frac{30\sim38}{16}$ $\frac{40\sim120}{26}$ $\frac{130}{32}$	$\frac{25\sim30}{16}$ $\frac{32\sim40}{20}$ $\frac{130\sim180}{36}$ $\frac{130\sim180}{36}$	$\frac{30\sim38}{16}$ $\frac{40\sim55}{20}$ $\frac{60\sim120}{38}$ $\frac{130\sim200}{44}$	$\frac{35\sim40}{25}$ $\frac{45\sim65}{35}$ $\frac{80\sim120}{54}$ $\frac{130\sim200}{52}$	$\frac{45\sim55}{30}$ $\frac{55\sim75}{45}$ $\frac{80\sim120}{54}$ $\frac{130\sim200}{60}$	$\frac{60\sim65}{40}$ $\frac{70\sim90}{50}$ $\frac{95\sim120}{66}$ $\frac{130\sim200}{72}$ $\frac{210\sim250}{85}$	$\frac{65\sim75}{45}$ $\frac{80\sim110}{60}$ $\frac{120}{78}$ $\frac{130\sim200}{84}$ $\frac{210\sim300}{97}$
l 系列	12，（14），16，（18），20，（22），25，（28），30，（32），35，（38），40，45，50，（55），60，（65），70，（75），80，（85），90，（95），100～260（10 进位），280，300										

注：GB/T 897—1988 和 GB/T 898—1988 规定螺柱的螺纹规格 d=M5～M48，公称长度 l=16～300mm，GB/T 899—1988 和 GB/T 900—1988 规定螺柱的螺纹规格 d=M2～M48，公称长度 l=12～300mm；尽量不采用括号内的数值

3．螺钉

1）内六角圆柱头螺钉（摘自 GB/T 70.1—2008）

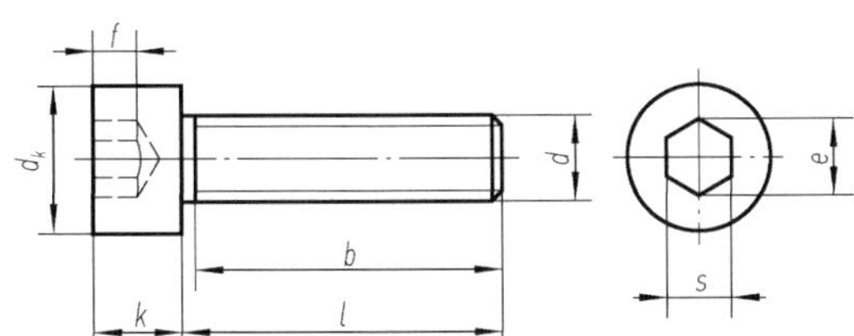

标记示例：

螺纹规格 d=M5、公称长度 l=20mm、性能等级为 8.8 级、表面氧化的 A 级内六角圆柱头螺钉，其标记为

螺钉　GB/T 70.1　M5×20

表 B-3　内六角圆柱头螺钉各部分尺寸　　（单位：mm）

螺纹规格 d	M2.5	M3	M4	M5	M6	M8	M10	M12	M16	M20	M24	M30	M36
d_k max	4.5	5.5	7	8.5	10	13	16	18	24	30	36	45	54
k max	2.5	3	4	5	6	8	10	12	16	20	24	30	36
t min	1.1	1.3	2	4	5	6	8	10	14	17	19	22	27
s	2	2.5	3	4	5	6	8	10	14	17	19	22	27
e	2.3	2.87	3.44	4.58	5.72	6.86	9.15	11.43	16	19.44	21.73	25.15	30.85
b（参考）	17	18	20	22	24	28	32	36	44	52	60	72	84
l 范围	4～25	5～30	6～40	8～50	10～60	12～80	16～100	20～120	25～160	30～200	40～200	45～200	55～200

注：标准规定螺钉规格 M1.6～M64；公称长度 l（系列）：2.5，3，4，5，6～16（2 进位），20～65（5 进位），70～160（10 进位），180～300（20 进位）mm

2）开槽圆柱头螺钉（摘自 GB/T 65—2016）和开槽盘头螺钉（摘自 GB/T 67—2016）

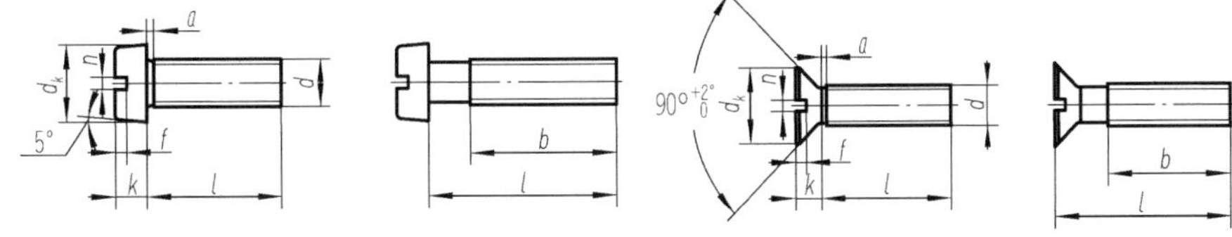

标记示例：

螺纹规格 d=M5、公称长度 l=20mm、性能等级为 4.8 级、不经表面处理的 A 级开槽圆柱头螺钉，其标记为

螺钉 GB/T 65 M5×20

表 B-4 螺钉各部分尺寸 （单位：mm）

螺纹规格 d			M3	M4	M5	M6	M8	M10
a max			1	1.4	1.6	2	2.5	3
b min			25	38	38	38	38	38
n 公称			0.8	1.2	1.2	1.6	2	2.5
GB/T 65—2000	d_k	max	5.5	7	8.5	10	13	16
		min	—	6.78	8.28	9.78	12.73	15.73
	k	max	2	2.6	3.3	3.9	5	6
		min	—	2.45	3.1	3.6	4.7	5.7
	t min		0.85	1.1	1.3	1.6	2	2.4
GB/T 67—2000	d_k	max	5.6	8	9.5	12	16	20
		min	5.3	7.64	9.14	11.57	15.57	19.48
	k	max	1.8	2.4	3	3.6	4.8	6
		min	1.6	2.2	2.8	3.3	4.5	5.7
	t min		0.7	1	1.2	1.4	1.9	2.4
GB/T 65—2000 GB/T 67—2000	$\frac{l}{b}$		$\frac{4\sim30}{1-a}$	$\frac{5\sim40}{1-a}$	$\frac{6\sim40}{1-a}$ $\frac{45\sim50}{b}$	$\frac{8\sim40}{1-a}$ $\frac{45\sim60}{b}$	$\frac{10\sim40}{1-a}$ $\frac{45\sim80}{b}$	$\frac{12\sim40}{1-a}$ $\frac{45\sim80}{b}$
l 系列			2，2.5，3，4，5，6，8，10，12，（14），16，20，25，30，35，40，45，50，（55），60，（65），70，（75），80					

注：表中型式 $\frac{4\sim30}{1-a}$ 表示全螺纹，其余同；括号内的规格尽可能不采用

3）紧定螺钉

《开槽锥端紧定螺钉》（GB/T 71—1985） 《开槽平端紧定螺钉》（GB/T 73—1985） 《开槽长圆柱端紧定螺钉》（GB/T 75—1985）

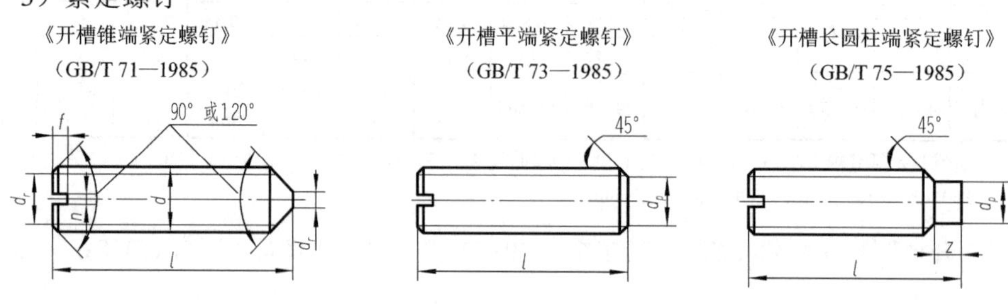

标记示例：

螺纹规格 d=M5、公称长度 l=12mm、性能等级为 14H 级、表面氧化的开槽锥端紧定螺钉，其标记为

螺钉 GB/T 71—1985 M5×12

表 B-5　紧定螺钉各部分尺寸　（单位：mm）

螺纹规格 d		M1.6	M2	M2.5	M3	M4	M5	M6	M8	M10	M12
P（螺距）		0.35	0.4	0.45	0.5	0.7	1.8	1	1.25	1.5	1.75
n		0.25	0.25	0.4	0.4	0.6	0.8	1	1.2	1.6	2
t		0.74	0.84	0.95	1.05	1.42	1.63	2	2.5	3	3.6
d_t		0.16	0.2	0.25	0.3	0.4	0.5	1.5	2	2.5	3
d_p		0.8	1	1.5	2	2.5	3.5	4	5.5	7	8.5
z		1.05	1.25	1.5	1.75	2.25	2.75	3.25	4.3	5.3	6.3
l	GB/T 71—1985	2～8	3～10	3～12	4～16	6～20	8～25	8～30	10～40	12～50	14～60
	GB/T 73—1985	2～8	2～10	2.5～12	3～16	4～20	5～25	6～30	8～40	10～50	12～60
	GB/T 75—1985	2.5～8	3～10	4～12	5～16	6～20	8～25	10～30	10～40	12～50	14～60
系列		2，2.5，3，4，5，6，8，10，12，（14），16，20，25，30，35，40，45，50，（55），60									

注：l 为公称长度；括号内的规格尽可能不采用

4. 螺母

1 型六角螺母　GB/T 6170—2015　　2 型六角螺母　GB/T 6175—2016　　六角薄螺母　GB/T 6172.1—2016

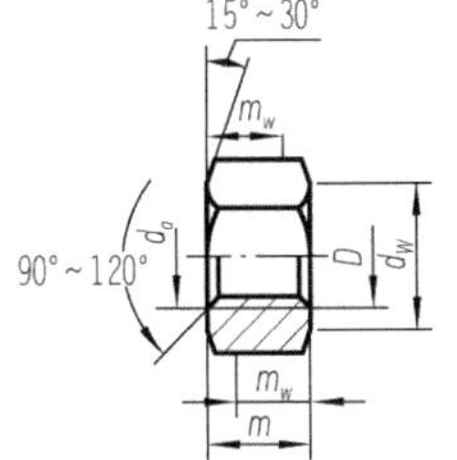

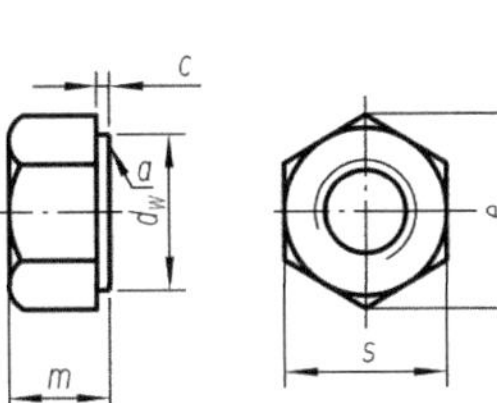

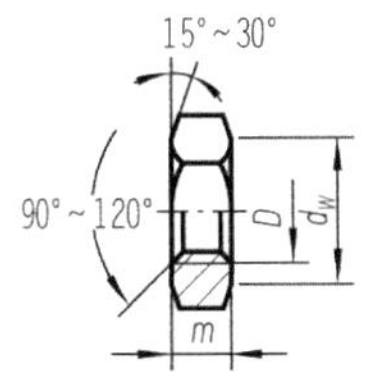

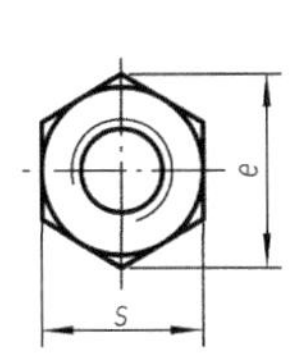

标记示例：

螺纹规格 D=M12、性能等级为 8 级、不经表面处理、产品等级为 A 级的 1 型六角螺母，其标记为

螺母　GB/T 6170—2015　　M12

表 B-6　螺母各部分尺寸　（单位：mm）

螺纹规格 D		M3	M4	M5	M6	M8	M10	M12	M16	M20	M24	M30	M36
e min		6.01	7.66	8.79	11.05	14.38	17.77	20.03	26.75	32.95	39.55	50.85	60.79
s	max	5.5	7	8	10	13	16	18	24	30	36	46	55
	min	5.32	6.78	7.78	9.78	12.73	15.73	17.73	23.67	29.16	35	45	53.8
c max		0.4	0.4	0.5	0.5	0.6	0.6	0.6	0.8	0.8	0.8	0.8	0.8
d_w min		4.6	5.9	6.9	8.9	11.6	14.6	16.6	22.5	27.7	33.2	42.8	51.1
d_a max		3.45	4.6	5.75	6.75	8.75	10.8	13	17.3	21.6	25.9	32.4	38.9
GB/T 6170—2015 m	max	2.4	3.2	4.7	5.2	6.8	8.4	10.8	14.8	18	21.5	25.6	31
	min	2.15	2.9	4.4	4.9	6.44	8.04	10.37	14.1	16.9	20.2	24.3	29.4
GB/T 6172.1—2016 m	max	1.8	2.2	2.7	3.2	4	5	6	8	10	12	15	18
	min	1.55	1.95	2.45	2.9	3.7	4.7	5.7	7.42	9.10	10.9	13.9	16.9
GB/T 6175—2016 m	max	—	—	5.1	5.7	7.5	9.3	12.	16.4	20.3	23.9	28.6	34.7
	min	—	—	4.8	5.4	7.14	8.94	11.57	15.7	19	22.6	27.3	33.1

注：GB/T 6170—2015 和 GB/T 6172.1—2016 的螺纹规格为 M1.6～M64，GB/T 6175—2016 的螺纹规格为 M5～M36；A 级用于 D≤16mm 的螺母，B 级用于 D>16mm 的螺母

5. 垫圈

1）《小垫圈　A 级》（GB/T 848—2002）、《平垫圈　倒角型 A 级》（GB/T 97.2—2002）、《平垫圈　A 级》（GB/T 97.1—2002）

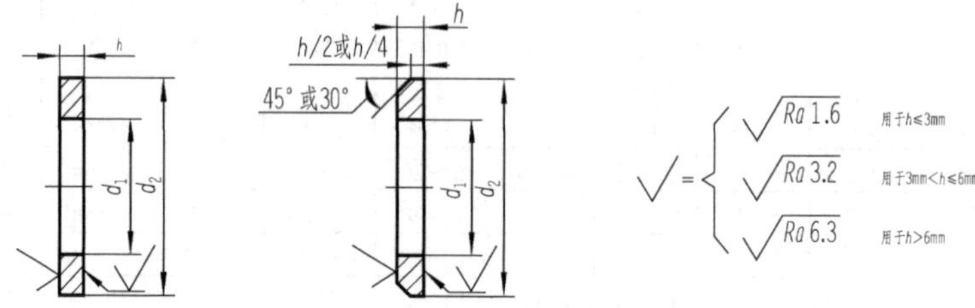

标记示例：

标准系列、公称规格 8、性能等级为 200 HV 级、不经表面处理、产品等级为 A 级的平垫圈，其标记为

垫圈　GB/T 97.1　8

表 B-7　垫圈各部分尺寸　　（单位：mm）

公称规格（螺纹大径 d）	d_1	GB/T 848—2002		GB/T 97.1—2002、GB/T 97.2—2002*	
		d_2	h	d_2	h
3	3.2	6	0.5	7	0.5
4	4.3	8	0.5	9	0.8
5	5.3	9	1	10	1
6	6.4	11	1.6	12	1.6
8	8.4	15	1.6	16	1.6
10	10.5	18	1.6	20	2
12	13	20	2	24	2.5
14	14	24	2.5	28	2.5
16	17	28	0.25	30	3
20	21	34	3	37	3
24	25	39	4	44	4
30	31	50	4	56	4
36	37	60	5	66	5

2）《标准型弹簧垫圈》（GB/T 93—1987）

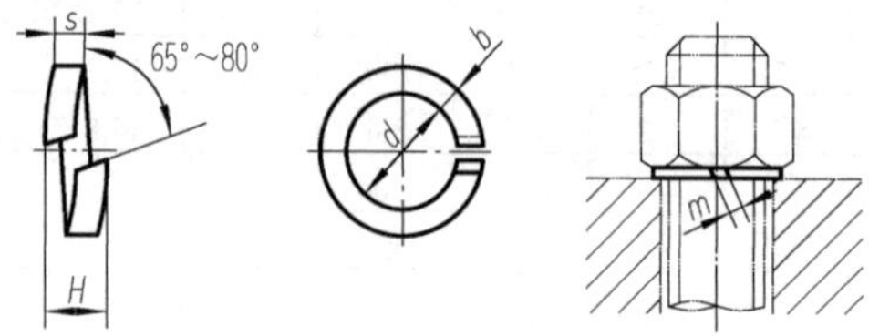

标记示例：

规格 16、材料为 65Mn、表面氧化的标准型弹簧垫圈，其标记为

垫圈　GB/T 93　16

表 B-8　标准型弹簧垫圈各部分尺寸　（单位：mm）

规格（螺纹大径）	d		$s(b)$公称	H		m<
	max	min		max	min	
4	4.4	4.1	1.1	2.75	2.6	0.55
5	5.4	5.1	1.3	3.25	2.6	0.65
6	6.68	6.1	1.6	4	3.2	0.8
8	8.68	8.1	2.1	5.25	4.2	1.05
10	10.9	10.2	2.6	6.5	5.2	1.3
12	12.9	12.2	3.1	7.75	6.2	1.55
16	16.9	16.2	4.1	10.25	8.2	2.05
20	21.04	20.2	5	12.5	10	2.5
24	25.5	24.5	6	15	12	3
30	31.5	30.5	7.5	18.75	15	3.75

6. 键

《普通型 平键》GB/T 1096—2003　　《平键　键槽的断面尺寸》GB/T 1095—2003

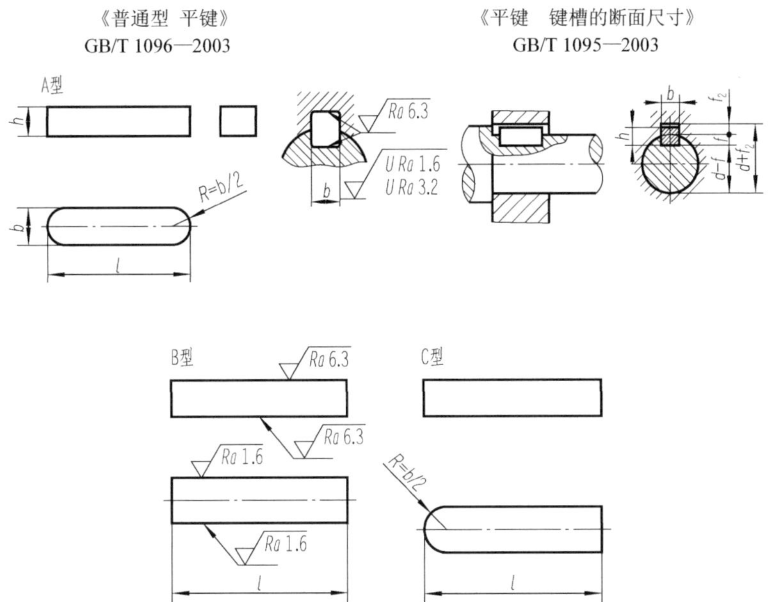

标记示例：

键宽 b=16mm、高度 h=10mm、长度 l=100mm、普通 A 型平键的标记为

GB/T 1096　键　16×10×100

键宽 b=16mm、高度 h=10mm、长度 l=100mm、普通 B 型平键的标记为

GB/T 1096　键　B 16×10×100

键宽 b=16mm、高度 h=10mm、长度 l=100mm、普通 C 型平键的标记为

GB/T 1096　键　C 16×10×100

表 B-9　普通平键的尺寸与公差　　（单位：mm）

轴 公称直径 d 大于	轴 公称直径 d 至	键 公称尺寸 $b\times h$	键 长度 l	键槽 宽度 b 公称尺寸 b	键槽 宽度 b 极限偏差 正常连接 轴 N9	键槽 宽度 b 极限偏差 正常连接 毂 JS9	键槽 宽度 b 极限偏差 紧密连接 轴和毂 P9	键槽 宽度 b 极限偏差 松连接 轴 H9	键槽 宽度 b 极限偏差 松连接 毂 D10	深度 轴 t_1 基本尺寸	深度 轴 t_1 极限偏差	深度 毂 t_2 基本尺寸	深度 毂 t_2 极限偏差	半径 r 最小	半径 r 最大
6	8	2×2	6～20	2	−0.004 −0.029	±0.0125	−0.006 −0.031	+0.025 0	+0.060 +0.020	1.2	+0.1 0	1.0	+0.1 0	0.08	0.16
8	10	3×3	6～36	3						1.8		1.4			
10	12	4×4	8～45	4	0 −0.030	±0.015	−0.012 −0.042	+0.030 0	+0.078 +0.030	2.5		1.8			
12	17	5×5	10～56	5						3.0		2.3		0.16	0.25
17	22	6×6	14～70	6						3.5		2.8			
22	30	8×7	18～90	8	0 −0.036	±0.018	−0.015 −0.051	+0.036 0	+0.098 +0.040	4.0	+0.2 0	3.3	+0.2 0		
30	38	10×8	22～110	10						5.0		3.3		0.25	0.40
38	44	12×8	28～140	12	0 −0.043	±0.0215	−0.018 −0.061	+0.043 0	+0.120 +0.050	5.0		3.3			
44	50	14×9	36～160	14						5.5		3.8			
50	58	16×10	45～180	16						6.0		4.3			
58	65	18×11	50～200	18						7.0		4.4			
65	75	20×12	56～220	20	0 −0.052	±0.026	−0.022 −0.074	+0.052 0	+0.149 +0.065	7.5		4.9		0.40	0.60
75	85	22×14	63～250	22						9.0		5.4			
85	95	25×14	70～280	25						9.0		5.4			
95	110	28×16	80～320	28						10.0		6.4			
110	130	32×18	80～360	32	0 −0.062	±0.031	−0.026 −0.088	+0.062 0	+0.180 +0.080	11.0		7.4			
130	150	36×20	100～400	36						12.0	+0.3 0	8.4	+0.3 0	0.70	1.0
150	170	40×22	100～400	40						13.0		9.4			
170	200	45×25	110～450	45						15.0		10.4			
—		—	l 系列	6，8，10，12，14，16，18，20，22，25，28，32，36，40，45，50，56，63，70，80，90，100，110，125，140，160，180，200，220，250，280，320，360，400，450，500											

注：标准规定键宽 b=2～100mm，公称长度 l=6～500mm；在零件图中键槽深用 $d-t_1$ 标注，轮毂槽深用 $d+t_2$ 标注；键槽的极限偏差按 t_1（轴）和 t_2（毂）的极限偏差选取，但键槽深（$d-t_1$）的极限偏差应取负值

7．销

1）《圆柱销　不淬硬钢和奥氏体不锈钢》（GB/T 119.1—2000）、《圆柱销　淬硬钢和马氏体不锈钢》（GB/T 119.2—2000）

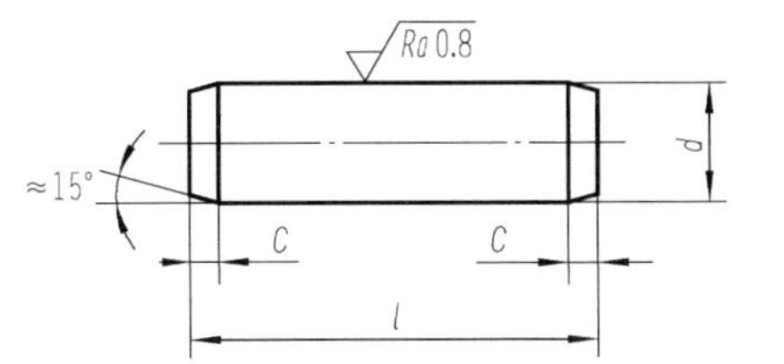

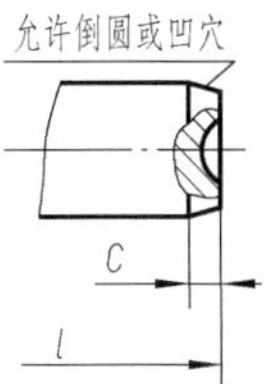

标记示例：

公称直径 *d*=6mm、公差 m6、公称长度 *l*=30mm、材料为钢、不经淬火、不经表面处理的圆柱销，其标记为

销　GB/T 119.1　6m6×30

表 B-10　圆柱销各部分尺寸　　（单位：mm）

d		3	4	5	6	8	10	12	16	20	25	30	40	50
c≈		0.5	0.63	0.8	1.2	1.6	2	2.5	3	3.5	4	5	6.3	8
l 范围	GB/T 119.1—2000	8～30	8～40	10～50	12～60	14～80	18～95	22～140	26～180	35～200	50～200	60～200	80～200	95～200
	GB/T 119.2—2000	8～30	10～40	12～50	14～60	18～80	22～100	26～100	40～100	50～100	—	—	—	—
l 系列		2，3，4，5，6～32（2 进位），35～100（5 进位），120～200（20 进位）												

注：GB/T 119.1—2000 规定圆柱销的公称直径 *d*=0.6～50mm，公称长度 *l*=2～500mm，公差 m6 和 h8；GB/T 119.2—2000 规定圆柱销的公称直径 *d*=1～20mm，公称长度 *l*=3～100mm，公差仅有 m6

2）《圆锥销》（GB/T 117—2000）

A型（磨削，锥面 Ra 1.6）　B型（切削或冷镦，锥面 Ra 3.2）

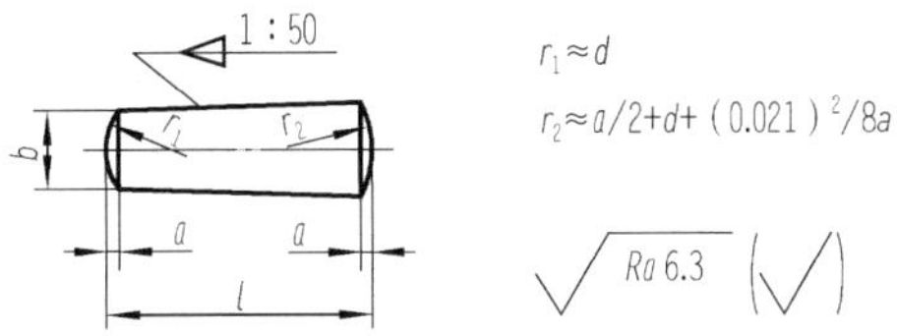

标记示例：

公称直径 *d*=10mm、长度 *l*=60mm、材料为 35 钢、热处理硬度 28～38HRC、表面氧化处理的 A 型圆锥销，其标记为

销　GB/T 117　10×60

表 B-11　圆锥销各部分尺寸　　（单位：mm）

d	4	5	6	8	10	12	16	20	25	30	40	50
a≈	0.5	0.63	0.8	1	1.2	1.6	2	2.5	3	4	5	6.3
l 范围	14～55	18～60	22～90	22～120	26～160	32～180	40～200	45～200	50～200	55～200	60～200	65～200
l 系列	2，3，4，5，6～32（2 进位），35～100（5 进位），120～200（20 进位）											

注：标准规定圆锥销的公称直径 *d*=0.6～50mm

附录C　技 术 要 求

1. 表面结构

表 C-1　表面粗糙度高度参数（*Ra*、*Rz*）的数值系列（摘自 GB/T 1031—2009）（单位：mm）

轮廓算术平均偏差　*Ra*		轮廓最大高度　*Rz*		轮廓算术平均偏差　*Ra*		轮廓最大高度　*Rz*	
第 1 系列	第 2 系列	第 1 系列	第 2 系列	第 1 系列	第 2 系列	第 1 系列	第 2 系列
						6.3	
		0.025					
			0.032				
	0.008						8.0
			0.040	1.6			
	0.010						10.0
					1.25	12.5	
0.012		0.05					
			0.063				
	0.016						16.0
			0.080	3.2	2.0		
	0.020						20
					2.5	25	
0.025		0.1					
			0.125				
	0.032						32
			0.160	6.3	4.0		
	0.040						40
					5.0	50	
0.05		0.2					
			0.25				
	0.063						63
			0.32	12.5	8.0		
	0.080						80
					10.0	100	
0.1		0.4					
			0.50				
	0.125						125
			0.63	25	16.0		
	0.160						160
					20	200	
0.2		0.8					
			1.00				
	0.25						250
			1.25	50	32		
	0.32						300
					40	400	
0.4		1.6					
			2.0				
	0.50						500
			2.5	100	63		
	0.63						630
					80	800	
0.8		3.2					
			4.5				
	1.0						1000
			5.0				
							1250
						1600	

注：应优先选用第 1 系列

2. 极限与配合

表 C-2 优先配合特征及应用（摘自 GB/T 1801—2009）

基孔制	基轴制	优先配合特征及应用
$\frac{H11}{c11}$	$\frac{C11}{h11}$	间隙非常大，用于很松的、转动很慢的配合，或要求大公差与大间隙的外露组件，或者要求方便装配的很松的配合
$\frac{H9}{d9}$	$\frac{D9}{h9}$	间隙很大的自由转动配合，用于精度非主要要求，或有大的温度变动、高转速或者大的轴颈压力时
$\frac{H8}{f7}$	$\frac{F8}{h7}$	间隙不大的转动配合，用于中等转速与中等轴颈压力的精确转动，也用于装配较易的中等定位配合
$\frac{H7}{g6}$	$\frac{G7}{h6}$	间隙很小的滑动配合，用于不希望自由转动，但可自由移动和滑动并精密定位时，也可用于要求明确的定位配合
$\frac{H7}{h6}$ $\frac{H8}{h7}$ $\frac{H9}{h9}$ $\frac{H11}{h11}$	$\frac{H7}{h6}$ $\frac{H8}{h7}$ $\frac{H9}{h9}$ $\frac{H11}{h11}$	均为间隙定位配合，零件可自由拆装，而工作时一般相对静止不动。在最大实体条件下的间隙为零，在最小实体条件下的间隙由公差等级决定
$\frac{H7}{k6}$	$\frac{K7}{h6}$	过渡配合，用于精密定位
$\frac{H7}{n6}$	$\frac{N7}{h6}$	过渡配合，允许有较大过盈量的更精密定位
$\frac{H7^{*}}{p6}$	$\frac{P7}{h6}$	过盈定位配合，即小过盈配合，用于定位精度特别重要时，能以最好的定位精度达到部件的刚性及对中性要求，而对内孔承受压力无特殊要求，不依靠配合的紧固性传递摩擦负荷
$\frac{H7}{s6}$	$\frac{S7}{h6}$	中等压入配合，适用于一般钢件，或用于薄壁件的冷缩配合，用于铸铁件可得到最紧的配合
$\frac{H7}{u6}$	$\frac{U7}{h6}$	压入配合，适用于可以承受大压入力的零件或不宜承受大压入力的冷缩配合

* 表示公称尺寸≤3mm 时为过渡配合

表 C-3　轴的极限偏差数值（摘自 GB/T 1800.2—2009）　　（单位：μm）

公称尺寸/mm		公差带代号													
		c	d	f			g		h						
大于	至	11	9	6	7	8	6	7	6	7	8	9	1	11	12
—	3	-60 -120	-20 -45	-6 -12	-6 -16	-6 -20	-2 -8	-2 -12	0 -6	0 -10	0 -14	0 -25	0 -40	0 -60	0 -100
3	6	-70 -145	-30 -60	-10 -18	-10 -22	-10 -28	-4 -12	-4 -16	0 -8	0 -12	0 -18	0 -30	0 -48	0 -75	0 -120
6	10	-80 -170	-40 -76	-13 -22	-13 -28	-13 -35	-5 -14	-5 -20	0 -9	0 -15	0 -22	0 -36	0 -58	0 -90	0 -150
10	18	-95 -205	-50 -93	-16 -27	-16 -34	-16 -43	-6 -17	-6 -24	0 -11	0 -18	0 -27	0 -43	0 -70	0 -110	0 -180
18	30	-110 -240	-65 -117	-20 -33	-20 -41	-20 -53	-7 -20	-7 -28	0 -13	0 -21	0 -33	0 -52	0 -84	0 -130	0 -210
30	40	-120 -280	-80 -142	-25 -41	-25 -50	-25 -64	-9 -25	-9 -32	0 -16	0 -25	0 -39	0 -62	0 -100	0 -160	0 -250
40	50	-130 -290													
50	65	-140 -330	-100 -174	-30 -49	-30 -60	-30 -76	-10 -29	-10 -40	0 -19	0 -30	0 -46	0 -74	0 -120	0 -190	0 -300
65	80	-150 -340													
80	100	-170 -390	-120 -207	-36 -58	-36 -71	-36 -90	-12 -34	-12 -47	0 -22	0 -35	0 -54	0 -87	0 -140	0 -220	0 -350
100	120	-180 -400													
120	140	-200 -450	-145 -245	-43 -68	-43 -83	-43 -106	-14 -39	-14 -54	0 -25	0 -40	0 -63	0 -100	0 -160	0 -250	0 -400
140	160	-210 -460													
160	180	-230 -480													
180	200	-240 -530	-170 -285	-50 -79	-50 -96	-50 -122	-15 -44	-15 -61	0 -29	0 -46	0 -72	0 -115	0 -185	0 -290	0 -460
200	225	-260 -550													
225	250	-280 -570													
250	280	-300 -620	-190 -320	-56 -88	-56 -108	-56 -137	-17 -49	-17 -69	0 -32	0 -52	0 -81	0 -130	0 -210	0 -320	0 -520
280	315	-330 -650													
315	355	-360 -720	-210 -350	-62 -98	-62 -119	-62 -151	-18 -54	-18 -75	0 -36	0 -57	0 -89	0 -140	0 -230	0 -360	0 -570
355	400	-400 -760													
400	450	-440 -840	-230 -385	-68 -108	-68 -131	-68 -165	-20 -60	-20 -83	0 -40	0 -63	0 -97	0 -155	0 -250	0 -400	0 -630
450	500	-480 -880													

续表

公称尺寸/mm		公差带代号													
		j	js	k		m		n		p		r	s	t	u
大于	至	7	6	6	7	6	7	6	7	6	7	6	6	6	6
0	3	+6 −4	±3	+6 0	+10 0	+8 +2	+12 +2	+10 +4	+14 +4	+12 +6	+16 +6	+16 +10	+20 +14		+24 +18
3	6	+8 −4	±4	+9 +1	+13 +1	+12 +4	+16 +4	+16 +8	+20 +8	+20 +12	+24 +12	+23 +15	+27 +19		+31 +23
6	10	+10 −5	±4.5	+10 +1	+16 +1	+15 +6	+21 +6	+19 +10	+25 +10	+24 +15	+30 +15	+28 +29	+32 +23		+37 +28
10	18	+12 −6	±5.5	+12 +1	+19 +1	+18 +7	+25 +7	+23 +12	+30 +12	+29 +18	+36 +18	+34 +23	+39 +28		+54 +41
18	24	+13 −8	±6	+15 +2	+23 +2	+21 +8	+29 +8	+28 +15	+36 +15	+35 +22	+43 +22	+41 +28	+48 +35		+54 +41
24	30													+54 +41	+61 +48
30	40	−15 −10	±8	+18 +2	+27 +2	+25 +9	+34 +9	+33 +17	+42 +17	+42 +26	+51 +26	+50 +34	+59 +43	+64 +48	+76 +60
40	50													+70 +54	+86 +70
50	65	+18 −12	±9.5	+21 +2	+32 +2	+30 +11	+41 +11	+39 +20	+50 +20	+51 +32	+62 +32	+60 +41	+72 +53	+85 +66	+106 +87
65	80											+62 +43	+78 +59	+94 +75	+121 +102
80	100	+20 −15	±11	+25 +3	+38 +3	+35 +13	+48 +13	+45 +23	+58 +23	+59 +37	+72 +37	+73 +51	+93 +71	+113 +91	+146 +124
100	120											+76 +54	+101 +79	+125 +104	+166 +144
120	140	+22 −18	±12.5	+28 +3	+43 +3	+40 +15	+55 +15	+52 +27	+67 +27	+68 +43	+83 +43	+88 +63	+117 +92	+147 +122	+195 +170
140	160											+90 +65	+125 +100	+159 +134	+215 +190
160	180											+93 +68	+133 +108	+171 +146	+235 +210
180	200	+25 −21	±14.5	+33 +4	+50 +4	+46 +17	+63 +17	+60 +31	+77 +31	+79 +50	+96 +50	+106 +77	+151 +122	+195 +166	+187 +258
200	225											+109 +80	+159 +130	+209 +180	+287 +258
225	250											+113 +84	+159 +140	+225 +196	+313 +284
250	280	±26	±16	+36 +4	+56 +4	+52 +20	+72 +20	+66 +34	+86 +34	+88 +56	+108 +56	+126 +94	+190 +158	+250 +218	+347 +315
280	315											+130 +98	+202 +170	+272 +240	+382 +350
315	355	+29 −28	±18	+40 +4	+61 +4	+57 +21	+78 +21	+73 +37	+94 +37	+98 +62	+119 +62	+144 +108	+226 +190	+304 +268	+426 +390
355	400											+150 +114	+244 +208	+330 +294	+471 +435
400	450	+31 −32	±20	+54 +5	+68 +5	+63 +23	+86 +23	+80 +40	+103 +40	+108 +68	+131 +68	+166 +126	+272 +232	+370 +330	+530 +490
450	500											+172 +130	+292 +252	+400 +360	+580 +540

表 C-4　孔的极限偏差数值（摘自 GB/T 1800.2—2009）　（单位：μm）

公称尺寸/mm		公差带代号													
		A	B	C	D	E	F		G	H					
大于	至	11	12	11	9	8	8	9	7	6	7	8	9	10	11
—	3	+330 +270	+240 +140	+120 +60	+45 +20	+28 +14	+20 +6	+31 +6	+12 +2	+6 0	+10 0	+14 0	+25 0	+40 0	+60 0
3	6	+345 +270	+260 +140	+145 +70	+60 +30	+38 +20	+28 +10	+40 +10	+16 +4	+8 0	+12 0	+18 0	+30 0	+48 0	+75 0
6	10	+370 +280	+300 +150	+170 +80	+76 +40	+47 +25	+35 +13	+49 +13	+20 +5	+9 0	+15 0	+22 0	+36 0	+58 0	+90 0
10	18	+400 +290	+330 +150	+205 +95	+93 +50	+59 +32	+43 +16	+59 +16	+24 +6	+11 0	+18 0	+27 0	+43 0	+70 0	+110 0
18	24	+430 +300	+370 +160	+240 +110	+117 +65	+73 +40	+53 +20	+72 +20	+28 +7	+13 0	+21 0	+33 0	+52 0	+84 0	+130 0
24	30														
30	40	+470 +310	+420 +170	+280 +120	+142 +80	+89 +50	+64 +25	+87 +25	+34 +9	+16 0	+25 0	+39 0	+52 0	+100 0	+160 0
40	50	+480 +320	+430 +180	+280 +120											
50	65	+530 +340	+490 +190	+330 +140	+174 +100	+106 +60	+76 +30	+104 +30	+40 +10	+19 0	+30 0	+46 0	+74 0	+120 0	+190 0
65	80	+550 +360	+500 +200	+340 +150											
80	100	+600 +380	+570 +220	+390 +170	+207 +120	+126 +72	+90 +36	+123 +36	+47 +12	+22 0	+35 0	+54 0	+87 0	+140 0	+220 0
100	120	+630 +410	+590 +240	+400 +180											
120	140	+710 +460	+590 +240	+400 +180	+245 +145	+148 +85	+106 +43	+143 +43	+54 +14	+25 0	+40 0	+63 0	+100 0	+160 0	+250 0
140	160	+770 +520	+680 +280	+460 +210											
160	180	+830 +580	+710 +310	+480 +230											
180	200	+950 +660	+800 +340	+530 +240	+285 +170	+172 +100	+122 +50	+165 +50	+61 +15	+29 0	+46 0	+72 0	+115 0	+185 0	+290 0
200	225	+1030 +740	+840 +380	+550 +260											
225	250	+1110 +820	+880 +420	+570 +280											
250	280	+1240 +920	+1000 +480	+620 +300	+320 +190	+191 +110	+137 +56	++186 +56	+69 +17	+32 0	+52 0	+81 0	+130 0	+210 0	+320 0
280	315	+1370 +1050	+1060 +540	+650 +330											
315	355	+1560 +1200	+1170 +600	+720 +360	+350 +210	+214 +125	+151 +62	+202 +60	+75 +18	+36 0	+57 0	+89 0	+140 0	+230 0	+360 0
355	400	+1710 +1350	+1250 +680	+760 +400											
400	450	+1900 +1500	+1390 +760	+840 +440	+385 +230	+232 +135	+165 +68	+223 +68	+83 +20	+40 0	+63 0	+97 0	+155 0	+250 0	+400 0
450	500	+2050 +1650	+1470 +840	+880 +480											

续表

公称尺寸/mm		公差带代号													
		H	JS		K		M		N		P	R	S	T	U
大于	至	12	7	8	7	8	7	8	7	8	7	7	7	7	7
—	3	+100 0	±6	±7	0 −10	0 −14	−2 −12	−2 −16	−4 −14	−4 −18	−6 −16	−10 −20	−14 −24		−18 −28
3	6	+120 0	±6	±9	+3 −9	+5 −13	0 −12	+2 −16	−4 −16	−2 −20	−8 −20	−11 −23	−15 −27		−19 −31
6	10	+150 0	±7	±11	+5 −10	+6 −16	0 −15	+1 −21	−4 −19	−3 −25	−9 −24	−13 −28	−17 −32		−22 −37
10	18	+180 0	±9	±13	+6 −12	−8 −19	0 −18	+2 −25	−5 −23	−3 −30	−11 −29	−16 −34	−21 −39		−26 −44
18	24	+210 0	±10	±16	−6 −15	+10 −23	0 −21	+4 −29	−7 −28	−3 −36	−14 −35	−20 −31	−27 −48		−33 −54
24	30													−38 −54	−40 −61
30	40	+250 0	±12	±19	+7 −18	+12 −27	0 −25	+5 −34	−8 −33	−3 −42	−17 −42	−25 −50	−34 −59	−39 −64	−51 −76
40	50													−48 −70	−61 −86
50	65	+300 0	±15	±23	+9 −21	+14 −32	0 −30	+5 −41	−9 −39	−4 −50	−21 −51	−60 −30	−42 −72	−55 −85	−76 −106
65	80											−32 −62	−48 −78	−64 −94	−91 −121
80	100	+350 0	±17	±27	+10 −25	+16 −38	0 −35	+6 −48	−10 −45	−4 −58	−24 −59	−38 −73	−58 −93	−78 −113	−111 −146
100	120											−41 −76	−66 −101	−91 −126	−131 −166
120	140	+400 0	±20	±31	+12 −28	+20 −43	0 −40	+8 −55	−12 −52	−4 −67	−28 −68	−48 −88	−77 −117	−107 −137	−155 −195
140	160											−50 −90	−85 −125	−119 −159	−175 −215
160	180											−53 −93	−93 −133	−131 −171	−195 −235
180	200	+460 0	±23	±36	+13 −33	+22 −50	0 −46	+9 −63	−14 −60	−5 −77	−33 −76	−60 −106	−105 −151	−159 −195	−219 −265
200	225											−63 −109	−113 −159	−163 −209	−241 −287
225	250											−67 −113	−123 −169	−179 −225	−267 −313
250	280	+520 0	±26	±40	+16 −36	+25 −56	0 −52	+9 −72	−14 −66	−5 −86	−36 −88	−74 −126	−138 −190	−198 −250	−295 −347
280	315											−78 −130	−150 −202	−220 −272	−330 −382
315	355	+570 0	±28	±44	+17 −40	+28 −61	0 −57	+11 −78	−16 −73	−5 −94	−41 −98	−87 −144	−169 −226	−247 −304	−369 −426
355	400											−93 −150	−187 −244	−273 −330	−414 −471
400	450	+630 0	±31	±48	+18 −45	+29 −68	0 −63	+11 −86	−17 −80	−6 −103	−45 −108	−103 −166	−209 −272	−307 −370	−467 −530
450	500											−109 −172	−229 −292	−337 −400	−517 −580